한국의 독도주권과 샌프란시스코강화조약

• 이 책은 2022년도 동북아역사재단 기획연구 수행 결과물임(NAHF-2022-기획연구-4).

동북아역사재단
연구총서 139

한국의 독도주권과

샌프란시스코 강화조약

도시환 편

동북아역사재단

발간사

한국의 독도 영토주권 제고를 위한 제언

2022년은 샌프란시스코강화조약 발효 70주년이 되는 해였다. 제2차 세계대전 전승국인 미국을 비롯한 48개 연합국과 패전국인 일본은 아시아·태평양전쟁에 대한 책임을 청산하고 동아시아평화체제를 구축하기 위해 1951년 샌프란시스코강화조약(이하 '강화조약')을 체결했다.

그러나 체결 당시부터 강화조약은 일본의 전쟁책임을 청산하기 위한 것임에도 불구하고, 다른 한편으로는 동아시아에 냉전체제를 구축하기 위한 조약이라는 상반된 평가를 받았다. 그것은 강화조약이 냉전체제의 대두로 인해 징벌조약에서 반공조약으로 기조가 전환되면서 유례를 찾을 수 없는 '관대한 강화조약'이 됨으로써, 전범국임에도 오히려 최대 수혜국이 된 일본이 역설적으로 강화조약을 전제로 동아시아평화공동체 구축에 역행하는 영토갈등을 유발하고 있기 때문이다.

더욱이 일본 정부가 역사적 진실 은폐와 왜곡을 통해 제기하는 독도 영유권 주장이 총체적인 국제법적 권원 강화정책으로 전환되고 있을 뿐만 아니라, 그러한 장기전략 왜곡프레임이 샌프란시스코강화조약을 동원한 법리적 왜곡으로 귀결되고 있는 점에서 문제의 심각성이 존재한다.

따라서 일본 정부의 독도영유권 주장과 관련하여 정책적 토대를 구축해 온 일본 국제법학계의 권원 연구 계보를 추적하고 조약적 권원 연구에 내재된 법리적 왜곡의 본질적 문제점을 규명하는 것은 오늘날 우리에게 부여된 역사적 소명이자 국제법적 과제일 것이다.

그러한 전제하에 선행연구에서는 일본 국제법학계의 권원 연구 계보에 대한 검토를 통해, 미나가와 다케시(皆川洸)의 '역사적 권원론'을 시작으로, 우에다 도시오(植田捷雄)의 '본원적 권원론', 다이주도 가나에(太壽堂鼎)의 '대체적 권원론', 세리타 겐타로(芹田健太郎)의 '공유적 권원론'으로 이어진 계보의 정점에 히로세 요시오(広瀬善男)의 국제법사관에 입각한 '실효적 권원론'이 존재함을 밝혔다. 일본 정부 주장의 근간인 일제식민지배와 독도 침탈 모두 합법이라는 국제법사관 이후 국제법 권원 연구의 주류 학자인 쓰카모토 다카시(塚本孝), 나카노 데쓰야(中野徹也)에 이르기까지 일본 국제법학계의 권원 연구가 학설적 차이와는 관계없이 모두 일제식민주의 침략의 본질을 은폐한 채 일본의 독도 침탈을 국제법상 합법으로 왜곡하고 있는 문제점을 규명하였다.

바로 이 지점에서 일본 정부가 1905년 독도 침탈에 대해 국제법상 본원적 권원으로 주장한 '무주지 선점론'의 국제법상 흠결로 인해, 1962년 한국 정부에 발송한 구상서에서 역사적 권원으로 17세기 '고유영토론'을 제기했으나, 양자 간 상충적 한계를 노정하게 되었다. 이로 인해 일본 정부가 일본 국제법학계를 통해 샌프란시스코강화조약의 권원화를 시도하고 있는 점에서 국제법 법리의 왜곡에 대한 규명이 필요하다.

샌프란시스코강화조약을 동원한 일본 국제법학계의 조약적 권원 연구와 관련하여 냉전체제의 대두라는 역사적 변곡점을 활용한 법리적 왜곡에 대한 검토가 긴요한 과제라 할 수 있다. 환언하면, 제2차 세계대전 종전에 즈음한 연합국의 대일 영토정책과 관련하여, 카이로선언

(1943.12.1)을 기점으로, 포츠담선언(1945.7.26), 항복문서(1945.9.2) 및 연합국 최고사령관 총사령부의 SCAPIN 제677호(1946.1.29), SCAPIN 제1033호(1946.6.22)를 경유하여, 샌프란시스코강화조약 제5차 초안까지 독도는 한국령으로 표기되었으나, 제6차 초안에서 유일하게 일본령으로 변경된 이후, 최종 조약문까지 독도는 구체적으로 특정되지 않은 채 생략되었다.

그럼에도 불구하고, 일본 국제법학계가 일본의 독도영유권에 대한 조약적 권원으로 주장하는 논거를 보면, 주일 미국 정치고문인 시볼드(William J. Sebald)가 미국 국무부에 보낸 1949년 11월 14일 전문과 11월 19일 의견서를 통해 샌프란시스코강화조약 제6차 초안에서 독도가 일본령으로 변경되었고, 그러한 연장선상에서 독도에 대한 한국령을 부정하는 1951년 8월 10일 러스크 서한이 한국에 전달되었다는 것이다. 그러나 제6차 초안에서 유일하게 일본령으로 표기되었던 독도는 최종 조약문에서 생략되었다. 뿐만 아니라 강화조약에 대한 일본 의회의 비준 동의를 요청하는 과정에서 1951년 8월 일본 해상보안청이 제작한 〈일본영역참고도〉에는 독도를 한국령으로 표기하고 있는 점에서 미국과 일본의 이해관계를 결부시킨 시볼드의 로비는 실패로 종결되었다.

아울러 샌프란시스코강화조약의 효력과 관련하여, 일본 정부가 주장하는 1951년 8월 10일 자 러스크 서한은 일본 정부에는 공개되지 않은 비밀문서로, 1978년 4월 28일 자 미국의 대외관계자료로 공간된 점에서 러스크 서한 공개 전후 일본 국제법학계 권원 연구를 검토할 필요가 있다. 그것은 러스크 서한 공개 이전 1905년 무주지 선점의 '본원적 권원론'을 주창한 우에다 도시오를 필두로 다이주도 가나에, 히로세 요시오로 이어진 무주지 선점론자들의 SCAPIN 효력 단절론과 러스크 서한 공개 이후 이를 전제로 쓰카모토 다카시가 주장하는 무주지 선점에 대한 강화조약의 승인론이 제기되고 있기 때문이다. 그러나 최종 조약문에서 제6차 초안상의 독도에 대한 일본령 표기 자체가 삭제되었기 때문에 SCAPIN 제677호에 규정된 일본의 범위에 대한 정의는 연합국의 최종적 결정으로 계속 유효하며, 러스크 서한상의 1905년 무주지 선점 주장은 일본이 제공한 허위정보에 입각한 것으로 이에 대한 강화조약의 승인 주장은 역사적 사실과 국제법 법리에 대한 전형적인 왜곡에 불과하다.

요컨대, 한국의 독도주권에 대해 샌프란시스코강화조약을 동원한 일본 정부의 독도영유권 주장은 일본 국제법학계의 권원 연구 관련 조약적 권원 주장과 일치한다는 점에서 본질적으로 일제식민주의에 입각한 일본의 국제법을 동원한 법리적 왜곡과 다름없는 것이다. 그것은 일본이 시볼드의 로비를 통한 제6차 초안에서의 독도에 대한 일본령 표기를 비롯하여 미국의 태도 변화에 결정적 역할을 한 배경에 냉전의 대두로 인한 국제정세의 변화를 활용하고 있는 점과 러스크 서한상의 1905년 무주지 선점에 대해 강화조약 제2조 (a)항을 통해 독도는 일본이 한국의 독립을 인정한 '한일병합' 이전에 일본의 영토가 되었다고 주장하고 있기 때문이다. 그러나 이것은 일본이 자의적으로 설정한 1910년 '한일병합'보다 이전인 1904년 1월 21일 전시 중립을 선언한 대한제국에 대해 1904년 2월 6일 일본 해군이 진해만과 마산시의 전신국을 강제 점령하면서 시작된 일본의 한국 침략을 국제법상 합법화하기 위한 시도이나, 원천무효인 침략과 조약강제는 1904년에 이미 시작된 불법행위임을 주지해야 할 것이다.

이 책은 한국 영토주권의 상징인 '독도주권'에 대해 일본이 제기하는 조약적 권원으로서 샌프란시스코강화조약의 국제법적 쟁점과 관련하여 법리적으로 조명한 학술연구서이다. 이 책에서는 일본 정부가 주장하는 독도영유권의 정책적 토대를 구축해 온 일본 국제법학계의 조약적 권원 연구에 내재된 '폭력과 탐욕'의 실체적 본질로서 일제식민주의와 그로부터 파생된 국제법 법리 왜곡의 문제점을 규명하고자 한다.

이러한 전제에서 첫째, 일본 국제법학계의 권원 연구에서 무주지 선점론자들을 중심으로 제기되는 샌프란시스코강화조약 관련 조약적 권원 연구 계보의 법리적 왜곡을 추적하고, 둘째, 강화조약 제2조상의 영토범위의 판단기준과 영토갈등의 해석원칙으로서 반식민주의 및 조약법에 관한 비엔나협약(이하 '조약법협약')상 신의성실의 원칙에 대한 법리 규명과 병행하여, 셋째, 현재까지 국내에서 체계적으로 논의되지 않은 호주와 영국의 강화조약에 대한 정책 관련 인식과 전략을 비교 분석하며, 넷째, 한일 국제법학자 간의 강화조약 관련 4회에 걸친 논쟁을 통해 샌프란시스코강화조약을 앞세운 일본의 국제법 권원 주장의 법리적 문제점을 총체적으로 검토하고자 한다.

이 책은 '한국의 독도주권과 샌프란시스코강화조약의 국제법 법리 연구'라는 대주제 아래 제1부 '한국의 독도주권과 샌프란시스코강화조약의 국제법적 쟁점', 제2부 '한일 학자 간 샌프란시스코강화조약 관련 국제법적 논쟁'으로 논의를 전개했다.

제1부에서는 '한국의 독도주권과 샌프란시스코강화조약의 국제법적 쟁점'을 주제로 총 4편의 글을 수록했다.

제1장 「한국의 독도주권과 일본의 조약적 권원 주장에 대한 국제법적 검토」에서는 일본 정부가 제기하는 독도영유권 주장의 정책적 기반을 구축해 온 일본 국제법학계의 샌프란시스코강화조약 관련 권원 연구에 내재된 법리적 왜곡의 문제점을 검토한다. 도시환 책임연구위원은 일본 국제법학계의 권원 연구에서 강화조약 제5차 초안까지 독도에 대한 한국령 표기에서 일본과 미국의 이해관계를 일치시킨 시볼드의 로비로 제6차 초안에서 일본령으로 일시적 변경 이후 최종 조약문까지 독도 표기 자체가 생략되었음에도 무주지 선점론자들이 제기하는 러스크 서한

공간 전후 'SCAPIN 효력 단절론'과 '강화조약 결정론'의 문제점을 조명한다. 독도에 대한 시볼드의 로비는 최종 조약문에서 일본령 표기 삭제와 일본 의회의 비준 동의를 위해 1951년 8월 일본 해상보안청이 제작한 〈일본영역참고도〉에서 독도를 한국령으로 표기하고 있는 점에서 실패했음을 규명한다. 아울러 일본 국제법학계에서 제기하는 러스크 서한 결정론이 1905년 무주지 선점론을 재소환해 강제병합 이전 독도 침탈의 합법성을 주장하나, 1904년 1월 21일 대한제국이 전시 중립을 선언한 직후인 2월 6일 진해만과 마산시 전신국 강점을 기점으로 일본의 한국 침략이 시작되었다는 점에서, 일본의 조약적 권원 연구에 내재된 일제식민주의와 국제법 법리 왜곡이 폭력과 탐욕의 본질이라고 비판한다.

제2장「샌프란시스코강화조약상 반식민주의 관련 법리 검토」에서는 제2차 세계대전 이후 체결된 다른 강화조약과 비교했을 때, 샌프란시스코강화조약 제2조의 항목 간 상관관계가 없이 개별적 처리가 필요한 사안이 나열된 것에 불과하고, 일본 영토에 대한 명확한 지침도 없다는 점에서 영토범위의 판단기준을 검토한다. 오시진 교수는 조약해석의 원칙에 따라 강화조약 제2조를 해석할 때 일본이 서명한 항복문서상의 포츠담 항복조건이 구속력 있는 판단기준이 되고, 이에 따라 포츠담선언이 원용하는 카이로선언에서 제시된 '폭력과 탐욕'의 기점인 1894년이 일본 영토의 범위의 기준이 될 수 있다고 분석한다. 1945년 연합국에 대한 일본의 항복문서는 법적 구속력이 있으며, 1947년 극동위원회의 '일본의 항복 후 기본방침'에서 포츠담선언을 기준으로 하여 카이로선언이 1947년 초안에 반영되어 있으므로, 1894년이 일본 영토복원 시점으로 해석되는 점에서 강화조약에 반식민주의적 가치가 남아 있다고 주장한다.

제3장「샌프란시스코강화조약과 동아시아 영토갈등 기원론의 법리 검토」에서는 동아시아 지역의 갈등이 미국 중심의 냉전전략에 의해 전범국

일본을 관대하게 처리했을 뿐만 아니라 샌프란시스코강화조약에 한국, 중국, 소련 등 주요 이해관계국이 모두 불참했다는 점에서 당사국 간 갈등의 미해결에서 기인하는 강화조약의 영토갈등 기원론을 검토한다. 서인원 박사는 샌프란시스코강화조약 초안의 변화 과정에서의 영토문제와 관련하여 조약법협약 제31조상의 신의성실의 원칙과 제32조상의 보충적 수단인 조약 초안 회의록 및 교섭기록 등의 분석을 통한 합리적인 해석이 필요함을 강조한다. 강화조약 영토조항의 작성 과정에서 SCAPIN 제677호를 근거로, 1~5차 미국 초안, 미·영 합동 초안에 독도가 한국 영토로 명시되었음에도, 미국의 냉전정책으로 인해 한국을 비롯한 이해관계국의 배제 및 영토귀속 국가의 삭제 등 신의성실의 원칙을 위배함으로써 동아시아의 영토갈등은 미해결의 문제로 남게 되었다고 비판한다.

제4장 「제2차 세계대전 이후 호주와 영국의 샌프란시스코강화조약에 대한 정책 비교」에서는 샌프란시스코강화조약 체결 70주년에 이르는 동안 독도와 국제법 관련 일본의 입장에 대한 연구와 대비하여 현재까지 국내에서 체계적으로 다뤄지지 않은 호주와 영국의 강화조약에 대한 정책을 검토한다. 조규현 박사는 샌프란시스코강화조약이 냉전의 시작을 알린 문서인 한편으로, 호주와 영국은 제2차 세계대전 이후 패전국이자 전범국인 일본을 적극적으로 견제하려는 목적을 지닌 국가들이라는 점에서 강화조약에 대한 양국의 인식과 전략을 분석한다. 일본의 군사력 억제라는 목표를 전후 세계질서 확립의 근본적인 이유로 설정한 호주와 영국의 강화조약과 일본에 대한 정책은, 일본이 군사력으로 일본 제국주의를 부활시키기 전에 억제해야 한다는 호주의 국가 안보 인식, 대영제국의 존속 및 세계 면화 시장에서의 경쟁력 유지 등 국가의 안보와 위상 및 정체성의 문제와 직결되는 지정학적 인식과 전략의 산물이라고 주장한다.

제2부에서는 '한일 학자 간 샌프란시스코강화조약 관련 국제법적 논쟁'을 주제로 일본 학자 쓰카모토 다카시의 주장에 대한 한국 학자 정갑용의 비판과 쓰카모토의 반론 및 정갑용의 재비판으로 이어진 총 4편의 글을 수록했다.

제5장 「샌프란시스코강화조약상 독도문제의 취급」(2007)에서 쓰카모토 다카시는 제2차 세계대전 이후 일본의 영토처분과 관련하여, 1951년 샌프란시스코강화조약 이전의 국제문서는 영토처분에 관한 효력을 갖지 않으므로, SCAPIN 제677호 및 제1033호는 일본의 영토처분에 관한 구속력 있는 문서가 아니라고 주장한다. 샌프란시스코강화조약 제2조와 관련하여 독도를 한국에 반환한다고 명확하게 규정하고 있지 않으므로 독도는 일본에 귀속될 뿐만 아니라, 한국이 1951년 샌프란시스코강화조약의 체결과정에서 독도에 대한 영유권을 주장하며 수정을 요구하였으나, 미국은 1951년 8월 10일 자 러스크 서한을 통해 거부하였다고 주장한다. 〈첨부〉에서는 국제법의 영토취득이론과 독도문제에 관한 국제법적 쟁점을 간략히 소개하고 보충자료로 독도문제에 관한 미국 국무부 문서자료를 제시한다.

제6장 「'샌프란시스코강화조약상 독도문제의 취급(쓰카모토 다카시)' 에 대한 비판」(2008)에서 정갑용은 1951년 샌프란시스코강화조약 이전의 국제문서와 관련하여 1945년 9월 2일에 일본이 서명한 무조건 항복문서는 포츠담선언의 성실한 이행을 약속한 것으로 카이로선언을 포함하여 법적 구속력을 가지며, SCAPIN 제677호 및 제1033호의 효력을 부정하는 조치가 없었을 뿐만 아니라 샌프란시스코강화조약에서도 독도에 대한 일본령 표기가 없다고 비판한다. 조약법협약의 해석원칙에 의하더라도 샌프란시스코강화조약은 그 문언이나 초안의 작성과정에서 독도가 일본영토라는 근거를 발견할 수 없으며, 일본이 주장하는 국제법상

선점은 그 대상이 무주지(terra nullius)여야 함에도 역사적으로 이미 일본의 영토를 다시 무주지로 선점한다는 것은 법리상 명백히 모순이라고 지적한다.

제7장 「'샌프란시스코강화조약상 독도문제의 취급 비판'에 대한 논평」(2012)에서 쓰카모토 다카시는 일본이 "폭력과 탐욕으로" 한국에서 약취했다는 독도는 역사적으로 한국 영토라고 주장하고 있으나 한국의 영토주권 행사를 입증하는 문서는 아직 발견되지 않았으며, 일본은 시마네현 관할하에 독도에 대한 일본의 영유권을 현대 국제법에서 인정하는 '선점'이라는 국가영역 취득근거를 통해 확실하게 하였다고 주장한다. SCAPIN 제677호 및 제1033호는 독도에 대한 일본의 행정권을 중단한 것이었으나 일본의 영유권을 배제한 것은 아니며, 최종 영토처분은 강화조약에 의하는 것으로 명시되어 있다고 주장한다. 조약법협약의 해석원칙에 의하더라도 일본이 1910년에 한국을 병합하여 일본 영토인 독도를 한국으로 분리하는 것을 의미하지 않으며, 17세기 '도해면허'라는 공식적인 허가를 받은 독도 인근 해역에서의 어로활동 관련 일련의 행정권력 행사를 통해 일본의 영유의사를 재확인하고 현대국제법에 따라 일본의 영토주권이 보장된 것이라고 주장한다.

제8장 「쓰카모토 다카시의 '샌프란시스코강화조약상 독도문제의 취급' 반론에 대한 검토」에서 정갑용은 쓰카모토 다카시의 반론에 대해 다음과 같이 비판한다. 첫째, 독도가 '카이로선언' 등의 국제문서에서 규정하는 "폭력과 탐욕으로" 약취한 도서가 아니라는 주장의 객관적인 근거와 구체적인 설명이 누락되어 있다. 둘째, 일본의 '무주지 선점'은 역사적으로 독도가 일본의 영토라는 주장과 모순된다. 셋째, SCAPIN 제677호와 제1033호는 한국의 독도영유권을 인정하는 정황증거로 채용될 수 있다. 넷째, 1951년 샌프란시스코강화조약 및 1965년 한일기본

관계조약에서 일본이 명확하게 독도를 일본의 영토로 규정하지 못한 것은 독도가 일본의 영토로 유지되었다는 주장이 허구임을 반증한다. 다섯째, 일본이 주장하는 '도해면허'는 한국의 영토인 독도 및 울릉도의 인근 해역에서 자원을 약탈한 역사적 사실을 자국의 주권행사였다고 주장하는 것이다. 결론적으로, 일본의 국내 법령이나 일본 정부가 간행한 수로지 등의 자료들은 일본 스스로 독도를 한국의 영토로 인정하고 있는 점을 강조한다.

이 책은 한국 영토주권의 상징인 독도주권에 대한 국제법적 권원과 관련하여 일본 정부가 일제식민주의에 입각하여 전환을 시도하고 있는 국제법 권원 강화정책의 핵심적 토대인 일본 국제법학계의 조약적 권원 연구에 내재된 법리적 왜곡의 문제점을 선제적으로 검토함으로써 우리의 독도주권 수호를 위한 장기적·종합적·체계적 정책 수립에 기여하고자 한다.

따라서 이 책에서는 한국의 독도주권에 대해 샌프란시스코강화조약을 동원한 일본 국제법학계 권원 연구를 정책적 토대로 하여 일본 정부가 제기하는 독도영유권 주장이 카이로선언에서 천명한 폭력과 탐욕의 본질로서 일제식민주의와 일치하는 점에 주목하고 그로부터 파생된 법리 왜곡을 규명하였다. 나아가 일제식민주의에 입각하여 정당하고 적법한 국제법적 권원이 결여된 일본의 독도영유권 주장은 한국의 영토주권에 대한 중대한 침해라는 점에서 일본의 진정한 역사적·국제법적 책무의 수행을 촉구하며, 이 책의 출간이 21세기 동아시아평화공동체 구축에 기여할 수 있기를 기대해 마지않는다.

끝으로 『한국의 독도주권과 샌프란시스코강화조약』이 출판되기까지 어려운 주제에 대해 옥고를 집필해 주신 공동연구자 여러분의 노고에 집필진을 대표하여 깊이 감사드린다. 그리고 이 책의 출판을 위해 애써 주신 재단 출판팀의 노고에도 깊은 사의를 표한다. 아울러, 샌프란시스코강화조약이 지향하는 동아시아평화공동체 구축을 향한 초석으로서 한국의 독도주권 연구의 장도(壯途)에 이 책을 헌정하고자 한다.

2023년 10월
집필진을 대표하여
도시환 씀

차례

발간사 한국의 독도 영토주권 제고를 위한 제언 | 5

제1부 한국의 독도주권과 샌프란시스코강화조약의 국제법적 쟁점

제1장 한국의 독도주권과 일본의 조약적 권원 주장에 대한 국제법적 검토 · 도시환

I. 머리말 | 25
II. 샌프란시스코강화조약과 연합국의 대일 영토정책 개관 | 28
III. 일본 국제법학계의 샌프란시스코강화조약 관련 권원 연구 검토 | 34
IV. 샌프란시스코강화조약 관련 국제법적 권원 법리의 문제점 검토 | 53
V. 맺음말 | 60

제2장 샌프란시스코강화조약상 반식민주의 관련 법리 검토
· 오시진

I. 머리말 | 71
II. 샌프란시스코강화조약 제2조 해석의 문제 | 81
III. 카이로선언의 반식민주의와 1894년 기준 | 97
IV. 일본의 항복과 포츠담 항복조건의 구속력 | 112
V. 맺음말 | 128

제3장 샌프란시스코강화조약과 동아시아 영토갈등 기원론의 법리 검토 · 서인원

I. 머리말 | 145
II. 샌프란시스코강화조약 체결 과정과 연합국의 정책 | 147
III. 샌프란시스코강화조약 초안 변화 과정에서의 독도영유권 문제 | 157
IV. 샌프란시스코강화조약 체결 과정에서의 미국 정책의 문제점 | 168
V. 샌프란시스코강화조약 체결에서 나타난 문제점과 한계 | 182
VI. 맺음말 | 190

제4장 제2차 세계대전 이후 호주와 영국의 샌프란시스코강화조약에 대한 정책 비교 · 조규현

I. 머리말 | 199
II. 호주: 제2차 세계대전, 그리고 지우고 싶은 일본 군사력에 대한 기억 | 204
III. 영국: 기울어 가는 제국 그리고 일본의 경제력 성장 억제를 통한 영향력 유지에 대한 야망 | 223
IV. 맺음말: 냉전의 산물을 넘어 1950년대 지정학적 산물로서의 샌프란시스코강화조약 | 240

제2부 한일 학자 간 샌프란시스코강화조약 관련 국제법적 논쟁

제5장 샌프란시스코강화조약상 독도문제의 취급
· 쓰카모토 다카시(塚本孝)

I. 제2차 세계대전 후 일본 영토의 처분 | 259
II. 강화조약 체결까지 사태의 전개 | 260
III. 샌프란시스코강화조약의 기초 과정 | 262
IV. 한국의 독도 영토 요구와 미국에 의한 거부 | 264

제6장 '샌프란시스코강화조약상 독도문제의 취급 (쓰카모토 다카시)'에 대한 비판 · 정갑용

I. 머리말 | 271
II. 쓰카모토 다카시의 주장 | 272
III. 쓰카모토 다카시의 주장에 대한 비판 | 278
IV. 일본의 주장에 대한 대안 | 289
V. 맺음말 | 300

제7장 '샌프란시스코강화조약상 독도문제의 취급 비판'에 대한 논평 · 쓰카모토 다카시(塚本孝)

I. 들어가면서 | 307
II. 『최종보고서』에 게재한 필자의 집필문 요지 | 308
III. 정갑용의 비판 | 309
IV. 정갑용의 비판에 대한 논평 | 311

제8장 쓰카모토 다카시의 '샌프란시스코강화조약상 독도문제의
취급' 반론에 대한 비판 · 정갑용

    I. 머리말 | 321
    II. 쓰카모토 다카시의 주장 | 322
    III. 독도영유권과 1951년 샌프란시스코강화조약 | 327
    IV. 독도영유권에 관한 종합적 고찰 | 346
    V. 맺음말 | 361

부록 **샌프란시스코강화조약 관련 자료** | 369

찾아보기 | 526

제1부

한국의 독도주권과
샌프란시스코강화조약의
국제법적 쟁점

제1장

한국의 독도주권과 일본의 조약적 권원 주장에 대한 국제법적 검토

도시환 동북아역사재단 책임연구위원

I. 머리말
II. 샌프란시스코강화조약과 연합국의 대일
  영토정책 개관
III. 일본 국제법학계의 샌프란시스코강화조약 관련
  권원 연구 검토
IV. 샌프란시스코강화조약 관련 국제법적 권원
  법리의 문제점 검토
V. 맺음말

I. 머리말

2022년은 샌프란시스코강화조약 발효 70주년이 되는 해였다. 제2차 세계대전 전승국인 미국을 비롯한 48개 연합국과 패전국인 일본은 아시아·태평양전쟁에 대한 책임을 청산하고 동아시아 평화체제를 구축하기 위해 1951년 샌프란시스코강화조약을 체결했다. 그러나 체결 당시 이미 이 조약은 일본의 전쟁책임을 청산하기 위한 것이면서도, 다른 한편으로는 동아시아에서의 냉전체제를 구축하기 위한 조약이라는 상반된 평가를 받았다.[1]

그것은 샌프란시스코강화조약이 냉전체제의 대두로 인해 징벌조약에서 반공조약으로 기조가 전환되면서 유례를 찾을 수 없는 '관대한 강화조약'이라는 평가와 함께, 가해국임에도 오히려 최대 수혜국이 된 일본이 역설적으로 이 조약을 전제로 동아시아평화공동체에 역행하는 영토갈등을 유발하고 있기 때문이다.

그러한 전제에서 선행연구에서는 일본 정부가 제기하는 독도영유권 주장의 장기전략에 따른 왜곡프레임이 총체적인 국제법 권원의 강화정책으로 전환되고 있다는 문제의식하에, 일본이 제기하는 독도영유권 주장의 정책적인 토대를 구축해 오고 있는 일본 국제법학계의 권원 연구의 계보를 추적하고 국제법 법리 왜곡의 문제점을 검토하였다. 검토 결과, 미나가와 다케시(皆川洸)의 '역사적 권원론'을 필두로, 우에다 도시오(植田捷雄)의 '본원적 권원론', 다이주도 가나에(太壽堂鼎)의 '대체적 권원론', 세리타

---

* 이 글은 도시환, 2022, 「독도주권과 일본의 조약적 권원 주장에 대한 국제법적 검토」, 『독도연구』 33에 게재한 논문을 수정한 것이다.
1   吉田裕, 1995, 『日本人の戰爭觀』, 岩波書店, 70쪽.

겐타로(芹田健太郎)의 '공유적 권원론'으로 이어지는 계보를 확인하였다.

나아가 일본 정부 주장의 근간이 일제식민지배와 독도 침탈 모두 국제법상 합법이라는 일본 국제법학계의 '국제법사관(國際法史觀)'이며, 이를 주창해 온 계보의 정점에 히로세 요시오의 '실효적 권원론'이 존재함을 규명하였다. 이후 국제법 권원 연구의 주류학자로 등장한 쓰카모토 다카시(塚本孝)[2]와 나카노 데쓰야(中野徹也)[3] 등은 모두 '국제법사관'에 입각해 독도에 대한 무주지 선점론의 '본원적 권원 법리화'를 시도할 뿐만 아니라 2020년에 재개관한 일본 영토주권전시관이 주장하는 1905년 이래 국제법상 일본의 합법적인 독도 지배론과 일치한다는 점에서 국제법 법리 왜곡의 문제점을 분석하였다.

바로 이 지점에서, 1905년 독도 침탈에 대한 국제법적 법리로 무주지 선점론을 주장하던 일본 정부가 본원적 권원으로서의 국제법상 흠결을 대체하기 위해 17세기 일본의 고유영토론을 제기했으나, 이는 1693년 안용복 피랍 이래 시작된 울릉도쟁계 이후 에도 막부의 1696년 도해금지령과 메이지 정부의 1877년 태정관지령(太政官指令)에 의해 역사적 권원으로 정립이 불가한 점에서, 일본 정부와 일본 국제법학계가 동원하고 있는 샌프란시스코강화조약과 무주지 선점론의 재소환에 주목할 필요가 있다.

먼저, 일본 정부는 샌프란시스코강화조약의 기조가 전환되는 국면을 활용하여 주도적으로 한국의 조약 당사국 지위를 배제했을 뿐만 아니라 한국에 대한 조약의 효력 적용을 부정했다. 그러나 일본 정부가 주장하는

---

2 塚本孝, 2011, 「韓国の保護・併合と日韓の領土認識-竹島をめぐって」, 『東アジア近代史』 14, 52~67쪽 참조.

3 中野徹也, 2012, 「1905年日本による竹島領土編入措置の法的性質」, 『関西大学法学論集』 61(5), 113~166쪽 참조.

일본의 독도영유권은 샌프란시스코강화조약에 명시되지 않았으며, 조약 제21조는 조약 비당사국인 한국에 대해 제2조(영토), 제4조(청구권), 제9조(어업), 제12조(통상)의 이익을 받을 권리를 규정함으로써 조약의 제3자적 효력을 명시하고 있다.

다음으로, 일본 국제법학계는 샌프란시스코강화조약과 연계한 독도영유권과 1905년 무주지 선점론을 재소환하여 주장하고 있다. 첫째, 샌프란시스코강화조약 제5차 초안까지 독도를 한국의 영토로 명시하고 있던 조약 영토 규정이 1949년 11월 19일 자 시볼드 의견서에서 비롯되어 제6차 초안에서 일본 영토로 명기된 점이다. 그러나 이후 초안에서 독도에 대한 표기 자체가 사라진 것은 주지의 사실이다. 둘째, 일본 정부에는 공개되지 않은 비밀문서였던 1951년 8월 10일 자 러스크 서한(Rusk letter)이 1978년 4월 28일 자 미국의 대외관계자료로 공간된 점이다.

이와 관련하여 샌프란시스코강화조약의 효력에 대해, 러스크 서한 공개 이전 일본 국제법학계 무주지 선점론자들은 한국의 독도영유권을 인정한 연합국 최고사령관 지령(SCAPIN)의 효력 단절론을 주장하는 반면, 러스크 서한 공개 이후 쓰카모토 다카시[4]는 이를 전제로 1905년 무주지 선점에 대한 조약적 권원의 승인론을 주장하고 있다. 그러나 이는 일본이 제공한 허위정보에 입각한 역사적 사실과 국제법 법리의 전형적인 왜곡에 다름 아닌 것이다.

따라서 일본 국제법학계 권원 연구를 정책적 토대로 일본 정부가 제기

---

4 일본 국제법학계 권원 연구의 정점이자 국제법사관을 주창한 히로세 요시오 이후 쓰카모토 다카시와 함께 무주지 선점론의 권원 연구자로 등장한 나카노 데쓰야는 샌프란시스코강화조약과 관련해서는 국회 입법조사관 출신 쓰카모토 다카시의 연구를 소개하는 것으로 대체하고 있다. 中野徹也, 2011, 「竹島の帰属に関する一考察」, 『関西大学法学論集』 60(5), 104쪽.

하는 독도영유권 주장이 카이로선언에서 천명한 '폭력과 탐욕(violence and greed)'의 본질로서의 일제식민주의와 일치하고 있는 점에서 국제법 권원 연구에 내재된 법리적 왜곡의 본질적 문제점을 규명하고자 한다. 아울러 일본 국제법학계의 독도영유권에 대한 권원 연구와 관련하여 무주지 선점론자들을 중심으로 제기되는 샌프란시스코강화조약과 SCAPIN의 효력, 시볼드 의견서와 조약 제6차 초안의 변경, 러스크 서한과 영토갈등 기원론, 한일강제병합 이전 1905년 무주지 선점의 정합성 등의 쟁점을 중심으로 검토하기로 한다.

II. 샌프란시스코강화조약과 연합국의 대일 영토정책 개관

1943년 카이로선언을 기점으로 1951년 샌프란시스코강화조약 체결에 이르기까지 연합국의 대일 영토정책은 확정기(1943~1945), 유지기(1945~1949), 변화기(1950~1951)로 구분된다. 특히 냉전의 대두로 인해 샌프란시스코강화조약의 기조가 징벌조약에서 반공조약으로 변화하면서 연합국이 전시에 합의했던 대일 영토정책의 기본원칙들은 폐기되었으나 이러한 원칙을 대체하는 대일 영토정책과 관련한 연합국의 논의와 합의 및 결정은 부재하였으며, 시볼드의 로비로 인해 제6차 초안에서 일본령으로까지 명시되었던 독도는 이후 구체적인 특정 없이 조약문에서 생략된 점에 주목할 필요가 있다. 각 시기별 특징은 다음과 같다.[5]

---

5   See-hwan Doh, 2016, "International Legal Implications of the San Francisco Peace Treaty and Dokdo's Sovereignty," *Korean Yearbook of International*

1. 전시 연합국의 대일 영토정책 확정기(1943~1945)

전시 연합국이 시행한 대일 영토정책에서 가장 중요한 결정은 카이로선언(Cairo Declaration, 1943. 12. 1)과 포츠담선언(Potsdam Declaration, 1945. 7. 26)이다. 일본은 포츠담선언을 수락(1945. 8. 10)함으로써 항복(1945. 8. 14)했으며, 전후 연합국 최고사령관(SCAP)의 점령정책에 관한 재성명(1945. 12. 19)은 이러한 두 선언의 연장선상에서 이루어진 것이다.[6]

카이로선언은 연합국의 대일 영토정책에서 기본원칙이자 기초문서로 미국·영국·중국 간 회담 결과를 소련이 승인함으로써 연합국의 공동합의로 성립되었을 뿐만 아니라, 포츠담선언 제8조의 규정으로 인용되면서 연합국들의 공식적인 대일영토정책으로 자리매김하였다. 선언은, 첫째, 1914년 제1차 세계대전 이래 일본이 강탈·점령한 태평양의 모든 도서 몰수, 둘째, 만주·타이완·평후(팽호)제도(澎湖諸島) 등 일본이 중국으로부터 도취(盜取)한 전 지역의 중국 반환, 셋째, 일본이 폭력과 탐욕에 의해 약취(略取)한 모든 지역에서의 추방, 넷째, 한국인들의 노예상태에 주목하여 적절한 시기에 한국의 해방과 독립 등의 내용으로 구성되었다.

포츠담선언은 카이로선언의 승계를 통해 전후 일본의 영토에 대해 구체적으로 특정한 것으로, 미국·영국·소련의 회담과 미국·영국·중국의 서명을 통해 일본에 대한 항복 요구와 전후 일본에 대한 처리원칙을 결정함으로써 연합국의 일본에 대한 종전합의의 기본원칙이 되었다. 선언은

    Law, Vol. 4, pp. 58~63.

[6] 일본 외무성은 이러한 세 가지 문서에 대해 '연합국의 합의된 대일 영토정책'으로 규정하였다. 日本外務省, 2006,「領土條項」(1946. 1. 31),『日本外交文書: サンフランシスコ平和條約準備對策』, 46~47쪽.

총 13개 항목으로 구성되어 있다. 카이로선언의 이행과 일본의 영토를 규정한 제8항은 일본의 영토에 대해 "일본국의 주권은 혼슈(本州), 홋카이도(北海島), 규슈(九州), 시코쿠(四國) 및 연합국이 결정하는 모든 부속 소도서에 국한"함으로써 4개의 주요 도서 외의 '부속 소도서'와 관련한 결정권은 연합국의 권한으로 명시되었다.

전후 연합국 최고사령관은 점령정책 재성명을 통해 "일본의 주권은 혼슈, 홋카이도, 규슈, 시코쿠 및 대마도를 포함하는 약 1천 개의 근접 부속 소도서에 국한한다"고 밝힘으로써 일본령의 범위에 대해 대마도를 포함하는 약 1천 개의 근접 부속 소도서로 구체화하였다.

2. 전후 연합국의 대일 영토정책 유지기(1945~1949)

연합국 최고사령관 총사령부(GHQ)는 제2차 세계대전 이후 샌프란시스코강화조약 발효 시까지 독도를 일본에서 분리한다는 방침하에, SCAPIN 제677호(1946. 1. 29) 및 SCAPIN 제1033호(1946. 6. 22)를 통해 일본 점령 기간 내내 독도를 일본의 통치대상에서 제외되는 지역으로 규정하였다.

SCAPIN 제677호는 '일부 주변 지역을 통치 및 행정상 일본으로부터 분리하는 데에 관한 지령'으로서 제3조에 이 지령의 목적을 위해 일본은 홋카이도, 혼슈, 규슈, 시코쿠 등 4개의 본도와 약 1천 개의 인접 부속 소도서로 구성되며, 제외되는 도서로 (a) 울릉도와 리앙쿠르암(Liancourt Rocks: 독도)을 규정하였다.

SCAPIN 제1033호는 '일본인의 어업 및 포경업의 허가 구역에 관한 지령(일명 맥아더 라인)'으로서 독도에 대해 보다 구체적으로 명기하였다. 즉 일본인의 선박과 승무원은 금후 북위 37도 15분, 동경 131도 53분에 위치한 독도의 12해리 이내 접근 금지 및 연합국 최고사령관 총사령부가 독도와 그 영해, 근접수역을 한국의 영토와 영해로 재확인하였다.

한편, 미국과 영국은 전후 1949년에 이르기까지 카이로선언과 포츠담선언을 계승하여 첫째, 일본령 도서 특정, 둘째, 경위도선 활용, 셋째, 부속지도 첨부라는 세 가지 큰 원칙하에 대일 영토정책을 입안하였다. 현재까지 확인된 연합국의 샌프란시스코강화조약 초안에 첨부되어 있는 공식 지도에는 이러한 특징들을 공통적으로 반영한 상태로 표시되어 있다. 이러한 3대 원칙은 1947년 1월 영토 초안에 규정한 이래 1949년까지 지속되었다.

또한 미국과 영국은 일본으로부터 분리되어 중국과 소련 및 한국에 양도될 지역과 관련하여, 한국에 대해서는 "제주도(Quelpart Island), 거문도(Port Hamilton), 울릉도(Dagelet, Utsuryo), 독도(Liancourt Rock, Takeshima)를 포함한 한국 근해의 모든 부속 소도서와 한국에 대한 모든 권리(rights)와 권원(titles)을 포기(renounces)한다"고 규정하였다. 이러한 규정은 1949년 11월 주일 미국 정치고문 윌리엄 시볼드(William Sebald)가 "독도는 일본령"이라고 하는 주장을 제기할 때까지 지속되었으며, 1947년 1월 이래 미국 국무부가 준비한 샌프란시스코강화조약 초안에는 일본령에 포함될 도서를 특정하는 방식으로 작업이 진행되었다.

이러한 대일 영토정책은 전시 연합국이 합의했던 대일 영토정책을 그대로 계승하고 있으며, 일반적인 강화조약상의 '징벌적 조약'의 특징을 내용으로 하고 있다. 샌프란시스코강화조약 제5차까지의 초안들은 제1차 세계대전 후 베르사유조약, 제2차 세계대전 후 이탈리아강화조약 및 루마니아강화조약 등과 동일하게 패전국에 대한 전쟁책임, 영토할양 및 배상금 지불 등을 강화조약의 주요 목적으로 설정함으로써 영토조항들은 매우 상세하고 복잡하며 구체적인 조항들로 구성되었다.

따라서 미국 국무부의 조약 초안과 영국 외무부의 조약 초안 및 지도들은 상호 간 연계된 논의나 관련된 참조를 하지 않았음에도 동일한 방식으로 일본령을 표시하고 있을 뿐만 아니라, 현재까지 확인된 이들 미국과 영국의 공식 지도들은 모두 공통적으로 독도(Liancourt Rocks)를 한국령으로 표기하고 있는 점에서 주목할 필요가 있다.[7]

3. 전후 연합국의 대일 영토정책 변화기(1950~1951)

1950~1951년간 연합국의 대일 영토정책은 큰 변화에 봉착했다. 가장 중요한 변화는 전시 연합국이 합의했던 '징벌적' 대일 영토정책이 사실상 폐기되었으나 새로운 정책합의는 부재했던 문제점을 지적하지 않을 수 없다. 이는 크게 두 가지 정책상의 변화로부터 영향을 받은 것이다. 첫째, 냉전체제의 대두로 인한 대일 정책의 변화였다. 냉전의 아시아화로 인한 중국의 공산화 및 한국전쟁의 발발 등으로 인해 전후 대일 점령정책의 목표가 반공국가 구축으로 변질됨으로써, 일본이 소련을 대적하는 하위 동맹자로서의 위상을 부여받게 된 것이다. 둘째, 1950년 대일강화조약 특사로 새로 임명된 존 포스터 덜레스(John Foster Dulles)가 추진한 정책전환이다. 덜레스는 징벌적 조약 대신 관대한 강화조약과 소련을 배제한 단독강화조약을 추진했으며, 한국전쟁 발발 이후에는 반공조약의 성격을 강화하여 징벌조약의 핵심 내용인 전쟁책임, 영토할양, 배상금 등이 배제되었다.

더욱이 독도를 한국령으로 명시한 샌프란시스코강화조약 제5차 초안

---

[7] 정병준, 2015, 「샌프란시스코강화조약과 독도」, 『독도연구』 제18호, 145~151쪽.

까지의 규정에 대한 변화가 시작된 것은 1949년 12월부터였다. 주일 미국 정치고문인 시볼드는 미국 국무부의 1949년 11월 2일 조약 제5차 초안에 대해 독도(Liancourt Rocks)가 일본령이라고 주장했는데, 이후 1949년 12월 29일 제6차 초안에서 독도가 일본령으로 표기된 사실에 주목할 필요가 있다. 그러나 1950년 9월 덜레스가 강화조약 7원칙[8]을 제시한 이후 1951년 샌프란시스코강화조약 제7차 초안 이후 최종안에서 독도는 구체적으로 특정되지 않은 채 조약문에서 생략되었다.

한편, 1951년 3월 영국 외무부는 독자적으로 대일강화조약 초안을 완성했다. 영국 외무부의 대일강화조약 초안은 1946~1949년간 미국 국무부의 대일강화조약 초안과 동일하게 징벌적 강화조약의 성격을 내용으로 하였으며, 대일 영토조항에 있어서 첫째, 일본령 도서 특정, 둘째, 경계선 활용, 셋째, 부속지도 활용 역시 전시 연합국의 합의를 계승한 것이었다. 덜레스는 영국 정부의 조약 초안을 일본 정부에 제시하고 일본의 의견을 수렴하는 과정에서, 일본 영토를 울타리로 표시하여 구체적으로 특정한 영국 정부의 초안이 일본 정부에 심리적인 위축을 준다며 일본 정부가 반대하자 덜레스는 이를 수용했다. 이후 미국은 영미회담의 과정에서 경계선을 활용한 일본령 표시에 대한 폐기를 주장했으며, 이에 따라 연합국이 전시에 합의한 대일 영토정책의 기본원칙들은 사실상 폐기되었다. 그러나 새로운 대일 영토정책에 대한 연합국의 논의와 합의 및 결정은 존재하지 않았

---

8 덜레스의 7원칙(1950. 9) 중 영토 관련 조항은 3. 영토: 일본은 (a) 한국의 독립 인정, (b) 류큐와 보닌(小笠原, 오가사와라)에 대해 미국을 시정권자로 하는 유엔의 신탁통치 동의, (c) 타이완, 펑후제도, 남사할린, 쿠릴의 지위에 대한 영국, 소련, 미국, 중국의 장래 결정 수용 관련, 조약 발효 후 1년 이내에 결정이 없는 경우, 유엔총회 및 중국 내 특별 권리와 이익은 포기하는 것으로 명시하고 있다. 日本外務省, 2006, 「米國의 對日 講和7原則について」(1950. 10. 25), 『日本外交文書: サンフランシツコ平和條約對米 交渉』, 73~78쪽.

다는 점에서 샌프란시스코강화조약은 미국의 일방적인 주도하에 영국이 동참하여 합의하는 방식의 강화조약으로 연합국의 전시 합의는 폐기된 반면 새로운 대일 영토정책은 제시되지 않았던 점에 주목할 필요가 있다.

그러한 결과 한국에 대해서는 "일본은 한국의 독립을 인정하며, 제주도, 거문도, 울릉도를 포함하는 한국에 대한 모든 권리, 권원, 청구권을 포기한다"로 규정되었다. 또한 타이완에 대해서는 "일본은 타이완과 평후제도에 대한 모든 권리, 권원, 청구권을 포기한다"[9]로, 소련과 관련해서는 "일본은 1905년 9월 5일 포츠머스조약의 결과로 일본이 영유권을 획득한 쿠릴 섬과 사할린 쪽 부분 및 그에 인접한 섬들에 대한 모든 권리, 권원, 청구권을 포기한다"[10]로 명시되었다. 이러한 규정은 일본에게 가장 유리한 방식으로 일본과 영토갈등 중인 동북아 국가는 모두 샌프란시스코강화조약에 참가, 서명하지 않은 국가들로서 한국(독도)과 중국(조어도)은 초대받지 못했으며, 러시아(북방 4개 섬)는 서명하지 않았다.[11]

Ⅲ. 일본 국제법학계의 샌프란시스코강화조약 관련 권원 연구 검토

1. 일본 국제법학계의 샌프란시스코강화조약 인식

샌프란시스코강화조약의 제5차 초안까지 한국령으로 표기된 독도가

---

9 샌프란시스코강화조약 제2조 (b)항.
10 샌프란시스코강화조약 제2조 (c)항.
11 정병준, 2015, 앞의 글, 151~155쪽.

제6차 초안에서는 일본령으로 변경된 다음 최종안에서는 구체적으로 특정되지 않은 채 조약문에서 생략되었다. 이와 관련하여, 독도에 대한 미국의 영유권 인식은 조약 형성 초기에는 SCAPIN 제677호의 연장선상에 있었던 것으로 분석된다. 그러나 시볼드의 1949년 11월 14일 전문과 11월 19일 의견서를 계기로 미국의 입장이 정반대로 변경되었고, 그 연장선상에서 1951년 8월 10일 러스크 서한이 한국에 전달되었음을 알 수 있다.[12] 환언하면, 미국의 조약 초안이 제5차까지는 SCAPIN 제677호의 연장선상에 있었으며, 냉전의 대두로 인해 조약의 기조가 전환되는 국면을 활용한 일본의 주도하에 한국이 조약 비당사국이 되었음에도 최종 조약문에 독도가 일본 영토로 명기되지 않음으로써 SCAPIN 제677호의 효력이 연장된 것으로 평가할 수 있다.

그러나 일본 정부가 제기하는 독도영유권 주장의 정책적 토대를 구축하고 있는 일본 국제법학계의 샌프란시스코강화조약에 대한 법리 연구를 검토하면, 강화조약을 전제로 SCAPIN 효력의 단절(배제·부정)론에 입각하고 있는 것으로 분석된다. 특히 독도 관련 일본 국제법학계의 권원 연구에서 무주지 선점의 '본원적 권원론'을 주창한 우에다 도시오를 필두로 '대체적 권원론'의 다이주도 가나에, '실효적 권원론'의 히로세 요시오로 이어진 무주지 선점론에 입각한 SCAPIN 효력 단절론과 러스크 서한 공개 이후 다이주도 가나에의 '대체적 권원론'을 답습한 쓰카모토 다카시가 러스크 서한을 전제로 무주지 선점에 대한 조약적 권원[13]으로서 샌프란시

---

12 이성환, 2021, 「러스크 서한과 샌프란시스코강화조약에서의 독도주권에 관한 검토」, 『독도 영토주권과 국제법적 권원 II』, 동북아역사재단, 294쪽.

13 조약적 권원(treaty based title)이란, 양자·다자 조약 또는 강화조약 등을 통해 분쟁 영토에 대한 할양, 승계 또는 이해 당사국 간 추후 결정 등의 명시적 규정에 입각한 권원을 말한다. 박현진, 2014, 「영토분쟁과 권원간 위계-조약상의 권원, 현상유지의 법리

스코강화조약의 승인론을 제기하고 있다는 점에서 일본 국제법학계의 법리적 논거를 검토하기로 한다.

1) 러스크 서한 이전 SCAPIN 효력 단절론

(1) 우에다 도시오의 'SCAPIN 무효론'

'본원적 권원론'의 주창자인 우에다 도시오는 샌프란시스코강화조약 제2조 (a)항의 한국의 독립 시점과 관련하여, 1910년 한국강제병합 이전인 1905년 독도에 대한 무주지 선점과 무관하며 강화조약의 발효로 SCAPIN은 무효화된다는 것으로, 다음과 같이 주장하고 있다.

> 죽도와 관련해서 문제가 된 것은 1951년 9월 8일에 서명되어, 1952년 4월 28일에 효력이 발생한 샌프란시스코강화조약이다. 이 조약 제2조 (a)항에 따르면 "일본국은 한국의 독립을 인정하고 제주도, 거문도 및 울릉도를 포함한 한국에 대한 모든 권리, 권원 및 청구권을 포기한다"는 규정이 있다. 이 조항에 의거하여 일본이 인정한 '한국의 독립'이란 1910년 한일합방 당시의 한국 영토를 일본으로부터 분리 독립시키는 것을 인정한 것이며, 따라서 한일합방 이전의 일본 영토는 여기에 포함되지 않는다.
> 죽도는 이미 1905년 일본 시마네현 소관으로 정식 편입되었으며 1946년 1월 29일의 SCAPIN 제677호를 통한 독도에 대한 일본의 정치·행정상의 권리 행사 중단의 지령도 샌프란시스코강화조약의 발효로 당연히 무효가 되어 시마네현의 관할 아래로 복귀한 것이기 때문에, 죽도가 새로 독립한 한국 영토로 병합되는 수가 없다. 위의 샌프란시스코강화조약 제2조 (a)항

와 실효지배의 권원을 중심으로」, 『국제법학회논총』 제59권 제3호, 112~113쪽.

에서 일본이 모든 권리, 권한을 포기하는 도서로 제주도, 거문도 및 울릉도의 이름을 구체적으로 제시하고 있으나 죽도에 대해서는 따로 언급하고 있지 않은 것도, 이를 의미하는 것으로 보아도 무방하다. 그런데 한국 측에서는 이에 대해 여러 가지 반론이 나오고 있다. 예를 들어 "한반도 근해에는 많은 섬들이 있는데, 이 섬들이 모두 강화조약에 그 구체적 명칭을 규정하지 않는다고 해서 한국 영토에 포함되지 않는다고 볼 수 없다"는 주장도 있다. 아울러 제주, 거문, 울릉의 세 섬은 한국 근해의 대표적인 도서일 뿐만 아니라 그 위치는 한반도의 가장 바깥쪽에 있어 일본에 근접해 있다. 그러므로 만약 죽도가 이 섬들보다 한반도와 근접한 안쪽에 있으면 그 명칭이 샌프란시스코강화조약에 특기되지 않아도 당연히 한국 영토에 포함되는 것은 의심할 여지가 없지만, 사실은 이와 반대로 이 세 섬의 바깥쪽에 있는 일본에 근접한 위치에 있으므로 죽도를 한국 영토에 추가할 경우에는 오른쪽 세 섬과 함께 죽도의 이름을 조약에 명기해야 한다. 그러나 실제로는 전술한 대로 조약에 죽도의 이름은 나오지 않고 있다. 이는 죽도가 여전히 일본 영토의 일부에 남겨진 것을 의미하는 것일 수밖에 없다. 그 밖에 독도는 울릉도의 부속 섬이기 때문에 울릉노와 운명을 함께 해야 한다는 주장이 있지만, 지리적 혹은 역사적 배경에서 볼 때 이 역시 수긍할 수 없다.[14]

(2) 다이주도 가나에의 'SCAPIN 임시효력론'

'대체적 권원론'의 주창자인 다이주도 가나에는 일본의 영토는 샌프란시스코강화조약에 의해서 결정되었으므로 SCAPIN은 임시적 효력에 불

---

[14] 植田捷雄, 1965,「竹島の帰属をめぐる日韓紛争」,『一橋論叢』第54巻 第1号, 19~34쪽.

과하며, 고유영토인 독도는 카이로선언과 무관하다는 것으로, 다음과 같이 주장하고 있다.

> SCAPIN 제677호는 일본의 연합군 점령 기간 동안 시행된 임시조치였으며 죽도를 일본 영토에서 제거하지 않았다. 이 문제는 SCAPIN 제677호 제6항인 "이 지침의 어떤 것도 포츠담선언 제8조에 언급된 소도서의 궁극적인 결정과 관련된 연합국 정책의 표시로 해석되어서는 안 된다"에서 명확하게 확인할 수 있다. SCAPIN 제1033호, 즉 맥아더 라인에 관한 제5항은 명시적으로 "현재의 승인은 해당 지역 또는 그 밖의 지역에서의 국가 관할권, 국제 경계 또는 어업권의 궁극적인 결정과 관련된 연합 정책의 표현이 아니다"라고 규정하고 있다. 항복 후 일본에 적용된 기본정책은 일본에 대한 연합국의 일반적인 정책에 대한 진술에 지나지 않았다. 혼슈, 홋카이도, 규슈, 시코쿠에 대한 일본의 주권이 확정적으로 확립된 반면, 부속 소도서에 대한 주권의 결정은 이후의 조치를 위해 남겨졌다.
> 일본의 전후 영토에 대한 최종 결정은 1952년 4월 28일에 발효된 일본과의 강화조약에서 이루어졌다. 이 조약에서 일본은 한국의 독립을 인정하였다. 이것은 일본에 의해 병합되기 전에 존재했던 한국이 일본과 분리되어 독립되어 있음을 인정한 것을 의미한다. 이러한 인식은 일본이 병합 이전부터 일본의 주권 영토였던 지역을 새로 독립한 한국에 양도하고 있었다는 함축적 의미를 전혀 담고 있지 않다. 더욱이, 고대부터 일본의 주권 영토의 고유한 부분으로서 죽도는 카이로선언에 정의된 "폭력과 탐욕에 의해 점령된 영토"에 속하지 않는다는 것은 분명하다.[15]

---

15 太壽堂鼎, 1966, 「竹島紛争」, 『国際法外交雑誌』 第64巻 第4·5号, 128~130쪽.

(3) 히로세 요시오의 'SCAPIN 임시위임론'

'실효적 권원론'의 주창자인 히로세 요시오는 영토관할권의 최종적 결정은 샌프란시스코강화조약상의 처리에 최종적으로는 위임되어 있었으므로 SCAPIN의 관할권은 임시적인 위임조치라는 것으로, 다음과 같이 주장하고 있다.

> 샌프란시스코강화조약의 영토조항인 제2조 (a)항에는 일본에게 박탈당한 한국의 도서 중 '죽도'에 대한 명시적 지정은 없다. 그러나 연합국 최고사령관 지령(1946년)에서는 포츠담선언 및 항복문서의 실시로서 명문으로 죽도를 일본의 관할권 행사 영역에서 제외하고, 일본의 관할권에서 제외하는 소도서의 하나로서 '죽도'를 명기하였고, 그 후 1946년 맥아더 라인의 설정 시에도 죽도는 일본 어선의 조업 구역 밖에 놓였다. 또 1952년 이승만 라인의 설정을 비롯하여 대한민국 정부의 죽도에 대한 사실상의 통치가 오늘날까지 이어져 온 것도 사실이다.
>
> 원래부터 위의 최고사령관 지령의 결정은 영토관할권의 최종적 결정이 아니라, 샌프란시스코강화조약상의 처리에 최종적으로는 위임되어 있었다. 따라서 일본에서 제외된 영역을 규정한 샌프란시스코강화조약 제2조 (a)항에서 '죽도'에 대한 언급이 없는 이상, 죽도는 일본 영토의 범위에 남겨진 지역(소도서)으로 보아야 한다는 해석이 일본에서는 일반적이다. 분명히 연합국의 대일 점령정책에 주요한 역할을 수행하고 영향력을 가졌던 미국이 대일평화조약 작성 당시 미·소 냉전이 절정이던 시기에 동등하게 미국 측에 속해 있던 한일 양국의 죽도 영유에 관한 주장의 대립에 대한 조정에 고심해서, 기존의 연합국 최고사령관 지령에 명시되었던 한국 편입의 방향을 수정해서 중간적 입장으로 무게중심을 옮긴 정치적 경위가 있다. 그 결과로 샌프란시스코강화조약 제2조 (a)항에서 규정한 일본의 영토권 포기대

상의 도서로서 제주도, 거문도, 울릉도의 세 섬은 명기하면서도 죽도에 대한 명시적 언급을 피했다고 볼 수 있다. 즉 이러한 규정 방법은 반대 해석으로서 포기 대상에서 죽도가 제외되고 있던 이상, 이 섬의 일본 영토로서의 잔존을 긍정한 것으로 보아야 하는, 이른바 조문의 소극적 해석을 가능하게 할지도 모른다.

그러나 샌프란시스코강화조약의 규정은 본래 한국령 도서였던 제주도, 거문도, 울릉도의 세 섬에 대해서는 일본의 포기를 명시하면서도 그중의 거문도에 대해서는 1946년의 연합국 최고사령관 지령(일본의 관할권에서 제외당한 도서를 지정)에는 들어 있지 않고, 한국 관할권하에는 놓여 있었던 것을 간과해서는 안 될 것이다. 이러한 점은 대일평화조약의 영토조항상의 명문적 지정을 받은 도서만이 일본의 포기 대상 영역으로서 확정되어야 한다는 이해에 대한 유력한 반론 근거를 제공할 것이다. 바꾸어 말하면 대일평화조약 영토조항에서의 도서 지정은 망라적, 한정적으로 이해되는 것이 아니라 합리적인 범위에서 보강되어 실제적인 취급을 해야 한다는 것을 시사하고 요구하고 있는 것이라고 보아야 하는 것이 타당한 이해라고 할 수 있다.[16]

2) 러스크 서한 이후 쓰카모토 다카시의 '조약적 권원론'

러스크 서한이 공간된 이후 러스크 서한을 전제로 무주지 선점에 대한 조약적 권원론을 주장하는 쓰카모토 다카시는 동북아역사재단 홈페이지에 게시된 내용을 제시하며, 그에 대한 반론을 제기하고 있다.

먼저 쓰카모토가 인용한 동북아역사재단 홈페이지 내용이다.

---

16 広瀬善男, 2007, 「国際法からみた日韓併合と竹島の領有権」, 『明治学院大学法学研究』 81, 298쪽.

연합국 최고사령관 총사령부는 일제강점기 중 독도를 울릉도와 함께 일본의 통치 대상에서 제외되는 지역으로 규정한 연합국 최고사령관 지령(SCAPIN) 제677호(1946. 1. 29)를 적용하였다. 총사령부가 독도를 일본의 영역에서 분리하여 취급한 것은 일본이 '폭력과 탐욕으로 약탈한' 영토를 포기할 것을 명시한 카이로선언(1943년) 및 포츠담선언(1945년) 등에 의해 확립된 연합국의 전후 처리 정책에 따른 것이다. 즉, 독도는 일본이 러일전쟁 중 폭력과 탐욕으로 빼앗은 것으로서 일본이 포기했어야 할 한국의 영토였던 것이다.

1951년 9월 체결된 샌프란시스코강화조약도 이러한 연합국의 조치를 계승하였다. 따라서 강화조약에 독도가 직접적으로 명시되지는 않았지만, 일본에서 분리되는 한국 영토에 독도는 당연히 포함되어 있다고 보아야 한다. 독도보다 더 큰 무수한 한국의 섬들도 일일이 적시되지는 않았다. 한국의 모든 섬을 조약으로 거명할 수는 없었기 때문이다.

또 일본이 독도 영유권의 근거로 내세우는 '러스크 서한'은 연합국 전체가 아닌 미국만의 의견으로 독도 영유권을 결정하는 데 어떤 효력도 갖지 않는다.[17]

다이주도 가나에의 '대체적 권원론'을 답습하고 있는 쓰카모토 다카시는 동북아역사재단 홈페이지에서 상기 내용을 인용한 후 다음과 같은 반론을 제기한다.

---

17 동북아역사재단 편, 2019, 『일본의 거짓 주장 독도의 진실』, 동북아역사재단, 20~21쪽. https://www.nahf.or.kr/gnb03/snb02_01.do?mode=view&page=&cid=60137&hcid=27685.

이러한 주장은 사실관계에서나 법적 관점에서나 모두 성립되지 않는다. 우선, 1946년 1월의 SCAPIN 제677호는 죽도를 일본 정부의 시정 범위에서 제외했지만, 그것은 점령 통치 목적상의 조치였을 뿐 영토의 처분이 아니었다. SCAPIN 제677호 자체가 "이 지령 속의 조항은 모두 포츠담선언 제8항에 있는 여러 소도서의 최종적 결정에 관한 연합국의 정책을 제시하는 것으로 해석해서는 안 된다"(제6항)고 단언했다. 영토의 처분은 강화조약으로 이루어졌다. 애당초 죽도는 한국의 영토였던 적이 없다. 한국에서는 오늘날, 한국의 고문헌·고지도에 등장하는 '우산(도)'이 죽도이며 역사적으로 한국령이었다는 등의 주장이 이루어지지만 근거가 빈약하다. 한국이 죽도를 실효적으로 점유한 증거도 제시되지 않고 있다. 일본이 빼앗았다고 하는 주장은 한국령이었다는 전제가 결여되어 있다.

다음으로 조약은 문맥에 따라 그 취지 및 목적에 비추어 부여되는 용어의 통상적 의미에 따라 해석된다(조약법협약 제31조 참조). 이 방법으로 얻어진 의미를 확인하기 위해, 또는 이 방법에 따른 해석으로는 의미가 모호하거나 불분명한 경우 등에 의미를 결정하기 위하여 해석의 보조적 수단, 특히 조약의 준비작업 및 조약 체결 당시의 사정에 의거할 수 있다(조약법협약 제32조 참조). 샌프란시스코강화조약 제2조 (a)항에서 말하는 한국의 "문맥·취지에 따른 통상적 의미"는 1910년에 일본에 병합된 한국이라는 것이며, 죽도를 포함하지 않는다. 이 용어의 의미는 또한 필요하다면 앞에서 기술한 '준비작업'을 통해 확인되며 결정된다. "독도보다 큰 무수한 한국의 섬들"은 '한국'이라는 말에 포함되므로 원래 열거될 일은 없으며, '러스크 서한'은 미국만의 의견이 아닐뿐더러 조약의 준비작업으로서 큰 의의를 가진다는 것이다.

1951년 7월 19일, 양유찬 주미 한국대사가 덜레스를 방문하여 정부의 훈령에 따라, 개정 미·영 초안의 수정 요청과 관련된 애치슨(Dean G.

Acheson) 국무장관 앞으로 문서를 전달하였다. 제2조 (a)항에 대한 수정 요청은 "'포기하다'를 "한국 및 제주도·거문도·울릉도·독도(Dokdo) 및 파랑도를 포함하는 일본에 의한 병합 전에 한국의 일부였던 도서들에 대한 모든 권리, 권원 및 청구권을 1945년 8월 9일에 포기하였음을 확인한다"로 고친다는 것이었다.[18]

이에 대해 미국의 러스크(Dean Rusk) 국무 차관보는 국무장관을 대신해서 1951년 8월 10일 자 문서로 다음과 같이 말하면서 한국의 요청을 물리쳤다. 즉 "미합중국 정부는 유감스럽게도 해당 제안과 관련된 수정에 찬성할 수 없습니다. 미합중국 정부는 1945년 8월 9일의 일본이 한 포츠담선언 수락이 동 선언에서 취급된 지역에 대한 일본의 정식 내지는 최종적인 주권 포기를 구성한다는 이론을 조약이 취해야 한다고 생각하지 않습니다. 독도 또는 죽도 내지 리앙쿠르암으로 알려진 도서에 관해서는 이러한 통상 무인도인 암도는 우리의 정보에 따르면 한국의 일부로 취급된 적이 결코 없으며, 1905년경부터 일본 시마네현 오키 지청의 관할하에 있습니다. 이 섬은 과거 한국이 영토 주장을 했었다고는 생각되지 않습니다."[19] 개정 미·영 초안의 규정은 그대로 조약 제2조 (a)항이 되어 대전 후에도 죽도의 일본 영토로서의 지위에 변동이 없다는 것이 확정되었다.[20]

---

18 NARA, RG59, Lot54 D423, Japanese Peace Treaty Files of John Foster Dulles, Box 8, Korea. 또, Foreign Relations of the United States 1951, Vol. 6, p. 1206.
19 NARA, RG59, Lot54 D423 상동. 또, Foreign Relations of the United States 1951, Vol. 6, p. 1203, f,n.3.
20 塚本孝, 2021, 「対日平和条約(サンフランシスコ平和条約)における竹島の扱い」, 竹島研究·解説サイト.

2. 일본 국제법학계의 조약적 권원 연구에 대한 검토

일본 국제법학계의 독도영유권에 대한 조약적 권원 연구와 관련하여 러스크 서한의 공개 전후 무주지 선점론자들이 제기하는 주장을 분석해 보았다. 분석 결과, 일부 지엽적인 차이는 있으나 샌프란시스코강화조약에 대한 인식은 대동소이하므로, 샌프란시스코강화조약과 SCAPIN의 효력, 시볼드 의견서와 조약 제6차 초안의 변경, 러스크 서한과 영토갈등 기원론 및 한일강제병합 이전 1905년 무주지 선점의 정합성 등의 쟁점을 중심으로 조약적 권원 연구의 문제점을 검토하고자 한다.

1) 샌프란시스코강화조약과 SCAPIN 효력 단절론에 대한 검토

샌프란시스코강화조약의 조약적 권원으로서의 효력과 관련하여, 일본 국제법학계 권원 연구 가운데 무주지 선점의 '본원적 권원론'을 주장한 우에다 도시오를 필두로 '대체적 권원론'의 다이주도 가나에, '실효적 권원론'의 히로세 요시오로 이어진 무주지 선점론에 입각한 SCAPIN 단절론과, 러스크 서한 공개 이후 이를 전제로 무주지 선점 권원에 대한 샌프란시스코강화조약의 승인론이 제기되고 있다.

그러나 카이로선언을 시작으로 포츠담선언을 경유하여 샌프란시스코강화조약에 이르기까지 한국의 독도주권을 명시적으로 인정했던 SCAPIN 제677호와 제1033호의 효력과 관련하여 러스크 서한 이전의 무주지 선점론자들은 SCAPIN 효력에 대한 단절(배제·부정)론에 입각하고 있는 점에서 문제를 검토하기로 한다.

먼저, 1947년 1월에서 1949년 11월까지 미국 국무부가 작성한 샌프란시스코강화조약의 제5차까지의 초안은 독도영유권이 SCAPIN 제677호의 연장선상에 있는 것으로 표기되어 있는 점에 주목할 필요가 있다. 그것은 미국의 조약 초안에서도 SCAPIN 제677호와 동일하게 어떠한 정치적 고려나 외부적 영향이 없는 상태에서는 미국이 독도를 한국의 영토로 인정하고 있었다는 점을 보여 주고 있기 때문이다.[21]

연합국의 대일 영토정책의 기본원칙인 카이로선언은 일본이 폭력과 탐욕으로 약취한 모든 지역에서의 추방을 비롯하여 한국의 해방과 독립을 명시하고 있다. 연합국의 일본에 대한 종전합의의 기본원칙인 포츠담선언은 제8항에서 카이로선언의 이행과 함께 일본의 주권은 혼슈와 홋카이도, 규슈, 시코쿠, 그리고 연합국이 결정하는 소도서로 국한된다고 규정하고 있다.

항복문서 제8항에 의거하여 일본의 통치권을 이양받은 연합국 최고사령관 총사령부는 제2차 세계대전 이후 샌프란시스코강화조약 발효 시까지 독도를 일본에서 분리한다는 방침하에, SCAPIN 제677호(1946. 1. 29) 및 SCAPIN 제1033호(1946. 6. 22)의 포고를 통해 일본 점령 기간 내내 독도를 일본의 통치대상에서 제외되는 지역으로 규정하였다.

SCAPIN 제677호 제3항은 일본의 범위를 혼슈, 홋카이도, 규슈, 시코쿠의 4개 섬과 쓰시마, 그리고 북위 30도 이북의 류큐를 포함하는 약 1,000개의 인접 소도서로 규정하고, 울릉도, 독도, 제주도를 일본의 영토에서 제외하며, 제4항에서는 일본의 관할에서 한국을 제외하였다. SCAPIN 제1033호의 제2항에서는 일명 맥아더 라인이라고 불리는 일본 어선의 조업 범위를 경위도로 설정하여 독도를 경위도 바깥에 두었으며, 제3항에서는 일본 선박과 승무원에 대해 독도로부터 12마일(약 19.3킬로

---

21 정병준, 2010. 『독도 1947』, 돌베개, 405쪽.

미터) 이내 접근을 금지했다. 그러나 SCAPIN 제677호 제6항과 제1033호 제5항은 이것이 일본 영토에 대한 최종적 결정은 아님을 밝히고 있다.[22]

그렇다면 SCAPIN 제677호 제6항의 배제조항 역시 예시적인 조항으로서, 동 제5항과의 연관 속에서 해석되어야 한다. 제5항은 연합국 최고사령관 총사령부가 내릴 모든 지시, 각서 및 명령에서 일본의 영토를 별도로 구체적으로 규정하지 않으면 동 규정상 일본의 영토범위는 계속 효력을 가지고 적용되어야 한다는 것으로 규정하고 있기 때문이다. 즉 동 규정상 일본에 대한 정의가 향후 연합국 최고사령관 총사령부가 내릴 지시, 각서 또는 명령에서 별도로 구체적으로 규정되는 경우에는 그에 따르고, 별도로 규정되지 않는 경우에는 그대로 계속 적용된다는 취지인 것이다.

환언하면, 미국과 연합국의 국가실행상 독도주권 문제에 관한 추가적인 별도의 지시, 각서 또는 명령이 없었다는 점에서 SCAPIN 제677호에서 규정된 일본의 범위에 대한 정의는 구 일본의 영토처리에 관한 최종적인 결정이며 따라서 이후 계속 유효한 것으로 해석하는 것이 타당하고 합리적이다. 결국 샌프란시스코강화조약이 독도주권 문제에 관해 제6차 초안에서와 같이 명시적 언급을 하지 않은 것은 당시 일본이 연합국을 설득하여 기존 입장을 변경시키는 데 실패하여 종결된 것으로 평가할 수 있다.[23]

2) 조약 초안의 변경 관련 시볼드 의견서에 대한 검토

독도를 한국령으로 명시한 샌프란시스코강화조약 제5차 초안까지의 규정에 변화가 촉발된 것은 1949년 12월부터였다. 주일 미국 정치고문인

---

22 이성환, 2021, 「러스크 서한과 샌프란시스코강화조약에서의 독도주권에 관한 검토」, 『독도 영토주권과 국제법적 권원 Ⅱ』, 동북아역사재단, 284쪽.
23 박현진, 2017, 『독도 영토주권 연구』, 경인문화사, 376~378쪽.

시볼드가 미국 국무부의 1949년 11월 2일 조약 제5차 초안에 대해 독도(Liancourt Rocks)가 일본령이라고 주장하였고, 이후 1949년 12월 29일 제6차 초안에서 독도가 일본령으로 표기되었기 때문이다.

시볼드가 미국 국무부에 보낸 1949년 11월 14일의 긴급전문과, 이를 문서화한 11월 19일의 의견서를 보면 샌프란시스코강화조약 제5차 초안에 대한 일본의 입장을 대변하고 있다. 시볼드가 제시한 11개 사항의 의견 가운데, 독도와 관련된 다음과 같은 제안에 주목할 필요가 있다.

"리앙쿠르암을 우리가 제안한 제3조에서 일본에 속하는 것으로 특정해야 한다고 제안한다. 이들 소도서에 대한 일본의 주장은 오래되고 유효한 것으로 보이며, 이들을 한국 해안의 도서들로 간주하기는 어렵다. 또한 안보 측면에서 고려할 때, 이들 도서에 기상 및 레이더 기지를 설치하는 것은 미국의 국익에도 결부된 사안이다"라고 주장하고 있다.[24]

일본의 주장은 오래되고 유효할 뿐만 아니라 안보적인 측면에서 미국의 전략적 이익에 도움이 된다는 전제로 독도를 일본 영토로 지정해야 한다는 것으로, 레이더 기지에 대한 언급은 일본과 미국의 이해관계를 부합시켜 독도를 일본령으로 변경하겠다는 의도인 것이다. 시볼드의 주장은 1947년 6월 일본 외무성이 제작하여 미국에 제공한 「일본의 부속소도, Ⅳ, 태평양 소도서, 일본해 소도서」라는 팸플릿의 내용을 거의 그대로 원용한 것에 다름 아닌 것이었다.[25]

그런데 시볼드의 보고서가 제출된 이후인, 1949년 12월 29일에 작성된 미국의 제6차 초안에는 독도를 일본령으로 변경하고 명칭도 일본명 '다케시마'를 사용하고 있다. 독도를 일본령으로 표기한 유일한 초안으로

---

24 정병준, 2010, 앞의 책, 469쪽.
25 정병준, 2010, 위의 책, 470쪽.

서 관련 주석에는 "리앙쿠르암은 과거 한국이 영토 주장을 한 적이 없고 한국명이 없으며, 1905년 한국 정부의 항의를 받지 않고 일본에 정식 편입되었다"라는 취지의 설명이 첨부되어 있다.[26] 샌프란시스코강화조약에 의한 일본의 독도영유권설을 강하게 주장해 온 쓰카모토 다카시는 "시볼드 주일 정치고문으로부터 죽도가 일본령이라는 지적을 받은 국무부는 다음달 1949년 12월 19일 초안에서 관계 조문을 수정했다"며 이 초안과 시볼드 의견서의 직접 관련성을 지적하고 있다.[27] 시볼드의 의견에 의거하여 독도가 한국 영토에서 일본 영토로 바뀌었다는 것이다.[28]

그 후 1950년 4월 19일 존 포스터 덜레스(John Foster Dulles) 상원의원이 미국 국무부 고문으로 임명되어 대일강화조약 체결을 담당하면서 '비징벌적 강화조약'과 '조약의 간략화'가 진행되었다. 1950년 8월 7일의 초안에서는 일본 영토에 대한 규정과 함께 독도 관련 조항도 사라지고, "일본이 한국의 독립을 인정한다"는 내용으로 바뀌었다. 이러한 기조는 1951년 3월 13일의 초안에서 "일본은 한국, 타이완 및 펑후도에 대한 모든 권리, 권원 및 청구권을 포기한다"로 정리된다.[29]

한편, 미국과 함께 강화조약 작성의 당사국인 영국은, 1951년 4월 7일 이른바 영국 초안을 완성했다. 영국 초안은 일본의 영토를 경위도를 사용하여 표기하고 독도를 일본 영토에서 제외했다.

또한, 일본 정부는 샌프란시스코강화조약에 대한 의회의 비준 동의를 요청하는 과정에서 1951년 8월 일본 해상보안청에서 제작한 〈일본영역

---

26 塚本孝, 1994, 「平和條約と竹島(再論)」, 『レファレンス』 44(3), 國立國會圖書館, 44쪽.
27 塚本孝, 1994, 위의 글, 43쪽.
28 이성환, 2021, 앞의 글, 291쪽.
29 塚本孝, 1994, 앞의 글, 45쪽.

참고도〉를 첨부하여 동년 10월 의회에 제출하였는데, 이 지도에는 독도가 한국령으로 표시되어 있다.[30] 일본 정부는 1951년 11월 28일 비준서를 미국 정부에 기탁함으로써 비준 절차를 완료하였으며 강화조약은 1952년 4월 28일 일본에 대하여 발효되었다.

일본 정부가 제작한 〈일본영역참고도〉는 일본 스스로 독도를 한국의 도서로 인정한 지도라는 점에서 태정관지령 부속지도인 〈기죽도약도〉 및 SCAPIN 제677호 첨부지도와 함께 1951년 체결된 샌프란시스코강화조약상 독도주권 귀속 주체의 해석에 관한 결정적 증명력을 가지는 3대 지도의 하나로 분석된다. 〈일본영역참고도〉는 조약의 해석과 관련한 당사국의 관행을 구성하며, 일본의 독도영유권 주장이 근거 없는 주장임을 입증하는 중요한 증거를 구성하는 것으로 평가할 수 있다.[31]

3) 러스크 서한의 효력과 영토갈등 기원론에 대한 검토

1951년 8월 10일 자 러스크 서한은 일본 정부에는 공개되지 않은 비밀문서였으나, 1978년 4월 28일 자 미국의 대외관계자료로 공간되었다. 샌프란시스코강화조약의 효력과 관련하여, 러스크 서한 공개 이후 쓰카모토 다카시는 이를 전제로 1905년 무주지 선점에 대한 조약 승인론을 주장하고 있으나, 이는 일본이 제공한 허위정보에 입각하여 역사적 사실과 국제법 법리를 전형적으로 왜곡하는 것이다.

1951년 7월 3일 자 제3차 미·영 합동 초안은 7월 9일 양유찬 주미 한국대사에게 전달되었다. 한국의 독립을 인정한다는 문구와 제주도, 거문

---

[30] 정태만, 2014, 『17세기 이후 독도에 대한 한국 및 주변국의 인식과 그 변화』, 단국대학교 박사학위논문, 169쪽.
[31] 박현진, 2017, 앞의 책, 385~389쪽.

도, 울릉도가 명기된 이 초안은 한국의 기타 소도서의 귀속과 관련하여 의문을 제기하게 된다. 한국 정부는 7월 19일 양유찬 주미대사를 통해 덜레스 미국 국무부 고문에게 맥아더 라인의 유지, 한국 내 일본인 재산 처리문제와 함께 제2조 (a)항을 "일본은 1945년 8월 9일 한국 및 제주도, 거문도, 울릉도, 독도 및 파랑도를 포함하는 일본의 한국병합 이전에 한국의 일부분이었던 도서에 대한 모든 권리, 권원, 청구권을 포기함을 확인한다"로 수정해 줄 것을 요청했다.[32] 덜레스는 독도와 파랑도가 "일본의 한국병합 이전에 한국의 도서였다면 일본의 한국 영토에 대한 영토권을 포기하는 관련 조약 부분에 이들 도서를 포함시키는 것은 특별히 문제가 없다"고 언급하였다.[33] 그러나 한국의 요청을 받은 미국 국무부는 내부 논의 과정에서 독도가 한국령이라는 지리전문가 새뮤얼 W. 보그스(Samuel W. Boggs)의 보고서가 제출되었음에도, 한국의 요청은 수용되지 않았다.[34]

1951년 8월 10일 미국 국무부는 데이비드 딘 러스크(David Dean Rusk) 극동 담당 차관보의 명의로 양유찬 주미 한국대사에게 독도를 한국의 영토로 인정할 수 없다는 내용의 서한을 전달한다. 독도에 대한 미국의 최종 입장을 정리한 이른바 러스크 서한이다. 서한이 한국 정부에 전달된 직후인 8월 16일 샌프란시스코조약 확정안이 공표되고, 9월 8일 조인이 이루어졌다. 주목할 것은 당시 러스크 서한은 일본에는 전달되지 않았음에도 1980년대 이후 러스크 서한의 내용이 일본에 알려지면서 일본은 샌프란시스코조약의 작성 과정은 무시하고 러스크 서한을 근거로

32　정병준, 2010, 앞의 책, 732~749쪽.
33　정병준, 2010, 위의 책, 751쪽.
34　정병준, 2010, 위의 책, 754~764쪽.

독도영유권이 확정되었다고 주장하고 있다.³⁵ 그것은 일본 국제법학계의 무주지 선점론자를 중심으로 한 SCAPIN 효력 단절론에서 쓰카모토 다카시의 무주지 선점에 대한 조약적 권원 승인론으로 전환하고 있는 지점인 것이다.

미국의 태도 변화에 시볼드의 의견서가 결정적 역할을 한 배경에는 냉전의 대두로 인한 국제정세의 변화가 작동하고 있었다는 점 역시 주목할 필요가 있다. 하라 키미에(原貴美惠)는 "1949년 후반은 냉전의 격화, 공산주의의 국제적 확대와 중국의 정권을 장악한 직후라는 배경이 있다. 일본은 미국의 아시아전략에서 중핵적인 지위를 차지하고 있었으나, 장래가 불투명한 한국의 중요성은 2차적이었다. 실제로 1950년 1월 발표된 애치슨 라인에서 한국은 제외되어 있었다. 북한의 공산정권이 한반도 전체를 지배할 가능성도 배제할 수 없는 당시에 미국은 독도가 한국의 영토가 아닌 것이 바람직하다고 생각했을 것이다"라고 설명하고 있다.³⁶

이러한 영토갈등 기원론에 대해, 알렉시스 더든(Alexis Dudden)은 "샌프란시스코강화조약이 발효되었을 당시 독도는 1950~1953년 한국전쟁 중 미국의 안보체제에서 중요한 지역으로, 일본이 주장을 정당화하기 위해 내세운 바와 전혀 다르게 독도는 미국의 전술적인 한반도 주둔을 위한 플랫폼이었다. 독도의 지위에 대한 미국의 최종적 결정이 지닌 불확정성은 이 지역의 미래를 결정하는 데 대한 미국 정부의 불안감을 보여주는 것이다. 독도에 대한 미국의 접근법은 미국이 일본 영토를 규정하는 과정에서 영유권 문제를 상황에 따라 즉각적으로 결정할 것임을 명확히 보여

---

35 이성환, 2021, 앞의 글, 294쪽.
36 原貴美惠, 2005, 『サンフランシスコ平和条約の盲点―アジア太平洋地域の冷戦と「戦後未解決の諸問題」』, 溪水社, 50쪽.

준다. 즉, 문제를 의도적으로 모호하게 만들어 회피하는 지점에 이르도록 하되 향후 미국의 개입을 필요로 하게 만드는 방식"이라고 평가한다.[37]

이러한 관점에서 보면, 샌프란시스코강화조약 제2조 (a)항에 독도의 귀속을 미해결 상태로 남겨 둔 미국의 의도는 양의적 해석이 가능하도록 모호하게 하여 장래 양국의 교섭에 의한 해결을 도모한 것으로 분석된다.[38] 이러한 해석을 종합하면, 독도는 미국의 대공산권 전략의 소재로 활용된 것일 뿐이며,[39] 미국이 독도에 대한 초기 인식을 부정하고 샌프란시스코강화조약에서 독도를 일본의 영토로 인정한 것은 아닌 것으로 평가할 수 있다.

4) 한일강제병합 이전 독도 무주지 선점의 정합성

일본 국제법학계의 권원 연구에서 우에다 도시오를 기점으로 한 무주지 선점론자들은 샌프란시스코강화조약 제2조 (a)항의 한국의 독립 시점과 관련하여, 독도는 1910년 한국강제병합 이전인 1905년에 일본의 영토가 되었기 때문에 일본의 영토라는 주장을 공통적으로 제기하고 있다.

환언하면, 제2조 (a)항의 "일본국은 한국의 독립을 인정하고 제주도, 거문도 및 울릉도를 포함한 한국에 대한 모든 권리, 권한 및 청구권을 포기한다"는 규정에 의거하여, 일본이 인정한 '한국의 독립'이란 1910년 한일강제병합 당시의 한국 영토를 일본으로부터 분리 독립시키는 것을 인정한 것이며, 따라서 한일강제병합 이전인 1905년 무주지 선점론에 입각하

---

37 알렉시스 더든, 2021, 「샌프란시스코강화조약의 유산을 둘러싼 논란」, 『영토해양연구』 제22호, 31쪽.

38 이는 덜레스의 전략으로 대서양헌장 등에서 표명된 '영토 불확대 원칙'을 명확화하지 않은 이유로 분석된다. 広瀬善男, 2007, 앞의 글, 299쪽.

39 이성환, 2021, 앞의 글, 296쪽.

여 취득한 일본 영토인 독도는 여기에 포함되지 않는다는 것이다.

그렇다면, 그것은 1910년 이전의 한국에 독도가 포함되는가의 문제이자, 1905년 일본의 독도 편입에 대한 합법성과 정당성의 문제로 귀결되는 것으로, 일본이 자의적으로 설정한 한일강제병합 이전에 시작된 한반도 불법강점이 러일전쟁의 발발보다 앞선 조선전쟁으로 시작된 사실을 주목할 필요가 있다.[40]

일본의 불법침탈은 1904년 1월 21일 전시 중립을 선언한 대한제국에 대해 1904년 2월 6일 일본 해군이 진해만과 마산시의 전신국을 강제 점령하면서 시작된 것이다.[41] 이러한 일본군의 한반도 강점에 대해 일본은 자국이 의도한 1905년 11월 17일의 을사늑약을 통해 정당화·합법화하고 있다는 점에서 원천무효인 침략과 조약강제는 1904년에 이미 시작된 것임을 주지해야 할 것이다.[42]

IV. 샌프란시스코강화조약 관련 국제법적 권원 법리의 문제점 검토

1. 일본 국제법학계의 조약적 권원 연구의 문제점

일본 국제법학계의 우에다 도시오를 기점으로 다이주도 가나에, 히로

---

40 와다 하루키, 2013, 「러일전쟁과 한국병합-러시아라는 요인을 생각하다」, 『한일강제병합 100년의 역사와 과제』, 동북아역사재단. 76~77쪽.
41 해군군령부, 「明治37, 8년 해전사」 (극비) 제1부 10권, 2, 5, 6, 23, 25~26쪽.
42 도시환, 2015, 「을사늑약의 국제법적 문제점에 대한 재조명」, 『국제법학회논총』 제60권 제4호, 128쪽.

세 요시오, 쓰카모토 다카시에 이르기까지 샌프란시스코강화조약 제2조 (a)항에 대한 조약적 권원 연구와 관련하여 러스크 서한 공개 이전 연구에서는 SCAPIN 효력 단절론을 중심으로 샌프란시스코강화조약에 대한 논의를 전개한 반면, 러스크 서한 공개 이후에는 쓰카모토 다카시에 의한 러스크 서한을 중심으로 논의를 전개하고 있음을 알 수 있다.

그것은 러스크 서한 자체가 1951년 8월 10일 당시 한국 정부에만 제시되었을 뿐 일본 정부에는 공개되지 않았다는 사실의 반증일 뿐만 아니라,[43] 일본 국회도서관 입법조사관 출신인 쓰카모토 다카시가 샌프란시스코강화조약 관련 자료 수집을 통해 러스크 서한에 가장 먼저 접근하여 연구할 수 있었기 때문으로 분석된다.[44]

아울러 쓰카모토 다카시는 샌프란시스코강화조약과 관련하여 러스크 서한 공개 이전 무주지 선점론자들의 조약적 권원 연구뿐만 아니라 공개된 러스크 서한 관련 자료까지 포섭함으로써 사실상 조약적 권원 연구를 포괄하고 있는 것으로 평가된다. 특히 일본 국제법학계 권원 연구의 정점이자 국제법사관을 주창한 히로세 요시오의 '실효적 권원론' 이후 무주지 선점 권원의 연구자로 등장한 쓰카모토 다카시는 국제법 법리상 근거가 없는 다이주도 가나에의 '대체적 권원론'을 추종함으로써 무주지 선점론자임에도 고유영토론과 샌프란시스코강화조약까지 총괄하여 활용하는 연구자로 지목된다.

환언하면, 쓰카모토 다카시는 "17세기 일본의 고유영토를 영위하기 위

---

43 Foreign relations of the United States(FRUS), 1951, Asia and the Pacific Volume VI.

44 塚本孝, 1983, 「サンフランシスコ条約と竹島」, 『レファレンス』 389호; 塚本孝, 1994, 「平和条約と竹島(再論)」, 『レファレンス』 518호(国立国会図書館調査立法考査局, 1994).

해 1905년 근대 국제법상 요청에 따른 대체가 요구된다"는 다이주도 가나에의 '대체적 권원론'에[45] 샌프란시스코강화조약 승인론까지 접목해 일제식민주의에 입각한 일본 정부의 주장과 일치하는 토대를 구축하고 있는 것이다.

그러한 전제에서 샌프란시스코강화조약에 대한 국제법 권원 연구의 법리적 문제점과 관련하여, 러스크 서한 공개 전후 연구를 포괄하는 쓰카모토 다카시의 조약적 권원 연구를 중심으로 샌프란시스코강화조약 권원 주장 및 관련 포괄적인 권원 연구상의 법리적 문제점을 구분하여 검토하기로 한다.

2. 샌프란시스코강화조약의 조약적 권원 관련 문제점

쓰카모토 다카시는 러스크 서한에 입각한 샌프란시스코강화조약 제2조 (a)항을 근거로 독도를 한국에 반환하지 않아도 되는 일본 영토라고 주장한다. 그러나 냉전의 대두로 인한 새로운 대일 영토정책에 대한 연합국의 논의·합의·결정이 존재하지 않은 상태에서 일본의 허위정보에 입각한 러스크 서한을 전제로[46] 제기하는 독도영유권 주장은 그 자체로 역사적 사실뿐만 아니라 국제법 법리 자체에 대한 왜곡에 다름 아닌 것이다. 그것은 샌프란시스코강화조약의 국제법적 권원에 대한 일본 국제법학계의 연구에서 한국 정부에만 발송된 딘 러스크 국무부 차관보의 서한

---

[45] 도시환, 2021, 「독도주권과 일본의 본원적 권원 주장에 대한 국제법적 검토」, 『독도연구』 제31호, 211쪽.
[46] 塚本孝, 1994, 앞의 글, 45~55쪽.

은 대폭 강조하는 반면,[47] 이후 미국 국무부의 공식입장으로 양국 정부에 발송된 '독도문제에 대해 일본 편에 설 수 없다'는 1953년 11월 19일 자 덜레스 국무장관의 전문[48]은 전혀 언급조차 하지 않고 있는 사실에서 확인되기 때문이다.

또한 1947년 1월 이래 미국 국무부 영토조항 초안에 독도가 한국령으로 명시된 사실, 1947년 이래 미국 국무부의 샌프란시스코강화조약 초안에 첨부된 지도에 독도가 한국령으로 표시된 사실, 1951년 4월 영국 외무부의 강화조약 공식 초안에 첨부된 지도 등도 공개하지 않았음은 물론이다.

환언하면 일본에 유리한 자료들의 의도적인 부각과 불리한 자료들의 누락을 전제로 한[49] 쓰카모토 다카시의 주장은 관련 자료의 은폐를 전제로 한 국제법 권원 자체에 대한 왜곡의 시도라는 비판으로부터 자유로울 수 없는 것이다.[50]

3. 러스크 서한과 역사적 권원 관련 문제점

쓰카모토 다카시가 샌프란시스코강화조약을 조약적 권원으로 주장하는 핵심적 근거인 러스크 서한은, "독도 또는 죽도 내지 리앙쿠르 암으로 알려진 도서에 관해서는 이러한 통상 무인도인 암도는 우리의 정보에 따르면 한국의 일부로 취급된 적이 결코 없으며, 1905년경부터 일본 시마

---

47 정병준, 2010, 앞의 책, 947~948쪽.
48 Telegram by Secretary of State, Dulles to Seoul(no. 398), Tokyo(no. 1198) (1953. 12. 19), RG 84, Japan, Tokyo Embassy, CGR 1953, Box 23.
49 정병준, 2010, 앞의 책, 67~70쪽.
50 도시환, 2021, 「샌프란시스코강화조약과 한일 역사·영토 현안의 국제법적 검토」, 『영토해양연구』 제22호, 91쪽.

네현 오키 지청의 관할하에 있습니다. 이 도서는 과거 한국이 영토 주장을 했었다고는 생각되지 않습니다"[51]라는 내용이다.

쓰카모토 다카시는 선행연구에서 검토한 바와 같이 무주지 선점론자임에도 불구하고, 일본이 17세기 역사적 권원을 가진 영토에 대해 선점 등 실효적 점유에 기초한 영역 취득 절차를 거쳐 불확실한 원초적 권원을 근대 국제법상의 권원으로 보강하는 것이 필요하다고 주장한다. 이것은 다이주도 가나에의 '대체적 권원론'을 답습한 것으로, 국제법상 역사적 권원을 가지는 고유영토를 영유하기 위하여 근대 국제법상의 다른 권원으로 대체하는 것은 요구되지 않으며, 실제 일본이 역사적 권원에 기초하여 영유하는 다수의 도서를 선점과 같은 다른 권원으로 대체한 일도 없다는 점에서 국제법 법리상 타당성이 없다는 동일한 비판으로부터 자유로울 수 없는 것이다.

그렇다면 대체적 권원론의 법리적 문제점을 인식하면서도 이를 주장하는 것은 한국의 독도 명칭 관련 문제를 독도 무주지론의 근거로 활용하기 위한 시도로 분석된다. 그러나 1877년 일본 메이지 정부의 태정관지령에서도 울릉도를 '죽도'로 호칭하고 있는 문제를 개방에 따른 서양지도의 유입으로 인한 혼선으로[52] 왜곡하는 한계를 노정하고 있다.[53]

더욱이 쓰카모토 다카시가 러스크 서한의 인용 이전에 강변해 온 "독도는 한국의 영토인 적이 없었다"는 주장과 관련하여 제시하는 역사적 권

51　NARA, RG59, Lot54 D423 상동. 또, Foreign Relations of the United States 1951, Vol. 6, p. 1203, f.n.3.

52　에도 막부 말기부터 메이지에 걸쳐 서양 지도의 유입으로 인해 '죽도', 마쓰시마의 명칭에는 혼란이 많이 있었다. 塚本孝, 2011, 竹島領有権問題の経緯【第3版】, 国立国会図書館, ISSUE BRIEF, NUMBER 701, 3~4쪽.

53　도시환, 2022, 『독도 영토주권과 국제법적 권원 Ⅲ』, 동북아역사재단, 37~38쪽.

원으로서의 '고유영토론'은[54] '1905년 무주지 선점론'의 흠결을 대체하고자 제기된 것으로 이미 17세기부터 독도가 일본의 영토였다는 주장이다.

그러나 1693년 조선 숙종 대 안용복의 피랍 이래 시작된 울릉도쟁계 이후 일본은 독도가 일본 땅이 아니라는 입장을 견지했다.[55] 에도 막부는 1696년 도해금지령을 내리고, 1837년 이를 위반한 하치에몬을 처형했으며, 메이지 정부는 1870년 「조선국교제시말내탐서」를 전제로 1877년 태정관지령을 통해 울릉도와 독도를 의미하는 "죽도 외 1도는 일본령이 아니다"라는 결론을 내린 것이다.

1877년 태정관지령은 당시 메이지유신을 성공적으로 완수한 일본이 근린 국가들과 관계를 정리하고 국경획정을 추진하는 과정에서 내무성이 울릉도와 독도를 시마네현 지적에 올려야 하는지와 관련한 질의에 대한 답변으로,[56] 메이지 정부 당시 최고 행정기관인 태정관이 발하는 지령은 헌법적 효력이 있음을 주지해야 할 것이다. 일본 외무성 홈페이지에서 찾을 수 없는 1877년 3월 29일 자 태정관지령과 관련하여, 1877년 3월 17일 내무성이 '일본해 내 죽도 외 1도 지적편찬 방사(日本海內竹島外一島地籍編纂方伺)'라는 태정관 앞 질의 전 자체 조사에서 '1699년 울릉도쟁계 관련 합의'를 전제로 조선령으로 결론을 내렸던 점에서[57] 이를 은폐하

---

54 고유영토론은 와다 하루키를 비롯한 다수 학자에 의해 비판받고 있다. 와다 하루키, 2013, 『동북아시아 영토문제, 어떻게 해결할 것인가-대립에서 화해로』, 사계절, 41쪽; 名嘉憲夫, 2013, 『領土問題から国境画定問題へ—紛争解決の視点から考える尖閣・竹島・北方四島』, 明石書店, 34쪽; 豊下樽彦, 2012, 『尖閣問題とは何か』, 岩波書店, 142쪽; 羽場久美子, 2013, 「尖閣 竹島をめぐる 国有の領土 論の危うき-ヨーロッパの国際政治から」, 『世界』 839, 岩波書店, 43쪽.

55 山辺健太郎, 1965, 「竹島問題の歴史的考察」, 『コリア評論』 7(2), 4쪽.

56 堀和生, 1987, 「1905年日本の竹島領土編入」, 『朝鮮史研究會論文集』 第24號, 97~125쪽.

57 國立公文書館, 1870, 「日本海內竹島外一島地籍編纂方伺い」, 『公文錄』.

는 것은[58] 일본의 독도영유권 주장의 핵심인 '무주지 선점' 권원의 합법성을 확보하기 위한 시도로 분석된다.

4. 러스크 서한과 무주지 선점론 재소환의 문제점

쓰카모토 다카시는 러스크 서한 논의 이전 무주지 선점과 관련하여 1905년 당시 일본 정부가 독도를 한국의 영토로 인식하고 군사상의 필요에서 영토를 편입한 것으로 기술한 나카이 요자부로(中井養三郎)의 문서는 부정하면서도, 어업행위에 대해서는 국가권능의 행사로 추인하여 선점요건을 구비하였다고 주장하고 있으나, 이것은 역사적 사실뿐만 아니라 국제법 법리에 대한 왜곡에 다름 아닌 것이다.[59]

또한 러스크 서한을 전제로, 샌프란시스코강화조약 제2조 (a)항과 관련하여 일본은 한국의 독립을 인정했으며, 그것은 '한일병합' 이전의 한국이 일본으로부터 분리 독립하는 것이며, 독도는 '한일병합' 이전에 일본의 영토가 되었기 때문에 일본의 영토로 남았다는 주장은 1904년 1월 21일 전시 중립을 선언한 대한제국에 대해, 1904년 2월 6일 일본 해군이 진해만과 마산시의 전신국을 강제 점령하면서 일본의 침략이 시작된 것으로 이후의 독도 침탈은 을사늑약과 함께 중대한 불법행위임을 인식해야 할 것이다.

그것은 히로세 요시오가 주도한 국제법사관의 총체적인 국제법상 합법화 시도에 내재된 본질적 오류로, 독도주권 침탈 당시의 국제법도 침략적 국가실행과 유착된 극단적 국가주의로서의 일본형 법실증주의가 퇴조하

---

58 池内敏, 2012, 『竹島問題とは何か』, 名古屋大学出版会, 314쪽.
59 도시환, 2022, 앞의 책, 26쪽.

고 보편적 국제규범의 규범성이 제고되던 시점이자, 1963년 유엔(UN)국제법위원회의 조약법협약 법전화 과정에서 공표된 1935년 '하버드법대 초안'의 국가대표 개인에 대한 강박에 따른 무효조약으로 을사늑약이 제시되고 있는 점에서, 이와 분리한 무주지 선점론은 한국의 독도주권에 대한 총체적인 법리의 왜곡에 불과한 것이기 때문이다.[60]

V. 맺음말

일본 국제법학계의 샌프란시스코강화조약에 대한 권원 연구의 법리적 문제점에 대해 검토해 보았다. 주지하는 바와 같이 샌프란시스코강화조약은 냉전의 대두로 인해 대일 영토정책의 기조가 징벌조약에서 반공조약으로 전환함으로써 많은 혼란을 초래하게 되었다. 특히 일본 국제법학계의 권원 연구의 계보에서 무주지 선점론을 중심으로 강화조약의 제5차 초안까지 독도를 한국령으로 표기하다가 시볼드의 의견서를 기점으로 제6차 초안에서 일시적으로 변경됨으로써 'SCAPIN 효력 단절론'과 '러스크 서한 결정론'이 제기되는 문제점을 확인할 수 있었다.

샌프란시스코강화조약에 대한 일본 국제법학계의 조약적 권원 연구와 관련하여, SCAPIN 효력 단절론, 조약 초안의 변경과 시볼드 의견서, 러스크 서한의 효력과 영토갈등 기원론, 한일강제병합 이전 무주지 선점의 정합성에 대한 문제점을 중심으로 검토하였다.

첫째, SCAPIN 제677호 제6항상의 배제조항과 관련하여 이는 예시적

---

[60] 도시환, 2020, 「독도주권과 국제법적 권원의 계보에 관한 연구」, 『독도연구』 제29호, 205~241쪽.

인 조항으로서 동 제5항과의 연관 속에서 해석되어야 한다. 제5항은 연합국 최고사령관 총사령부가 내릴 모든 지령에서 일본의 영토를 별도로 구체적으로 규정하지 않으면 동 규정상 일본의 영토범위는 계속 효력을 가지고 적용되어야 한다는 것이다. 즉 동 규정상 일본의 영역에 대한 정의가 향후 연합국 최고사령관 총사령부가 내릴 지령에서 별도로 구체적으로 규정되는 경우에는 그에 따르고, 별도로 규정되지 않는 경우에는 그대로 계속 적용된다는 취지인 것이다. 환언하면 미국과 연합국의 국가실행상 독도주권 문제에 관한 추가적인 별도의 지령이 없었다는 점에서 SCAPIN 제677호에서 규정된 일본의 정의는 구 일본의 영토처리에 관한 최종적인 결정이며 따라서 이후 계속 유효한 것으로 해석하는 것이 합리적이며 타당한 것이다. 결국 샌프란시스코강화조약이 독도주권 문제에 관해 명시적 언급을 하지 않은 것은 당시 일본이 연합국을 설득하여 기존 입장을 변경시키는 데 실패한 것으로 종결된 것이다.

둘째, 샌프란시스코강화조약 제5차 초안까지와는 달리 독도에 대해 시볼드가 제시한 내용에는 "리앙쿠르암(다케시마)을 우리가 제안한 제3조에서 일본에 속하는 것으로 특정해야 한다고 제안한다. 이들 소도서에 대한 일본의 주장은 오래되고 유효한 것으로 보이며, 이들을 한국 해안의 도서들(islands off the shore of Korea)로 간주하기는 어렵다. 또한 안보적으로 고려할 때, 이들 섬에 기상 및 레이더 기지를 설치하는 것은 미국의 국익과 결부된 사안"이라고 주장함으로써 일본과 미국의 이해를 일치시켜 제6차 초안에서는 일시적으로 일본령으로 명기되었으나, 최종안에서는 독도 표기 자체가 사라졌다. 이러한 과정을 거쳐 제작된 1951년 8월 일본해상보안청의 〈일본영역참고도〉에는 독도가 한국령으로 표시되어 있다.

셋째, 러스크 서한의 효력과 영토갈등 기원론과 관련하여, 시볼드의 의견서가 미국의 태도 변화에 결정적 역할을 한 데에는, 냉전의 대두로 인한 국제정세의 변화가 작동하고 있는 점과 쓰카모토 다카시가 러스크 서한을 전제로 한 샌프란시스코강화조약 제2조 (a)항에 대한 무주지 선점론을 제기하기 위해 독도는 한일병합 이전에 일본의 영토가 되었다는 주장에 주목할 필요가 있다. 그것은 일본이 자의적으로 설정한 '한일병합'보다 이전인 1904년 1월 21일 전시 중립을 선언한 대한제국에 대해, 1904년 2월 6일 일본 해군이 진해만과 마산시의 전신국을 강제 점령하면서 시작된 일본군의 한반도 강점이 국제법상 합법행위임을 주장하고 있으나 원천무효인 침략과 조약강제는 1904년에 이미 시작된 것임을 주지해야 할 것이다.

더욱이 쓰카모토 다카시가 러스크 서한 인용 이전부터 강변해 온 "독도는 한국의 영토인 적이 없었다"는 주장과 관련하여 제시하는 역사적 권원으로서의 '고유영토론'은 '1905년 무주지 선점론'의 흠결을 대체하고자 제기된 것으로 이미 17세기부터 독도가 일본의 영토였다는 주장이다. 그러나 1693년 조선 숙종 때 안용복의 피랍 이래 시작된 울릉도쟁계 이후 일본은 독도가 일본 영토가 아니라는 입장을 견지했다. 에도 막부는 1696년 도해금지령을 내리고, 1837년 이를 위반한 하치에몬을 처형했으며, 메이지 정부는 1870년 「조선국교제시말내탐서」를 전제로 1877년 '태정관지령'을 통해 울릉도와 독도를 의미하는 "죽도 외 1도는 일본령이 아니다"라는 결론을 내리고 있다. 이 지령은 당시 메이지유신을 성공적으로 완수한 일본이 근린 국가들과 관계를 정리하고 국경획정을 추진하는 과정에서 내무성이 울릉도와 독도를 시마네현 지적에 올려야 하는지와 관련한 질의에 대한 답변으로, 메이지 정부 당시 최고 행정기관인 태정관이 발하는 지령은 헌법적 효력이 있음을 주지해야 할 것이다.

한국의 독도주권에 대해 일본 국제법학계 권원 연구를 정책적 토대로 일본 정부가 제기하는 독도영유권 주장은 카이로선언에서 천명한 폭력과 탐욕의 본질로서 일제식민주의와 일치하고 있음에 주목해야 한다. 일제식민주의에 입각하여[61] 정당하고 적법한 국제법적 권원이 결여된 일본의 독도영유권 주장은 한국의 영토주권에 대한 중대한 침해라는 점에서 일본의 진정한 역사적·국제법적 책무의 수행을 촉구하고자 한다. 그것은 오늘 동아시아평화공동체를 향한 샌프란시스코강화조약 70주년을 맞이한 우리에게 역사가 되묻는 질문이자, 우리가 역사적 성찰로 응답해야 할 역사 정의의 과제이다.

---

61 坂本悠一, 2014, 「歷史からひもとく竹島/独島領有権問題-戰後日本における近現代史分野を中心に-」, 『社会システム研究』第29号, 188쪽.

참고문헌

도시환, 2012, 「한일조약체제와 식민지책임의 국제법적 재조명」, 『국제법학회논총』 제57권 제3호.
_____, 2015, 「을사늑약의 국제법적 문제점에 대한 재조명」, 『국제법학회논총』 제60권 제4호.
_____, 2017, 「일본의 독도영유권 주장과 일제식민지책임의 국제법적 검토」, 『독도연구』 제23호.
_____, 2020, 「독도주권과 국제법적 권원의 계보에 관한 연구」, 『독도연구』 제29호.
_____, 2021, 「독도주권과 일본의 본원적 권원 주장에 대한 국제법적 검토」, 『독도연구』 제31호.
_____, 2021, 「샌프란시스코강화조약과 한일 역사·영토 현안의 국제법적 검토」, 『영토해양연구』 제22호.
도시환 편, 2021, 『독도 영토주권과 국제법적 권원 Ⅱ』, 동북아역사재단.
_____, 2022, 『독도 영토주권과 국제법적 권원 Ⅲ』, 동북아역사재단.
박관숙, 1968, 「독도의 법적지위에 관한 연구」, 연세대학교 박사학위논문.
박현진, 2014, 「영토분쟁과 권원간 위계-조약상의 권원, 현상유지의 법리와 실효지배의 권원을 중심으로」, 『국제법학회논총』 59(3).
_____, 2017, 『독도 영토주권 연구』, 경인문화사.
알렉시스 더든, 2021, 「샌프란시스코강화조약의 유산을 둘러싼 논란」, 『영토해양연구』 제22호.
와다 하루키, 2013, 『동북아시아 영토문제, 어떻게 해결할 것인가-대립에서 화해로』, 사계절.
_____, 2013, 「러일전쟁과 한국병합-러시아라는 요인을 생각하다」, 『한일강제병합 100년의 역사와 과제』, 동북아역사재단.
이성환, 2021, 「러스크 서한과 샌프란시스코강화조약에서의 독도주권에 관한 검토」, 『독도 영토주권과 국제법적 권원 Ⅱ』, 동북아역사재단.
이한기, 1969, 『한국의 영토』, 서울대학교 출판부.
정병준, 2010, 『독도 1947』, 돌베개.
_____, 2015, 「샌프란시스코강화조약과 독도」, 『독도연구』 제18호.
정태만, 2014, 『17세기 이후 독도에 대한 한국 및 주변국의 인식과 그 변화』, 단국대학교 박사학위논문.

皆川洸, 1963, 「竹島紛争と国際判例」, 『国際法学の諸問題-前原光雄教授還暦記念』, 慶應通信.

_____, 1965, 「竹島紛争とその解決手続-日韓条約の批判的検討」, 『法律時報』 37(10).

広瀬善男, 2006, 『戦後日本の再構築』, 信山社.

_____, 2007, 「国際法からみた日韓併合と竹島の領有権」, 『明治学院大学法学研究』 81.

國立公文書館, 1877, 「日本海内竹島外一島地籍編纂方伺い」, 『公文錄』.

堀和生, 1987, 「1905年日本の竹島領土編入」, 『朝鮮史研究會論文集』 第24號.

芹田健太郎, 2006, 『日本の国境』, 中央公論社.

金民樹, 2002, 「對日講和條約と韓國參加問題」, 『國際政治』 131, 日本國際政治學會.

吉田裕, 1995, 『日本人の戦争観』, 岩波書店.

内藤正中・金柄烈, 2007, 『史的検証 竹島・独島』, 岩波書店.

名嘉憲夫, 2013, 『領土問題から国境劃定問題へ』, 明石書店.

山辺健太郎, 1965, 「竹島問題の歴史的考察」, 『コリア評論』 7(2).

植田捷雄, 1965, 「竹島の帰属をめぐる日韓紛争」, 『一橋論叢』 第54巻 第1号.

日本外務省, 「米國の對日講和7原則について」(1950. 10. 25), 『日本外交文書: サンフランシツコ平和條約對米交渉』.

入江啓四郎, 1959, 「竹島の領有問題」, 『領土・基地』, 三一書房.

田村清三郎, 2010, 『島根県竹島の新研究(復刻補訂版)』, 島根県総務部総務課.

中野徹也, 2012, 「1905年日本による竹島領土編入措置の法的性質」, 『関西大学法学論集』 第61巻 第5号.

_____, 2019, 『竹島問題と國際法』 ハーベスト出版.

_____, 2020, 「「近接性」に基づく領域権原確立の可能性」, 『関西大学法学論集』 第70巻 第2-3号.

_____, 2021, 「領土と認められるために必要なこと」, 『竹島 研究・解説サイト』.

池内敏, 2012, 『竹島問題とは何か』, 名古屋大学出版会.

名嘉憲夫, 2013, 『領土問題から国境画定問題へ—紛争解決の視点から考える尖閣・竹島・北方四島』, 明石書店.

豊下樽彦, 2012, 『尖閣問題とは何か』, 岩波書店.

羽場久美子, 2013, 「尖閣 竹島をめぐる 国有の領土 論の危うさ-ヨーロッパの国際政治から-」, 『世界』 839, 岩波書店.

川本秀吉, 1960, 『獨島の歴史的法的地位』, 日本 愛知大學朝鮮文化研究會.

塚本孝, 2002,「竹島領有権をめぐる日韓両国政府の見解」,『レファレンス』平成 14年 6月号.

_____, 2007,「サン・フランシスコ平和条約における竹島の取り扱い」,『竹島問題研究會 最終報告書』.

_____, 2007,「竹島領有権紛争の焦点-国際法の見地から」, 教育研究會研究大會.

_____, 2008,「国際法から見た竹島問題」,〔島根県〕平成20年度「竹島問題を学ぶ」講座 第5回 講義録.

_____, 2011,「韓国の保護・併合と日韓の領土認識-竹島をめぐって」,『東アジア近代史』 第14号.

_____, 2011, 竹島領有権問題の経緯【第3版】, 国立国会図書館, ISSUE BRIEF, NUMBER 701.

_____, 2012,「竹島問題研究会〔第1期〕最終報告書批判へのコメント」,『第2期 竹島問題 研究會 最終報告書』.

_____, 2021,「対日平和条約(サンフランシスコ平和条約)における竹島の扱い」,『竹島 研究・解説サイト』.

_____, 1994,「平和條約心竹島(再論)」, 國立國會圖書館 調査立法考査局,『レファレン ス』3月號(518號).

太壽堂鼎, 1966,「竹島紛争」,『国際法外交雑誌』第64巻 第4・5号.

_____, 1977,「領土問題-北方領土・竹島・尖閣諸島の帰属」,『ジュリス』第647号.

_____, 1998,『領土帰属の国際法』, 東信堂.

太政官, 1877,「日本海内竹島外一島ヲ版図外ト定ム」,『太政類典』2編 96巻 19.

坂元茂樹, 1995,「日韓保護条約の効力-強制による条約の観点から」,『関西大学法学論 集』第44巻 第四・五合併号.

原貴美惠, 2005,『サンフランシスコ平和条約の盲点-アジア太平洋地域の冷戦と「戦後未 解決の諸問題」』, 溪水社.

荒井信一, 2000,「歴史における合法論, 不法論を考える」,『世界』第681号.

横田喜三郎, 1933,「無人島先占論」,『中央公論』.

Alerno, Francesco, 2011, "Treaties Establishing Objective Regimes," *in Enzo Cannizzaro(ed.), The Law of Treaties Beyond the Vienna Convention*, Oxford Univ. Press.

Doh, See-hwan, "1910 Annexation and Remaining Task," *Korea Times*, Aug. 31, 2011.

_____, 2015, "70 Years after WWII: International Legal Challenges for Establishing Peace Community in Northeast Asia," *Korean Yearbook of International Law*, Vol. 3.

_____, 2016, "International Legal Implications of the San Francisco Peace Treaty and Dokdo's Sovereignty," *Korean Yearbook of International Law*, Vol. 4.

_____, 2017, "International Legal Review on Japan's Claim to Dokdo and its Colonial Responsibility," *Korean Yearbook of International Law*, Vol. 5.

_____, 2020, "Revisiting International Legal Titles on the 120th Anniversary of Korean Imperial Ordinance No. 41 and Dokdo's Sovereignty," *Korean Yearbook of International Law*, Vol. 8.

Fitzmaurice, G., 1960, "Fifth report on the law treaties," *Yearbook of the International Law Commentaries*, Vol. II.

Galtung, Johan, 1969, "Violence, Peace, and Peace Research," *Journal of Peace Research*, Vol. VI, No. 3

Hara, Kimie, 2001, "50 years from San Francisco: Re-examining the Peace Treaty and Japan's Territorial Problems," *Pacific Affairs*.

Harvard Law School, 1935, "Draft convention, with comment, prepared by the Research in International Law," *American Journal of International Law*, with supplement, Vol. 29.

Ragazzi, Maurizio, 2000, *The Concept of International Obligations Erga Omnes*, Clarendon Press Oxford.

Van Dyke, John M., 2007, "Legal Issues Related to Sovereignty over Dokdo and Maritime Boundary," *Ocean Developement & International Law*.

Waldock, H., 1964, "Third report," A/CN.4/167, Article 63 and commentaries, *Yearbook of the International Law Commentaries*, Vol. II.

"Draft Articles on the Law of Treaties with Commentaries, Adopted by the ILC at its Eighteen Session, *Yearbook of the International Law Commentaries*(1966), Vol. II. http://legal.un.org/ilc/texts/instruments/english/commentaries/1_1_1966.pdf.

Sovereignty over Certain Frontier Land(Belgium v. Netherlands), Judgment, ICJ Report, 1959.

Telegram by Secretary of State, Dulles to Seoul(no. 398), Tokyo(no. 1198)(1953. 12. 19), RG 84, Japan, Tokyo Embassy, CGR 1953, Box 23.

UN Doc. A/5509, REPORT OF THE COMMISSION TO THE GENERAL ASSEMBLY, Report of the International Law Commission covering the work of its fifteenth session, 6 May-12 July 1963, Draft articles on the law of treaties, Para, 17. Article 35

UN Doc. YEARBOOK OF THE INTERNATIONAL LAW COMMISSION 1963, Vol. Ⅱ Documents of the fifteenth session including the report of the Commission to the General Assembly.

제2장
샌프란시스코강화조약상 반식민주의 관련 법리 검토

오시진 강원대학교 법학전문대학원 부교수

I. 머리말
II. 샌프란시스코강화조약 제2조 해석의 문제
III. 카이로선언의 반식민주의와 1894년 기준
IV. 일본의 항복과 포츠담 항복조건의 구속력
V. 맺음말

I. 머리말

 샌프란시스코강화조약(1951) 제2조는 일본 영토의 범위를 청일전쟁 (1894~1895) 발발 이전 시기로 되돌리려 했는가?[1] 이 질문은 샌프란시스코강화조약상 일본 영토의 범위에 관한 질문이며, 동시에 카이로선언 및 포츠담선언의 핵심가치가 샌프란시스코강화조약에 반영되었는지에 대한 질문이다. 그리고 후자에 대해 다수가 부정적인 견해를 취한다. 일반적으로 샌프란시스코강화조약이 성립되는 과정에 냉전이라는 국제사회의 역학관계 변화로 인해 샌프란시스코강화조약의 성격이 바뀌게 되었다고 설명한다.[2] 그러나 이 글은 조약 해석의 원칙인 조약 '체결 시의 사정'을 고려하여 샌프란시스코강화조약의 영토조항을 해석하면 카이로선언과 포츠담선언에 법적 효과가 있을 수 있다는 점을 제시한다. 즉, 카이로선언 및 포츠담선언의 반식민주의적 가치가 샌프란시스코강화조약에 반영되어 있다고 할 수 있다.[3]

---

* 이 글은 오시진, 2022, 「샌프란시스코강화조약 상 반식민주의-일본 영토의 판단기준으로써 포츠담 항복조건을 중심으로-」, 『법학논총』39(4)에 게재한 논문을 수정한 것이다.

1 The Treaty of Peace with Japan, San Francisco, California, September 4-8, 1951.

2 김영호, 2022, 「샌프란시스코 체제의 형성, 전개 그리고 귀결」, 김영호 외 편, 『샌프란시스코 체제를 넘어서-동아시아 냉전과 식민지·전쟁범죄의 청산』, 메디치, 20~21쪽.

3 이 글에서는 반제국주의보다는 반식민주의라는 용어를 사용하겠다. 먼저, 카이로선언 당시에도 반제국주의와 반식민주의는 혼용되어 사용되었다. 물론, 식민주의와 제국주의의 개념이 유사한 측면이 있기 때문이다. 그러나 그 둘의 차이를 일반적으로 해당 영토를 지배하는지 여부에 두고 있다는 점을 간과할 수 없다. 식민주의 경우 식민지라는 영토와 관련이 있다는 것이다.(Ronald J. Horvath, 1972, "A Definition of Colonialism," *Current Anthropology*, Vol. 13, No. 1, pp. 47~48.) 후술하겠지만, 1955년 당시에도 루스벨트의 정책이 반식민주의 정책이라는 평가를 받기도 하였다. 따라서 이 글의 주제가 영토조항 해석과 관련이 있기 때문에 이 글에서는 반제국주의

물론, 샌프란시스코강화조약 제2조는 조약법에 관한 비엔나협약(1969) 제31조 1항에서 규정하는 일반적인 해석, 즉 "문면에 부여되는 통상적 의미에 따라 성실하게 해석"되기 어렵다. 샌프란시스코강화조약 제2조는 일본 영토의 범위에 대한 명확한 지침을 제공하고 있지 않고, 여러 개별 사안들을 나열하고 있기 때문이다.[4] 따라서 일본과 발생하는 영토문제를 해소하는 데에 샌프란시스코강화조약만으로 해결하기 어렵고 이를 극복하

보다는 반식민주의라는 표현을 사용하고자 한다.

4 샌프란시스코강화조약 제2조 (a)항에 독도가 명기되어 있지 않기에 일본으로부터 분리되는 한국에 독도가 포함되는지 확인하기 어렵다는 문제가 제기되어 왔다.(박배근·이창위, 2007, 『독도 영유권에 관한 일본 국제법학자의 주장 분석』, 한국해양수산개발원, 66쪽.) 샌프란시스코강화조약이 애매하게 규정된 것은 냉전이 격화되던 시기에 의도적으로 여러 문제를 미해결 상태로 남겨 두었기 때문이라는 견해도 있다.(하라 키미에, 2021, 「샌프란시스코 강화조약과 동아시아 영토갈등의 기원」, 『영토해양연구』, 제22권, 9쪽; 최완, 2012, 「샌프란시스코강화조약에서 독도문제가 누락된 요인은 무엇인가?-미국의 대일본정책변화와 한국외교실책을 중심으로-」, 『차세대 인문사회연구』 제8권, 1~16쪽.) 샌프란시스코강화조약에서 징벌적 성격이 사라지고 반공적 기조로 전환되면서 일본이 식민지책임과 전쟁책임을 부인하는 데에서 문제가 발생했다는 지적도 있다.(도시환, 2021, 「샌프란시스코강화조약과 한일 역사·영토 현안의 국제법적 검토」, 『영토해양연구』 제22권, 93쪽.) 물론, 이러한 문제를 발생시키고 그 문제를 지속시키는 데에 미국의 책임이 있다는 지적도 있다.(알렉시스 더든, 2021, 「샌프란시스코강화조약의 유산을 둘러싼 논란」, 『영토해양연구』 제22권, 24~40쪽.) 샌프란시스코강화조약 준비 과정에 일본이 적극적으로 로비를 하였고, 이런 과정이 오히려 일본의 독도 고유영토론을 정당화하지 않는다는 연구도 있다.(장박진, 2011, 「대일평화조약 형성과정에서 일본 정부의 영토 인식과 대응 분석」, 『영토해양연구』 제1권, 85쪽.) 요컨대, 선행연구는 주로 샌프란시스코강화조약에 근본적인 문제가 있기 때문에 본 강화조약을 법리적으로 해석하는 것만으로는 영토문제를 해결하기 위한 방법이 어렵다는 사고를 전제로 하고 있다. 샌프란시스코강화조약이 체결된 지 70년이 지난 오늘날 국제사회가 인권의 시대가 되었기 때문에, 이제는 강대국의 시각이 아니라 지배를 받아 온 이들의 시각에서 국제법 제도를 근본적으로 재고찰하고 개편해야 한다는 견해도 있다.(아베 코키, 2021, 「샌프란시스코강화조약과 평화공동체의 과제: 일본의 관점에서」, 『영토해양연구』 제22권, 152~156쪽.) 샌프란시스코강화조약 전문에서 적시하고 있는 유엔헌장과 세계인권선언의 취지를 고려해야 한다는 견해도 있다.(도시환, 2021, 위의 글, 97쪽.)

기 위하여 다른 방법이나 복합적인 방법을 취해야 한다는 견해도 있다.[5]

사실 샌프란시스코강화조약 제2조의 문면 구조는 일반적이지 않다. 제2차 세계대전 이후 체결된 여타 강화조약들과 비교했을 때, 샌프란시스코강화조약에는 특이한 부분이 있다. 전후 여타 강화조약들은 그 영토의 범위를 명확하게 명시하였다. 즉, 제2차 세계대전 직전인 1938년대나 1941년 당시의 영토로 복원시키고자 했다.[6] 그렇다면 일본과의 강화조약은 왜 다른지 의문일 수 있다. 왜 샌프란시스코강화조약은 청일전쟁(1894~1895)의 결과라 할 수 있는 타이완의 문제, 러일전쟁(1904~1905)의 결과인 쿠릴열도의 문제까지 다루고 있는가? 본 강화조약 제2조의 세부 영토 항목은 서로 아무런 관련성이 없어 보이는 항목을 나열한 것으로 보인다. 샌프란시스코강화조약 제2조의 기준 시점은 무엇일까? 본 조항은 일응 개별적으로 다루어야 할 사안들을 열거한 것에 불과해 보인다. 요컨대, 샌프란시스코강화조약 제2조는 통상적인 방법으로 해석되기 어렵다. 일본 영토의 범위가 어떠한지 그 문면만으로는 파악하기 어렵다.

그렇다면 일반적으로 조약 해석의 원칙에 따라 그 다음 단계로 넘어가야 한다고 본다. 바로 조약법에 관한 비엔나협약 제31조에 따라 해석이 어려운 경우, 즉, 그 의미가 애매하거나 모호한 조약문의 경우, 동 협약 제

---

5   Chi Manjiao, 2011, "The Unhelpfulness of Treaty Law in Solving the Sino-Japan Sovereign Dispute over the Diaoyu Islands," *University of Pennsylvania East Asia Law Review*, Vol. 6, p. 163; 이성환, 2021, 「샌프란시스코강화조약과 동북아 영토갈등의 해법」, 『영토해양연구』 제22권, 135쪽.
6   대이탈리아조약(1947)은 영토복원의 기준 시점이 1938년이다. 대불가리아조약(1947)은 그 기준 시점이 1941년이다. 대루마니아조약(1947)도 1941년이고, 대헝가리조약(1947)도 1938년이다. 샌프란시스코강화조약과 달리 대이탈리아조약 제2조, 제3조, 제4조, 제22조에서 이탈리아와 인접국의 국경선을 정확하게 제시하고 있다.(강병근, 2018, 「평화조약 내 영토조항에 관한 연구 – 대일 평화조약과 대이태리 평화조약을 중심으로-」, 『국제법학회논총』 제63권 제4호, 223~224쪽.)

32조에 따라 "조약의 교섭 기록 및 그 체결 시의 사정을 포함한 해석의 보충적 수단에 의존"해야 한다. 문제는 이러한 작업이 더 많은 의문을 갖게 한다는 것이다. 샌프란시스코강화조약의 준비문서 중에는 러스크 서한과 같이 일본에 유리하게 보이는 자료도 있고, 일본 영토의 범위를 명확하게 제시하여 일본에 불리해 보이는 자료도 있기 때문이다. 1951년 강화조약 체결 시점까지 수많은 조약 교섭 기록이 남아 있고 다양한 취지로 해석될 수 있는 문서가 혼재하여 혼란을 야기하고 있다.

한편, 미국 국무부에서 작성된 조약 초안 중 1947년 초안들이 샌프란시스코강화조약(1951) 최종 문면에 명확하게 드러나지 않는 법적 사실을 제공하고 있다. 샌프란시스코강화조약 1947년 초안(이하 '1947년 초안')은 전후 일본 영토를 확정하기 위한 기준일로 1894년 1월 1일을 명시하고 있다.[7] 즉, 일본 영토의 범위를 명확하게 밝히고 있다. 후술하겠지만, 이 기준일이 중요한 이유는 카이로선언의 반식민주의적 가치, 즉 "폭력과 탐욕"과 관련을 가질 수 있기 때문이다. 물론, 이러한 표현이 샌프란시스코강화조약 최종문에 반영되지 않았기에 이와 관련한 다양한 연구가 진행되었다.[8] 이 중 1947년 초안이 최종문에 반영되지 않은 이유에 대해 초점을 맞추는 연구도 있다. 본 강화조약이 일본에 우호적으로 체결된 이유가 미국과 소련의 냉전이 있었다는 점을 지적하기도 한다.[9] 따라서 조약의

---

[7] Draft of Treaty with Japan: Part One-Territorial Clauses, Peace Treaty-1947, Records Relating to the Treaty of Peace with Japan, 1945-1951 [Entry A1 1230], Record Group 59: General Records of the Department of State, 1763-2002.

[8] 대표적인 연구는 다음과 같다. 정병준, 2010, 『독도 1947: 전후 독도문제와 한·미·일 관계』, 돌베개.

[9] 하라 키미에, 2021, 앞의 글, 10쪽 이하.

교섭 기록을 살펴보았을 때 참고할 부분이 없지는 않지만, 일본 영토의 범위를 확정하는 문제를 완전히 해소했다고 단정하기 어렵다.

이 글은 조약의 교섭 기록에서 멈추지 않고 한 걸음 더 나아가 기존 연구에서 충분히 강조되지 않은 조약법에 관한 비엔나협약 제32조에서 규정한 조약 "체결 시의 사정"에 주목한다. 즉, 1951년 샌프란시스코강화조약 체결식에서의 존 포스터 덜레스(John Foster Dulles)의 의사와 해석에 주목하였다. 덜레스는 '포츠담 항복조건(the Potsdam Surrender Terms)'만이 본 강화조약의 영토조항과 관련하여 유일하게 일본과 연합국을 구속하는 문서라고 강조하였다.[10] 덜레스의 이러한 주장은 상당한 파급력을 가지고 있다. 일본의 항복문서(instrument of surrender)가 일본 영토의 기준이라는 것이기 때문이다. 만일, 포츠담 항복조건이 일본의 영토와 관련하여 구속력이 있는 유일한 문서라면, 샌프란시스코강화조약 제2조를 해석하는 데에 포츠담 항복조건을 기준으로 해석해야 한다는 것이다. 이에 따라 일본의 항복문서는 포츠담선언을 명시하고 있기 때문에 포츠담선언이 원용하는 카이로선언의 "폭력과 탐욕"이 일본 영토를 판단하는 데에 법적 효력을 발생시킬 수 있다.

이러한 배경에서 다음과 같은 질문이 나올 수 있다. ① 그렇다면 일본 영토의 범위가 어디까지일까? 덜레스는 포츠담 항복조건이 일본 영토에

---

10 원문은 다음과 같다. "What is the territory of Japanese sovereignty? … The Potsdam Surrender Terms constitute the only definition of peace terms to which, and by which, Japan and the Allied Powers as a whole are bound." Department of State, 1951a, "The Delegate of the United States—John Foster Dulles," in Second Plenary Session, Opera House, 3 p.m., September 5, 1951, *Record of Proceedings of the Conference for the Conclusion and Signature of the Treaty of Peace With Japan*, held at San Francisco, California, September 4-8, 1951, Washington D.C.: Department of State Publication 4392, p. 82.

대한 구속력이 있는 문서라고 했다. 그렇다면 포츠담선언 제8항이 원용하는 카이로선언이 일본 영토의 기준점이 된다는 것인데, 카이로선언의 "폭력과 탐욕"의 시작점은 언제부터인가? 1947년 초안에서 제시한 1894년 1월 1일과 포츠담선언이 원용하는 카이로선언의 "폭력과 탐욕"의 관계는 무엇일까? 즉, 카이로선언의 "폭력과 탐욕"의 시작점이 1894년 1월 1일일까? ② 한편, 포츠담 항복조건의 법적성격은 무엇일까? 덜레스가 주장하듯이 법적 구속력이 있는 문서일까? 덜레스는 포츠담 항복조건이 일본 영토와 관련하여 유일한 구속력 있는 문서라 하였다. 이러한 주장의 법적근거는 무엇일까?

이와 같은 질문들은 함의하는 바가 크다. ① 첫 번째 질문들의 핵심은 일본 영토의 범위가 어디까지일지에 대한 것이다. 포츠담 항복조건이 기준이 된다면, 카이로선언에 법적 효과가 발생한다. 그렇다면 카이로선언의 "폭력과 탐욕"의 기준점을 찾는 것이 그 다음 단계일 것이다. 만일 1947년 초안에서 제시하듯이 1894년 1월 1일이 카이로선언의 "폭력과 탐욕"을 반영한 것이라 볼 수 있어서 일본 영토의 판단기준이 된다면, 이에 따라 교섭 기록을 해석해야 한다. 따라서 본 강화조약 체결식에서의 덜레스의 주장은 급작스러운 미국의 시각 변화가 아니라, 카이로선언 및 포츠담선언에 따른 것으로 일관성이 있는 것이다. 이런 시각에서 보자면, 덜레스의 해석은 카이로선언에 따른 반식민주적 가치의 계보를 잇는 것이라 할 수 있다. ② 한편, 포츠담 항복조건이 덜레스가 주장하듯이 법적 구속력이 있다면, 샌프란시스코강화조약 제2조상 일본 영토의 범위를 해석하는 데에 카이로선언의 "폭력과 탐욕"을 그 기준점으로 삼아야 하고, 그것이 법적 해석이 된다. 즉, 카이로선언에 법적 효력이 발생한다. 다시 말하면, 일본이 식민주의 정책에 따라 취한 영토인지 여부가 그 판단기준이 된다.

사실 선행연구는 '카이로선언 및 포츠담선언'에 대해서 견해가 나뉜다. 우선 일본 외무성은 카이로선언과 포츠담선언은 일본 영토처분과 관련하여 법적인 효과가 없다는 입장이다.[11] 그렇다면 이 선언들에 아예 법적 효력이 없을까? 국내 연구자들 간에도 이에 대한 견해 차이가 있고 논리 구성에도 차이가 있다. 이 선언들은 법적 효력이 없고 강화조약의 목적과 취지를 해석하는 데에 보충적 수단으로 원용된다는 견해가 있는가 하면,[12] 일본의 항복문서 서명과 함께 이런 선언들에 구속력이 발생했다는 견해도 있다. 그러나 구속력이 왜 생기는지 그 법적 근거에 대해서는 다시 견해가 나뉜다.[13] 물론, 많은 이들이 카이로선언의 "폭력과 탐욕"이 일본의

---

11 Ministry of Foreign Affairs of Japan, Senkaku Islands Q&A: Answers to Q12. https://www.mofa.go.jp/region/asia-paci/senkaku/qa_1010.html#q6 (검색일: 2022. 12. 27).

12 박현진은 본 강화조약을 해석하는 데에 목적론적 해석이 가능하기는 하지만, 목적론적 해석이 문언해석에 우선될 수 없고, 이러한 선언들은 정치적 선언일 뿐이라고 지적한다. 따라서 강화조약의 목적과 취지를 해석하는 보충수단에 불과하다는 것이다.(박현진, 2018,「對日講和條約과 독도 영유권」,『국제법평론』제28호, 134~135쪽.)

13 이장희는 카이로선언이 그 자체로 법적 구속력이 있는 것은 아니지만, 일본이 1945년 7월 26일 포츠담선언을 수락함과 동시에 국제조약문서가 되었다는 견해를 제시했다. [이장희,「국제법적 관점에서 본 카이로선언의 영토주권회복 문제」, 동북아역사재단·세계NGO역사포럼·경희대학교 공공대학원,『카이로선언 정신구현과 아시아의 평화문제』(2013.7.24.), 80쪽. 이 발표문은 다음 논문에서 간접인용. 이동원, 2015,「카이로선언의 지도원리와 한국의 영유권 고찰」,『외법논집』제39권 제1호, 91쪽.] 이동원은 카이로선언이 강화조약에 대해 근본규범성을 갖기 때문에 지도원리적 성격이 있다고 보았다.(이동원, 2015, 위의 글, 91쪽.) 신용하는 일본이 항복문서에 조인하였고, SCAPIN 제677호를 포함한 포츠담 항복조건을 샌프란시스코강화조약으로 다시 비준한 것이라 설명한다.(신용하, 2019,「연합국의 샌프란시스코 對일본 平和條約에서 獨島=韓國領土 確定과 재확인」,『대한민국학술원논문집』제58권 제2호, 147~148쪽.) 이석우는 카이로선언과 포츠담선언이 국제법상 선언, 즉 일방적인 의사표시에 불과하지만, 1945년 9월 2일 항복문서에서 그 제 규정을 수락함으로 법적의무가 발생하였다고 설명한다. 즉, 카이로선언과 포츠담선언이 제안(offer)하여 일본이 수락(accept)이라는 의사표시를 하여 법적 구속력이 생겼다는 일반적 법리를 그 근거

제국주의 또는 식민주의 정책을 반대하는 것이라는 점에 동의한다. 그러나 선행연구 중 일부는 카이로선언에 왜 법적 효력이 발생하는지 그 법리를 설명하는 데에 관심을 적게 둔 것 같다.

그러나 만일 덜레스가 제시하듯이 포츠담 항복조건이 샌프란시스코강화조약 제2조상 일본 영토의 범위를 판단하는 데에 구속력이 있는 문서라고 한다면, '샌프란시스코강화조약'과 '카이로선언 및 포츠담선언'의 관계 사안은 해소될 수 있다. 나아가 샌프란시스코강화조약 제2조의 문면이 애매하고 모호하게 규정된 사안의 문제도 상당 부분 해소될 수 있다. 즉, 1894년 1월 1일이 일본 영토의 범위의 판단기준이 될 수 있기 때문에, 적어도 일본 영토의 범위에 대해 근간이 되는 기준이 제시될 수 있다. 1894년 1월 1일이라는 시점이 제시된다면, 그 판단기준이 명확해진다고 할 수 있기 때문이다.[14]

따라서 이 글의 목적은 샌프란시스코강화조약 제2조상 일본 영토의 범위에 대한 판단기준을 밝히는 데에 있다. 이 글의 주장은 샌프란시스코강화조약의 교섭 기록과 조약 체결 시의 사정을 분석하여 보자면, 샌프란시스코강화조약 제2조를 해석할 때 '포츠담 항복조건'이 구속력 있는 문서로 판단기준이 되고, 포츠담선언 제8항이 원용하는 카이로선언에서 제시하는 "폭력과 탐욕"의 시작점이 청일전쟁 이전인 1894년이라 해석될 수

로 제시한다.(이석우, 2013, 「독도 문제에 관한 국제사회의 전후처리 조치와 카이로선언의 법적 효력에 대한 이해」, 『영토해양연구』 제5권, 43~44쪽.) 최철영도 일본의 항복문서가 광의의 국제법상 합의에 속한다고 보았다. [최철영, 2022, VCLT 제31조 제2항의 문맥(context)을 통한 샌프란시스코 평화조약의 영역조항해석」, 『독도연구』 제32호, 237쪽.]

14 물론, 이러한 법리와 논리에도 불구하고 분명 견해의 대립이 발생할 여지는 있다. 일본이 1894년 이전부터 해당 영토가 자국의 영토라고 주장하는 방법이 그것일 것이다. 그러나 이는 이 글의 연구의 범위를 벗어나는 사안이다.

있다는 것이다.

이 글에서는 국제법상 포츠담 항복조건은 전시규약의 일종인 '군 지휘관의 항복 합의(capitulation)'의 일종으로 법적 구속력을 가지고 있다는 점을 지적한다. 이에 따라 이 글은 포츠담선언이 원용하는 카이로선언의 "폭력과 탐욕"에 법적 효력이 있다고 제시한다. 나아가 "폭력과 탐욕"의 기준 시점이 청일전쟁 이전인 1894년이라는 점도 제시하고 있다. 선행연구에서도 카이로선언의 "폭력과 탐욕"이 청일전쟁 이전 시점이라는 점이 제시되었지만,[15] 이를 충분히 강조하지 않은 듯하다. 이 글에서는 샌프란시스코강화조약이 일본의 식민주의 정책에 반대하여 청일전쟁 이전으로 일본의 영토를 되돌린 부분이 있다는 점을 제시한다. 즉, 본 강화조약에 반식민주의적 가치가 반영되어 있다고 할 수 있다.

이러한 연구를 위하여 II장에서는 1951년 샌프란시스코강화조약의 문면 구조가 예외적이라는 부분을 확인하며 의문을 제기하였다. 또한 강화조약 준비문서인 1947년 초안에서 제시되는 1894년 1월 1일 일본 영토 기준에 문제 제기를 하였다. 나아가 조약 체결 시 사정이라 할 수 있는 덜레스의 연설을 집중적으로 검토하였다. 특히, 덜레스가 제시하는 포츠담 항복조건의 구속력과 관련하여 문제 제기를 하였다. 이와 같은 문제 제기에 답하기 위하여 III장에서는 카이로선언에서 제시하는 "폭력과 탐욕"이라는 표현이 삽입되게 된 배경을 연구했다. 특히, 당시 장제스(蔣介石)가 청일전쟁을 그 기점으로 제시하였고, 미국 정부의 문서도 청일전쟁을 그 기점으로 제시하고 있다는 점을 주목했다. 나아가 1947년 6월 19일 연

---

15 예를 들어 다음 논문에서도 이를 언급하고 있다. 신용하, 2019, 「연합국의 샌프란시스코 對일본 平和條約에서 獨島=韓國領土 確定과 재확인」, 『대한민국학술원논문집』 제58권 제2호.

합국 극동위원회는 "일본의 항복 후 기본방침(Basic Post-Surrender Policy for Japan)"에 포츠담선언을 반영하였다는 점을 확인하였다. 따라서 동시대인 1947년 초안들에 규정된 1894년 1월 1일 기준이 포츠담선언을 반영한 것이라 해석될 부분이 있다. Ⅳ장에서는 1945년 일본이 연합국에 무조건적 항복을 할 때의 배경과 그 항복문서의 법적성격에 대해서 분석했다. 이 글에서는 포츠담 항복조건이 '군 지휘관의 항복 합의'의 일종으로 그 내용 및 범위와 관계없이 법적 구속력이 있다는 점을 지적하고 있다. 나아가 포츠담 항복조건에 대한 일본의 시각은 쿠릴열도 등과 관련하여 간접적으로 확인할 수 있는데, 일본도 포츠담 항복조건을 구속력 있는 판단기준으로 보았다고 할 수 있다.

본 사안은 오늘날 한일 간의 다양한 문제에 함의하는 바가 있다. 아직도 이견을 좁히지 못하고 있는 독도, 한일강제병합, 식민주의, 전쟁범죄 등 1894년 이후 지금까지 발생하고 있는 여러 사안에 영향을 주고 있기 때문이다. 물론, 이 글의 연구 결과로 한일 간의 다양한 난제를 단번에 포괄적으로 해결할 수는 없다. 그러나 이 글에서 주장하는 바가 법리적으로 성립할 수 있다면, 1894년 이후 발생한 여러 사안에 대해 법적 구속력이 있는 하나의 판단기준을 제시할 수 있을 것이다. 또한, 이 글이 샌프란시스코강화조약 제2조의 일본 영토의 범위의 판단기준을 제시하므로, 본 강화조약 당사국이 아닌 한국에 본 강화조약의 법적 효력이 미치는지 여부를 논할 필요도 없어진다.[16]

---

16 정재민, 2013, 「대일강화조약 제2조가 한국에 미치는 효력」, 『국제법학회논총』 제58권 제2호, 45~62쪽.

II. 샌프란시스코강화조약 제2조 해석의 문제

이 장에서는 샌프란시스코강화조약 제2조를 해석하는 데에 난해한 부분이 있다는 부분을 지적하겠다. 먼저, 본 강화조약 제2조의 문면 구조가 당시 여타 강화조약과 비교하여 보았을 때 예외적이라는 점을 지적하겠다. 나아가 조약법에 관한 비엔나협약 제32조상 조약해석의 보충적 수단으로 제시되는 요건들을 검토하겠다. 즉, 교섭 기록이라 할 수 있는 1947년 초안과 조약 '체결 시의 사정'이라 할 수 있는 덜레스의 연설을 검토하도록 하겠다.

1. 조약의 문면: 강화조약 제2조 문면의 예외적 구조

샌프란시스코강화조약 제2조는 왜 제2차 세계대전과 관련이 없는 영토 사안들을 규정하고 있는가? 사실 샌프란시스코강화조약 제2조의 구조는 상식적이지 않다. 일반적으로 전쟁 후 강화조약 체결 시 영토 사안은 가장 중요한 사안 중 하나였다. 영토와 전쟁의 관계가 복잡하게 얽혀 있는 경우가 상당했기 때문이다.[17] 실제로 영토분쟁이 전쟁의 주된 원인인 사례가 상당하다. 강화조약의 영토조항은 주로 해당 전쟁과 관련성이 있는 사안으로 한정되는 경우가 많았다. 이에 관련 국가가 합의하여 승인한 영토 경계는 주변 국가의 평화와 안정을 보장했다.[18] 그러나 샌프란시스

---

17 Monica Duffy Toft, 2014, "Territory and War," *Journal of Peace Research*, Vol. 51, Iss. 2, pp. 185~198.

18 John A Vasquez, Marie T. Henehan, 2010, *Territory, War, and Peace*, Routledge.

코강화조약의 경우 제2차 세계대전 전후로 그 대상 범위가 한정되지 않는다. 본 강화조약 제2조에서 언급하는 영토 사안은 1895년 시모노세키조약에서 확정된 타이완 사안까지 그 범위가 넓혀져 있다.

샌프란시스코강화조약 제2조 (a)는 한국의 독립을 인정하며 일본이 한국과 관련된 권리, 권원, 청구권을 포기한다고 규정하고 있다. 그러나 본 조항은 그 대상의 범위와 시기에 문제가 있다. 과연 한국의 독립 사안이 제2차 세계대전과 관련이 있을지 의문이기 때문이다. 1910년 한일병합조약이 체결되어 한국은 독립이라는 법적 지위를 상실했다. 따라서 본 조항은 20세기 초반에 발생한 사안을 본 조약의 대상 범위로 포섭하여 그 법적 결과를 부정하고 있다.

본 조약 제2조 (b)는 포모사(Formosa), 즉 타이완과 타이완 해협의 소군도인 펑후제도(Pescadores)에 관한 권리, 권원, 청구권을 포기한다고 규정하고 있다. 타이완은 시모노세키조약(1895)에서 확정된 사안이다. 시모노세키조약 제2조는 "청국은 아래 토지의 주권 및 해당 지방의 성루(城壘)·병기 제조소 및 관청 소유물을 영원히 일본에 할여한다."고 규정하고 있다. 제2항에서는 "타이완 전도(全島) 및 그 부속 도서(島嶼)"를 규정하고 제3항에서 "펑후 열도(澎湖列島), 즉 영국 그리니치(Greenwich) 동경 119도에서 120도와 북위 23도에서 24도 사이에 있는 여러 도서"를 규정하고 있다.[19] 샌프란시스코강화조약 제2조 (b)는 시모노세키조약의 법적 결과를 부정하는 것이다.

본 조약 제2조 (c)는 포츠머스조약(1905)에 의해 일본이 취득한 쿠릴열

---

[19] 청·일 강화 조약(시모노세키 조약) 국문 번역, 국사편찬위원회. Available at: http://contents.history.go.kr/front/hm/view.do?treeId=010701&tabId=03&levelId=hm_119_0030 (검색일: 2022. 4. 26).

도와 사할린 일부 등에 대한 권리, 권원, 청구권을 포기한다고 규정하고 있다. 포츠머스조약 제9조는 북위 50도를 기준으로 사할린 남부와 인접 도서를 일본제국에 할양한다고 규정하고 있다.[20] 따라서 샌프란시스코강화조약 제2조 (c)는 포츠머스조약을 부정하는 것이다.

본 조약 제2조 (d)는 국제연맹(1919)의 위임통치와 연관된 모든 권리, 권원, 청구권을 포기한다고 규정하고 있다. 나아가 기존 일본하에 있었던 태평양 도서를 신탁통치하는 1947년 4월 2일 자 유엔(UN) 안전보장이사회의 결의를 받아들인다고 규정하고 있다. 1947년 유엔 안전보장이사회 결의(S/RES/21) 제1항은 국제연맹규약 제22조에 따라 일본이 위임통치하던 태평양 도서를 유엔헌장상 신탁통치하에 둔다고 정하고 있다.[21] 따라서 샌프란시스코강화조약 제2조 (d)는 유엔 안전보장이사회 결의에 따라 국제연맹규약 제22조를 부정하고 있다.

본 조약 제2조 (e)는 남극에 관한 모든 권리, 권원, 청구권을 포기한다고 규정하고 있다. 그 권리, 권원, 청구권이 일본인의 활동에 기한 것인지와 무관하다고 규정하고 있다. 물론, 제2차 세계대전이 끝날 때까지 일본 정부가 남극에 대하여 국제적으로 인정된 영토 권원을 가지고 있다고 할 수 없다. 그러나 시라세 노부 등 일본인 탐험가들은 1910년에 남극 탐험을 시작했고, 남극 탐험 활동이 있었다는 것은 사실이다.[22] 본 조항이 일본의 영토 권원에 어떠한 영향을 미치는지에 대해서는 더 엄밀한 연구가

---

[20] Article 9 of the Russo-Japanese Peace Treaty (Treaty of Portsmouth), Portsmouth, New Hampshire, September 5, 1905.

[21] UN Security Council, Resolution 21 (1947), adopted by the Security Council at its 124th meeting, 2 April 1947, S/RES/21(1947).

[22] Kimie Hara, 2006, "Antarctica in the San Francisco peace treaty," *Japanese Studies* Vol. 26, p. 82.

필요하다. 그러나 여기서 확인할 수 있는 것은 샌프란시스코강화조약이 적어도 1910년에서부터 진행된 일본인의 남극 탐험 활동을 부정하고 있다는 점이다.

본 조약 제2조 (f)는 1939년 일본이 점령한 남사군도(Spratly Islands)와 서사군도(Paracel Islands)의 권리, 권원, 청구권을 포기한다고 규정하고 있다. 본 조항은 제2차 세계대전 중에 벌어진 사안이다. 따라서 일본이 남사군도와 서사군도에 대한 권리 등을 포기하는 것은 본 강화조약의 취지에 부합해 보인다. 그렇다면 본 강화조약 제2조 중 사실상 (f)만이 제2차 세계대전과 관련성을 맺고 있다고 할 수 있다.

그렇다면 본 강화조약 제2조에서 전제로 하는 기준 시점은 무엇일까? 본 강화조약 제2조 (f)를 제외하고는 사실상 제2차 세계대전 이전에 발생한 사안들이 병렬적으로 나열되어 있는 것처럼 보인다. 본 조항들을 검토해 보자면, 개별 사안들 간에 상관관계가 존재한다고 할 수 없다. 이 중 시기적으로 가장 이른 사안의 시점은 본 강화조약 체결 50년 전인 1895년 시모노세키조약이다. 그렇다면 왜 50년 전 영토문제를 샌프란시스코강화조약에서 다루고 있을까?

제2차 세계대전 전후 체결된 여타 강화조약들과 비교했을 때, 샌프란시스코강화조약 제2조가 예외적이라고 할 부분이 있다. 1947년 대이탈리

---

23 Treaty of Peace with Italy, 1947
Territorial Clauses
Section I — Frontiers
Article 1
"The frontiers of Italy shall, subject to the modifications set out in Articles 2, 3, 4, 11, and 22, be those which existed on 1 January, 1938. These frontiers are traced on the maps attached to the present Treaty (Annex I)."

아조약,[23] 대불가리아조약,[24] 대루마니아조약,[25] 대헝가리조약,[26] 대핀란드조약[27]의 영토 조약을 비교하여 보았을 때 공통점이 발견된다. 위 조약들의 초안은 1945년 12월 24일 모스크바 삼상회의에서 합의하여 준비작업이 시작되었는데,[28] 위 조약들의 역사적 배경 등은 개별적 분석이 필요하

---

[24] Treaty of Peace with Bulgaria, 1947
PART I: FRONTIERS OF BULGARIA
Article 1
"The frontiers of Bulgaria, as shown on the map annexed to the present Treaty (Annex I), shall be those which existed on 1 January, 1941."

[25] Treaty of Peace with Romania, 1947
PART I: FRONTIERS
Article 1
"The frontiers of Roumania, shown on the map annexed to the present Treaty (Annex I), shall be those which existed on 1 January, 1941, with the exception of the Roumanian-Hungarian frontier, which is defined in Article 2 of the present Treaty."

[26] Treaty of Peace with Hungary, 1947
PART I
FRONTIERS OF HUNGARY
ARTICLE 1
"1. The frontiers of Hungary with Austria and with Yugoslavia shall remain those which existed on 1 January, 1938."

[27] Treaty of Peace with Finland, 1947
Part I
Territorial Clauses
Article 1
"The frontiers of Finland, as shown on the map annexed to the present Treaty (Annex I), shall be those which existed on 1 January, 1941, except as provided in the following Article."

[28] 1945년 12월 모스크바 회의에서 대이탈리아조약은 영국, 미국, 소련, 프랑스의 외무부 장관이 초안을 작성하고, 대루마니아, 대불가리아, 대헝가리 조약의 초안은 소련, 미국, 영국의 외무부 장관이 초안을 작성하기로 하였다. 대핀란드조약은 소련과 영국의 외무부 장관이 초안을 작성하기로 하였다. Interim Meeting of Foreign Ministers, Moscow, "Report of the Meeting of the Ministers of Foreign Affairs of the Union of Soviet Socialist Republics, the United States of America, the United

다. 그러나 위 조약들의 구조가 거의 유사하다는 점을 간과할 수는 없다.

첫째, 조약 대상 당사국의 영토를 확정하고 제한하고 있다. 예를 들어 대이탈리아조약의 경우 제1조에서 이탈리아를 명시하여 그 영토의 범위를 명확하게 정하고 있다. 둘째, 대상 영토의 기준 시점을 제시하여 영토를 복원하고 있다. 셋째, 제시된 영토 복원 기준 시점이 제2차 세계대전과 관련이 있다. 즉, 1938년 또는 1941년으로 그 기준 시점을 제시하고 있다.

이러한 세 가지 특징은 샌프란시스코강화조약(1951)에서 찾아볼 수 없다. 샌프란시스코강화조약에서는 일본이 포기하는 영토가 열거되어 있을 뿐, 일본 영토의 범위의 시점이 제시되어 규정되어 있지 않다. 나아가 샌프란시스코강화조약은 19세기 말에 확정된 사안인 일본의 타이완에 대한 영토주권도 부정하고 있다. 즉, 시모노세키조약(1895)에서 규정한 사안을 부정하고 있다.

그렇다면 왜 이러한 차이가 발생하는가? 샌프란시스코강화조약이 왜 다른 형태로 작성되었는지에 대한 직접적인 원인을 본 강화조약 자체에서 찾기는 어렵다.

2. 교섭 기록: 1947년 초안의 문제

위와 같은 문제점은 샌프란시스코강화조약 제2조를 해석할 때 난제로 등장한다. 샌프란시스코강화조약 제2조는 조약법에 관한 비엔나협약

Kingdom", Interm Meetin of Foreign Ministers of the United States, the United Kingdom, and the Union of Soviet Socialist Republics, Moscow, December 16-26, 1945. Available at: https://avalon.law.yale.edu/20th_century/decade 19.asp (검색일: 2022. 4. 29).

(1969) 제31조에 따라 조약의 문면을 통상적 의미에 따라 성실하게 해석하기에 적절하지 않은 조항이다. 이에 따라 조약법에 관한 비엔나협약 제32조의 보충적 수단의 문제가 대두된다. 즉, 의미가 모호하거나 애매한 부분이 있다고 할 수도 있고, 그 의미가 불투명하다고도 할 수 있는 상황이다.

이와 같은 상황에서는 조약법에 관한 비엔나협약 제32조가 적용된다. 제32조에 따른 보충적 수단은 크게 세 가지로 구분된다. ① 조약의 교섭 기록, ② 그 체결 시의 사정, ③ 그 이외 기타 사안이다. 조약법에 관한 비엔나협약은 1969년 체결되었지만, 제32조의 내용은 관습법을 명문화한 것이라 보는 것이 타당하다.[29] 사실 국제사법재판소(ICJ: International Court of Justice) 등은 조약의 문면이 명확한 경우라 할지라도 조약문을 해석할 때 그 준비문서에 의존하는 경우가 상당하다.[30] 실제 ICJ 판례 등을 검토하여 보았을 때, 조약법에 관한 비엔나협약 제32조가 제31조에 보충적 성격을 갖지 않고, 사실상 동등한 가치를 갖는다고 볼 수도 있다.[31] ICJ는 조약과 관련된 사안에서 조약의 문면을 해석할 때 대부분의 경우 준비문서를 함께 검토하기 때문이다. 따라서 본 강화조약 제2조를 해석할 때에도 조약의 교섭 기록 및 그 체결 시의 사정을 간과할 수 없다.

일본 영토와 관련하여 다양한 교섭 기록이 존재한다. 그리고 이에 대한

---

29 Yves Le Bouthillier, 2011, "Article 32 Supplementary means of interpretation," in Olivier Corten and Pierre Klein, *The Vienna Convention on the Law of Treaties: A Commentary, Vol. 1*, Oxford and New York: Oxford University Press, p. 845.

30 Yves Le Bouthillier, 2011, 위의 글, p. 847.

31 황준식, 2022, 「조약법상 준비문서(Travaux Préparatoires)의 지위」, 『국제법평론』 통권 제61호, 249~269쪽.

다양한 선행연구가 있다. 그러나 여기서는 본 강화조약의 1947년 초안을 검토하도록 하겠다. 후술하겠지만, 카이로선언 및 포츠담선언과의 관련성이 있다고 볼 수 있기 때문이다.

```
                                      January  1947
SECRET

              DRAFT

    Part One - Territorial Clauses

    Section I. Territorial Limits

               Article 1.

      1. The territorial limits of Japan shall be those existing
   on January 1, 1894, subject to the modifications set forth in
   Articles 2, 3 .... As such these limits shall include the
   four principal islands of Honshu, Kyushu, Shikoku and Hokkaido
   and all minor offshore islands, excluding the Kurile Islands,
   but including the Ryukyu Islands (?), the Izu Islands southward
   to Sofu Gan, the islands of the Inland Sea, Rebun, Riishiri,
   Okujiri, Sado, Oki, Tsushima, Iki and the Goto Archipelago.

      2. These territorial limits are traced on the map
   attached to the present treaty.
```

〈그림 1〉 1947년 1월 미국의 일본 정치고문인
루스 베이컨이 작성한 초안

1947년 초안의 경우 조약의 문면을 작성하는 작업으로 조약의 교섭 기록에 해당된다고 할 수 있다.[32] 1947년 1월 미국의 일본 정치고문인 루스 베이컨(Ruth Bacon)이 작성한 초안의 내용은 앞에서 언급한 전후 타 강화조약과 유사한 내용이 많다.[33] 본 1947년 초안은 앞에서 언급한 전

---

32 Yves Le Bouthillier, 2011, 앞의 글, p. 852.

33 Department of State, Drafts by Ruth Bacon (5 of 6), Records Relating to the Treaty of Peace with Japan, 1945-1951 [Entry A1 1230], Record Group 59: General Records of the Department of State, 1763-2002. Box 1. AUS002_14_00C0016, (January, 1947), p. 10. (Available at the Archives of Korean History: http://archive.history.go.kr/).

후 여타 강화조약과 유사하다. 첫째, 일본의 영토를 명확하게 확정하고 있다. 둘째, 영토 복원의 기준 시점을 제시하고 있다. 그러나 위 전후 조약들과 차이가 나는 부분도 있다. 바로 영토 복원의 시점이 1894년 1월 1일이라는 점이다. 1945년 10월 25일 자 초안 제1조는 1894년이라는 연도를 제시하지 않았지만, 명확한 위도와 경도를 제시하여 일본 영토의 범위를 확정하고 있다.[34] 그러나 본 조항은 1947년에 이르면 다른 형태로 바뀌게 된다. 위 1947년 1월 초안뿐만이 아니다. 1947년 3월 1일 초안에서도 1894년 1월 1일을 그 기준 시점으로 잡고 있고,[35] 동년 5월 19일 초안에서도 1894년 1월 1일을 그 기준 시점으로 잡고 있다.[36] 따라서 여기서 제시된 1947년 초안이 비정상적인 예외적 초안이라고 할 수 없다. 적어도 1947년에는 1894년 1월 1일을 일본 영토의 복원 기준 시점으로 잡고 있었다는 것이다. 1947년 초안이 1894년 1월을 영토 복원의 기준 시점으로 정하고 있다면 그에 따른 법적인 결과가 발생한다. 1894년이 기점이라는

---

[34] Department of State, Drafts by Ruth Bacon (2 of 6), Records Relating to the Treaty of Peace with Japan, 1945-1951 [Entry A1 1230], Record Group 59: General Records of the Department of State, 1763-2002. Box 1. AUS002_14_00C0016, (Oct. 25, 1945), p. 96. (Available at the Archives of Korean History: http://archive.history.go.kr/).

[35] Department of State, Drafts by Ruth Bacon (1 of 6), Records Relating to the Treaty of Peace with Japan, 1945-1951 [Entry A1 1230], Record Group 59: General Records of the Department of State, 1763-2002. Box 1. AUS002_14_00C0015_003, (March 19, 1947), p. 20. (Available at the Archives of Korean History: http://archive.history.go.kr/).

[36] Department of State, Draft of Treaty with Japan: Part One-Territorial Clauses, Peace Treaty-1947, Records Relating to the Treaty of Peace with Japan, 1945-1951 [Entry A1 1230], Record Group 59: General Records of the Department of State, 1763-2002. Box 4. AUS002_14_00C0064_019, (May 19, 1947), p. 95. (Available at the Archives of Korean History: http://archive.history.go.kr/).

의미는 청일전쟁(1894~1895) 이전으로 영토를 되돌리려는 것이고, 그 이후의 영토 변경 또는 변화는 받아들이지 않겠다는 것이기 때문이다.

그렇다면 1947년 초안은 샌프란시스코강화조약에 어떠한 함의를 지닐까? 1947년 초안에서 제시하는 1894년은 1951년 샌프란시스코강화조약에 반영되지 않은 것으로 보인다. 따라서 1947년 초안은 실패한 초안으로 치부될 수도 있다. 즉, 샌프란시스코강화조약 제2조가 열거적 구조를 가지고 있기 때문에 그에 따르면 된다고 주장할 수도 있다. 조약법에 관한 비엔나협약 제31조 제1항은 "그 조약의 문면에 부여되는 통상적 의미에 따라 성실하게 해석"되어야 한다고 규정하고 있다. 따라서 1894년 기점이 1951년 강화조약에 명시되어 있지 않은 상황에서 1947년 초안은 의미가 없다고 주장하는 견해가 있을 수 있다.

그러나 이 글에서는 1947년 초안과 카이로선언의 "폭력과 탐욕"이 어떠한 관계에 놓여 있는지에 의문을 표한다. 즉, 카이로선언의 "폭력과 탐욕"을 구체화한 것이 1947년 초안일지 의문이 든다. 후술하겠지만, 카이로선언의 "폭력과 탐욕"의 시작점이 청일전쟁이라고 볼 수 있는 부분이 있다.

3. 조약 체결 시의 사정: 강화조약 체결 시 덜레스의 의사

그러나 본 사안을 조금 더 깊이 있게 살펴보아야 한다. 조약법에 관한 비엔나협약 제32조의 보충적 수단 중 하나인 "그 체결 시의 사정"(circumstances of conclusion)을 살펴볼 필요가 있다. "그 체결 시의 사정"의 의미가 무엇이고 그 범위가 무엇인지는 명확하지 않다. 그러나 올리버 되르(Oliver Dörr)는 조약법에 관한 비엔나협약 주석서에서 국제법위원회

(ILC: International Law Commission)의 월독(Waldock)의 문서를 인용하며 그 체결 시의 사정에 '사실적 사정(factual circumstances)'이 포함된다고 설명하였다.[37] 사실적 사정이란 조약 체결 당사자들의 마음속에 있었던 것으로 추정될 수 있는 조약 체결 시 사실관계와 역사적 배경을 의미한다.[38] 나아가 조약 체결 시의 사정에는 경제적, 정치적, 사회적 사정 등이 포함된다. 여기서 경제적, 정치적, 사회적 사정을 살펴보는 이유는 당사자가 조약을 통하여 규제하고자 했던 현실 상황을 파악하기 위해서이다. 요컨대 당사자의 의사를 파악하기 위한 조약 해석의 방법이라 할 수 있다.

이런 시각에서 보자면, 샌프란시스코강화조약 체결식이 있었던 1951년 9월 5일 미국 측에서 본 강화조약 체결에 주도적 역할을 했던 덜레스의 연설은 "그 체결 시의 사정"이 될 수 있다. 조약 체결식에서 덜레스가 설명하고 주장한 내용은 당시의 사실적 사정 등이 될 수 있기 때문이다. 특히, 조약법에 관한 비엔나협약 제31조상 "조약의 대상과 목적"과 관련하여 조약 체결 당사자의 의사를 파악하는 데에 중요한 참고자료가 될 수 있다.

결론을 먼저 밝히자면, 덜레스는 영토와 관련하여 포츠담 항복조건이 일본과 연합국을 구속하는 유일한 문서라 보았고, 포츠담 항복조건이 샌프란시스코강화조약에 반영되어 있다고 보았으며, 포츠담 항복조건을 통하여 본 강화조약을 해석하였다. 덜레스가 1951년 9월 샌프란시스코 평화회의에서 한 연설의 일부는 다음과 같다.

---

[37] Oliver Dörr, 2018, "Article 32: Supplementary means of interpretation," in Oliver Dörr and Kirsten Schmalenbach (eds.) *Vienna Convention on the Law of Treaties: A Commentary*, Second Edition, Springer, p. 624.

[38] Oliver Dörr, 2018, 위의 글.

일본의 주권은 어디까지인가? 제2장은 그것을 다룬다. 일본은 포츠담 항복조건(the Potsdam Surrender Terms)의 영토조항을 공식적으로 비준하였는데, 이 조항은 일본에 관한 한 6년 전에 실제로 실효되었다.

포츠담 항복조건은 일본과 연합국 전체가 구속되는 유일한 평화 조항의 정의(definition)를 구성한다. 일부 연합국 정부들 사이에는 사적인 견해가 있었지만, 일본은 이에 의해 구속되지 않았고, 다른 연합국들도 구속되지 않았다. 따라서 이 조약은 일본의 주권을 혼슈, 홋카이도, 규슈, 시코쿠 및 일부 작은 섬으로 제한한다는 항복 조항 제8조를 구체화했다. 제2장 제2조에 포함된 영토 포기의 내용은 항복조건(the surrender term)에 엄격하고 양심적으로 일치한다.

제2조 (c)에서 언급한 "쿠릴열도"에 하보마이제도가 포함되는지 여부에 대한 의문이 제기되었다. 그렇지 않다는 것이 미국의 견해이다. 다만 이에 대한 분쟁이 있을 경우 제22조에 따라 국제사법재판소에 회부할 수 있다.

일부 연합국들은 제2조가 단순히 포츠담(선언)에 따라 일본의 주권을 제한하는 것이 아니라, 과거 일본의 개별 영토의 궁극적인 처분을 정확하게 명시해야 한다고 제안했다. 물론, 이것은 더 깔끔했을 것이다. 그러나 현재 이에 대해 합의된 답이 없기에 의문이 제기되었을 것이다. 우리는 포츠담 항복조건에 따라 일본에게 평화를 줄 수도 있고, 아니면 연합국이 일본이 무엇을 해야 할지에 대해 논쟁하는 동안 일본의 평화를 부정해야 했다. 분명히, 일본에 관한 한, 현명한 방침은 미래세대에게 이 조약이 아닌 다른 국제적인 용해제(solvents)를 발동함으로써 의심을 해소하도록 하고, 지금은 진행시키는 것이다.[39]

---

39 Department of State, 1951a, 앞의 글, pp. 77~78.

요컨대, 덜레스는 포츠담선언을 수락한 일본의 항복조건은 일본을 포함한 연합국에게 법적 구속력이 있는 문서라 설명한다. 즉, 일본이 항복문서에 서명한 이후 계속해서 포츠담선언이 판단기준이 되고 있다는 점을 확인할 수 있고, 이에 따라 샌프란시스코강화조약이 해석되어야 한다는 점을 확인할 수 있다. 덜레스는 연합국 간 견해가 다른 부분이 있을 수 있지만, 일본의 항복조건에 대해서는 견해 대립이 없는 구속력이 있는 문서로 보았다.

나아가 덜레스는 "일본에 대한 연합국의 약속이 이행될 때까지 존속한다는 것을 분명히 하기 위해 포츠담 항복조건 제9조가 강화조약에 통합되었다[제6조(b)]"라고 하여,[40] 포츠담 항복조건 제9조, 즉 일본군이 무장해제된 후 평화롭고 생산적인 삶을 영위할 기회를 제공할 부분이 본 강화조약에 편입되었다고 밝힌 사례가 있다. 즉, 샌프란시스코강화조약에 포츠담 항복조건이 반영되었다는 점을 밝혔다.

1953년부터 1957년까지 주일대사를 역임한 존 M. 앨리슨(John M. Allison) 또한 동일한 견해를 표한 바 있다. 앨리슨은 1952년 미국 국제법학회에서 포츠담 항복조건만이 일본과 연합국 전체를 구속한다고 하며, 1951년 샌프란시스코강화조약의 영토조항이 포츠담 항복조건을 구현(embodies)한 것이라 설명한 바 있다.[41]

당시 평화회의에서 본 강화조약에 비판적인 견해를 드러낸 국가는 소련이었다. 소련은 본 강화조약에서 일본의 주권이 표현된 방식에 대해

---

40 Department of State, 1951a, 위의 글, p. 82.
41 John M. Allison, 1952, "The Japanese Peace Treaty and Related Security Pacts," *Proceedings of the American Society of International Law at Its Annual Meeting*, April 24-26, 1952, Vol. 46, p. 41.

문제를 제기하였다. 소련은 영토 사안을 더 명확하게 해야 한다는 점을 강조하였다.⁴² 이때 소련은 카이로선언과 얄타회담을 제시하였다. 미국은 이에 대해 두 가지 답변을 내놓았다. 첫째, 포츠담 항복조건(Potsdam surrender terms)은 일본과 연합국 전체가 구속되는 유일한 영토 합의문이다. 둘째, 중국의 입장에 대한 연합국들 사이의 견해 차이는 이 조약을 무기한 지연시킬 것이다.⁴³ 따라서 미국 정부는 사할린과 쿠릴열도와 관련하여 본 샌프란시스코강화조약은 일본과 연합국 전체를 구속하는 유일한 합의인 포츠담 항복조건을 이행하는 것이라 하였다.⁴⁴

덜레스의 연설문 전체를 살펴보면 조금 더 주의 깊게 볼 부분이 없지 않다. 덜레스가 강화조약의 일본 영토조항을 포츠담 항복조건에 따라 해석하여 제한하였는데, 이를 직접 적용한 사례가 있다. 덜레스는 팔천만 명이 넘는 일본 인구가 일본 영토에서 생존할 수 있는지에 대해서 질문을 던지고 스스로 답한 바 있다.⁴⁵ 이때 98퍼센트의 일본인들은 일본의 식민

---

42 Richard J. Zanard, 1951, "Introduction to the Japanese Peace Treaty and Allied Documents," *Georgetown Law Journal*, Vol. 40, No. 1, p. 97.

43 Richard J. Zanard, 1951, 위의 글.

44 The Department of State, 1951, "Answer to Soviet Charges Against Japanese Treaty," *The Department of State Bulletin*, Vol. 25, No. 627 (July 2, 1951), p. 462.

45 Department of State, 1951a, 앞의 글, pp. 78~79. 원문은 다음과 같다. "A peace which limits Japanese territory according to the Potsdam Surrender Terms naturally leads one to ask, can a growing population, now numbering over 80 million, survive on the Japanese home islands? A clue to the correct answer is the fact that when Japan had a vast colonial empire into which the Japanese people could freely emigrate, a few did so. Formosa, a rich, uncrowded land with temperate climate, attracted, in 55 years, a total Japanese population of about 350,000. Korea, under Japanese control since 1905, attracted a total Japanese population of about 650,000. In South Sakhalin there were 350,000 Japanese and in the Kurile Islands about 11,000.

지로 이주하지 않았기 때문에 영토조항에 제약을 받지 않고 큰 문제가 안 된다는 취지로 답하였다.[46]

한편, 샌프란시스코 평화회의록에 첨부된 1951년 8월 25일 미국 정부가 인도 정부에 답변한 문서(note)에서도 포츠담 항복조건의 구속력에 대해서 입장을 밝히고 있다.[47] 인도 정부는 본 샌프란시스코강화조약에 의해 일본이 역사적으로 유대성을 갖는 영토가 완전히 복원되어야 한다고 문제 제기를 하였다. 이에 대하여 미국 정부는 이와 같은 접근은 포츠담 항복조건으로부터 일탈하는 것이라 지적하며 대응하였다.[48] 즉, 샌프란시스코강화조약의 영토조항의 구속력 있는 판단기준은 포츠담 항복조건이라는 것이다.

요컨대, 덜레스의 의사에 따르면, 포츠담 항복조건은 일본과 연합국을

Japan's colonies helped assure Japan access to food and raw materials, but they were no population outlet. Japanese, like other people, prefer to live at home. So far as emigration is concerned, the territorial clauses of the treaty do not establish restraints greater that those which 98 percent of the Japanese people voluntarily put upon themselves."

46　Department of State, 1951a, 위의 글.
47　Department of State, 1951b, "Note of August 25, 1951, from the Government of the United States of America to the Government of India," in *Record of Proceedings of the Conference for the Conclusion and Signature of the Treaty of Peace With Japan*, held at San Francisco, California, September 4-8, 1951, Washington D.C.: Department of State Publication 4392, p. 127.
48　Department of State, 1951b, 위의 글. 원문은 다음과 같다. "The Government of India suggests that the Treaty should restore in full Japan's sovereignty "over territory of which the inhabitants have an historical affinity with her (Japan's) own people" and which she has not acquired by aggression from any other country. This principle would involve a major departure from the Potsdam Surrender Terms, which specified categorically that Japanese sovereignty should be limited to the four home islands and to such minor islands as the parties to the Surrender Proclamation might determine."

구속하는 유일한 문서이고, 포츠담 항복조건의 내용이 샌프란시스코강화조약에 반영되어 있으며, 샌프란시스코강화조약 영토조항 해석의 판단기준이 된다. 덜레스는 소련과 인도에 대하여 포츠담 항복조건이 일본 영토의 구속력 있는 판단기준이라는 점을 명확하게 하였다. 따라서 덜레스의 의사는 포츠담 항복조건이 일본 영토의 판단기준이 되는 것이다.

4. 소결

샌프란시스코강화조약 제2조와 관련하여 조약법에 관한 비엔나협약 제31조에 따른 조약 문면 해석이 어렵다는 점을 지적하였다. 이어서 동 협약 제32조에 따라 보충적 해석에 도움이 될 수 있는 1차 자료를 검토하였다. 이 글에서는 두 가지 1차 문서에 주목하였다. 첫째는 일본 영토의 범위를 규정하고 있는 1947년 초안들이다. 물론, 이 문서가 샌프란시스코강화조약 최종안에 반영되지 않았기 때문에, 1947년 초안만으로는 큰 법적 의미를 가지지 못한다고 볼 수 있다. 그러나 일본 영토범위의 기준일을 1894년 1월 1일로 제시한 점은 의미가 있다. 둘째는 덜레스의 주장이다. 이 글은 조약 체결 시의 사정이라 할 수 있는 덜레스의 의사에 주목하였다. 덜레스는 포츠담 항복조건이 일본을 구속하는 유일한 문서라고 주장하며, 이를 기준으로 일본의 영토 사안을 해석하였다. 조약법에 관한 비엔나협약에서 제시하는 조약 해석의 기본원칙에 따르자면, 조약 체결 시의 사정에 해당하는 덜레스의 의사가 본 강화조약을 해석하는 데에 상당히 중요할 수 있다. 그렇다면 위와 같은 1차 자료를 법리적으로 검증해야 할 필요가 있다.

위와 같은 배경에서 다음과 같은 질문이 나올 수 있다. ① 일본 영토의 범위가 어디까지일지 의문이다. 덜레스의 강화조약 체결식에서의 연설은 조약법에 관한 비엔나협약 제32조에서 규정하고 있는 조약 체결 시의 사정이라 할 수 있다. 이에 따를 시 포츠담 항복조건이 일본 영토와 관련하여 유일하게 구속력 있는 문서가 된다. 그렇다면 논리적으로 포츠담선언 제8조가 원용하는 카이로선언의 "폭력과 탐욕"에도 법적 효과가 발생한다. 그렇다면 "폭력과 탐욕"의 범위는 어디까지인가? 즉, 1947년 초안들에서 제시하고 있듯이 1894년 1월 1일일까? 카이로선언과 1894년이 어떠한 관련성을 갖는지 검토해 볼 필요가 생긴다.

② 한편, 포츠담 항복조건의 법적성격을 확인해야 할 필요가 있다. 국제법적으로 보았을 때, 덜레스가 주장하듯이 포츠담 항복조건이 구속력 있는 문서일지 확인할 필요가 있기 때문이다. 덜레스의 주장은 조약을 해석할 때 중요한 해석기준이 될 수는 있지만, 덜레스는 왜 포츠담 항복조건이 구속력이 있는지 국제법적 근거를 제시하지는 않았다. 첫 번째 질문은 아래 Ⅲ장에서 검토하고, 두 번째 질문은 Ⅳ장에서 검토하겠다.

Ⅲ. 카이로선언의 반식민주의와 1894년 기준

이 장에서는 1947년 초안에서 제시한 1894년 1월 1일이 카이로선언의 "폭력과 탐욕"을 반영한 것일 수 있다는 점을 제시한다. 나아가 포츠담선언 제8항이 원용하는 카이로선언의 기조가 반식민주의라는 점을 강조하겠다. 후자는 선행연구에서도 언급되었던 사안인데, 충분히 강조되지 않은 듯하다. 따라서 카이로선언의 "폭력과 탐욕"의 의미가 일본의 식민주의 정책의 시작점인 청일전쟁과 관련이 있다는 점을 제시하겠다.

1. 카이로선언과 샌프란시스코강화조약의 유사점과 차이점

포츠담 항복조건의 내용은 무엇일까? 어떠한 조건이기에 덜레스는 일본의 영토가 확정되었다고 했을까? 포츠담선언 제8항에는 "카이로선언의 조건이 이행되며 일본의 주권은 혼슈, 홋카이도, 규슈, 시코쿠 및 우리가 정하는 소도서에 한정된다."고 규정되어 있다.[49] 그러나 포츠담선언 제8항은 명확하지 않다. "우리가 정하는 소도서에 한정된다"라고 하여, 오히려 그 의미를 이해하기 어렵게 한 부분이 있다. 그렇다면 포츠담선언 제8항이 원용하는 1943년 카이로선언을 확인해 봐야 한다. 카이로선언은 다음과 같이 규정하고 있다.

1914년 제1차 세계대전이 시작된 이후 일본이 빼앗거나 점령한 태평양의 모든 섬을 일본으로부터 박탈하는 것, 그리고 만주, 타이완, 펑후제도 등 일본이 중국으로부터 빼앗은 모든 영토를 중화민국으로 복원시키는 것이 그들의 목적이다. 일본은 또한 폭력과 탐욕에 의해 빼앗은 다른 모든 영토에서도 추방될 것이다. 앞서 말한 3대 강국은 한국민의 노예 상태를 염두에 두고 있고, 머지않아 한국이 자유롭게 되며 독립할 것에 대한 결의를 가지고 있다.[50]

---

[49] Potsdam Proclamation, Proclamation Defining Terms for Japanese Surrender Issued, at Potsdam, July 26, 1945. Available at: https://www.ndl.go.jp/constitution/e/etc/c06.html (검색일: 2018. 9. 18).

[50] Cairo Declaration from the Conferences at Cairo and Tehran, 1943. Available at: http://digital.library.wisc.edu/1711.dl/FRUS.FRUS1943CairoTehran (검색일: 2022. 5. 2).

카이로선언문의 구성은 샌프란시스코강화조약 제2조의 규정과 유사하다. 첫 번째 문장 전문은 제1차 세계대전 이후 일본이 빼앗거나 점령한 태평양의 모든 섬을 지칭하고 있다. 샌프란시스코강화조약을 기준으로 보자면, 본 강화조약 제2조 (d)항과 (f)항이 해당된다고 할 수 있다. 본 강화조약 제2조 (d)항은 1919년 이후 설립된 국제연맹에 의한 위임통치에 대한 모든 "권리, 권원, 청구권을 포기"한다는 규정이고, 제2조 (f)항은 제2차 세계대전 당시라 할 수 있는 1939년 일본이 점령한 남사군도와 서사군도에 대한 권리, 권원, 청구권을 포기한다는 규정이다.

첫 번째 문장 후문은 샌프란시스코강화조약 제2조 (b)에 해당되는 내용으로, 직접적으로 중국의 영토 복원을 그 목적으로 하고 있다. 샌프란시스코강화조약 제2조 (b)는 타이완과 펑후제도에 대한 권리, 권원, 청구권을 포기하고 있다. 언급하였듯이, 1894년 1월 1일의 기점이 되는 조항이기도 하다. 따라서 이미 카이로선언 시기에 청일전쟁(1894~1895)을 그 기점 중 하나로 염두에 두고 있었다고 할 수 있다.

세 번째 문장은 한국의 자유와 독립을 규정하고 있다. 본 문장은 샌프란시스코강화조약 제2조 (a)에 해당되는 내용이다. 따라서 최소한 1905년 이전으로 한일 간의 영토문제를 되돌려 놓는다고 할 수 있다.

두 번째 문장은 포괄적이다. "일본은 또한 폭력과 탐욕에 의해 빼앗은 다른 모든 영토에서도 추방"된다고 규정하고 있다. 샌프란시스코강화조약 제2조의 문면만 놓고 보았을 때, 제2조 (c)에서 논의하는 포츠머스조약(1905)과 (e)에서 규정하고 있는 남극만이 남는다. 그렇다면 이 두 번째 문장은 샌프란시스코강화조약 제2조 (c)와 (e)를 지칭하는 것일까? 일본의 항복조건의 문면을 면밀하게 살펴보면, 별도로 고려할 부분이 있다.

일본의 항복 선언문에는 "포츠담선언과 그 후 소련에 의해 지지되는 선언(Potsdam and subsequently adhered to by the Union of Soviet Socialist Republics)"을 명시하고 있다.[51] 포츠담선언(1943) 이후 소련이 지지한 선언은 일응 얄타협정(Yalta Agreement)으로 보인다. 1945년 2월 얄타회담의 결과물로 얄타협정이 나오는데, 본 협정 제2조는 1904년 일본의 침략에 의해 러시아의 권리가 침해되었다고 하며 사할린 등을 소련에 되돌려 줄 것을 정하고 있다. 나아가 제3조는 쿠릴열도를 소련에 넘길 것을 규정하고 있다.[52] 따라서 샌프란시스코강화조약 제2조 (c)는 얄타회담의 결과물인 얄타협정에 따른 것이라 해석할 여지가 있다. 그러나 얄타협정의 내용이 얼마나 반영되었는지에 대해서는 견해 대립이 있을 수 있다. 특히, 소련은 이와 관련하여 샌프란시스코강화조약이 얄타협정에 반한다고 주장하였다.[53] 따라서 샌프란시스코강화조약 제2조 (c)가 얄타협정을 반영한 것이라고 단정하기 어렵다.

그렇다면 샌프란시스코강화조약 제2조 (c)와 (e)는 어디서 왔는가? 이 사안은 분명하지 않다. 그러나 이 두 조항의 근거가 되는 조항을 카이로선언에서 찾아보자면, 폭력과 탐욕으로 빼앗은 모든 영토에서 추방할

---

[51] Proclamation Accepting Terms in the Potsdam Declaration, (02 Sept. 1945), Instruments of Japanese Surrender, 9/1945-9/1945, Records of the U.S. Joint Chiefs of Staff, 1941-1977. Available at: https://catalog.archives.gov/id/6943536 (검색일: 2022. 4. 28).

[52] Crimea (Yalta) Conference: Agreement Regarding Japan (Yalta Agreement), February 11, 1945. Available at: https://worldjpn.grips.ac.jp/documents/texts/docs/19450211.T1E.html (검색일: 2022. 4. 28).

[53] Statement of the First Deputy Minister of Foreign Affairs of the USSR, A.A. Gromyko, at the Conference in San Francisco (1951), Joint Compendium of Documents on the History of Territorial Issue between Japan and Russia, Ministry of Foreign Affairs of Japan. Available at: https://www.mofa.go.jp/region/europe/russia/territory/edition92/period4.html (검색일: 2022. 5. 8).

것을 규정하고 있는 부분이 될 것이다. (c)와 (e)도 카이로선언에서 제시하는 폭력과 탐욕으로 빼앗은 영토를 예시적으로 제공한 것이라 볼 수 있다.

2. 카이로선언의 "폭력과 탐욕"의 범위

폭력과 탐욕에 의해 빼앗은 영토의 범위는 어디까지일까? 특히, 폭력과 탐욕의 의미가 무엇일지 의문이다. 카이로선언과 포츠담선언이 일본제국의 식민지 전체와 무력으로 취한 영토에 대한 권리를 박탈하려 하였을지 의문이다.[54] 이 질문이 중요한 이유는 결국 카이로선언이 제시하는 폭력과 탐욕이라는 판단기준이 반식민주의로 해석될 수 있기 때문이다. 즉, 카이로선언이 일본의 제국주의적 영토 팽창에 반대하기 때문에 일본이 취한 영토를 부정한다고 해석될 수 있다.

그렇다면 카이로선언의 "폭력과 탐욕"이 일본의 제국주의를 문제 삼는다는 것을 어떻게 알 수 있을까? 이 질문에 답하기 위해서는 카이로선언문 작성 당시 본 선언문 작성에 참여한 당사자 측의 견해를 살펴볼 필요가 있다. 특히, 장제스의 견해는 의미 있게 검토되어야 한다. 카이로선언이 발표되기 1주일 전 1943년 11월 20일 프랭클린 루스벨트(Franklin Roosevelt) 미국 대통령의 개인 대리인인 준장 패트릭 J. 헐리(Patrick J. Hurley)가 루스벨트 대통령에게 보낸 서신에서 장제스의 의사를 확인할 수 있다. 서신의 내용 일부는 다음과 같다.[55]

---

[54] Carl J. Friedrich, 2013, "International and Imperialist Problems," in *Japan's Prospect*, Harvard University Press, p. 355.

[55] United States Department of State, 1943, *Foreign relations of the United*

중국의 대통령으로서 그리고 총통으로서 장제스는 다가오는 회의에서 대서양헌장을 다시 한 번 강조할 것을 권고할 것이다. 가능하다면 그는 카이로 또는 테헤란회의의 선언문에 당신의 '네 가지 자유'가 구체적으로 포함되기를 원한다.

총통과 약 6시간 동안 협의한 후, 나는 다음과 같은 결론을 도출했다.

(1) 총통과 중국인들은 민주주의와 자유의 원칙을 지지한다.
(2) 총통과 중국인들은 제국주의와 공산주의의 원칙에 반대한다.
(3) 그는 물론 당신이 민주주의와 자유를 선호한다고 믿는다. 그러나 그는 당신이 연합전쟁을 위해 일시적으로 제국주의와 공산주의로 임시변통해야 할지도 모른다는 것을 이해한다. …

위 서신에서는 장제스의 기본 입장을 확인할 수 있다. 장제스는 대서양헌장이 본 회의에서 강조될 것을 요구하였고, 장제스가 민주주의를 지지한다는 점, 그리고 제국주의와 공산주의를 반대한다는 점을 밝혔다.

장제스의 반제국주의 주장은 사실 일본이 1941년 12월 7일 진주만을 공격하기 20일 전에도 등장한다. 당시 장제스는 이제는 '일본 문제(the Japanese problem)'를 논의해야 한다고 하면서 아시아에서 항구 평화를 성취하기 위해서는 일본이 아시아에서 무력으로 취한 영토를 강제적으로 포기하게 해야 한다고 주장하였다.[56] 중국 측의 반제국주의 주장은 카이

States diplomatic papers, *The Conferences at Cairo and Tehran, 1943*, Washington, D.C.: U.S. Government Printing Office, p. 264. Available at: https://digital.library.wisc.edu/1711.dl/G5OAT7XT7HRHX84 (검색일: 2022. 5. 2).

56 Xiaoyuan Liu, 1996, *A Partnership for Disorder: China, the United States, and*

로선언 이전에 여러 번 등장한다.[57]

그렇다면 미국 측의 견해는 어떠했을까? 미국도 전쟁 후에 일본제국이 해체되어야 한다는 중국인들의 의견에 동의하고 있었다. 1942년 미국 국무부 전후 외교 정책 자문 위원회(the State Department's Advisory Committee on Postwar Foreign Policy) 산하 정치 소위원회(Political Subcommittee)가 채택한 "잠정적 견해"에 따르면, 일본의 영토는 청일전쟁 이후에 취득한 영토로 재조정될 필요가 있었다. 이런 재조정이 필요한 이유는 일본이 팽창하는 반세기 동안 "1919년 유럽에서와 같은 포괄적이고 공정한 영토 합의 시도가 극동에서는 이루어지지 않았"기 때문이다.[58] 1919년에 체결된 베르사유조약은 유럽인들에게 전통적인 강화조약이라 할 수 있다. 베르사유조약에 전쟁 유죄 조항을 두는 등 전쟁 유책국에게 책임을 지웠을 뿐 아니라, 본 조약은 민족자결권과 소수자 보호 개념을 국제법에 도입한 기념비적인 조약이라 할 수 있다.[59] 이런 맥락에서 보자면, 장제스는 자국이 잃은 영토를 되찾는다는 측면에서 접근했을 수 있다. 반면, 미국은 공정성을 그 근거로 제시하고 있다고 할 수 있다. 그 이유와 근거에서 차이가 있을 수 있지만, 그 결과에 있어서 미국과 중국은 청일전쟁 시점 이전으로 일본 영토를 되돌리려 했다는 점에서 동일했다.

반제국주의 또는 반식민주의에 방점을 두자면, 루스벨트의 견해가 중국의 견해와 완전히 달랐다고는 할 수 없다. 루스벨트는 기본적으로 식민

Their Policies for the Postwar Disposition of the Japanese Empire, 1941–1945, Cambridge University Press, p. 37

57   Xiaoyuan Liu, 1996, 위의 책, pp. 39~43.
58   Xiaoyuan Liu, 1996, 위의 책, p. 46.
59   김성원, 2019, 「베르사유조약과의 비교를 통한 샌프란시스코조약의 비판적 검토」, 『동아법학』 제85호, 210~211쪽.

지 통치에 대해 비판적인 견해를 가지고 있었는데, 그 배경에는 윌슨주의가 있었다. 루스벨트는 윌슨주의적 시각에서 제국주의 종식과 민족자결주의, 국제평화주의를 현실 정치에 반영하고자 하였다.[60] 1941년 8월 영국의 윈스턴 처칠(Winston Churchill)과 미국의 루스벨트가 발표한 대서양헌장은 다음의 내용을 담고 있다.

대서양헌장
1941년 8월 14일

미국의 대통령과 영국의 국왕 정부를 대표하는 처칠 총리는 함께 만나 세계의 더 나은 미래에 대한 희망에 바탕을 둔 그들 각 나라의 국가 정책에서 특정한 공통 원칙을 밝히는 것이 옳다고 생각한다.

첫째, 그들의 국가는 영토나 다른 것을 확장하려고 하지 않는다.
둘째, 그들은 관련국들 사람들이 자유로운 의사표현에 부합하지 않는 영토의 변화를 보고 싶어 하지 않는다.
셋째, 그들은 그들이 살 정부의 형태를 선택할 모든 사람들의 권리를 존중하고, 그들은 주권과 자치 정부를 강제로 빼앗긴 사람들이 회복되기를 바란다. …

제1차 세계대전 이후 우드로 윌슨(Woodrow Wilson)의 자결권 원칙이 일부 동유럽 국가들에게만 적용되었다는 사실을 고려하자면, 위 대서양헌장이 반드시 반제국주의를 의미한다고 단정하기는 어렵다.

---

60 최영호, 2013, 「카이로선언의 국제정치적 의미」, 『영토해양연구』 제5권, 62쪽.

그러나 존 포스터 덜레스의 사촌이자 오하이오 대학 역사학 교수였던 포스터 레아 덜레스(Foster Rhea Dulles)는 1955년에 루스벨트의 대서양헌장은 '반식민주의 정책(Anti-colonial policies)'의 요체라 주장한다.[61] 비록 루스벨트가 젊은 시절부터 반식민주의자는 아니었지만, 이 당시에는 반식민주의를 취하고 있었다고 한다. 루스벨트는 "대서양헌장이 모든 인류에게 적용"된다고 보았기 때문이다.[62] 1941년 3월 15일 백악관 특파원 협회 앞에서의 연설에서 루스벨트는 다음과 같이 말했다.

> 지구의 어떤 인종도 그들의 동료를 지배하는 주인이 되기에 적합한 적이 없었고, 지금도 없었고, 앞으로도 없을 것이다. 우리는 아무리 작은 나라라도 그 나라의 고유한 권리를 가지고 있다고 믿는다.[63]

루스벨트의 이와 같은 시각이 같은 해 8월 14일에 발표된 대서양헌장에 반영되었다. 물론, 영국의 처칠은 인도 등 대형 식민지를 경영하고 있었기 때문에 루스벨트와 견해가 달랐다.[64] 처칠은 대서양헌장의 자결권은 독일 점령하에 있던 유럽 국가에 한정된 것이고, 아시아나 아프리카에 적용되는 것이 아니라고 보았다.[65]

그렇다면 이로부터 약 2년 후 카이로선언 당시 루스벨트의 견해는 무

---

[61] Foster Rhea Dulles and Gerald E. Ridinger, 1955, "The Anti-Colonial Policies of Franklin D. Roosevelt," *Political Science Quarterly*, Vol. 70, No. 1, p. 1.
[62] Foster Rhea Dulles and Gerald E. Ridinger, 1955, 위의 글, p. 8.
[63] Foster Rhea Dulles and Gerald E. Ridinger, 1955, 위의 글, p. 4.
[64] Foster Rhea Dulles and Gerald E. Ridinger, 1955, 위의 글, pp. 7~10.
[65] Neta C. Crawford, 2022, *Argument and Change in World Politics*, Cambridge, UK: Cambridge University Press, p. 297.

엇이었을까? 카이로선언 당시에도 역시 루스벨트의 반식민주의적 시각을 확인할 수 있다. 루스벨트는 1943년 2월 카사블랑카회의 이후에 제2차 세계대전 후 일본으로부터 해방될 극동 지역 식민지가 기존 유럽 국가들의 지배력하에 들어가지 말아야 한다는 견해를 밝힌 바 있다.[66] 루스벨트는 몇 주 후 일본으로부터 해방될 지역 중 자주독립을 할 수 있는 준비가 안 된 지역의 사람들을 위하여 유엔이 해당 지역을 신탁통치해야 한다는 취지의 합의문 초안을 작성하였다.[67] 영국은 이 초안의 "독립"과 같은 개념에 반대하였고, 결국 본 안은 무산되었다.[68] 영국은 아시아의 경우 신탁통치와 같은 국제기구에 의한 통치가 아니라, 서양의 국가가 통치하거나 병합을 해야 한다고 주장하였다.[69] 즉, 일본으로부터 해방된 지역은 유엔이 아니라 유럽 국가들이 식민지배 해야 한다는 견해였다.

루스벨트의 접근에도 문제가 없는 것은 아니었다. 한국을 잠정적으로 신탁통치하려 했다는 시도는 문제가 있다.[70] 그럼에도 불구하고 루스벨트가 일본으로부터 해방된 지역이 유럽 국가들의 지배하에 들어가지 않도록 시도했다는 점에서 의의가 있다.

루스벨트는 카이로회의에서 장제스와 처칠에게 식민지 문제를 적극적으로 제기하였고, 1943년 11월 테헤란에서도 이오시프 스탈린(Iosif Stalin)과 처칠에게 식민지 문제를 제기하였다.[71] 결국 카이로선언 초안은

---

66 Foster Rhea Dulles and Gerald E. Ridinger, 1955, 앞의 글, p. 10.
67 Foster Rhea Dulles and Gerald E. Ridinger, 1955, 위의 글, pp. 10~11.
68 Foster Rhea Dulles and Gerald E. Ridinger, 1955, 위의 글, p. 11.
69 유병용, 1992, 「二次大戰中 韓國信託統治問題에 대한 英國의 外交政策 硏究」, 『역사학보』 134권, 165~175쪽.
70 Foster Rhea Dulles and Gerald E. Ridinger, 1955, 앞의 글, p. 11.
71 Foster Rhea Dulles and Gerald E. Ridinger, 1955, 위의 글.

미국 측 해리 홉킨스(Harry Hopkins)에 의해서 작성하게 되었다. 이후 1943년 11월 25일 수정 과정에서 루스벨트는 한반도의 독립과 관련된 문장이 중국과 관련된 문장으로부터 별도로 작성되도록 지시했다. 이에 중국 관련 문장이 짧아지자, 다음 문장을 더 넣도록 지시했다.[72]

> 폭력과 탐욕에 의해 점령된 모든 정복 영토(conquered territories)는 그들의 손아귀에서 해방될 것이다.[73]

이 문장이 추후 초안 수정 작업 중 카이로선언문의 표현인 "일본은 또한 폭력과 탐욕에 의해 빼앗은 다른 모든 영토에서도 추방될 것이다."로 변경되게 된다. 결과적으로 루스벨트가 본 문장을 넣은 것이라 할 수 있다. 즉, 일본의 영토와 관련하여 포괄적으로 반식민주의적 판단기준을 제시하는 규정은 루스벨트가 넣은 것이다. 본 문장을 넣게 된 이유가 당시 교섭 과정 중 중국을 배려한 측면이라 해석하는 견해도 있지만,[74] 결과적으로 보았을 때, 포괄적 반식민주의 조항을 첨부한 것에는 변함이 없다. 즉, 일본 영토를 개별 사안별로 열거하는 샌프란시스코강화조약 제2조의 문면과 일응 차이점을 나타내게 하는 부분이다.

이러한 루스벨트의 반식민주의적 시각은 카이로선언 이후에도 계속되었다. 1944년 2월 5일 테헤란회의에서 미국으로 돌아왔을 때 루스벨트는 기자회견에서 영국이 아프리카 감비아를 착취하고 있다고 지적하는 등

---

72 최영호, 2013, 앞의 글, 73~74쪽.
73 United States Department of State, 1943, 앞의 책, p. 403.
74 최영호, 2013, 앞의 글, 74쪽.

식민주의의 문제점을 지적하였다.[75] 이런 맥락에서 보았을 때, 장제스와 루스벨트는 반식민주의에 동의하고 있었다고 할 수 있다. 즉, 앞에서 언급한 1943년 11월 20일 패트릭 J. 헐리가 전한 장제스의 견해에 루스벨트는 동의했을 것이라 볼 수 있다.

1943년 11월 26일 카이로선언이 발표되었는데, "만주, 타이완, 펑후제도 등 일본이 중국으로부터 빼앗은 모든 영토를 중화민국으로 복원"하도록 하였고, "일본은 또한 폭력과 탐욕에 의해 빼앗은 다른 모든 영토에서도 추방될 것이다"라는 부분이 본 선언에 삽입되었다.[76] 이에 장제스 총통은 상당히 만족했고, 본 카이로선언에 따라 중국이 1894년 이후 일본에 의해서 점령된 영토를 복원할 수 있을 것이라 보았다고 한다.[77]

3. 극동위원회의 포츠담선언 반영

그렇다면 위와 같은 카이로선언의 "폭력과 탐욕"에 대한 시각이 1947년 초안에 반영되었을까? 일본은 1945년 9월 2일 포츠담선언의 내용을 수락하는 항복 선언을 했다. 동년 12월 16~26일까지 모스크바에서 미국, 영국, 소련 삼국이 참가한 외상회의(The Moscow Meeting of Council of Foreign Ministers)가 진행되었는데, 이 모스크바 삼상회의에서는 연합국을 대표하는 극동위원회를 설치하여 전후 일본 문제를 해결하

---

[75] Foster Rhea Dulles and Gerald E. Ridinger, 1955, 앞의 글, p. 13.
[76] Cairo Declaration from the Conferences at Cairo and Tehran, 1943, 앞의 글.
[77] Ronald Ian Heiferman, 2011, *The Cairo Conference of 1943: Roosevelt, Churchill, Chiang Kai-shek and Madame Chiang*, McFarland & Company, p. 112.

고자 하였다.[78] 극동위원회의 구성은 소련, 영국, 미국, 중국, 프랑스, 네덜란드, 캐나다, 호주, 뉴질랜드, 인도, 필리핀이다. 모스크바 삼상회의의 보고서에서 명시하는 극동위원회의 기능은 다음 세 가지이다.

> A. 극동위원회의 기능은 다음과 같다.
> 1. 항복조건에 따른 일본의 의무를 이행할 수 있는 정책, 원칙 및 기준을 수립한다.
> 2. 회원국의 요청에 따라 연합국 최고사령관이 발행한 지시 또는 위원회의 관할권 내에서 정책 결정을 포함한 최고사령관이 취한 조치를 검토한다.
> 3. 제V-2조에 규정된 투표 절차에 따라 합의된 참가국 정부 간의 합의에 의해 할당될 수 있는 기타 사항을 고려한다.[79]

극동위원회의 기능을 제시하는 본 문서 A.1은 "항복조건에 따른 일본의 의무" 이행을 명시하고 있다. 즉, 극동위원회의 역할은 항복조건을 실현하는 것이라 할 수 있다. 나아가 모스크바 삼상회의에서는 "대일본 연합국 이사회(Allied Council for Japan)"를 조직하여 연합국 최고사령관이 항복조건을 이행하도록 합의하였다.[80] 본 이사회에서 연합국 최고사령관이 일본 영토 내의 유일한 행정당국이고, 항복조건을 이행하기 위하여 명령을 내릴 수 있다고 합의하였다.[81] 따라서 극동위원회와 모스크바 삼상

---

[78] Interim Meeting of Foreign Ministers, Moscow, 앞의 글.
[79] Interim Meeting of Foreign Ministers, Moscow, 위의 글.
[80] Interim Meeting of Foreign Ministers, Moscow, 위의 글.
[81] Interim Meeting of Foreign Ministers, Moscow, 위의 글.

회의에서 일본의 포츠담 항복조건이 구속력 있는 판단기준이었다는 점을 확인할 수 있다.

1947년 6월 19일 연합국 극동위원회는 "일본의 항복 후 기본방침(Basic Post-Surrender Policy for Japan)"을 승인하였는데, 포츠담선언을 실현하는 것을 목적으로 하였다.[82] 명시적으로 본 '기본방침'의 전문(preamble)에서 일본이 항복조건의 의무를 실현하게 하기 위하여 정책, 원칙, 기준을 형성했다고 설명하고 있다.[83] 나아가 포츠담선언의 의도(intentions)를 달성하고, 항복 합의문서(instrument)를 수행하고, 국제 안보와 안정을 확립하기 위하여 본 연합국 극동위원회가 구성되었다고 확인하였다.[84] 이외에도 본 기본방침에서는 여러 번 포츠담선언이 언급되며 포츠담선언에 본 기본방침이 일치한다는 점을 강조하였다.

본 기본방침 제1부(Part I) 제1조는 일본의 항복 후 정책의 궁극적 목적을 설명하며, (a) "일본이 다시는 세계의 평화와 안전에 위협이 되지 않도록 하기 위해서", 그리고 (b) "국제적 책임을 수행하고, 다른 국가의 권리를 존중하며, 유엔의 목표를 지원할 수 있는 민주적이고 평화적인 정부의

---

[82] Anthony Best, 2001, *British Documents on Foreign Affairs-reports and Papers from the Foreign Office Confidential Print*, Vol. 3, University Publications of America, pp. 101~102

[83] Far Eastern Commission, "Basic Post-Surrender Policy for Japan," Far Eastern Commission Policy Decision dated 19 June 1947. "Japanese Peace Settlement Report on British Commonwealth Conference," Canberra, 26 August-2 September, 1947, and Comments and Proposals Regarding New Zealand Policy Towards Certain Issues of the Japanese Peace Settlement, Appendix to the Journals of the House of Representatives, 1947 Session I, A-12, Appendix 3, p. 29. Available at: https://paperspast.natlib.govt.nz/parliamentary/AJHR1947-I.2.1.2.25 (검색일: 2022. 5. 1).

[84] Far Eastern Commission, 위의 글.

조속한 수립을 실현하기 위해서"라 규정하였다.[85] 이어서 제2조에서는 위와 같은 궁극적 목적을 실현하기 위하여 다음과 같은 주요 수단이 제시된다고 하였다. 제2조 (a)는 "일본의 주권은 혼슈, 홋카이도, 규슈, 시코쿠, 그리고 결정될 작은 섬들로 제한될 것이다."라고 규정하고 있다.[86] 1947년 당시 강화조약과 관련하여 뉴질랜드 의회에 제출된 보고서에서는 포츠담 선언의 다소 애매한 표현을 "일본의 항복 후 기본방침"에서 더 자세히 서술하기로 극동위원회 11개 국가가 동의했다고 설명하고 있다.[87]

그러나 미국이 제안하여 설립된 극동위원회는 소련이 반대하여 유지되지 못했다. 소련은 11개국으로 이루어진 극동위원회가 아니라 중국, 영국, 소련, 미국만이 일본과의 전후 조약 체결 준비에 참여해야 한다고 생각하였다.[88] 결과적으로 1950년 미국은 새로운 접근을 취하여 타국가가 훼방 놓을 수 없는 조약 체결을 기획하였다.[89] 1951년 3월 미국이 초안을 제공하였고, 영국은 영연방 국가들과 함께 별도의 초안을 기획하였다. 동년 6월 미국과 영국이 함께 초안을 작성하여 초안의 내용을 조율하였

---

85 Far Eastern Commission, 위의 글.
86 Far Eastern Commission, 위의 글.
87 "Japanese Peace Settlement Report on British Commonwealth Conference," Canberra, 26 August-2 September, 1947, and Comments and Proposals Regarding New Zealand Policy Towards Certain Issues of the Japanese Peace Settlement, Appendix to the Journals of the House of Representatives, 1947 Session I, A-12, p. 9. Available at: https://paperspast.natlib.govt.nz/parliamentary/AJHR1947-I.2.1.2.25 (검색일: 2022. 5. 1). 본 보고서에서는 명확하지 않으나 아직 해결되지 않은 섬들은 Marcus Island(미나미 도리시마), Ryukyu(오키나와), Bonin(오가사와라), Volcano Islands(이오지마)라 하며, 이 섬들은 국제 합의가 아직 이루어지지 않았다고 설명하였다. 나아가 뉴질랜드는 이 섬들이 유엔의 신탁통치하에 있어야 한다고 견해를 밝혔다.
88 Richard J. Zanard, 1951, 앞의 글, p. 92.
89 Richard J. Zanard, 1951, 위의 글.

다.⁹⁰ 이러한 과정에 많은 부분 변경되었을 것이라 추정할 수 있다.

그럼에도 극동위원회가 1947년 6월에 "일본의 항복 후 기본방침"을 제시하였다는 것은 함의하는 바가 있다. 1947년 초안들과 동시대에 작성된 것이기 때문이다. 즉, 카이로선언의 "폭력과 탐욕" 기준이 1947년 초안들에 반영되었다고 해석될 부분이 있다.

요컨대, 카이로선언의 "폭력과 탐욕"의 기준 시점이 1894년 이후라고 한다면, 즉 1894년 이후 일본이 점령한 영토라고 한다면, 샌프란시스코강화조약의 1947년 초안들에서 규정한 1894년 1월 1일이 일부 설명될 수 있다. 이 시점 이후 일본이 폭력과 탐욕으로 취한 모든 영토가 포괄적으로 그 대상이 되는 것이다. 여기서 폭력과 탐욕이라 표현하지만, 적어도 루스벨트와 장제스에게 그 의미는 1894년을 기점으로 일본이 식민주의적 정책을 편 것이고 그 시점으로 영토를 되돌리는 것이었다. 이러한 사고가 1947년 초안들에 반영되었다고 해석될 수 있다. 1947년 초안들과 동시대인 1947년 6월에 극동위원회가 "일본의 항복 후 기본방침"을 제시할 때 포츠담선언을 그 기준으로 하고 있기 때문이다.

IV. 일본의 항복과 포츠담 항복조건의 구속력

이 장에서는 포츠담 항복조건의 법적성격을 검토하도록 하겠다. 즉, 일본 영토와 관련하여 구속력이 있는 문서인지 검토하도록 하겠다. 덜레스가 샌프란시스코강화조약 체결식에서 포츠담 항복조건이 일본의 영토를

---

90 Richard J. Zanard, 1951, 위의 글, pp. 93~94.

구속하는 유일한 문서라고 하였기 때문에 이 해석이 타당한지 확인할 필요가 있다.

1. 포츠담선언과 일본의 항복 선언

먼저, 일본의 항복 선언 당시 상황을 검토할 필요가 있다. 포츠담선언을 일본이 어떻게 받아들였을까? 1945년 7월 26일 포츠담선언이 처음 공개되었을 때, 일본이 이를 무시했다는 견해도 있지만, 포츠담선언이 제시되었을 시기에 이미 일본은 패전을 대비해야 했고, 내부적으로도 사정이 복잡하여 단순히 무시했다고 볼 수는 없으며, 포츠담선언을 거부하려고 하지 않았다는 견해도 있다.[91]

결과적으로 일본은 1945년 8월 15일 항복을 선언한다. 동년 9월 2일

---

[91] 일본이 포츠담선언을 처음 접하였을 때, 이에 대해서 일본 정부가 '모쿠사쓰'(Mokusatsu, もくさつ), 즉 '묵살'이라는 입장을 취하였다. 그런데 이 단어 자체가 논란을 불러일으켰다. Kawai에 따르면 본래 의도한 것은 무시가 아니라 어떠한 입장도 내지 않고 조용히 있는 것이었다고 한다. 모쿠사쓰는 영어에 없는 표현이다. 이 단어는 "조용히 있다", "언급을 삼가다", "무시하다"로 해석될 수 있는데, Kawai는 "언급을 삼가다"가 당시 상황에서 가장 본래의 의미에 가까운 것이라 설명한다. 그럼에도 불구하고 도쿄 『마이니치 신문』이 일본 정부가 포츠담선언을 '모쿠사쓰' 한다는 헤드라인을 내보내자 논란이 야기되었다. 모쿠사쓰가 무엇을 의미하는지 논의하기 위한 라디오 방송이 예정되자, 당시 외무성 장관인 토고는 이를 중지시켰다고 한다. Kawai는 이러한 외무성의 행위를 통해서 당시 일본 정부의 본심을 확인할 수 있다고 주장한다. 1945년 8월 15일에 일본이 항복 선언을 했다는 것을 고려하자면, 7월 26일 발표된 포츠담선언에 대해 어떠한 의사도 표현하지 않으려는 태도였다는 것이다. 일본 정부의 본심이 무엇이든지 간에 일본이 모쿠사쓰라는 단어를 사용한 것 자체가 큰 파장을 불러일으켰고, 당시 영어권에도 일본이 포츠담선언을 "무시(ignoring)"한다고 방송했다. 한편, 당시 일본은 포츠담선언을 거부할 의사가 없었고, 러시아를 통하여 이러한 의사가 연합군에게 전달되기를 바랐다는 견해도 있다.(Kazuo Kawai, 1950, "Mokusatsu, Japan's response to the Potsdam Declaration," *Pacific Historical Review*, Vol 19, No. 4, pp. 412~414.)

도쿄항에 정박한 미국 전함 미주리(USS Missouri)호에서 일본제국과 정부를 대표하여 외무성의 시게미쓰 마모루(重光葵), 그리고 일본제국군 본부를 대표하여 육군장군 우메즈 요시지로(梅津美治郎)가 항복문서에 서명하게 된다.

> 1945년 7월 26일 포츠담에서 미국, 영국, 중국의 수뇌들이 발표하고 그 후 소련이 지지한 선언문에 명시된 조건을 수용하고, 우리는 일본제국 정부와 일본제국 총사령부에 연합국 최고사령관이 제시한 항복문서에 서명하고 연합국 최고사령관의 지시에 따라 군과 해군에 총지휘를 내리도록 명령한다.[92] …
>
> 우리는 이로써 천황, 일본 정부 및 그 후계자들이 포츠담선언의 조항을 성실히 이행하고, 이 선언을 실행하기 위해 연합국 최고사령관 또는 다른 지정된 연합군 대표자가 요구하는 모든 명령을 내리고 조치를 취할 것을 약속한다.[93]

본 항복문서에서는 포츠담선언문에서 명시된 조건을 수용(accept)한다고 하였다는 점에서 덜레스가 이를 포츠담 항복조건이라 칭할 수 있었을 것이다. 이 문서는 미국 전쟁부(U. S. War Department)가 초안을 작성하고 당시 미국 대통령 해리 S. 트루먼(Harry S. Truman)이 승인(approve)하여 제공된 항복문서이다.[94] 즉, 두 교전군이 현장에서 작성한 문서가 아니라,

---

92　Proclamation Accepting Terms in the Potsdam Declaration, 앞의 글.
93　Proclamation Accepting Terms in the Potsdam Declaration, 앞의 글.
94　Japanese Instrument of Surrender 1945, *National Archives Foundation*.

아예 처음부터 미국 정부당국을 대표하는 트루먼 대통령이 승인한 문서라는 것이다.

이어서 같은 날 일왕 히로히토(裕仁)가 '항복 수락문(Receipt of the Surrender)'을 선포한다. 이를 '종전 조칙(終戰の詔勅)' 또는 '종전 조서(終戰の詔書)'라고 한다. 항복 수락문에는 위와 동일하게 1945년 7월 26일 미국, 영국, 중국 정부의 수뇌부가 포츠담에서 발표하고 그 후 소련이 지지한 선언문에 명시된 조건을 수용한다고 일본이 명시하였다.[95] 히로히토의 항복 수락문에는 일왕 히로히토를 포함하여 외무성 장관, 내무성 장관, 전쟁성 장관 등 국무위원이 서명하였다. 그 내용의 전반부는 위 항복 조건과 동일하고, 항복문서 등을 성실히 이행할 것을 마지막에 더했다.

1945년 7월 26일 포츠담에서 미국, 영국, 중국의 수뇌들이 발표하고 그 후 소련이 지지한 선언문에 명시된 조건을 수용하고, 우리는 일본제국 정부와 일본제국 총사령부에 연합국 최고사령관이 제시한 항복문서에 서명하고 연합국 최고사령관의 지시에 따라 군과 해군에 총지휘를 내리도록 명령한다. 우리는 우리 국민 모두에게 즉각 적대행위를 중지하고 무기를 내려놓으며 일본제국 총본부가 발포한 항복문서 및 일반명령의 모든 조항을 성실히 이행할 것을 명령한다.[96]

Avaiable at: https://www.archivesfoundation.org/documents/japanese-instrument-surrender-1945/ (검색일: 2022. 5. 25).

95 Emperor Hirohito's Receipt of the Surrender (02 Sept. 1945), Translation of Emperor Hirohito's Receipt of the Surrender documents. Available at: https://avalon.law.yale.edu/wwii/j5.asp (검색일: 2022. 5. 3).

96 Emperor Hirohito's Receipt of the Surrender (02 Sept. 1945), 위의 글.

바로 다음 날 9월 3일 미국은 필리핀 루손 섬의 바기오에서 일본의 두 번째 항복문서를 받게 된다. 본 항복문서에서는 일왕의 선포에 따른다고 하면서, 포츠담선언을 역시 수용(accept)한다고 명시하였다.[97] 이어서 동년 9월 9일 서울에서 일본의 세 번째 항복문서를 받게 된다. 이 항복문서에도 9월 2일 자 첫 번째 항복문서의 내용이 동일하게 포함되어 있다.[98] 또한, 동년 9월 12일 싱가포르에서 네 번째 항복문서를 받게 된다. 이 항복문서도 역시 9월 2일 자 첫 번째 항복문서에 따른다고 규정되어 있다.[99]

이후 포츠담선언이 미군의 일본 군사 점령 기간의 구속력 있는 이행 기준이 된다. 앞에서 언급하였듯이, 일본이 도쿄항에서 서명한 첫 번째 항복선언에서는 일본이 포츠담선언의 조항을 성실히 이행할 것을 정하고 있고, 연합군은 포츠담선언을 실행할 것을 정하고 있다. 즉, 연합국 최고사령관의 군사 점령의 근거가 되며, 이를 실현하는 것이 점령의 목표가 된다는 것이다. 덜레스는 샌프란시스코강화조약 체결 회의 연설에서 "포츠담

---

[97] Second Instrument of Surrender Document, Instrument of Surrender of the Japanese and Japanese-Controlled Armed Forces in the Philippine Islands to the Commanding General United States Army Forces, Western Pacific, (03 Sept. 1945). Available at: https://avalon.law.yale.edu/wwii/j6.asp (검색일: 2022. 5. 3).

[98] Formal Surrender by the Senior Japanese Ground, Sea, Air and Auxiliary Forces Commands Within Korea South of 38 North Lattitude to the Commanding General, United States Army Forces in Korea, for and in behalf of the Commander-in-Chief United States Army Forces, Pacific, (09 Sept. 1945). Available at: https://avalon.law.yale.edu/wwii/j1.asp (검색일: 2022. 5. 3).

[99] Instrument of Surrender of Japanese Forces under the Command or Control of the Supreme Commander, Japanese Expeditionary Forces, Southern Regions, Within the Operational Theatre of the Supreme Allied Commander, South East Asia, (12 Sept. 1945). Available at: https://avalon.law.yale.edu/wwii/j3.asp (검색일: 2022. 5. 3).

항복조건에 명시된 연합군의 점령 목표는 일본 국민의 충실한 협력으로 달성되었다"라고 하였다.[100]

2. 포츠담 항복조건의 법적 성격

그렇다면 덜레스의 견해가 타당할까? 덜레스는 포츠담 항복조건이 유일하게 구속력 있는 문서라고 보았는데, 국제법상 전시규약의 여러 형태와 그 성격에 대한 검토가 필요하다. 문제는 일본이 무조건적 항복(unconditional surrender)을 하였다는 것이다. 이 개념은 전시규약의 일종인 휴전협정(armistice), 데벨라티오(Debellatio)와 구분이 필요하다. 이 글에서는 '포츠담 항복조건'은 '군 지휘관의 항복 합의(capitulation)'의 일종으로 무조건적 성격을 가지고 있다는 점을 지적한다.

1) 구분이 필요한 개념: 정전과 휴전

결론을 먼저 제시하자면, 일본의 '포츠담 항복조건'은 정전협정도 휴전협정도 아니다. 그러나 혼란을 야기하는 부분이 있기 때문에 구분이 필요하다.

이론적으로 보자면 정전협정으로 교전행위를 일시적으로 정지시킨 다음에 휴전협정에 따라 교전행위를 종료시킨다. 그 이후에 강화조약을 체결하여 주권국가 간에 평화 상태를 회복하는 것이다. 그러나 실제로 전시규약의 일종인 정전과 휴전 등은 대중적으로는 큰 구분 없이 사용되어 왔다. 또한, 역사적으로 보았을 때 그 의미가 바뀌었다. 따라서 이러한 개

---

[100] Department of State, 1951a, 앞의 글.

념들을 검토할 필요가 있다.

먼저, 가장 오래된 용어는 '고전적 의미의 휴전(truce)'이라 할 수 있다. 고전적 의미의 휴전은 종교적 배경에서 사용되었다. 가톨릭 교회가 종교적 이유에서 특정 성일(聖日)에 휴전을 가하는 조치라 할 수 있었다.[101] 후고 그로티우스(Hugo Grotius)에게는 휴전이란 지속되는 전쟁 중에 잠시 전투를 중지한다는 의미였다.[102] 따라서 고전적 의미의 휴전은 일시적으로 전쟁을 중지한다는 취지에서 '정전(ceasefire)'과 큰 차이가 없다. 국가 관행 차원에서 휴전과 정전은 동의어로 사용된다는 견해가 있다.[103] 그러나 오늘날 '정전협정(ceasefire terms)'은 특정 요건을 갖추고 있다. 즉, 명확하게 언제부터 정전이 시작되는지 그 기간을 명시하고, 어떠한 행위가 금지되는지 밝혀야 한다. 주로는 군사적 그리고 비군사적 적대행위를 금지하는 내용을 포함시키며, 적대 군 간의 경계선이나 완충지대를 제시하고 있다.[104] 따라서 정전과 휴전은 역사적으로 구분이 쉽지 않은 개념이고 명확하게 구분되었다고 하기 어려운 개념이었다.

19세기에 들어서 '휴전(truce)'은 적대행위를 중단하고 협상에 들어가는 절차로 이해되었고 '휴전협정(armistice agreement)'을 체결하기 위한 전 단계로 이해되었다.[105] 따라서 고전적 의미의 휴전, 즉 정전협정은 휴전협정 이전 단계에서 체결되는 것이라 할 수 있다. 현대 국제법에서 휴전은

---

[101] Ido Blum Valentia Azarova, 2015, "Suspension of Hostilities," *Max Planck Encyclopedias of International Law*, Oxford University Press, Article last updated: Sept. 2015, para. 2.

[102] Christine Bell, 2009a, "Ceasefire," *Max Planck Encyclopedias of International Law*, Oxford University Press, Article last updated: Dec. 2009, para. 4.

[103] Ido Blum Valentia Azarova, 2015, 앞의 글, para. 2.

[104] Christine Bell, 2009a, 앞의 글, para. 16~17.

[105] Ido Blum Valentia Azarova, 2015, 앞의 글, para. 2.

전쟁 국가 간에 영구적으로 적대행위를 종료시키는 합의로 받아들여지고 있다. 휴전협정을 체결하였다고 하여 완전히 평화 상태에 들어갔다고 할 수는 없다.[106] 이는 강화조약에 의해서 성립한다.

휴전협정은 모든 종류의 교전을 일정 시간 정지하기 위한 합의이다. 제1차 세계대전은 여러 휴전협정 체결로 교전이 종료된 이후 파리에서 강화조약인 베르사유조약(1919)이 체결되며 종료되었다. 당시에는 휴전협정은 가장 일반적인 교전 종료의 형태로 받아들여졌다. 교전 당사자가 자유의사에 따라 휴전협정을 체결할 수 있고, 본 협정에 어떠한 내용이든지 포함시킬 수 있다.[107] 따라서 휴전협정은 계약적 성격을 가지고 있고 협상을 전제로 한다. 또한, 휴전협정은 정치적, 경제적, 군사적 조항을 내포할 수 있기 때문에 주권국가가 당사자이다.[108] 과거 휴전협정은 비준 조항을 협정에 삽입한 사례가 있으나, 제1차 및 제2차 세계대전에 체결된 휴전협정은 비준 요건이 없었다.[109] 따라서 휴전협정에 비준이 반드시 필요한 것이라 할 수 없다.

요컨대 시간적 순서에 따르면, 정전협정으로 교전행위를 일시적으로 정지시키고, 그 다음에 휴전협정에 따라 교전행위를 종료시키고, 그 이후 강화조약에 따라 두 주권국가 간에 평화 상태를 회복하는 것이라 할 수 있다. 물론, 이와 같은 순서가 실제 현실에서 항상 지켜진다고 단정하기는 어렵다.

---

106 Christine Bell, 2009a, 앞의 글, para. 4.
107 Howard S. Levie, 1956, "The Nature and Scope of the Armistice Agreement," *The American Journal of International Law*, Vol. 50, No. 4, pp. 881~882.
108 Howard S. Levie, 1956, 위의 글, pp. 882~883.
109 Howard S. Levie, 1956, 위의 글, p. 883.

그렇다면 포츠담 항복조건은 정전협정일까 아니면 강화조약 전 단계인 휴전협정일까? 정전은 전쟁을 완전히 종료시킬 의도로 합의하는 것이 아니고 교전을 일시적으로 중지하는 것이다. 따라서 포츠담 항복조건은 이에 해당하지 않는다. 그렇다고 휴전협정도 아니다. 휴전협정은 휴전을 일방이 제의하고 양 당사자가 협의를 하여 내용을 완성한 다음에 그 협정을 체결한다. 그러나 포츠담 항복조건은 휴전 제의가 아니라 항복을 그 전제로 한 것이다. 나아가 그 내용을 협의한 바 없이 모든 조건을 수용하였다. 따라서 일본의 무조건적 항복은 휴전협정이라 할 수 없다. 요컨대, 포츠담 항복조건은 정전협정도 아니고 휴전협정도 아니다.

2) 군 지휘관의 항복 합의

우선 '군 지휘관(military commanders)의 항복 합의(capitulation)'는 여타 전시규약과 구분이 필요하다. 즉, 19세기 말에 서양 국가들이 중동이나 동아시아에서 체결한 조약에 근거한 '역외관할권 레짐 형성(capitulations regime)'과 구분이 필요하다.[110] 전자는 전시에 체결되는 전시규약의 일종이다. 군 지휘관의 항복 합의는 군 지휘관 간의 합의이기 때문에 조약이라 하기 어렵고, 일반적으로 비준 없이 바로 발효된다.[111] 평시에 체결되는 정식 조약이 아니기 때문에 조약법에 따라 규율되지도 않는

---

[110] Christine Bell, 2009b, "Capitulations," *Max Planck Encyclopedias of International Law*, Oxford University Press, Article last updated: July 2009, para. 1~2.

[111] Tim René Salomon, 2015, "Capitulation, Military," *Max Planck Encyclopedias of International Law*, Oxford University Press, Article last updated: March 2015, para. 1~2.

다.¹¹² 그러나 1907년 '육전의 법 및 관습에 관한 협약'(헤이그 제4협약)의 부속문서 헤이그 규정(Hague Regulation) 제35조 제2항에서 군 지휘관의 항복 합의(capitulation)는 양 당사자 모두가 신중하게 지켜야 한다고 규정하고 있다.¹¹³ 따라서 군 지휘관의 항복 합의는 약식 조약으로 법적 구속력이 있다. 그러므로 법적 결과 측면에서 보자면 전시법 체계로 규율되느냐 평시법 체계로 규율되느냐의 차이가 있지만, 그 법적 구속력에서는 차이가 없다.

1912년 라사 오펜하임(Lassa Oppenheim)의 저서에서 '군 지휘관의 항복 합의(capitulation)'는 항복조건을 규정한 교전국 군대 간의 협약이고, 단순한 항복 행위와 구분된다고 하며 다음과 같이 설명한다.¹¹⁴

> 군 지휘관의 항복 합의(capitulation)는 오직 군사협약이다. 따라서 항복하는 군대, 관련 장소 또는 선박에 관한 지역적, 군사적 성격의 협약 이외의 다른 합의(arrangements)를 포함해서는 안 된다. 만약 그들이 그러한 합의를 포함하고 있다면, 후자는 양쪽 교전국의 정부당국(political authorities)에 의해 비준되지(ratified) 않는 한 유효하지 않다.¹¹⁵

이러한 법리는 제2차 세계대전 직전에도 유효했다. 1940년에 오펜하임의 국제법 저서 제6판이 출간되었는데, 그 판본에서도 동일한 내용을 담

---

112 Tim René Salomon, 2015, 위의 글.
113 Art. 35 (2) Hague Regulation annexed to the Hague Convention (IV) with Respect to the Laws and Customs of War on Land of 1907.
114 Lassa Oppenheim, 1912, *International Law: A Treatise, Vol. II: War and Neutrality*, 2nd ed., New York: Longmans, Green and Co., p. 284.
115 Lassa Oppenheim, 1912, 위의 책, pp. 284~285.

고 있었다.[116]

오펜하임은 명확하게 구분하고 있지 않지만, 군 지휘관의 항복 합의는 소규모 교전군 간에 체결될 수도 있고, 전쟁 전체를 종료시키는 일반 항복 합의도 가능하다. 그러나 일반 항복 합의라 할지라도 군 지휘관 간에 체결된 것이기 때문에 전쟁 국가 간에 체결된 것이 아니고, 형식적으로는 해당 국가에 영향을 주지 않는다.[117] 따라서 군 지휘관 간에 체결된 항복 합의는 강화조약으로 이어져야 한다. 일반적으로 군 지휘관의 항복 합의는 협상을 통하여 이루어진다. 열세에 있는 군 지휘관이 백기를 들고 항복하면서 협상이 시작된다.[118]

그렇다면 '무조건적 항복'도 군 지휘관의 항복 합의에 해당될까? 일본의 포츠담 항복조건 합의는 일본의 입장에서 모든 전쟁을 종료시키는 일반적 군 지휘관의 항복 합의이다. 그러나 본 항복은 '무조건적'이기 때문에 그 법적 성질에 차이가 있다. 즉, 협상을 포기하고 모든 조건을 수용하겠다는 의사표시라 할 수 있다.[119] 이에는 군사적인 내용뿐 아니라 패전국의 정치체제의 변경을 포함한 여타 넓은 사안이 포함된 사례가 있다.[120] 팀 르네 솔로몬(Tim René Salomon)은 『막스플랑크 국제법 백과사전(Max Planck Encyclopedias of International Law)』의 '군 지휘관의 항복 합의(capitulation)' 항목에서 제2차 세계대전 이후의 테헤란회의(1943)와 얄타

---

116 Curtis C. Shears, 1945, "Some Legal Implications of Unconditional Surrender," *Proceedings of the American Society of International Law at Its Annual Meeting (1921-1969)*, APRIL 13-14, 1945, Vol. 36, p. 46, note 9. (L. Oppenheim, 1940, *International Law*, 6th Ed., Vol. II, pp. 430~437.)

117 Tim René Salomon, 2015, 앞의 글, para. 3.

118 Tim René Salomon, 2015, 위의 글, para. 5.

119 Tim René Salomon, 2015, 위의 글, para. 12.

120 Tim René Salomon, 2015, 위의 글.

회담(1945)이 군사적 내용뿐 아니라 그 이외의 내용도 포함된 사례라고 제시하였다.[121]

물론, 무조건적 항복은 20세기에는 그 사례가 많지는 않다. 따라서 이를 법리적으로 구성해야 할지에 대한 시각 차이가 있었다. 1945년 당시 미국 법무장관 특별보좌관이었던 커티스 C. 시어스(Curtis C. Shears)는 무조건적 항복은 "예속에 준한다(amount to subjugation)"고 주장한 바 있다.[122] 즉, 정복행위의 결과와 그 법적효과가 비슷하다는 것이다. 따라서 시어스는 무조건적 항복의 결과 승전국이 패전국의 영토를 관리 및 처분할 수 있다고 보았다.[123] 그렇다고 하여 국제법상 데벨라티오와 같다고도 할 수 없다. 데벨라티오는 고대 국제사회에서 통용되던 것으로 적국의 완전한 패배를 상정하여, 적국의 영토와 주권을 포함하여 모든 것을 취할 수 있다는 법적 개념이다.[124] 포츠담 항복조건 상황은 데벨라티오에 해당하지 않는다. 일본은 무조건적 항복을 하였지만, 일본 정부가 일본 영토 내에 유효하게 기능하고 있었다. 일본군이 완전히 없어진 것도 아니고 일

---

[121] Tim René Salomon, 2015, 위의 글.
[122] Curtis C. Shears, 1945, 앞의 글, p. 48.
[123] Curtis C. Shears, 1945, 위의 글, p. 49.
[124] Michael N. Schmitt, 2009, "Debellatio," *Max Planck Encyclopedias of International Law*, Oxford University Press, Article last updated: Oct. 2009, para. 1~4. 데벨라티오가 성립하기 위해서는 세 가지 요건이 요구된다. 첫째, 전쟁으로 인하여 한 국가 전체가 적국에게 물리적으로 통제되어야 하고, 해당 국가 일부가 적국의 통제 밖에 있다면 데벨라티오는 성립했다고 할 수 없다. 따라서 데벨라티오는 타국의 영토를 강점(military occupation)하는 것과 차이가 있다. 둘째, 해당 국가의 군사 행위가 완전히 없는 상태여야 한다. 이에는 군사 활동을 준비하는 활동도 포함된다. 또한 영토 내뿐 아니라 영토 밖에서의 활동도 없어야 한다. 따라서 전쟁 중 자국의 영토에서 벗어나 후퇴하여 재정비 후 전투를 계속할 것이라면 데벨라티오는 성립하지 않는다. 셋째, 해당 국가 영토 내에 어떠한 형태의 정부도 존재하지 않아야 한다. 즉, 그 영토를 통치하는 어떠한 정부도 없어야 한다. 따라서 망명정부가 있다면 데벨라티오가 성립하지 않는다.

본 전체를 미군이 완전히 통제한 것도 아니다.

요컨대, '포츠담 항복조건'은 전시규약으로 약식 조약의 형태로 체결된 군 지휘관의 항복 합의이다. 그러나 무조건적 항복의 형태로 나타난 본 항복조건은 협상을 하지 않고 모든 것을 수용하겠다는 의사표시를 내포한다고 할 수 있다. 따라서 그 내용에는 군사적인 내용뿐 아니라 여타 사안도 포함될 수 있고 비준 없이 그 자체로 법적 구속력이 발생한다.

3. 포츠담 항복조건에 대한 일본의 시각

그렇다면 일본은 포츠담 항복조건의 구속력을 인정하고 받아들였을까? 항복 이후 일본의 시각은 1955년부터 진행된 소련과의 교섭 과정에서 드러난다. 소련은 샌프란시스코강화조약을 비준하지 않았다. 따라서 일본은 소련과 별도로 조약을 체결해야 했고, 이 과정에 일본이 일본 영토의 판단기준으로 제시한 것은 포츠담선언이었다.

소련과의 교섭 대상 지역은 쿠릴열도였고, 일본은 하보마이제도와 시코탄 섬을 반환받겠다는 입장이었다.[125] 문제는 쿠릴열도라고 할 때, 어떤 섬이 포함되어야 할지 분명하지 않았다는 것이다. 초기에는 이에 대해 일본 내부에서도 여러 논의가 있었고 명확한 입장을 정하지 못하였다. 그러나 1956년 2월 11일 일본 외무차관 모리시타 구니오(森下國雄)에 의해 일본 정부의 입장이 발표되었다. 모리시타 구니오는 두 가지 근거를 제시하며 남쿠릴 섬, 즉 구나시리와 에토로후가 일본의 영토라 주장하였다.[126]

---

[125] 와다 하루키 지음, 박은진 옮김, 2013, 「카이로선언과 일본의 영토문제」, 『영토해양연구』 제5권, 87쪽 이하.
[126] 와다 하루키, 2013, 위의 글, 88쪽.

첫째, 1875년 체결한 지시마·가라후토 교환 조약에서 구나시리와 에토로후 두 섬이 포함되어 있지 않았다. 둘째, 샌프란시스코강화조약에서 말하는 쿠릴열도에 위 두 섬이 포함되지 않았다.

1956년 7월 31일 소련과의 회담에서 시게미쓰 전권대사도 구나시리와 에토로후는 일본의 고유영토이고 샌프란시스코강화조약상 쿠릴열도에 해당하지 않는다고 주장하였다.[127] 이때 시게미쓰 전권대사가 샌프란시스코강화조약에 위 두 섬이 포함되지 않는다고 주장하는 법적 논리는 대서양헌장과 포츠담선언이었다. 와다 하루키의 논문에서 시게미쓰 전권대사의 주장을 다음과 같이 번역하고 있다.

> 제2차 세계대전 중 연합국들이 최고 원칙으로써 영토 확대를 추구하지 않을 것을 명백히 한 대서양헌장은 스탈린 시대에 소련이 찬성했던 큰 방침이고, 소련이 오늘날에도 부정할 수 없는 국제헌장이라고 생각합니다. 또한 포츠담선언이 채택한 카이로선언에는 일본이 타국에게 '탈취했던' 지역을 반환시키도록 적혀 있습니다. 이것들은 소련을 포함한 연합제국들이 천명한 법칙입니다. […] 귀국 소련은 이미 1942년 1월 1일 대서양헌장에 참가하여 영토불확대를 선언하였고 또한 포츠담선언으로 인해 카이로선언의 효력도 인정하고 있는 것입니다.[128]

시게미쓰 전권대사는 "포츠담선언이 채택한 카이로선언에는 일본이 타국에게 '탈취했던' 지역을 반환"하도록 했다고 하며, 포츠담선언이 기준이 된다는 점을 묵시적으로 제시한 것이다. 이후 1956년 10월 19일 일소공

---

127 와다 하루키, 2013, 위의 글, 89쪽.
128 와다 하루키, 2013, 위의 글, 89~90쪽.

동선언을 통하여 2개 섬 인도를 약속받게 되었다. 이에 대해서 러일관계 전문가 키무라 히로시는 일본이 카이로선언에 기술된 "폭력과 탐욕"에 의하여 취하여진 영토인지를 판단하여 소련과 협상한 결과라는 점을 지적하였다.[129] 쿠릴열도는 일본이 폭력과 탐욕으로 취한 영토에 해당되지 않는다는 것이다.

1957년에도 이와 같은 견해를 찾아볼 수 있다. 1957년 일본 히토츠바시 대학의 국제법학자 오히라의 논문에서 당시 일본 국제법학자의 논리도 포츠담선언에 기초하고 있다는 점을 확인해 볼 수 있다. 오히라는 포츠담선언이 일본의 영토를 확정하였다고 하면서, 샌프란시스코강화조약은 포츠담선언과 카이로선언에 기초하고 있다고 하였다. 이에는 두 개의 예외가 있는데, 그 예외는 첫째, 오키나와와 오가사와라 섬, 그리고 둘째는 쿠릴 섬이라 하면서, 이 섬들은 폭력과 탐욕(violence and greed)에 의해서 취해진 것이 아니고, 본래 일본에 속하는 것이라 설명하였다. 즉, 폭력과 탐욕에 의해서 취해졌는지 여부가 샌프란시스코강화조약 해석의 판단기준이라는 점을 확인할 수 있다.[130] 오히라의 논리는 당시 일본이 어떠한 논리를 펴고 있었는지에 대해 간접적으로 확인할 수 있게 한다.

한편, 하토야마 내각이 들어서게 되자 일본과 소련의 분쟁은 다시 고개를 들게 된다. 일본은 남쿠릴이라는 것은 사실 존재하지 않고, 구나시리와 에토로후는 쿠릴이 아니라고 주장하며, 영토불확대 원칙에 기하여 소련에게 4개 섬 반환을 주장하게 된다. 1961년 11월 15일 이케다 하야토

---

[129] Hiroshi Kimura, 2000, *Japanese-Russian Relations Under Brezhnev and Andropov*, Volume 2, New York and London: M. E. Sharpe, pp. 63~64.

[130] Zengo Ohira, 1957, "The Territorial Problems of the Peace Treaty with Japan," *The Annals of the Hitotsubashi Academy*, Vol. 7, No. 2, p. 117.

(池田勇人) 일본 총리가 소련에 보낸 서한에서 다시 카이로선언이 등장한다. 카이로선언에는 영토 확장의 의사가 없다는 점을 분명히 했다는 점이 근거로 제시되었다.[131] 따라서 소련도 영토를 확장해서는 안 된다는 것이다.

1970년대 일본 외무성에서 발간한 북방영토 관련 팸플릿에서도 카이로선언을 강조하며, 남가라후토와 지시마열도는 샌프란시스코강화조약이나 카이로선언에 언급되어 있지 않다고 주장하였다.[132] 본 외무성 팸플릿은 일본이 항복하여 포츠담선언을 수락했을 때 카이로선언의 영토 불확대 원칙을 계승한 것이고, 소련도 포츠담선언에 참가하였기 때문에 본 원칙을 인정한 것이라 주장하였다.[133]

2022년 5월 현재 일본 외무성 웹사이트에서 설명하고 있는 북방영토와 관련된 사안도 같은 맥락에서 기술되고 있다. 외무성 웹사이트는 일본이 4개의 북방 섬들을 발견한 것은 러시아가 그곳에 오기 이전이며, 일본이 19세기에 이미 그 4개 섬을 실효적으로 통제하고 있었다고 설명한다.[134] 나아가 제2차 세계대전이 끝날 무렵 소련은 중립조약을 파기하며 일본을 대상으로 전쟁을 선포하였다고 하며, 일본이 포츠담선언을 수락한 이후 1945년 8월 28일부터 9월 5일 사이에 위 4개 섬을 소련이 점령했다고 주장했다.[135]

---

[131] 와다 하루키, 2013, 앞의 글, 90쪽.

[132] 와다 하루키, 2013, 위의 글, 91쪽.

[133] 와다 하루키, 2013, 위의 글, 91쪽.

[134] Ministry of Foreign Affairs, "Northern Territories Issues". Available at: https://www.mofa.go.jp/region/europe/russia/territory/overview.html#:~:text=The%20Northern%20Territories%20consist%20of,included%20in%20the%20Kurile%20Islands. (검색일: 2022. 5. 3).

[135] Ministry of Foreign Affairs, 위의 글.

본 사안에서 확인할 수 있는 것은 일본이 항복 선언 이후 포츠담선언과 카이로선언을 그 영토범위의 판단기준으로 사용한다는 것이다. 또한, 일본은 카이로선언을 판단기준으로 하여 19세기 이전부터 해당 영토가 일본 고유의 영토인지 여부를 판단했다. 명시하지는 않았지만, 이것은 일본이 폭력과 탐욕으로 취한 기점이 될 수 있는 시점 이전에도 일본의 영토였다고 주장하는 것과 다름이 없다. 앞에서 언급한 1957년 오히라의 논문에서 확인되었듯이, 결국 일본이 판단기준으로 삼고 있는 것은 폭력과 탐욕으로 취한 영토인지 여부이다. 다만 이를 명시적으로 제시하지 않고 있을 뿐이다. 일본의 논리는 결국 19세기 이전부터 일본의 고유영토라는 점을 강조하는 것이다. 종합적으로 판단하였을 때, 1894년 청일전쟁 발발 이전인지 여부가 중요한 판단기준이라고 할 수 있고, 일본이 이를 지금도 받아들이고 있다고 추정할 수 있다.

V. 맺음말

동아시아에서는 과거가 미래를 지배하는 현상이 있다.[136] 식민주의 사안이 그러하다. 아직도 과거 식민주의 문제가 현안이고 동아시아의 미래에도 주요 사안으로 고려될 수밖에 없다. 그리고 동아시아에서는 샌프란시스코강화조약이 그 문제의 핵심 중 하나이다. 특히, 카이로선언의 반식민주의적 가치가 본 강화조약에 실현되지 않은 듯한 문제가 제기되고 있다.

---

[136] 김영호, 2022, 「샌프란시스코 조약체제를 넘어서: 뒤로 넘어가기와 앞으로 넘어가기」, 김영호 외 편, 『샌프란시스코 체제를 넘어서-동아시아 냉전과 식민지·전쟁범죄의 청산』, 메디치, 603~606쪽.

그러나 이 글은 조약 해석의 원칙인 조약 체결 시의 사정을 고려하여 샌프란시스코강화조약 제2조를 해석할 때 그 반식민주의적 가치가 유지되고 있다고 제시한다.

이 글은 샌프란시스코강화조약상 일본 영토의 범위의 판단기준을 밝히는 것을 목적으로 하였다. 이 글의 주장은 샌프란시스코강화조약 제2조를 해석할 때 그 체결 시의 사정을 고려하면 일본의 항복문서인 '포츠담 항복조건'이 구속력 있는 판단기준이 되고, 이에 따라 카이로선언에서 제시하는 "폭력과 탐욕"의 시작점이 1894년이며 일본 영토의 범위의 판단기준이라 해석될 수 있다는 것이다.

물론, 샌프란시스코강화조약은 조약법에 관한 비엔나협약 제31조에 따라 그 문면을 "통상적 의미에 따라 성실하게 해석"하기 어렵다. 또한, 동 협약 제32조에 따라 조약의 교섭 기록을 검토하는 것도 간단하지 않다. 이 글은 동 협약 제32조에서 규정하고 있는 조약 "체결 시의 사정"에 주목하였다. 조약 "체결 시의 사정"은 그 당사자의 의사를 파악하기 위한 사정을 의미한다. 그리고 덜레스의 의사는 명백하였다. 덜레스는 본 강화조약 체결식 연설에서 일본과 연합국 전체가 구속되는 유일한 문서가 포츠담 항복조건이라고 하며, 일본 영토의 범위는 포츠담 항복조건에 따른다는 점을 강조하였다. 나아가 포츠담 항복조건을 그 판단기준으로 인도나 소련에게 대응하기도 하고, 샌프란시스코강화조약 제2조의 해석에 원용하기도 하였다. 한편, 일본이 자국의 영토분쟁과 관련하여 판단기준이 되는 문서로 카이로선언을 제시한 사례가 있다. 1955년부터 소련과 쿠릴열도와 관련한 교섭이 시작되었는데, 이때 일본은 쿠릴열도가 샌프란시스코강화조약에 포함되지 않는다고 하면서 그 근거로 포츠담선언을 제시하였다.

그렇다면 ① 이러한 판단기준에 따를 때 일본 영토의 범위는 어디까지 일까? 1947년 초안에서 제시하는 1894년 1월 1일이 함의하는 바는 무엇일까? 특히, 포츠담선언이 원용하는 카이로선언의 "폭력과 탐욕"과의 관계는 무엇일까? ② 포츠담 항복조건의 법적성격은 무엇일까? 덜레스가 주장하듯이 포츠담 항복조건이 구속력이 있을까? 국제법적으로 검토할 필요가 있다.

첫 번째 질문은 일본 영토의 범위에 관한 질문이다. 이 글에서는 "폭력과 탐욕"의 시작점에 대해서 검토하였다. 장제스와 루스벨트의 시각 및 미국 국무부 문서를 종합해 보면, 카이로선언에서 제시하는 "폭력과 탐욕"의 시작점이 청일전쟁 이전이라는 점을 확인할 수 있다. 당시 미국 국무부와 장제스는 일본 영토의 범위를 청일전쟁 시점 이전으로 되돌려야 한다는 점에서 의견이 일치하였기 때문이다. 루스벨트는 카이로회의에서 식민지 문제 해결을 적극적으로 제기하였고, 위 "폭력과 탐욕" 조항을 카이로선언에 직접 넣었다. 결과적으로 보자면 이들은 1854년에 요시다 쇼인(吉田松陰)이 옥중에서 계획한 일본의 팽창주의와 식민주의를 부정하게 된 것이다.[137]

그렇다면 "폭력과 탐욕"이라는 기준이 샌프란시스코강화조약 조약문을 작성할 때 작용했을까? 전후 연합국은 포츠담선언을 판단기준으로 강화조약 체결을 기획하였다고 할 수 있다. 비록 실패하기는 했지만, 연

---

137 1854년 요시다 쇼인은 옥중에서 『유수록』을 작성하였는데, 이에 요시다 쇼인은 일본이 서구 열강의 식민지가 되지 않기 위해서는 오히려 서구 열강과 같이 주변 국가들을 선점해야 한다고 주장하였다. 그는 구체적으로 홋카이도, 캄차카반도, 류큐, 타이완, 조선, 만주, 몽골, 중국, 필리핀, 오스트레일리아, 캘리포니아를 그 대상으로 제시하였다. (이태진, 2022, 「한국 참가 문제를 둘러싼 미국과 영국의 의견 차이: 샌프란시스코 평화조약의 가변성」, 김영호 외 편, 『샌프란시스코 체제를 넘어서-동아시아 냉전과 식민지·전쟁범죄의 청산』, 메디치, 201~202쪽.)

합국의 극동위원회가 1947년 6월에 제시한 "일본의 항복 후 기본방침"에서 포츠담선언의 의도를 달성하고자 하는 점을 명시하였다. 1947년 초안들과 동시대인 1947년 6월에 제시된 "일본의 항복 후 기본방침"에서 포츠담선언을 명시하고 있으므로, 이에 따라 1947년 초안들이 작성되었다고 볼 부분이 있다.

두 번째 질문은 일본의 항복문서인 포츠담 항복조건이 법적으로 구속력이 있는지 여부에 관한 것이다. 1945년 9월 일본은 무조건적 항복을 하여 항복문서에 서명하였는데 그 문서에 포츠담선언이 명시되어 항복조건이 되었다. 국제법적으로 보았을 때 포츠담 항복조건은 전시규약 중 '군 지휘관의 항복 합의(capitulation)'의 일종이고 일반적인 정식 조약과 달리 약식 조약의 형태로 체결된다. 따라서 전권위임장 등 절차적 요건이 완화된다. 또한, 전시규약은 별도의 비준 없이 그 서명 자체로 구속력이 발생한다. 한편, 본 항복조건은 무조건적 성격을 가지고 있기 때문에 그 내용에 군사적 내용뿐 아니라 여타 사안도 포함될 수 있다. 따라서 덜레스의 주장은 국제법적으로 정당하다고 할 수 있다.

카이로선언의 "폭력과 탐욕"의 시작점이 1894년으로 해석될 수 있는 한, 샌프란시스코강화조약 제2조상 일본 영토 복원 시점이 1894년이라 해석될 부분이 있다. 샌프란시스코강화조약 제2조의 애매한 부분을 구속력이 있는 항복문서인 포츠담 항복조건을 통하여 해석하게 되면, 일본이 "폭력과 탐욕"에 의하여 취한 영토인지 여부가 판단기준이 된다. 즉, 포괄적인 기준이 제공된다. 따라서 아직도 이견을 좁히지 못하고 있는 독도, 한일강제병합, 식민지책임, 전쟁범죄 등의 사안에 함의하는 바가 크다고 할 수 있다. 물론, 이 글의 연구가 관련된 모든 법적 문제를 포괄적으로 해소했다고 할 수 없다. 그럼에도 불구하고 1894년 1월 1일이라는 시점이 판단기준으로 제시된다면, 문제의 핵심이 보다 선명해졌다고 할 수 있다. 결국, 일본이 식민주의 (또는 제국주의) 정책에 따라 취한 영토인지 여부가 문제가 된다.

마지막으로 독도와 관련하여 앞으로 더 연구되어야 할 부분을 언급하겠다. 첫째, 독도 사안은 일본의 식민주의 또는 제국주의 영토 팽창 차원에서 더 연구되어야 할 것이다. 일본은 계속해서 독도에 대해 고유영토론을 고수하고 있다. 이런 주장의 장점은 카이로선언의 "폭력과 탐욕"의 범위를 벗어난다는 것이다. 즉, 일본은 1894년 1월 1일 이전에도 독도가 일본의 영토였다는 점을 주장하는 것이다. 이에 따라 1905년 2월 2일 시마네현 고시 제40호는 각의의 결의로 '죽도(다케시마)'를 주인이 없는 무주지라 하여 선점하였다. 그러나 이러한 무주지 선점론이 카이로선언을 고려하여 제2차 세계대전 이후에 고유영토론으로 바뀌었을 수도 있다. 물론, 왜 일본 정부의 입장이 선점론에서 고유영토론으로 바뀌었는지는 판단하기 쉽지 않다. 1936년 일본 육군참모본부 육지측량부에서 발행한 〈지도구역일람도(地圖區域一覽圖)〉에서 독도가 선점 사례에서 누락되기도 하는 등 일본의 입장이 일관적이지 않기 때문이다.[138] 따라서 1905년 전후에 일본이 "폭력과 탐욕"에 의하여 독도를 취하였는지 여부를 더 연구해야 할 것이다. 특히, 러일전쟁(1904년 2월 8일~1905년 9월 5일) 도중에 선점을 취하였다는 것과 관련하여 국제법적으로 연구되어야 할 부분이 상당하다. 당시 일본이 한국을 식민화하기 위하여 "조직적인 폭력과 탐욕"을 구사하였기 때문에 독도 사안은 카이로선언과 연관지어 연구될 부분

---

[138] 박배근, 2005, 「독도에 대한 일본의 영역권원주장에 관한 일고-고유영토론과 선점론」, 『국제법학회논총』 제50권 제3호, 117쪽.

이 있다.[139] 따라서 독도와 러일전쟁과의 관련성이라든지, 당시 무주지 선점론이 식민주의와 관련하여 활용되었는지에 대한 연구가 더 필요하다.

둘째, SCAPIN 제677호와 관련해서도 더 연구되어야 할 부분이 있다. SCAPIN 제677호 제3문단에서는 일본의 영토에 울릉도, 독도, 제주도가 포함되지 않는다고 규정하고 있기 때문에, 한국의 입장을 대변해 주는 중요한 문서로 원용되어 왔다. 그러나 일본은 본 지령 제6문단에서 본 지령의 어떠한 것도 포츠담선언 제8항에서 정하고 있는 소도서들에 관한 최종 결정으로 해석되어서는 안 된다고 규정하고 있다는 점을 지적한다.[140] 이에 따라 일본은 SCAPIN 제677호가 영토와 관련하여 구속력이 있는 최종적 결정이라 할 수 없다고 주장한다. 그러나 SCAPIN 제677호가 한국의 영토와 관련해서 무의미한 문서라 할 수 없다. 물론, SCAPIN 제677호가 조약이나 여타 법적 구속력이 있는 문서라고 하기 어렵다. 그러나 샌프란시스코강화조약 제2조상 일본의 영토의 판단기준이 '포츠담 항복조건'이고, 연합국 사령관이 그 항복조건을 이행하는 것이었다고 한다면, SCAPIN 제677호는 카이로선언상 폭력과 탐욕에 취하여진 영토인지 여부를 해석한 자료라고 볼 여지가 있다. 물론, 영토에 대한 최종 처분은 강화조약에서 이루어지는 것이다. SCAPIN 제677호 제6문단은 당연한 법리를 규정한 것일 뿐이다. 그러나 그 강화조약의 문면이 통상적으로 해석되지 않기 때문에 조약의 준비문서와 조약 체결 시의 사정 등을 고려해

---

[139] 이장희, 2022, 「카이로 선언의 영토주권 문제와 샌프란시스코 조약의 한계점 극복」, 김영호 외 편, 『샌프란시스코 체제를 넘어서-동아시아 냉전과 식민지·전쟁범죄의 청산』, 메디치, 388쪽.

[140] SCAPIN 제677호 제6문단 원문은 다음과 같다. "Nothing in this directive shall be construed as an indication of Allied policy relating to the ultimate determination of the minor islands referred to in Article 8 of the Potsdam Declaration."

야 한다. 그리고 이러한 시각에서 보았을 때, SCAPIN 제677호에 대하여 다른 함의를 고찰할 수도 있을 것이다. SCAPIN 제677호 제6문단은 포츠담선언을 일본 영토의 기준으로 삼고 있다는 점을 오히려 방증하고 있다고 할 수 있기 때문이다. 일본이 SCAPIN 제677호 제6문단을 근거로 반론을 제시하는 것은 역으로 일본에게 불리할 수도 있다. 결국 카이로선언이 일본 영토의 판단기준이라는 점을 일본이 전제로 하고 있기 때문이다. 관련하여 식민주의적 시각에서 더 연구가 필요하다.

참고문헌

강병근, 2017, 「샌프란시스코 平和條約에 따른 'Korea/朝鮮'의 獨立承認과 韓日 間 請求權解決에 關한 一考察」, 『동북아법연구』 제10권 제3호.
_____, 2018, 「평화조약 내 영토조항에 관한 연구-대일 평화조약과 대이태리 평화조약을 중심으로-」, 『국제법학회논총』 제63권 제4호.
김성원, 2019, 「베르사유조약과의 비교를 통한 샌프란시스코조약의 비판적 검토」, 『동아법학』 제85호.
김영호, 2022, 「샌프란시스코 조약체제를 넘어서: 뒤로 넘어가기와 앞으로 넘어가기」, 김영호, 이태진, 와다 하루키, 후더쿤, 알렉시스 더든, 하라 기미에 편, 『샌프란시스코 체제를 넘어서-동아시아 냉전과 식민지·전쟁범죄의 청산』, 메디치.
_____, 2022, 「샌프란시스코 체제의 형성, 전개 그리고 귀결」, 김영호, 이태진, 와다 하루키, 후더쿤, 알렉시스 더든, 하라 기미에 편, 『샌프란시스코 체제를 넘어서-동아시아 냉전과 식민지·전쟁범죄의 청산』, 메디치.
김용신, 2018, 「장개석 국민정부의 미국 편승 전략과 한국의 독립 문제, 1942-1945」, 『사회과학논집』 제49집 1호.
도시환, 2021, 「샌프란시스코강화조약과 한일 역사·영토 현안의 국제법적 검토」, 『영토해양연구』 제22권.
박배근, 2005, 「독도에 대한 일본의 영역권원주장에 관한 일고-고유영토론과 선점론」, 『국제법학회논총』 제50권 제3호.
_____, 2013, 「국제법과 한국: 과거, 현재 그리고 미래-해양/영토문제와 한국」, 『국제법학회논총』 제58권 제3호.
박배근·이창위, 2007, 『독도 영유권에 관한 일본 국제법학자의 주장 분석』, 한국해양수산개발원.
박현진, 2008, 「對日講和條約과 독도 영유권」, 『국제법평론』 제28호.
신용하, 2019, 「연합국의 샌프란시스코 對일본 平和條約에서 獨島=韓國領土 確定과 재확인」, 『대한민국학술원논문집』 제58권 제2호.
아베 코키, 2021, 「샌프란시스코강화조약과 평화공동체의 과제: 일본의 관점에서」, 『영토해양연구』 제22권.
알렉시스 더든, 2021, 「샌프란시스코강화조약의 유산을 둘러싼 논란」, 『영토해양연구』 제22권.

와다 하루키 지음, 박은진 옮김, 2013, 「카이로선언과 일본의 영토문제」, 『영토해양연구』 제5권.
유병용, 1992, 「二次大戰中 韓國信託統治問題에 대한 英國의 外交政策 硏究」, 『역사학보』 134권.
이동원, 2015, 「카이로선언의 지도원리와 한국의 영유권 고찰」, 『외법논집』 제39권 제1호.
이석우, 2013, 「독도 문제에 관한 국제사회의 전후처리 조치와 카이로선언의 법적 효력에 대한 이해」, 『영토해양연구』 제5권.
이성환, 2021, 「샌프란시스코강화조약과 동북아 영토갈등의 해법」, 『영토해양연구』 제22권.
이장희, 「국제법적 관점에서 본 카이로선언의 영토주권회복 문제」, 동북아역사재단·세계NGO역사포럼·경희대학교 공공대학원, 『카이로선언 정신구현과 아시아의 평화문제』 (2013. 7. 24).
____, 2022, 「카이로 선언의 영토주권 문제와 샌프란시스코 조약의 한계점 극복」, 김영호, 이태진, 와다 하루키, 후더쿤, 알렉시스 더든, 하라 기미에 편, 『샌프란시스코 체제를 넘어서-동아시아 냉전과 식민지·전쟁범죄의 청산』, 메디치.
이태진, 2022, 「한국 참가 문제를 둘러싼 미국과 영국의 의견 차이: 샌프란시스코 평화조약의 가변성」, 김영호, 이태진, 와다 하루키, 후더쿤, 알렉시스 더든, 하라 기미에 편, 『샌프란시스코 체제를 넘어서-동아시아 냉전과 식민지·전쟁범죄의 청산』, 메디치.
____, 2022, 「한국병합 무효화 운동과 구미의 언론과 학계: 1907-1936년의 동향」, 김영호, 이태진, 와다 하루키, 후더쿤, 알렉시스 더든, 하라 기미에 편, 『샌프란시스코 체제를 넘어서-동아시아 냉전과 식민지·전쟁범죄의 청산』, 메디치.
장박진, 2011, 「대일평화조약 형성과정에서 일본 정부의 영토 인식과 대응 분석」, 『영토해양연구』 제1권.
정병준, 2010, 『독도 1947: 전후 독도문제와 한·미·일 관계』, 돌베개.
정재민, 2013, 「대일강화조약 제2조가 한국에 미치는 효력」, 『국제법학회논총』 제58권 제2호.
최영호, 2013, 「카이로선언의 국제정치적 의미」, 『영토해양연구』 제5권.
최완, 2012, 「샌프란시스코강화조약에서 독도문제가 누락된 요인은 무엇인가?-미국의 대일본정책변화와 한국외교실책을 중심으로-」, 『차세대 인문사회연구』 제8권.
최철영, 2022, 「VCLT 제31조 제2항의 문맥(context)을 통한 샌프란시스코 평화조약의 영역조항해석」, 『독도연구』 영남대학교 독도연구소, 제32호.
하라 키미에, 2021, 「샌프란시스코강화조약과 동아시아 영토갈등의 기원」, 『영토해양연구』 제22권.

황준식, 2022, 「조약법상 준비문서(Travaux Préparatoires)의 지위」, 『국제법평론』 통권 제61호.

청·일 강화 조약(시모노세키 조약) 국문 번역, 국사편찬위원회. Available at: http://contents.history.go.kr/front/hm/view.do?treeId=010701&tabId=03&levelId=hm_119_0030 (검색일: 2022. 4. 26).

Allison, John M., 1952, "The Japanese Peace Treaty and Related Security Pacts," *Proceedings of the American Society of International Law at Its Annual Meeting*, April 24-26, 1952, Vol. 46.

Azarova, Ido Blum Valentia, 2015, "Suspension of Hostilities," *Max Planck Encyclopedias of International Law*, Oxford University Press, Article last updated: Sept. 2015.

Bell, Christine, 2009a, "Ceasefire," *Max Planck Encyclopedias of International Law*, Oxford University Press, Article last updated: Dec. 2009.

_____, 2009b, "Capitulations," *Max Planck Encyclopedias of International Law*, Oxford University Press, Article last updated: July 2009.

Best, Anthony, 2001, *British Documents on Foreign Affairs-reports and Papers from the Foreign Office Confidential Print*, Vol. 3, University Publications of America.

Bouthillier, Yves Le, 2011, "Article 32 Supplementary means of interpretation," in Olivier Corten and Pierre Klein, *The Vienna Convention on the Law of Treaties: A Commentary, Vol. 1*, Oxford and New York: Oxford University Press.

Cairo Declaration from the Conferences at Cairo and Tehran, 1943. Available at: http://digital.library.wisc.edu/1711.dl/FRUS.FRUS1943CairoTehran (검색일: 2022. 5. 2).

Crawford, Neta C., 2022, *Argument and Change in World Politics*, Cambridge, UK: Cambridge University Press.

Crimea (Yalta) Conference : Agreement Regarding Japan (Yalta Agreement), February 11, 1945. Available at: https://worldjpn.grips.ac.jp/documents/texts/docs/19450211.T1E.html (검색일: 2022. 4. 28).

Department of State, Drafts by Ruth Bacon (1 of 6), Records Relating to the Treaty of Peace with Japan, 1945-1951 [Entry A1 1230], Record Group 59: General Records of the Department of State, 1763-2002. Box 1. AUS002_14_00C0015_003, (March 19, 1947). (Available at the Archives of Korean History: http://archive.history.go.kr/).

Department of State, Drafts by Ruth Bacon (2 of 6), Records Relating to the Treaty of Peace with Japan, 1945-1951 [Entry A1 1230], Record Group 59: General Records of the Department of State, 1763-2002. Box 1. AUS002_14_00C0016, (Oct. 25, 1945). (Available at the Archives of Korean History: http://archive.history.go.kr/).

Department of State, Drafts by Ruth Bacon (5 of 6), Records Relating to the Treaty of Peace with Japan, 1945-1951 [Entry A1 1230], Record Group 59: General Records of the Department of State, 1763-2002. Box 1. AUS002_14_00C0016, (January, 1947). (Available at the Archives of Korean History: http://archive.history.go.kr/).

Department of State, Draft of Treaty with Japan: Part One-Territorial Clauses, Peace Treaty-1947, Records Relating to the Treaty of Peace with Japan, 1945–1951 [Entry A1 1230], Record Group 59: General Records of the Department of State, 1763–2002. Box 4. AUS002_14_00C0064_019, (May 19, 1947). (Available at the Archives of Korean History: http://archive.history.go.kr/).

Department of State, 1951, "The Delegate of the United States—John Foster Dulles," in Second Plenary Session, Opera House, 3 p.m., September 5, 1951, *Record of Proceedings of the Conference for the Conclusion and Signature of the Treaty of Peace With Japan*, held at San Francisco, California, September 4-8, 1951, Washington D.C.: Department of State Publication 4392.

Dörr, Oliver, 2018, "Article 32: Supplementary means of interpretation," in Oliver Dörr and Kirsten Schmalenbach (eds.), *Vienna Convention on the Law of Treaties: A Commentary*, Second Edition, Springer.

Dulles, Foster Rhea and Gerald E. Ridinger, 1955, "The Anti-Colonial Policies of Franklin D. Roosevelt," *Political Science Quarterly*, Vol. 70, No. 1.

Dulles, John Foster, "John Foster Dulles's Speech at the San Francisco Peace Conference," 5 September 1951. Available at: http://worldjpn.grips.ac.jp/documents/texts/JPUS/19510905.S1E.html (검색일: 2022. 5. 1).

Emperor Hirohito's Receipt of the Surrender, (02 Sept. 1945), Translation of Emperor Hirohito's Receipt of the Surrender documents. Available at: https://avalon.law.yale.edu/wwii/j5.asp (검색일: 2022. 5. 3).

Far Eastern Commission, "Basic Post-Surrender Policy for Japan," Far Eastern Commission Policy Decision dated 19 June 1947. "Japanese Peace Settlement Report on British Commonwealth Conference," Canberra, 26 August-2 September, 1947, and Comments and Proposals Regarding New Zealand Policy Towards Certain Issues of the Japanese Peace Settlement, Appendix to the Journals of the House of Representatives, 1947 Session I, A-12, Appendix 3. Available at: https://papers.past.natlib.govt.nz/parliamentary/AJHR1947-I.2.1.2.25 (검색일: 2022. 5. 1).

Formal Surrender by the Senior Japanese Ground, Sea, Air and Auxiliary Forces Commands Within Korea South of 38 North Lattitude to the Commanding General, United States Army Forces in Korea, for and in behalf of the Commander-in-Chief United States Army Forces, Pacific, (09 Sept. 1945). Available at: https://avalon.law.yale.edu/wwii/j1.asp (검색일: 2022. 5. 3).

Friedrich, Carl J., 2013, "International and Imperialist Problems," in *Japan's Prospect*, Harvard University Press.

Hara, Kimie, 2006, "Antarctica in the San Francisco peace treaty," *Japanese Studies* Vol. 26.

Heiferman, Ronald Ian, 2011, *The Cairo Conference of 1943: Roosevelt, Churchill, Chiang Kai-shek and Madame Chiang*, McFarland & Company.

Instrument of Surrender of Japanese Forces under the Command or Control of the Supreme Commander, Japanese Expeditionary Forces, Southern Regions, Within the Operational Theatre of the Supreme Allied Commander, South East Asia, (12 Sept. 1945). Available at: https://avalon.law.yale.edu/wwii /j3.asp (검색일: 2022. 5. 3).

Interim Meeting of Foreign Ministers, Moscow, "Report of the Meeting of the Ministers of Foreign Affairs of the Union of Soviet Socialist Republics, the

United States of America, the United Kingdom," Interm Meetin of Foreign Ministers of the United States, the United Kingdom, and the Union of Soviet Socialist Republics, Moscow, December 16-26, 1945. Available at: https://avalon.law.yale.edu/20th_century/decade19.asp (검색일: 2022. 4. 29).

Japanese Instrument of Surrender, 1945, *National Archies Foundation*. Avaiable at: https://www.archivesfoundation.org/documents/japanese-instrument-surrender-1945/ (검색일: 2022. 5. 25).

"Japanese Peace Settlement Report on British Commonwealth Conference," Canberra, 26 August-2 September, 1947, and Comments and Proposals Regarding New Zealand Policy Towards Certain Issues of the Japanese Peace Settlement, Appendix to the Journals of the House of Representatives, 1947 Session I, A-12. Available at: https://paperspast.natlib.govt.nz/parliamentary/AJHR1947-I.2.1.2.25 (검색일: 2022. 5. 1).

Kawai, Kazuo, 1950, "Mokusatsu, Japan's response to the Potsdam Declaration," *Pacific Historical Review*, Vol 19, No. 4.

Kimura, Hiroshi, 2000, *Japanese-Russian Relations Under Brezhnev and Andropov*, Volume 2, New York and London: M. E. Sharpe.

Levie, Howard S., 1956, "The Nature and Scope of the Armistice Agreement," *The American Journal of International Law*, Vol. 50, No. 4.

Liu, Xiaoyuan, 1996, *A Partnership for Disorder: China, the United States, and Their Policies for the Postwar Disposition of the Japanese Empire, 1941-1945*, Cambridge University Press.

Manjiao, Chi, 2011, "The Unhelpfulness of Treaty Law in Solving the Sino-Japan Sovereign Dispute over the Diaoyu Islands," *University of Pennsylvania East Asia Law Review*, Vol. 6.

Ministry of Foreign Affairs, "Northern Territories Issues". Available at: https://www.mofa.go.jp/region/europe/russia/territory/overview.html#:~:text=The%20Northern%20Territories%20consist%20of,included%20in%20the%20Kurile%20Islands. (검색일: 2022. 5. 3).

Ohira, Zengo, 1957, "The Territorial Problems of the Peace Treaty with Japan," *The Annals of the Hitotsubashi Academy*, Vol. 7, No. 2.

Oppenheim, Lassa, 1912, *International Law: A Treatise, Vol. II: War and*

Neutrality, 2nd ed., New York: Longmans, Green and Co..

Potsdam Proclamation, Proclamation Defining Terms for Japanese Surrender Issued, at Potsdam, July 26, 1945. Available at: https://www.ndl.go.jp/constitution/e/etc/c06.html (검색일: 2018. 9. 18).

Proclamation Accepting Terms in the Potsdam Declaration, (02 Sept. 1945), Instruments of Japanese Surrender, 9/1945-9/1945, Records of the U.S. Joint Chiefs of Staff, 1941.

Salomon, Tim René, 2015, "Capitulation, Military," *Max Planck Encyclopedias of International Law*, Oxford University Press, Article last updated: March 2015.

Schmitt, Michael N., 2009, "Debellatio," *Max Planck Encyclopedias of International Law*, Oxford University Press, Article last updated: Oct. 2009.

Zanard, Richard J., 1951, "Introduction to the Japanese Peace Treaty and Allied Documents," *Georgetown Law Journal*, Vol. 40, No. 1.

제3장

샌프란시스코강화조약과 동아시아 영토갈등 기원론의 법리 검토

서인원 일제강제동원피해자지원재단 연구학술팀장

I. 머리말
II. 샌프란시스코강화조약 체결 과정과 연합국의 정책
III. 샌프란시스코강화조약 초안 변화 과정에서의 독도영유권 문제
IV. 샌프란시스코강화조약 체결 과정에서의 미국 정책의 문제점
V. 샌프란시스코강화조약 체결에서 나타난 문제점과 한계
VI. 맺음말

I. 머리말

1945년 일본은 항복할 때 일본 영역이 혼슈, 홋카이도, 규슈 및 시코쿠 외, 연합국이 결정하는 제소도에 국한된 것을 인정했다.[1] 그리고 연합국 최고사령관 지령(SCAPIN) 제677호나 SCAPIN 제1033호는 독도를 일본의 행정권에서 제외하고 있는데, 이들 문서는 독도영유권이 한국에 속한다는 객관적인 증거가 될 수 있다. 미국 정부는 당시 한국에 귀속시킬 방향으로 독도 처리를 진행하였다.[2] 또한 1951년 샌프란시스코강화조약은 SCAPIN 제677호를 승계하고 독도를 일본 영토에서 제외하고 있어 독도에 대한 영유권, 통치권에 아무런 영향이 없다.

마지막으로, 1951년 강화조약에서 일본이 독도를 자국 영토라는 규정을 명백하게 하지 못하였을 뿐만 아니라 그 이후에 1965년 한일기본조약에서도 독도가 일본의 영토라는 점을 인정받지 못하였다. 이런 내용들이 일본의 대장성 고시, 사법성령, 대장성령, 농림성령, 외무성령, 총리부령, 통상산업성령, 정령, 후생성령, 우정성령, 문부성령, 체신성령 등의 법령[3]에서도 독도를 제외하고 있는 것이다.

샌프란시스코강화조약(이하 '강화조약')은 미국 주도의 강화조약으로, 연합국이었던 소련과 중국이 배제되었고 한국, 북한도 배제되었다. 연합국들은 적국과 단독으로 강화교섭을 하지 않는다는 단독 불강화원칙에

---

* 이 글은 서인원, 2022, 「샌프란시스코강화조약에서 나타난 동아시아 영토갈등 기원론의 법리 검토」, 『한일군사문화연구』 36에 게재한 논문을 수정한 것이다.
1   外務省 情報部, 1951. 8. 4, 「日本国と平和条約草案の解説」, 78쪽.
2   原貴美恵, 2005, 『サンフランシスコ平和条約の盲点』, 溪水社, 42쪽.
3   『官報』1946~1954年, http://dl.ndl.go.jp (검색일: 2022. 7. 30).

합의했지만, 냉전의 격화로 전면강화가 아닌 단독강화의 방식이 채택되었다. 그 핵심은 중국의 공산화와 한국전쟁의 발발이라는 냉전의 격화에 따른 반공노선으로의 귀결이었다.

주로 한·중·러 영토분쟁 배경에는 동서냉전이 있다. 동서냉전의 격화를 배경으로 미국과 일본은 쿠릴열도를 반소 감정을 선동하는 수단의 하나로 하여 영토문제를 부각시켰다. 냉전의 최전선인 한일 양국이 영토문제 등으로 동북아안보에 큰 장애가 되기 때문에 미국은 한일국교정상화에 적극적으로 개입하게 되었다. 이로 인해 한일 간은 독도문제에 대해 평화스러운 관계를 유지할 수 있었지만, 현재도 신냉전전략 틀에서 동아시아 영토갈등이 지속되고 있어 이에 대한 국제법적 검토와 그 해법을 모색해야 한다.

선행연구에서 하라 키미에는 동아시아의 지역 갈등은 강화조약에서 소련, 한국, 중국 어느 정부도 직접 당사국 간의 틀 안에서 갈등을 해결하지 못했고 미국 중심의 냉전전략에 의해 일본에 관대하게 강화조약을 처리했기 때문이라 지적하고 있다.[4]

이성환은 동북아시아 영토문제는 냉전이라는 정치적 요인을 제거하고 순수한 영토문제로 돌아가 영토 취득 및 상실에 대한 국제법의 일반 원칙에 입각하여 재검토할 필요가 있다고 하였다.[5]

이 글에서는 선행연구를 바탕으로 강화조약 체결 방식, 조약 체결 절차, 조약의 효력, 적용, 해석 등과 관련된 조약의 불완전성을 분석하고, 영토

4　하라 키미에, 2021. 12, 「샌프란시스코강화조약과 동아시아 영토갈등의 기원」, 『영토해양연구』 22호, 13쪽.

5　이성환, 2021. 12, 「샌프란시스코강화조약과 동북아 영토갈등의 해법」, 『영토해양연구』 22호, 131쪽.

문제, 청구권, 배상문제에 대해 대이탈리아강화조약, 베르사유조약 등을 비교하여 강화조약과 동아시아 영토갈등 기원론의 법리를 검토한다.

그리고 강화조약과 동아시아 영토갈등 기원론의 법리 검토에 대해 분석하면서 일본이 미국 정책에 의한 비징벌적인 강화 내용을 악용하여 한국의 당사국 배제와 청구권, 독도문제 등을 일본 논리로 전개하는 문제점의 본질을 규명하고, 강화조약의 완전성, 법적 효력 등을 분석하여 강화조약이 정치적인 조약이어서 국제법상의 문제점과 일본이 자의적으로 왜곡하는 문제점이 있기에 이를 규명하고 그에 대한 해법을 모색하고자 한다.

II. 샌프란시스코강화조약 체결 과정과 연합국의 정책

1943년 11월 27일 카이로선언 이후 연합국의 일본 영토문제에 대해 두 가지 원칙이 성립되었다. 첫 번째는 1941년 8월 14일 대서양헌장(영미공동선언) 및 동 헌장의 원칙을 확인한 1942년 2월 1일 연합국 공동선언의 취지와 같이 영토 불확장의 원칙이고, 두 번째는 이 원칙에 대한 특칙으로 일본 고유의 영토 이외의 것은 일본 영토에서 박탈한다는 것이다.[6] 이와 관련해서 남사할린, 쿠릴열도를 소련에게 할양하고 대서양헌장, 민족자결주의, 영토 불확장, 영토변경 반대 원칙 등은 얄타회담에서도 재확

---

6 国際法学会, 1952a, 『平和条約の総合研究 上巻』, 有斐閣, 5쪽; 이석우, 2013, 「독도문제에 관한 국제사회의 전후처리 조치와 카이로선언의 법적효력에 대한 이해」, 『영토해양연구』 5호, 43쪽.

인하였다.

포츠담선언에서 일본의 주권은 혼슈, 홋카이도, 규슈, 시코쿠와 연합국 측이 결정하는 소도라고 되어 있고, 1946년 1월 연합국 최고사령관 지령에 있는 쿠릴열도, 하보마이, 시코탄 등을 제외한다고 했다.

쿠릴열도가 일본 영토가 되지 않았던 이유는 제2차 세계대전 중의 미소관계에서 알 수 있다. 일·독의 패전이 농후하게 되고 나서 루스벨트 미국 대통령의 최대의 관심은 미국의 희생자를 최소한도 내지 않고 일본의 무조건 항복을 끌어내는 것이었다.

미 국무부는 원자핵폭탄도 현실성을 보증할 수 없고 만주에 있는 일본 관동군의 잠재 역량은 크고 일본 본토를 공격하는 미군의 인적 손실도 막대하다고 추정되기 때문에 일본군을 만주에서 봉쇄하고 본토 이동을 저지하기 위한 군사적 필요에 의해 소련군의 대일 참전도 부득이 승인했다.[7]

루스벨트 대통령은 1943년 11월 테헤란회의에서 소련의 대일 참전을 요청하고, 1945년 2월 얄타회담에서 쿠릴열도가 소련에 양도하는 내용을 포함한 얄타협정을 체결하였다. 얄타회담에서 쿠릴열도와 관련해 결정된 주요 내용은 스탈린이 유럽에서 대독 전투가 종료되는 시점에서 3개월 후 대일 참전을 약속하고, 참전 보상으로 러일전쟁으로 상실한 사할린 남부 지역과 쿠릴열도를 반환받고, 중국 만주 내의 철도와 항만의 권익을 다시 확보할 수 있도록 보장해 줄 것을 요구 조건으로 제시했다는 내용이다.[8]

---

7 "United States Relations with China", Department of State Publication, 4 August 1949, pp. 114~115.
8 国際法学会, 1952a, 앞의 책, 21쪽.

일본의 강화조약 전사(全史)라는 관점에서 중요한 것은 1945년 7월 17일 포츠담회의이다. 회의 중요성은 첫째, 일본의 항복조건에 대해 심의한 것이고 일본의 항복조건은 동시에 일본의 강화조건을 예시한 것이 많다. 둘째, 소련의 참전방식에 대해 협의한 것이다. 참전은 이미 결정한 것이지만 소련으로서는 일본과의 조약관계에 의해 그 방식을 검토해야 할 필요가 있다고 하는 것이다.[9]

1947년 3월에 완성된 미국 측의 조약 초안은, 일본 군국주의의 부활은 아시아의 최대 위협이고 이것을 방지하기 위해 일본은 무기한 연합국의 통제 아래 머물러야 한다는 일반적인 사고방식에 기반을 둔 것이다. 이 초안은 휴 보튼을 장으로 하는 국무부의 작업반이 작성한 것으로 이런 기본적 원칙은 1947년 8월과 1948년 1월 두 번의 개정에도 남아 있었다.

그 일반적인 사고방식에 의하면 일본을 신용할 수 없고 따라서 일본군 사력의 부활을 방지하기 위해 조약을 통해 모든 예방조치를 강구해 두어야 한다. 이 예방조치는 적어도 25년간 감시해서 실시하는 것으로 되어 있다. 맥아더는 일본이 군사적 재건의 기미가 보일 경우, 오키나와 기지에서 압도적인 역량으로 이것을 억제할 수 있는 지위에 있는 것을 기대해도 좋다고 했다.[10]

강화조약 초안에 의하면 일본을 전면적으로 감시하기 위해 극동위원회 11개국 대표를 구성하고 대사 회의를 만드는 것을 규정화 했다. 이 단체 아래 감시 위원회가 조약에 포함된 비무장 조항에 대한 위반을 감시하는 것이다. 일본은 모든 군사력, 군용 또는 민간 비행기, 전략자재의 저장, 군

---

9 国際法学会, 1952a, 위의 책, 有斐閣, 24~25쪽.

10 John C. Campbell, 1948, *The United States in World Affairs 1947~1948*, New York, pp. 165~166.

사력을 위한 과학연구기관 및 핵연구기관을 가져서는 안 된다고 규정하고 있다. 이런 초안은 공표되지 않고 사장되었지만 이것은 미국 및 일본의 침략에 의해 피해를 입은 타국들의 반일적인 심리의 명백한 예를 나타내는 것이다.[11]

미 국무부는 1949년 11월 3일 완성한 신초안에 일본에 대한 징벌적인 태도를 남겨 두었다. 평화문제에 관한 국제적 여론은 1950년까지 계속되었지만 아직도 엄밀히 군사적 견해가 심각하게 남아 있었다.

노무라 기치사부로(野村吉三郎) 제독은 일본이 자유민주주의 세계의 일원으로의 확고한 지위 부여에 대한 강한 희망을 표명하면서 만약 일본을 중립화 하게 되면 일본이 급속히 적색국가로 변할 것이라 했다. 1950년 5월 3일 요시다 총리는 강화조약 체결 후 미군 주둔을 인정하는 것에 의해 강화조약 촉진을 도모한다고 미국 측에 제안했다.[12]

1950년 6월 21일 맥아더는 국방부 당국이 제안한 두 가지 안전보장 대안에도 반대했다. 단, 외부에서 일본을 공격할 경우, 연합군은 일본을 원조하고 일본이 외부에 침략을 행한 경우에는 연합국은 상호 원조를 하고 이것을 방지한다는 것이었다. 이 제안은 일본의 희망에 의한 것이 아니고 조약의 규정에 의해 일본에 계속해서 미국의 기지를 유지한다는 조항을 포함하고 있다. 맥아더는 이 계획은 식민지화에서 일보 전진하는 것이 된다고 했다.

다른 미 국방부 제안은 미국이 국방에 관한 지배를 확실히 해서 안전보장 이외 모든 점에서 일본의 주권을 회복시켜야 한다는 것이다. 이것은

---

11 William J. Sebald, 1965, *With Macarthur in Japan: A Personal History of the Occupation*, The Cresset Press, p. 243.
12 西村熊雄, 1999, 『サンフランシスコ平和条約・日米安保条約』, 中央公論新社, 29쪽.

연합국 최고사령관 총사령부, 극동위원회, 점령군의 영구화를 의미하는 것이 된다. 맥아더는 이런 사고방식은 점령보다 더 나쁘다고 주장했다. 맥아더는 안전보장의 딜레마에 대해 폭넓은 해결방법을 취하도록 제안했다. 무책임한 군국주의가 세계에서 구축되어 평화와 안전과 정의에 대한 위협이 없어질 때까지 미군이 일본 영토의 요점을 계속 점령해야 한다고 맥아더는 주장했다. 이것은 포츠담선언에 의해 규정된 조건으로 이런 위협은 이미 일본군국주의 부활에서 활발한 공산주의 침략으로 이동하고 있다.[13]

미국은 한국전쟁에 의해 미 국방부의 의견이 수용되어 일본 안전보장 방식을 요구하면서 맥아더가 제안한 원안을 사용해서 미일안전보장협정 초안을 강화조약과는 별개의 문서로 작성하는 데 성공했다. 이것에 의해 일본은 미국에 대해 일본 국내 및 주변에서의 미국 군대 배치의 권한을 허용하게 되었고, 그 권한은 유엔 또는 다른 결정에 의해 해결방법이 부여되었다. 이 방식은 11월 초 미 국무부, 국방부 장관에 의해 안전보장 해결방법으로 수용되어 두 부처 간의 충돌은 해결되었다.

1950년 9월 11일 덜레스(John Foster Dulles)는 미국 측의 강화조약 시안과 대일강화 7원칙[14]을 가지고 뉴욕 제4회 유엔총회에 참가한 극동

---

[13] William J. Sebald, 1965, 앞의 책, pp. 255~256.
[14] 대일강화 7원칙 1. 당사국: 제안되고 합의될 기초 위에 평화를 정착시킬 의사를 가진 일본과 교전했던 일부 혹은 모든 국가들
2. 유엔: 일본의 가입은 고려될 수 있다.
3. 영토: 일본은 (a) 한국의 독립을 인정하며, (b) 류큐와 오가사와라에 대해 미국을 시정권자로 하는 유엔의 신탁통치에 동의하며, (c) 타이완, 펑후제도, 남부 사할린, 쿠릴의 지위에 대한 영국, 소련, 미국, 중국의 장래 결정을 수용한다. 조약이 발효한 후 1년 이내에 아무런 결정이 없는 경우, 유엔총회가 결정한다. 중국 내 특별권리와 이익은 포기한다.
4. 안정보장: 조약은 유엔이 실효적 책임을 부담하는 것과 같은 만족할 만한 별도의

위원회 회원국대표와 협의를 개시했다. 영연방 각국, 타이완은 타이완과 중국 중 누가 조약 참가국으로 하는지의 중국 대표권 문제를, 소련은 소련이 참가하지 않는 경우 강화의 방향, 회의 절차 문제, 류큐제도, 오가사와라제도를 미국의 신탁통치 아래에 둔다는 법적 근거, 타이완, 펑후제도, 남사할린, 쿠릴열도 지위의 재검토 및 국제재판에 회부하는 제안 안건의 법적 근거 및 해석을, 필리핀, 오스트리아, 뉴질랜드 등은 태평양 지역의 국제 평화와 안전문제, 일본의 재군비문제, 일본 헌법 제9조에 대한 미국의 해석문제를, 소련은 미군 일본 주둔의 기간문제 등의 협의를 요청하였다. 그리고 극동 위원회 국가 대표에게 강화 후 일본 점령정책 및 연합국 최고사령관 지령의 준수 문제 등에 대한 미국 측의 해석·설명과 이와 같은 문제에 대한 재삼 협의를 요청했다.[15]

소련 대표 야코프 마리크는 남사할린, 쿠릴열도에 대한 소련의 영유권, 혹은 타이완에 대한 중공의 주권 등에 의문을 남기는 용어를 조약 안에

    안정보장 협정이 성립될 때까지 일본 지역 내에서 국제평화와 안정의 유지를 위해 일본 시설과 미국 및 기타 군대 간에 협력적 책임이 지속될 것을 고려한다.
  5. 정치적 및 통상적 협약: 일본은 마약과 어업을 다루는 다자간 조약에 가입할 것에 동의한다. 전전 양자 조약은 상호 합의에 의해 부활될 수 있다. 새로운 통상조약이 체결될 때까지 일본은 통상의 예외에 따르는 것을 조건으로 최혜국 대우를 제공한다.
  6. 청구권: 모든 당사국은 1945년 9월 2일 이전의 전쟁행위에서 발생한 청구권을 포기한다. 단 (a) 일반적으로 연합국이 그 지역 내에 있는 일본인 재산을 보유하는 경우 및 (b) 일본이 연합국의 재산을 반환하거나 혹은 원상으로 회복할 수 없는 경우, 상실 가격의 협정된 비율로 보상하기 위해 엔화를 제공하는 경우는 제외한다.
  7. 분쟁: 청구권에 관한 분쟁은 국제사법재판소장이 설치하는 특별중립재판소에서 해결한다. 다른 분쟁은 외교적 해결 또는 국제재판소에서 처리한다.
"Unsigned Memorandum Prepared in the Department of State" 1950. 9. 11, *FRUS*, 1950, Vol. VI, pp. 1296~1297.

15 安成日, 2013, 『戦後初期における日本と朝鮮半島の関係』, ブイツーソリューション, 243~244쪽.

삽입하는 것은 일체 반대한다고 했다. 동시에 오가사와라제도 및 오키나와 미군 기지를 포함한 류큐제도에 대해 미국이 신탁통치권을 행사하는 권한을 가지고 있는지에 의문을 표명했다. 이들의 도서들은 일본에 남겨진 소도가 아닌가라고 마리크는 주장했다.[16]

미국은 아시아·태평양 지역에 있는 나라들과 적당한 안전보장협정을 체결하고, 이 국가들에 대해 미국이 강화조약을 체결하는 일반적인 원칙을 수락하는 양해를 취하는 것으로 결정하였다. 1951년 1월 요시다 총리와 덜레스의 논의에서 조약 초안의 원칙에 대해 일반적으로 동의에 이르렀는데 물론 어느 조항, 특히 일본의 구 영토처분에 관한 조항에 대해서는 동의할 수 없는 것도 있었다.

영토문제에 관한 자료는 일본이 가장 주력한 자료 중 하나였다. 오키나와, 오가사와라, 사할린, 쿠릴, 하보마이, 시코탄 등의 지역에 대한 역사적, 지리적, 민족적, 경제적 견해에서 이 지역들이 일본과 불가분의 영토임을 상세히 진술했다. 특히 쿠릴과 하보마이, 시코탄에 대해서 이들 섬이 전통적으로 일본의 고유영토인 근거를 상세히 설명했다.[17]

1951년 1월 11일 덜레스는 미국 하원 소위원회에서 강화조약 기본방침을 설명하던 중 공산주의자의 공격에 의한 한국의 상실 가능성을 언급하고 일본에 정치적, 경제적, 군사적 안정이 필요하다고 강조하였다.[18]

한국전쟁은 일본과의 강화조약에서 공산, 반공 양 진영 간의 합의에 대한 가능성을 한층 감소시키는 동시에 일본이 태평양에서 가장 중요한 전략적 지위를 차지하고 있어 미국이 조기 강화를 촉진하는 결의로 굳히게

---

16 William J. Sebald, 1965, 앞의 책, pp. 259~260.
17 吉田茂, 1957, 『회상十年』 第3卷, 新潮社, 24~26쪽.
18 原貴美恵, 2005, 앞의 책, 49~51쪽, 65쪽.

만들었다.[19]

  1951년 3월 덜레스는 대일강화조약의 잠정 초안을 완성했다. 그리고 영국 당국이 최종 조약에 전쟁범죄의 항목을 삽입하도록 주장했다는 것이 알려졌다. 전쟁을 시작한 것에 대해 일본을 엄중히 비난하는 원안에서 일부 표현을 부드럽게 수정한 안을 영국 측은 수용하려 했지만 결국 미국과 영국은 최종 초안에 전쟁책임을 다소 넣는 것을 결정했다. 이에 윌리엄 조지프 시볼드(William Joseph Sebald)는 비징벌적인 조약이라는 관념이 손상된다는 이유로 강하게 반대했다. 일본 측도 조약을 전체로서 수용하지만 일본이 상당히 곤란한 입장이 되었다고 생각했다. 시볼드는 곤란하게 생각했지만 다행히 나중에 영국은 그 제안을 포기했다.[20]

  일본 외무성은 영국 초안에 대해 일본 국민에게 깊은 실망감을 안겨 준다는 혐오감을 나타내면서 관대한 미국 초안을 선호해 미국 초안이 결정되도록 노력해 주길 희망한다고 적었다.[21] 영토조항에서 쿠릴열도의 시코탄을 일본 영역으로 명시한 점은 환영한다고 써져 있고 독도를 일본 영토 외로 명시한 점에 대해 아무런 언급이 없었다. 영국 초안에서 독도를 한국 영토로 인정하는 것에 대해 일본이 항의하지도 않은 것을 보면 독도를 한국 영토로 인정했다고 볼 수 있다.

  1951년 4월 23일 요시다 총리, 이구치 사다오 외무차관 및 외무성 조약국장 니시무라 구마오가 미일회의에 참가하였고, 시볼드 사무소에서 열린 이 회의는 수시간 계속되었다. 영국 초안 사본을 검토한 일본 측은,

---

19 John C. Campbell, 1948, 앞의 책, p. 331.
20 William J. Sebald, 1965, 앞의 책, pp. 263~264.
21 外務省, 2002, 『日本外交文書 平和条約の締結に関する調書』 2, 626쪽; 정병준, 2010, 『독도 1947』 돌베개, 647~648쪽.

영국 초안은 기술적으로 엄밀하고 포괄적인 것이었는데 미국 초안이 좋다고 하였다. 영국 초안은 영연방제국이 공식으로 동의를 표명한 것이 아니지만 1947년 8월 캔버라회의, 1950년 1월 콜롬보회의, 1950년 5월 런던회의를 통해 발전시킨 전 영연방제국의 산물이다.

미·영 양국 초안은 결국 존 M. 앨리슨(John M. Allison) 의장이 워싱턴에서 행한 공동작업 그룹의 활동에 의해 1951년 5월 3일부로 단일 초안으로 정리되었다. 그러나 공동 초안에도 미·영 양국 정부 간 몇 가지 주요 정책상 의견의 상이점은 미해결된 채 남겨졌다. 이 가운데 중공, 타이완 어느 정부가 조약에 조인해도 타이완의 처분을 어떻게 할지의 문제, 중립국 혹은 구 적국에 있는 일본 소유의 금과 그 외 재산 처분 등의 문제가 포함되어 있었다.

1951년 4, 5월 사이 미국의 잠정 초안을 송부받은 국가들의 정부 대부분은 워싱턴에 그 견해를 제출했다. 영연방제국도 런던에서 받은 미·영 공동 초안에 대한 견해를 제출했다. 한편 5월 7일에 소련 정부는 미국 초안에 대한 반박 목록을 보내왔다. 소련은 최초로 조약교섭 방식에 반대를 표명하고 거부권을 가진 외상회의를 열어 평화해결 준비를 시작해야 한다고 주장했다. 미국은 장문의 회답을 보내 소련의 주장을 모두 반대했다. 소련은 강화조약 초안은 카이로선언, 포츠담선언, 그리고 얄타협정의 기초 위에서 작성할 것을 제의했다.[22]

미·영 양국 간의 다른 견해를 해결하기 위해 덜레스는 6월 2일 런던을 방문했다. 타이완 문제는 일본이 타이완의 주권을 포기하고 최종적으로 그 소속에 대해 아무런 언급을 하지 않은 채 종결하였고 남사할린과 쿠

---

[22] Marjorie M. Whiteman, 1964, *Digest of international Law*, Vol. 3, Washington, D.C: U.S. Government Printing Office, p. 519.

릴열도도 같은 내용으로 취급하기로 했다.[23]

캐나다 정부는 구 일본령(타이완, 사할린, 쿠릴열도, 한국 및 류큐제도 등) 처리에 대해 가능한 한 전시에 합의한 정신에 따라야 하고 복잡하게 얽힌 사정에 의한 영역 처리에 대해 합의가 되지 않은 것을 고려하면 개별의 영역에서 차별적으로 처리된다는 비난이 없도록 강화조약에서 구 일본령 취급을 시종일관한 양식에 맞게 하도록 제안했다.[24]

1951년 7월 필리핀과 미얀마는 강화조약의 무배상 원칙에 대한 불만에서 각각 미·영 공동 초안을 거부했다. 7월 29일 인도는 극동 평화의 견지에서 타이완의 중국 반환 실현, 미군 부대의 일본 주둔에 관한 조항을 조약에서 삭제하는 것, 류큐 및 오가사와라제도의 일본 반환을 제안했다. 인도, 파키스탄, 미얀마, 인도네시아는 공동으로 초안 수정을 요구했다.[25]

1951년 8월 23일 미국은 미·소에 비해 비교적 제3국적 입장에 있는 인도의 대일강화에 대한 견해를 조회했는데 인도는 이미 기존 협정에서 결정된 타이완의 중국 반환, 쿠릴열도, 남사할린의 소련 인도를 규정하지 않는 것은 정당하지 않다고 지적했다. 이에 미국은 중국의 공산화에 의해 타이완, 펑후제도 귀속을 불확실하게 처리하였고 세계 정치의 분열이 강화조약에서 영토문제, 분쟁으로 잔존하게 되었다.[26]

1951년 9월 4일 샌프란시스코에서 열린 강화회의는 일본과의 강화조약 체결 및 서명을 위한 회의로 보통 강화회의와 다르게 조약 초안의 논

---

23 William J. Sebald, 1965, 앞의 책, p. 267.
24 米国務省, 1951, 『米国外交文書』 第6卷, 1059쪽.
25 安成日, 2013, 앞의 책, 258쪽.
26 国際法学会, 1952a, 앞의 책, 92~93쪽.

의는 회의 전에 개별적인 외교 교섭으로 이루어졌다.

9월 5일 소련의 안드레이 안드레예비치 그로미코(Andrei Andreevich Gromyko) 유엔 안전보장이사회 대표가 강화조약 초안은 일본 군국주의 재건과 일본의 침략국가에의 변질에 대한 대비가 없고, 일본 군국주의자에 의해 침략을 받은 국가들의 안전을 확보하기 위한 어떠한 보증을 포함하지 않으며, 일본 군국주의 재건을 위한 조건을 만들어 새로운 일본 침략의 위험을 만들었다고 비판했다. 또한 이런 강화조약 초안은 평화조약이 아니라 극동에서의 새로운 전쟁의 준비를 위한 조약이라고 비판했다.[27]

Ⅲ. 샌프란시스코강화조약 초안 변화 과정에서의 독도영유권 문제

1943년 12월 카이로선언[28]은 포츠담선언에서 승인되고 일본의 무조건 항복 선언에서 그 기본방침이 승계되었다. 그리고 강화조약의 영토 규정 초안 작성에도 기본 방침으로 사용되었다.[29]

1945년 9월 일본이 항복문서에 서명함으로써 포츠담선언, 카이로선언

---

27 国際法学会, 1952a, 위의 책, 213쪽.

28 일본이 1914년 제1차 세계대전 개시 이후에 탈취 또는 점령한 태평양의 도서 일체를 박탈할 것과 만주, 타이완 및 평후제도와 같이 일본이 청국으로부터 빼앗은 지역 일체를 중화민국에 반환함에 있다. 또한 일본은 폭력과 탐욕으로 약탈한 다른 일체의 지역으로부터 구축될 것이다.

29 US Department of State, "Office Memorandum: Background of Draft of Japanese Peace Treaty"(Analysis of the Japanese Peace Treaty Draft of January 8, 1948); 이석우 편, 2006, 『대일강화조약 자료집』, 동북아역사재단, 96쪽.

등 연합국의 공동결의가 일본에 법적으로 구속력을 갖게 되었다.[30]

일본이 1945년 9월 2일 자 항복문서를 통해 포츠담선언의 제규정을 수락하고 신의성실 하게 이행할 것을 서약함으로써, 포츠담선언은 일반국제법상 선언적 효력을 지닌 일방적 행위(unilateral act)이며 연합국 측과 일본 간에 합의된 조약으로 법적 구속력이 존재하는 문서로 평가할 수 있다.

1946년 2월 11일 얄타협정은, 1904년 러일전쟁에서 일본의 배신적인 공격에 의해 침해된 러시아의 구 권리, 즉 사할린 남부 및 인접한 섬들은 소련에 반환하고 쿠릴열도는 소련에 인도한다고 되어 있다. 이 선언들을 고려하면 독도는 러일전쟁 중 폭력과 탐욕에 의해 취득한 영토의 하나로 일본의 권리, 권원 및 청구권은 마땅히 포기되는 영역이다. 또한 포츠담선언의 영토 불확장의 원칙에 따라 영토처리를 해야 한다.

연합국 최고사령관 점령정책 재성명(1945. 12. 19)
일본의 주권은 혼슈, 홋카이도, 규슈, 시코쿠 및 대마도를 포함하는 약 1천 개의 근접 제소도에 국한 선언

연합국의 구 일본 영토처리에 관한 합의서(1949. 12. 19)
제3조 연합국은 대한민국의 본토와 거문도, 울릉도 및 독도를 포함하는 한국의 해양도서에 대한 모든 권리, 권원은 한국에 완전 주권을 이양할 것에 합의한다.[31]

---

30 이석우, 2013, 앞의 글, 48쪽.
31 US Department of State, Agreement Respecting the Disposition of Former Japanese Territories, Article 3.

연합국 대표로 미국이 작성한 강화조약 1차 초안(1947.3.19)부터 5차 초안(1949.11.2)까지는 독도가 한국 영토로 분명히 기재되어 있었다. 이런 조치는 SCAPIN 제677호를 그대로 한국 영토조항에 적용시킨 것이고 연합국은 독도를 한국 영토로 인정한 결과이며 이 초안들은 SCAPIN 제677호가 강화조약에 영향을 미쳤다고 봐야 한다.

강화조약 5차 초안
일본은 이로써 한국을 위하여, 한국의 본토와, 제주도, 거문도, 울릉도, 리앙쿠르암(죽도)을 포함한, 한국의 모든 해안 도서들에 대한 모든 권리와 권원을 포기한다.[32]

1947년 8월 초안에 특별고문인 지리학자 보그스(S. W. Boggs)는 많은 조약에서 규정된 국제수역을 두고 발생한 여러 가지 분쟁을 염두에 두면서 이러한 분쟁이 발생하지 않도록 노력한다고 기재하였다.[33] 일본이 포기하는 한국의 범위에 대해서도 도명과 위도, 경도를 추가해서 엄밀한 경계 획정이 되어 있었고 독도가 한국에 귀속되는 것도 변함이 없었다.

1949년 10월 초안의 영토처리에 관한 조항 중 한국에 대한 부분인 제1장 제4항에서 일본이 권리, 권한을 포기하는 '한국(Korea)'이 '한반도(Korean Peninsula)'로 변하고 '한국 국민을 위해서(in favor of the Korean people)'가 '한국을 위한(in favor of Korea)'으로 변한 것이 전 초안과 다르다. 이 초안은 1948년 8월에 대한민국, 9월에 조선민주주의인민공화국이라는

---

32 신용하 편, 2000, 『독도영유권 자료의 탐구』, 독도연구보전협회, 300쪽.
33 Office Memorandum, From Boggs to Fearey, July 24, 1947, RG 59, Decimal File 1945-49, box 3513, NA.

두 개의 정부가 한반도에 수립되면서 변화된 것이다. 이것은 미·영이 선택한 애매한 외교 기술적 표현으로, 한국이 한반도에서 유일한 합법정권이라는 주장에 대해 일본이 한반도에 두 개의 정권이 존재한다는 주장을 제기할 가능성을 남겨 놓은 것이었다.[34]

1949년 12월 19일 자 초안은 '연합국의 합의서' 형식으로 독도가 한국 영토임을 아래의 내용과 같이 인정하고 있다.

> 연합국은, 한국의 본토와 제주도, 거문도, 울릉도, 리앙쿠르암(죽도)을 포함한, 한국의 모든 해안 도서들에 대한 모든 권리와 권원을, 대한민국에게 전권으로 부여한다는 데 동의한다.[35]

미국 강화조약 초안 작성 단계를 보면 1947년 3월 초안부터 1949년 11월 초안까지의 다섯 개 초안에서는 독도가 일본이 포기해야 하는 대상으로 표기되어 있었다. 시볼드 주일 정치고문은 영토조항의 취급방법이 일본인에게 심각한 정신적 불이익을 준다는 것을 염려해 독도에 관해서 일본에 속하는 취지를 명기하는 것을 재고하도록 건의했다.

그리고 독도에 안보상의 배려에서 기상 및 레이더 기지국을 설치하는 것도 미국의 이해에 관계가 있다고 진술하면서 독도의 일본 귀속을 명확히 하려는 제안을 하고 있다. 그 직접적인 수정 제안 배경은 냉전의 격화와 중국혁명의 성공 등에 의해 극동정세가 미국에게 불리한 방향으로 크게 변화했기 때문이다. 그리고 미국은 정치적으로 안정되고 미국에 우호적인 일본과 중요한 이해관계였고, 공산주의자의 공격에 의한 한국의 상

---

34 安成日, 2013, 앞의 책, 266쪽.
35 미국 NARA 소장 문서: 1949/12/19[US NARA/Doc. No; N/A].

⟨표 1⟩ 1947~1949년 미 국무부 강화조약 초안 및 관련 문서의 독도 표기[36]

일자	제목	독도 귀속	성격	출처
1947. 1	Draft: Territorial Clauses	한국	국무부 작업단 초안 한국령 최초 명시	Lot 56D527, Box 1
1947. 3. 19	Peace Treaty with Japan 제1차 초안	한국	국무부 내부검토용 (도쿄 송부)	740.0011PW (Peace)/3-2047 Lot 56D527, Box 1
1947. 7. 24	Draft of Treaty with Japan	한국	국무부 지리전문가 보그스의 검토	Lot 56D527, Box 5 740.0011PW (Peace)/7-2447
1947. 8. 1	Draft Treaty of Peace with Japan 제2차 초안	한국	국무부 내부검토용 해군부 검토	Lot 56D527, Box 1
1947. 8. 5				740.0011PW (Peace)/8-647
1947. 10. 14	PPS/10, Results of Planning Staff Study of Questions Involved in the Japanese Peace Settlement	첨부 지도에 한국령 표시	국무부 정책문서 (유일한 미 국무부 영토 표시 지도)	740.0011PW (Peace)/10-2447
1947. 11. 7	Draft Treaty of Peace for Japan	한국	국무부 내부 검토용	Lot 56D527, Box 1
1947. 11. 19	Redraft	한국	국무부 내부 검토용	Lot 56D527, Box 5
1948. 1. 2	re-draft 2 January 제3차 초안	한국	국무부 내부 검토용	Lot 56D527, Box 3
1948. 1. 8	the Japanese Peace Treaty Draft	한국	국무부 내부 검토용	740.0011PW (Peace)/1-3048
1949. 10. 13	Treaty of Peace with Japan 제4차 초안	한국	국무부 내부 검토용	740.0011PW (Peace)/10-1449
1949. 11. 2	Treaty of Peace with Japan 제5차 초안	한국	국무부 재외공관 송부	740.0011PW (Peace)11-249

실 가능성이 언급되면서 강화조약은 일본에 정치적, 경제적, 군사적 안정이 필요하다고 귀결되었다. 그래서 1951년 6월에 최종적으로 확정된 강화조약 초안에서는 제2조 (a)항에 일본이 한국의 독립을 인정하는 동시에 제주도, 거문도 및 울릉도에 대한 권리를 포기한다고 규정되어 1949년 11월까지의 초안과는 전혀 다르게 독도는 일본이 포기해야 하는 대상에서 빠져 있었다.

강화조약 6차 초안(1949. 12. 29)
일본 영토는 혼슈, 규슈, 시코쿠, 홋카이도의 4개의 주요 일본 본토와 내해의 제소도: 대마도, 죽도… 등 … 일본해에 위치한 모든 다른 제소도를 포함하는 인접 제소도로 구성된다.[37]

시볼드의 제안에 의해 일본 영토범위를 규정한 조항이 없어지게 되고 영토 '포기'의 표현이 없어졌다. 일본을 경계선에서 둘러싼 영토의 상실을 강조하는 표현도 없어졌다. 대신에 일본의 국제무대로의 복귀라는 긍정적인 면을 강조한 새로운 장 '주권'이 삽입되었고 영토조항에서도 국제사회에 복귀하는 일본의 태도를 긍정적으로 반영시키고 한국의 독립을 인정한다는 표현이 채용되었다.[38]

제1~5차 미국 초안에는 독도를 한국의 영토로 규정해 왔으나 제6차 미국 초안에서 일본 영토에 독도를 포함하는 것은 시볼드의 기망행위를

36　RG 59, Department of State, Decimal File, 740.0011PW(Peace) series; RG 59, Office of Northeast Asia Affairs, Records Relating to the Treaty of Peace with Japan-Subject File, 1945~51, Lot 56D527.
37　US Department of State, *supra* n.3, Article 3.
38　原貴美惠, 2005, 앞의 책, 54쪽.

사실로 인정한 미 국무부의 오판에 기인한다. 또한 시볼드는 일본이 이양할 영토 관련 조항인 제4조부터 제12조까지를 모두 생략하며, 일본을 제외한 여타 서명국들이 일본의 관할하에 있던 구 영토들의 처분에 동의한다는 조약의 부속서류를 만들자고 제안했다.[39] 이것은 일본이 탐욕과 폭력으로 약취·도취한 지역에서 축출된다는 사실을 조약문에서 삭제하려 한 것이고 일본의 전쟁범죄와 전쟁책임을 부정하려 한 것이었다. 결국 세계 외교역사상 모든 강화조약의 핵심인 영토문제, 정치적, 경제적 배상을 못하게 된 조약이 되었다.

강화조약 초안은 미국이 주도적으로 작성했으나 이에 대한 영국과 호주의 세력이 균형을 이루어 독도는 일본 영토로도 한국 영토로도 규정하지 않는 타협안을 강화조약 제2조로 규정하게 되었다.[40]

1951년 7월 19일 주미 한국대사의 요청에 의해 미 국무부 딘 러스크(Dean Rusk) 차관보는 8월 10일 자 답신에서 우리의 정보에 의하면 독도는 한국 영토로 인정된 사실이 없고 1905년 이후로 일본 시마네현 오키제도 관할권 내에 위치하고 그 이전에 한국이 독도에 대해 영유권을 주장한 사실이 입증이 되지 않았기 때문에 미국은 한국의 제안에 동의할 수 없다고 하였다.

미국은 독도를 포함한 한국의 역사에 대해 미국의 이해의 폭이 상당히 제한되어 있는 것을 자인하고 독도 관련 일본 사료에만 의존하고 있다는 것을 알 수 있다. 이런 러스크 서한은 비공식 문서로 강화조약 체결에 아무런 영향력이 없다고 볼 수 있다.

미국은 조약 마감(1951년 8월 13일) 한 달 전인 1951년 7월에도 독도

---

39 정병준, 2010, 앞의 책, 467쪽.
40 김명기, 2016, 『대일평화조약상 독도의 법적 지위』, 선인, 114쪽.

를 한국 영토로 명시할 것을 검토했다. 미 국무부의 보그스가 로버트 A. 피어리(Robert A. Fearey)에게 보낸 보고서에서 알 수 있듯이 1951년 7월 13일과 7월 16일에 두 차례나, 독도를 한국 영토로 할 것을 검토한 것이다. 아래는 1951년 7월 13일 미 국무부의 보그스가 피어리에게 보낸 문서이다.

2. 리앙쿠르암

리앙쿠르암(죽도)은 1949년 조약초안에서 일본이 한국에 청구권(claim)을 포기하는 섬들 가운데 하나이다. 일본외무성 출판물인 1947년 6월의 일본의 부속소도Ⅳ에는 리앙쿠르암이 포함되어 있다. 그러므로 조약초안에 동 도서를 다음과 같이 명시하는 것이 바람직하다.(제2조):

(a) 일본은 한국의 독립을 승인하며, 제주도, 거문도, 울릉도, 그리고 리앙쿠르암을 포함하는 한국에 대한 모든 권리, 권원, 청구권을 포기한다.[41]

보그스가 작성한 영토 초안은 영토 규정 방식, 지도 사용, 일본 영토, 한국 영토의 범위 등에서 전재하고 있고 보그스 비망록이 전달된 지 일주일 뒤에 초안이 완성되었으므로 당연한 귀결이었다. 보그스의 영토 초안이 미 국무부 차원에서 공식화되었다.[42]

딘 러스크 서한은 정치적 공작에 의해 작성되었고 일본 정부의 로비 활동에 의해 공론화된 것이지만 이 서한은 공식적으로 다루어지지 않았다. 라이트너는 주한 미국 대사관이 1951년 8월 10일 자 러스크 서한에 미 국무부의 정책적 결정이 반영되었다는 얘기를 들어 본 적이 없다고 강조

---

41 국사편찬위원회, 2008, 『독도자료 Ⅱ 미국편』, 11쪽.
42 정병준, 2010, 앞의 책, 419쪽.

하고 있다.⁴³

1953년 7월 22일에 미 국무부 동북아과 직원 버매스터(L. Burmaster)가 동북아과장대리 맥클러킨(Robert J. G. McClukin)에게 보낸 각서 『한일 간의 리앙쿠르암 논쟁에 대한 바람직한 해결책(Possible Methods of Resolving Liancourt Rocks Dispute between Japan and the Republic of Korea)』에서 미국이 중립적인 입장을 취하고 있다는 것을 알 수 있다.

누가 리앙쿠르암(일본에서는 '죽도', 한국에서는 '독도'로 알려져 있다)에 대한 주권을 가지는가라는 문제에 대해서는 1951년 8월 10일에 한국대사 앞으로 보내진 통첩에 있는 합중국의 입장을 상기시키는 것이 유익하다. … 이 입장[독도가 일본 영토라는 미국의 입장]은 지금까지 한 번도 일본 정부에게 정식으로 전달된 적이 없는데 이 분쟁이 중개, 조정, 중재재판, 또는 사법적 재판에 회부되면 밝혀질 것이다.⁴⁴

위의 각서를 보면, 1953년 7월 22일 시점에서도 일본 정부에 러스크 서한이 알려지지 않았고, 러스크 서한은 미국 정부 내부에서도 비밀문서 취급을 받았다. 그리고 이 서한은 일본 정부에게 통보된 적이 없으며 오로지 한국 정부에게만 송부된 극비 문서였다.

1954년 8월 작성된 미국 아이젠하워 대통령특사 밴 플리트(James Van Fleet)의 「밴 플리트(James Alward Van Fleet) 대사 귀국보고서」 중 '비록

---

43 E. Allen Lightner, Jr., Counselor of Embassy, Pusan to William T. Turner, Esquire, Counselor of Embassy, Amerian Embassy, Tokyo(1952.12.19), RG 84, Japan, Tokyo Embassy, CGR 1952, Box 1, Folder 320 Japan-korea Liancourt Rocks 1952.
44 미국 NARA 소장 자료: 1953/07/23[US NARA/Doc. No; N/A].

미국이 그 섬을 일본 영토라고 생각하더라도, 우리는 논쟁에 관여하는 것을 사양해 왔다'[45]고 한 부분을 보더라도 한일 간 영토분쟁에 개입하지 않겠다는 내용이 확인된다. 이 보고서는 극동 지역의 군사, 정치, 외교 현안을 분석한 것으로 미국 정부의 공식 입장이 아니며 제3국의 영유권 문제에 대한 견해이다.

러스크 서한은 강화조약 초안에 반영되지 않았고 1952년 평화선 선언과 함께 한일 간 독도논쟁이 심화되자 1952~1953년 미 국무부 관리들은 이 문제를 주목하게 되었다. 덜레스는 1953년 11월 23일 주한, 주일 미대사관에 보낸 전문에서 강화조약 회담에 대한 미국의 해석이 독도의 일본 영유권을 확인하는 것이라고 해도 미국은 조약서명국 중 하나에 불구하고 이것은 미국의 해석이지 연합국의 합의된 공론이 아니라는 점을 강조했다.[46] 덜레스가 중립을 선언하면서 연합국이나 연합국 최고사령관(SCAP)이 직접 개입하기보다 한일 간 직접 협상해야 한다는 입장을 취했다.

1951년 9월 4일 대일강화회의 중, 덜레스 미국 전권대사는 하보마이가 쿠릴열도에 들어가지 않고 이것에 대한 분쟁이 생기면 국제사법재판소에 제소할 수 있다고 진술했지만 소련은 조약에 조인하지 않았기 때문에 그 계승국인 러시아는 일본과의 관계에서는 강화조약만으로 재판 응소의 의무도 제소의 권리도 가지지 않는다.[47]

일본이 주장하는 남쿠릴열도에 대해서 일본 학자도 구나시리와 에토로

---

[45] Though the United States considers that the islands are Japanese territory, we have declined to interfere in the dispute. (Report of the Van Fleet Mission to the Far East, 26 April~7 August, 1954)

[46] John F. Dulles to the Embassies in Korea and Japan, telegram, no.1387, RG 59, Department of State, Decimal File, 694.95B/11-2353.

[47] 入江啓四郎, 1951, 『日本講和条約の研究』, 板垣書店, 285, 384쪽.

후는 여하튼 그 역사적 사실을 강조해도 강화조약상, 법적으로 남쿠릴열도는 일본 영토로 증명하는 결정적 요소는 되지 않는다고 했다.[48]

러시아에 의한 점령은 불법이라 주장해도 국제법상 그것은 위법이 아니고 미국을 포함한 연합국은 일본군 항복 수리를 소련에게 위임하는 것에 의해 그 지역의 점령을 인정하기 때문에 강화조약 발효까지 그것은 소련에 의한 점령이고 강화조약 발효 후는 소련에 의한 합법적인 점유라 본다.[49]

〈표 2〉 1949년 12월~1951년 8월 강화조약 영토조항 초안[50]

	제목	독도귀속	조약 규정
1949. 12. 29	제6차 초안	일본	일본 영토는 혼슈, 규슈, 시코쿠, 그리고 홋카이도 등 일본의 주요 4개 섬과 부근 제소도로 구성하며, … 대마도, 죽도 … 일본해에 위치한 모든 다른 도서들이 포함되며 …
1950. 1. 3	보그스 초안	일본	일본 영토는 혼슈, 규슈, 시코쿠, 그리고 홋카이도 등 일본의 주요 4개 섬과 부근 제소도로 구성하며 … 대마도, 죽도 … 일본해에 위치한 모든 다른 도서들이 포함되며 …
1950. 8. 7	제7차 초안	N/A	일본은 한국의 독립을 승인하며 일본과 한국과의 관계는 1948년 12월 유엔총회에서 채택된 결의에 의거한다.
1950. 9. 11	제8차 초안	N/A	일본은 한국의 독립을 승인하며 일본과 한국과의 관계는 1948년 12월 유엔총회에서 채택된 결의에 의거한다.
1951. 3. 23	제9차 초안	N/A	일본은 한국에 대한 모든 권리, 권원, 그리고 청구권을 포기한다.

---

48 高野雄一, 1970, 『日本の領土』, 東京大学出版会, 273쪽.
49 高野雄一, 1970, 위의 책, 283쪽.
50 동북아역사재단, 2021, 『샌프란시스코 강화조약 초안 자료집』, 독도연구소.

1951. 5. 3	제1차 미·영 합동초안	N/A	일본은 제주도, 거문도, 울릉도를 포함한 한국에 대한 모든 권리, 권원, 그리고 청구권을 포기하며 한국의 주권과 독립에 관해 유엔의 주도 또는 주도하에 취해질 모든 조치들을 인정하고 존중하는 데 동의한다.
1951. 6. 14	제2차 미·영 합동초안	N/A	일본은 한국의 독립을 승인하고 제주도, 거문도, 울릉도를 포함한 한국에 대한 모든 권리, 권원, 그리고 청구권을 포기한다.
1951. 7. 3, 1951. 7. 20	제3차 미·영 합동초안	N/A	일본은 한국의 독립을 승인하고 제주도, 거문도, 울릉도를 포함한 한국에 대한 모든 권리, 권원, 그리고 청구권을 포기한다.
1951. 8. 13	최종 초안	N/A	일본은 한국의 독립을 승인하고 제주도, 거문도, 울릉도를 포함한 한국에 대한 모든 권리, 권원, 그리고 청구권을 포기한다.

Ⅳ. 샌프란시스코강화조약 체결 과정에서의 미국 정책의 문제점

1952년 4월 28일 강화조약과 미일안보조약이 발효되었고, 일본은 독립 국가로서 국제사회에 복귀했다. 미국 주도로 체결된 강화조약은 일본에 대해 징벌적인 색채가 약한 조약이었다. 예를 들면 이 조약에서 일본에 배상의 의무가 과해졌지만, 그것은 제1차 세계대전 후 베르사유조약이 독일에 과한 배상과는 대조적으로 일본 경제를 압박하지 않도록 배려를 하였다.[51]

강화조약은 영토문제와 배상문제와 같이 중요한 문제를 미해결인 채로 남겨 오늘날에 이르고 있는데, 일본은 이 중요한 문제가 연합국의 책

---

51 五百旗頭真, 2010, 『戰後日本外交史』, 有斐閣, 72쪽.

임으로 해결해야 하는 문제였고, 장래에 예기되는 국제분쟁을 해결하는 책임을 패전국 일본에 전가하고 있다[52]고 하였다.

강화조약에서 일본이 권리, 권원 및 청구권을 포기한 영토에 대해서 일본에 대체되는 귀속국이 제시되어 있지 않았다. 오늘날 아시아·태평양 지역에서 특히 대립이 심각한 다섯 개 영토의 문제 중 쿠릴열도, 독도, 센카쿠제도 세 개의 영역이 관계되어 있는 것은 강화조약에서 기인된다.[53]

한국전쟁 발발과 중공군의 개입 이후 급속도로 진행된 강화조약은 일본의 전쟁책임, 배상, 영토할양 등을 배제한 채 패전국 일본을 진정한 협상 상대로 인정한 세계 외교사에 유례가 없는 우호적인 강화조약이었고, 실제로는 미국과 일본 간에 안보와 평화를 맞교환한 쌍무협정의 성격이 강했다.

한국전쟁은 전후 일본의 진로에 상당한 영향을 미쳤다. 1950년 6월 전쟁이 발발하자 7월에 맥아더 사령관은 일본 정부에 칠만 오천 명의 경찰예비대 창설을 명령했다. 이 예비대는 후에 보안대, 다시 자위대로 개편되어 일본 재군비의 기반이 되었다. 또한 한국전쟁에 관련된 미군의 거대한 수요는 전후 일본을 경제 부흥으로 이끌어 내는 데 강력한 역할을 하였다. 이미 냉전이 진전됨에 따라 미국은 일본의 대소전략상 가치를 인식하게 되었다. 공업력, 인구, 지리적 위치에서 보면, 일본이 적에게 넘어가면 미국방위에 위험하고, 일본을 우방으로 이용하면 상당히 유효한 전략적 거점이 될 것이라는 인식을 가지고 있었다.

---

52 山川均, 1957, 「サンフランシスコ体制からの解放-安保条約の改廃をめぐって」, 中央公論社, 149쪽.

53 John Dower, 2014. 2. 24, 'The San Francisco System: Past, Present, Future in U.S.-Japan-China Relations', ASIA-PACIFIC JOURNAL.

이런 일본의 전략적 가치의 상승은 일본 외교의 초미의 과제였던 강화조약 체결 및 독립의 실현에 유리한 환경을 낳았고 미국 정부는 일본에 대한 관대한 강화를 조기에 실현할 필요가 있다고 판단하였다.

강화조약은 미국 주도의 단독 강화조약이었으며 그 성격은 반공적이었다. 연합국이었던 미·소·영·중 가운데 소련과 중국이 배제되었고 영국도 실질적인 역할을 하지 못하는 상태에서 미국 주도로 강화조약이 체결되었다. 연합국들은 적국과 단독으로 강화교섭을 하지 않는다는 단독불강화원칙에 합의했지만, 냉전의 격화로 전면강화가 아닌 단독강화, 전면평화가 아닌 다수평화의 방식이 채택되었다.[54]

일본 외무성은 다수강화에 대한 이해득실을 검토하였다. 그중 장점으로 대다수의 국가에 의해 안전보장이 확보되고, 대외경제 활동의 자유가 상당히 넓게 회복되고, 통상상 최혜국 특혜를 받고, 무역 신장이 기대되고, 독립을 회복하면 극동위원회와 대일이사회가 폐지되어 소련이 일본에 간섭할 수 없게 되는 이점이 있는 반면, 소련, 중국과의 관계가 악화되고 공산주의에 의한 적화 공작이 노골화되고, 소련으로부터 안전보장을 얻을 수 없고, 소련의 거부권 행사로 유엔 가입의 가능성이 적어지게 되고, 영토의 전면적 해결이 불가능하다는 불이익이 있다고 검토하였으나 다수강화에 의한 이익이 불이익보다 많다는 결론을 내렸다.[55]

일본 정부는 1945년 11월 외무성 조약국 내에 '평화조약문제연구간사회'를 신설하고 강화조약 체결문제 기본방침, 동 문제의 향후 결과 관측 등 약 30항목의 연구제목을 정하였다. 간사회는 16회에 걸친 회의·심의

---

54 每日新聞, 1952, 『対日平和条約 序言』, 每日新聞社.
55 下田武三, 1985, 『戦後日本外交の証言-日本はこうして再生した (上)』, 行政問題研究所, 66쪽.

끝에 1946년 5월에 조약체결 기본문제, 일본 준비시책, 방침, 연합국 조약안 상정 및 대처방침에 관한 보고서를 채택하였다.[56]

『영토조서(1)』은 아사카이 고이치로(朝海浩一郎)가 연합국 최고사령관 총사령부(GHQ) 외교국장[주일 정치고문(POLAD)이 개편됨] 조지 애치슨(George Acheson)에게 국무부로 송부해 줄 것을 부탁해 놓고, 1946년 12월 28일 외교국 시볼드에게 건네주었다.[57] 시볼드는 『영토조서(1)』을 일본으로부터 받은 일도 있고 『영토조서(4)』 30부 중 20부를 국무부 북동아시아국으로 1947년 9월 23일에 보냈다.[58] 『영토조서(4)』는 다줄레(울릉도)의 면적 28제곱마일, 설명 길이 2쪽, 편입연도 1910년, 인구 12,000명, 산업은 농어업, 리앙쿠르암(독도)의 면적 0.08제곱마일, 설명 길이 1.5쪽, 편입연도 1905년, 인구 0명, 산업은 강치잡이로 설명하고 있다.

1949년 7월 일본 정부는 독도영유권을 주장하는 일본 입장을 정리하여 미국 정부에 송부했고, 미국을 일본의 대변자로 만들기 위해 미국 측에 일본에 유리한 자료를 건네주었다. 이에 따라 일본은 1946년 가을 경부터 영토 설명 자료 정리 작업을 시작하여 1950년 12월까지 총 36권에 이르는 설명 자료를 작성하여 미국 국무부에 제출했다. 이 중 영토문제 자료는 총 7권이 만들어졌다.[59] 그중 팸플릿 『일본 본토 주변의 소도(Minor Islands Adjacent to Japan Proper)』의 「제4부 태평양 및 일본해의 여러 섬들(PART IV. Minor Islands in the Pacific, Minor Islands in the

---

56 下田武三, 1985, 위의 책, 51~52쪽.
57 外務省, 2006, 『日本外交文書 サンフランシスコ平和条約 準備対策』, 167~168쪽.
58 Records of United States Department of State relating to the internal affairs of Japan, 1945~1946.
59 西村熊雄監修, 1971, 「サンフランシスコ講和条約」, 『日本外交史 第27卷』, 鹿兒島研究所出版会, 25~26쪽.

Japan Sea)」이 1947년 6월에 완성되어 9월 23일, 연합국 최고사령관 외교국을 통해서 국무부에 전달되었다.[60] 이 문서는 "일본이 옛날부터 울릉도와 독도와 관계해 왔고 1905년 2월 22일 시마네현 지사가 독도를 오키(隱岐)의 관할권으로 한다고 공표해서 공식적으로 일본 영토가 되었다"는 것과 "독도는 한국식의 이름도 가지고 있지 않고, 한국에서 작성한 지도에는 독도가 표시되지 않았기 때문에 한국은 독도의 영유권을 주장할 수 없다"고 주장하고 있다.[61] 이렇게 해서 일본은 전후 처음으로 독도뿐만 아니라 울릉도에 대한 영유권을 미국 측에 공식적으로 제기해서 울릉도까지 침탈하려는 야욕을 내비쳤다.

일본이 고유영토설을 주장하는 이유는 미 국무부에게 독도를 일본 영토로 인식시키고[62] 강화조약에 독도를 기술하지 않은 것으로 독도를 일본 영토로 인정받기 위한 정치적 작업이라 할 수 있다.

일본 외무성 연구간사회는 16회의 회의·심의 끝에 1946년 5월에 작성한 보고서를 미국 외교관에게 수시로 건넸다.[63] 미국 정부는 향후 있을 강화조약의 기초를 세울 때 일본 측의 자료를 참고했다. 연합국 사령부 측은 일본 측 문서를 받는 것에 대해 1946년경까지는 망설였지만, 그 후 미소 간의 대립이 격화됨에 따라 문서 가치를 간단히 인정했다.

특히 이 보고서는 시모다 다케소(下田武三) 회고록에 의하면 미국대사

---

60 鈴木九萬監修, 1973, 「終戦処理から講和まで」, 『日本外交史 第26卷』, 鹿児島研究所出版会, 173~174쪽; 장박진, 2011, 「대일평화조약 형성과정에서 일본 정부의 영토 인식과 대응 분석」, 『영토해양연구』 창간호, 52쪽.

61 Internal Affairs of Japan, 'Minor Islands Adjacent to Japan Proper', POLAD to the Secretary of State, 894.014/ 9-2347, RG 59.

62 内藤正中·金柄烈, 2007, 『史的検証 竹島·独島』, 岩波書店, 104쪽.

63 下田武三, 1985, 앞의 책, 53쪽.

대리 시볼드의 도쿄 사무소에 야밤을 골라 방문하여 몰래 수시로 전달되었다고 한다.[64] 일본은 조약 당사국으로서 이처럼 연합국에 대해 충분히 일본 주장을 설득할 기회를 갖고 있었다. 일본 외무성에서 강화조약문제에 대해 작업을 분담할 때 시모다는 영토문제에 관한 의견 조율을 맡았다.[65]

미 국무부는 시볼드가 제출한 일본의 『영토조서(4)』의 영향을 받아 일본의 독도에 대한 영유권 주장에 설득력이 있고 독도에 전략적인 레이더 기지를 만든다면 미국의 이익이 된다고 생각했다. 당시 독도에 관한 자료도 없었고 짧은 시간 내에 강화조약을 체결해야 한다는 긴박한 상황에서 시볼드의 제안을 제대로 검증하지 못한 채 미국의 최종 강화 초안에서 리앙쿠르암(독도)이 제외되었다.

강화조약 체결 문제 기본방침은 일본 고유의 영토를 확보하기 위해 역사적 근거로 이론을 무장하는 것에 중점을 두었다. 포츠담선언 제8항은 일본의 영토에 대해 "카이로선언 조항을 이행해야 하고 일본의 주권은 혼슈, 홋카이도, 규슈 및 시코쿠와 연합국이 결정하는 모든 소도에 국한될 것"이라고 규정하고 있다. 그리고 카이로선언은 동맹국의 영토 확장을 금지한다는 문구도 있다. 일본은 동맹국의 영토 확장 금지를 돌파구로 삼고 오키나와, 오가사와라제도, 쿠릴열도의 반환을 실현하려고 노력하였다. 결국 연합국이 카이로선언에서 영토적 야심이 없는 것을 선명한 이상, 일본 고유의 영토를 반환받는 것을 당연한 논리구성으로 여겼다.[66] 영토

---

64 下田武三, 1985, 위의 책, 54쪽.
65 外務省, 2006, 「平和條約問題作業分擔(1949.11.12)」, 『日本外交文書 サンフランシスコ平和条約 準備対策』, 453~454쪽.
66 下田武三, 1985, 앞의 책, 53쪽.

문제에 관해 외무성은 역사적, 인종적으로 일본 고유의 섬이었던 지역, 따라서 카이로선언이 말하는 "폭력과 탐욕으로 갈취 또는 점령"한 지역이 아닌 부분을 영토 귀속 주장의 근거로 삼았다.[67]

연구간사회는 영토문제를 배상문제와 함께 중점적으로 추진해야 할 과제에 넣어 연합국이 영토적 야심을 갖지 않는다고 한 카이로선언에 착목하여 일본 고유의 영토를 반환받는 것은 당연하다는 구상 아래 보고서를 작성하였다. 포츠담선언이 언급하는 '연합군이 결정한 제소도'를 결정할 때 본토와 이들 제소도 사이에 있는 역사적, 인종적, 경제적, 문화적, 그 외의 관계를 충분히 고려해 달라는 보고서를 전달했다.[68] 이 보고서는 조약 전문가인 외무성 조약국 가와카미 겐조(川上健三)가 각 영토의 사실을 조사하여 상세하게 작성하였다.

가와카미는 강화조약에서 독도에 관해 명문화된 규정을 하지 않았기 때문에 독도문제는 미해결이라면서 일본의 고유영토설을 주장하고 있다.[69] 그리고 강화조약이 발효되면서 SCAPIN 제677호도 필연적으로 효력을 잃게 되었고 고유영토로서 일본에 귀속하게 되었다는 인식에 의거한 논평을 하고 있다.[70]

일본 정부의 고유영토설의 근간이 되었던 외무성 조약국 가와카미의 저서인 『죽도의 역사 지리학적 연구』 후기에 독도연구의 기본적 태도가 나온다.

---

67 장박진, 2011, 앞의 글, 63쪽.
68 下田武三, 1985, 앞의 책, 56쪽.
69 内藤正中, 2005. 8, 「竹島固有領土論の問題点」, 『郷土研69号』, 20쪽.
70 川上健三, 1966, 『竹島の歴史地理学的研究』, 古今書院, 252쪽.

전후의 일본 영토의 귀속에 관해서는 그것이 다시 새로운 분쟁의 요인이 되지 않도록 연합국의 선의와 양식을 기대할 따름이다. 이와 같은 견지에서 포츠담선언 및 카이로선언을 보면 폭력적 탐욕에 의해 일본이 약취하여 새로이 확장한 영토는 반환시키지만 <u>일본 고유의 영토로 인정해야 할 지역은 할양의 대상이 아니며 그 방침으로 극동에서의 질서 안정을 목적으로 하고 있는 것으로 이해된다</u>. 단 그 구체적인 적용으로서 강화조약의 영토 조항에서는 반드시 그 방침이 명확하게 관철되어 있다고 할 수 없으며 강화조약이 발효해서 10년 이상 경과된 오늘날, 완전히 해결을 보지 못한 지역이 있다. … <u>죽도(독도)도 역시 이러한 미해결 지역의 하나로…</u>[71] (밑줄은 필자)

상기의 독도를 미해결 지역으로 보는 내용은 일본 외무성의 견해로 한국이 독도를 실효지배하고 있으며 독도가 일본 영토의 할양 대상이 아니기 때문에 일본이 고유영토설을 주장하는 데 모순점이 있다. 그리고 가와카미의 저서인 『죽도 영유』 내용 중 가와카미가 강화조약을 보더라도 독도가 일본 영토라는 것은 명백하다고[72] 해석하는 행위는 상기에 독도를 미해결 지역으로 기술한 내용하고 모순된 논리이다. 또한 가와카미는 "강화조약에 일한병합 이전(1910)의 일본 영토인 토지를 독립한 한국에게 할양하는 내용은 포함되어 있지 않다"고 주장하면서 "독도는 일한병합 이전에 이미 시마네현 소관에 정식으로 편입했기 때문에 다시 분리 또는 독립해야 할 한국의 판도 안에 포함되어 있지 않다"고 주장하고 있다.[73] 이런

71　川上健三, 1966, 위의 책, 296쪽.
72　川上健三, 1953, 『竹島の領有』, 外務省条約局, 76쪽.
73　川上健三, 1953, 위의 책, 77쪽.

논리는 기존 고유영토설에 모순되는 국제법 논리이다.

이 시기의 일본 고유영토설은 2008년 2월 일본 외무성의 「다케시마를 이해하기 위한 10포인트」의 내용을 뒷받침해 주는 근거가 되었다.

SCAPIN 제677호, 제1033호에서 독도를 일본에서 제외하는 내용은 일본의 고유영토설을 부정하기 때문에 일본 정부는 이에 대한 언급이 없지만 일본 외무성의 「다케시마 문제에 관한 10개의 포인트」의 '다케시마 문제의 의문을 해소하는 Q&A' Q6에서 연합국 최고사령관 총사령부가 독도를 일본 영역에서 제외한 것에 대해 일본 정부는 연합국 최고사령관 총사령부가 일본 영토를 처분할 권한은 없다고 답변하고 있다.[74]

현재 일본 영토는 제2차 세계대전 후 1952년 4월 발효된 강화조약에 의해 법적으로 확정되었다[75]고 일본 외무성에서 밝히고 있다. 일본 정부는 강화조약 내용을 영토정책의 기본으로 삼고 있으며 일본 외무성 홈페이지에 "일본 영토는 제2차 세계대전 후 1952년 4월에 발표된 강화조약에 의해 법적으로 확정되었다"고 표기하고 있다고[76] 하는데 상기의 연합국 최고사령관 총사령부가 일본 영토를 처분할 권한은 없다고 하는 답변에 모순점이 있다.

한국전쟁 발발과 중공군의 개입 이후, 일본의 공산화 방지와 전략적 기지로서의 가치로 인해 급속도로 진행된 강화조약은 일본의 전쟁책임, 배상, 영토할양 등을 배제한 채 패전국 일본을 진정한 협상 상대로 인정한

---

74 일본 외무성, 「다케시마 문제에 관한 10개의 포인트」. http://www.kr.emb-japan.go.jp/territory/takeshima/pdfs/takeshima_point.pdf (검색일: 2022. 3. 14).

75 일본 외무성, 「일본 영토를 둘러싼 정세」. http://www.mofa.go.jp/mofaj/territory/page1w_000013.html#q1 (검색일: 2022. 3. 30).

76 일본 외무성, 「일본 영토를 둘러싼 정세」. http://www.mofa.go.jp/mofaj/territory/page1w_000013.html (검색일: 2022. 3. 30).

세계 외교사에 유례가 없는 우호적 평화조약이 되었다. 이런 미일합의는 이후 일본에 의한 동아시아 지역 내 영토분쟁의 요소를 남겨 놓았다.

강화조약은 1951년 9월 8일 체결되었지만, 그 내용은 1947년 3월 제1차 초안이 제시된 이래 1951년 3월까지 총 9차례에 걸친 수정안이 제시된 끝에 그나마도 불완전하게 매듭지어졌다.

1951년 6월에 최종적으로 확정된 강화조약 초안에서는 제2조 (a)항에 일본이 한국의 독립을 인정하는 동시에 제주도, 거문도 및 울릉도에 대한 권리를 포기한다고 규정되어 1949년 11월까지의 초안과는 전혀 다르게 독도는 일본이 포기해야 하는 대상에서 빠져 있었다. 이것에 대해 한국 정부는 바로 의견서를 제출하고 일본에 의한 포기의 대상에 독도를 명기하도록 요구했다. 또한 독도를 표기하지 않으면 향후 한일 간 분쟁이 일어날 가능성이 있어 이것을 조약에 명기하도록 지적했다.

제2차 세계대전을 승리로 이끈 연합국 측이 카이로선언(1943.11.20)으로부터 포츠담선언(1945.7.26)을 거쳐 일본의 무조건 항복(1945.8.15)을 받아 낸 뒤, 전후 처리를 마무리하기 위해 1947년 초부터 대일강화조약 체결을 위한 준비를 시작했고, 이에 따라 제시된 대일강화조약 제1차 초안(1947.3.20)부터 제5차 초안(1949.11.2)까지의 내용 중 독도와 관련한 사항은 일본이 한국에 반환할 영토로 예를 든 내용 중에 제주도, 거문도, 울릉도와 함께 독도가 리앙쿠르암(Liancourt Rocks)이라는 서양 호칭으로 분명하게 명기되어 있었다.

이런 초안 내용을 접한 일본은 당시 연합국 사령부 외교국장으로 주일 미국대사 대행 겸 주일 정치고문으로 활약 중이던 시볼드를 내세워 독도 관련 내용을 삭제시키도록 로비 활동을 펼쳤다. 일본의 로비 활동의 여파로 제6차 초안부터 독도가 한국의 영토조항에서 아예 삭제되었고, 제8차 초안에선 영토조항을 더욱 간략히 하였다가 제9차 초안에선 일본의 영토 조항을 설정하지 않고 일본은 한국에 관한 모든 권리, 청원, 청구권을 포기한다고만 명시하였다. 이것을 보더라도 일본과 한국의 영토범위는 아주 불명확하고 미 국무부의 검토 경과를 보더라도 독도를 포함해서 영토주권을 둘러싼 분쟁이 발생하리라는 것은 당연히 예측할 수 있다.

미국이 연합국의 대표로 강화조약을 조속히 체결하고, 공산주의 확대 방지를 위해 일본 영토를 미군 기지화 하려는 미국의 의도와 일본 정부의 비징벌적인 평화조약 체결을 위한 정치적 공작에 의해 동북아시아의 영토문제는 영원히 해결하지 못한 채 남게 되었다.

1949년 9월 23일 소련이 원폭 소유를 발표하고 10월 1일에는 중국 본토에 중화인민공화국이 성립되면서 극동에서의 냉전구조는 긴박하게 진행되었다. 그리고 연합국 최고사령관 맥아더의 연두 성명은 일본의 자위권을 강조하고 1월 31일에 방일한 미통합참모본부(JCS) 브래들리(Omar Nelson Bradley) 의장은 오키나와와 일본의 군사 기지 강화를 성명했다. 그리고 7월에는 경찰예비대(자위대 전신) 창설과 해상보안청의 증강이 점령군으로부터 지령되어 일본은 재군비를 진행하였다.[77] 이런 사항에서 시볼드는 미국의 국익에 관계 있는 문제로서 안전보장을 고려하게 되었다.

1950년 9월 미 국무부 동북아 과장인 앨리슨이 덜레스의 강화조약 초안을 검토하면서 독도를 일본령에 포함시킨 결정이 나중에 분쟁을 불러일으킬 수 있음을 지적했다.[78]

1950년 11월 24일 미 국무부는 강화조약 7원칙에서 일본 영토에 대한

---

[77] 內藤正中, 2008, 『竹島=独島問題入門 日本外務省「竹島」批判』, 新幹社, 50쪽.
[78] 정병준, 2006, 「한일독도영유권 논쟁과 미국의 역할」, 『역사와현실』 제60호, 6쪽.

규정을 없애고 한국의 독립을 인정한다는 짧은 문장으로 축약하였다. 세부적인 논쟁과 쟁점을 피하고 조속하게 강화조약을 합의할 수 있는 대강의 큰 틀로 만들어서 강화조약을 조속히 체결하려는 의지였다.

미국은 영국과 강화조약 공동 초안을 논의하기 전에 덜레스 일행이 1951년 4월 일본을 방문해 제2차 미일협의를 시작하였다. 이때 미국은 영국의 공식 초안을 일본에 비밀리에 보여 주고 의견을 구하였다.[79]

일본 외무성은 영국 초안에 대한 견해서「영국의 평화조약안에 대한 우리 측 의견」을 미국에 제출하였다. 이 의견서는 영국 초안은 일본 국민에 깊은 실망감을 안겨 준다는 혐오감을 나타내는 한편으로 관대한 미국 초안을 선호해 미국 초안의 결정에 노력해 주길 희망한다는 내용이었다.[80]

영국 초안은 미국 초안보다 길고 상세했으며 일본의 전쟁책임과 배상을 강조하는 대일 징벌적인 성격이었고, 미국 초안은 비징벌적인 평화조약의 성격이었다.[81]

미국의 설득으로 미·영 공동 초안이 일방적으로 일본 입장을 지지하는 쪽으로 되자 호주 정부가 강한 불만을 표했다. 호주는 영토문제에서 안보상 류큐제도, 오가사와라제도 등을 미국이 신탁통치하는 데에는 반대하지 않았지만 미·영 양국이 신탁통치 지역을 일본 주권하에 두고 미군 기지 보유권을 갖기로 합의한 것은 강화의 기본 방침에 어긋나는 행위라고 비난했다.

강화조약 체결 마지막 단계에서 미국은 강화조약 내용에 독도를 일본

---

79 外務省, 2007,『日本外交文書 サンフランシスコ平和条約 対米交渉』, 外務省, 374쪽; 정병준, 2010, 앞의 책, 645쪽.
80 外務省, 2002, 앞의 책, 626쪽; 정병준, 2010, 위의 책, 647~648쪽.
81 정병준, 2010, 위의 책, 523쪽.

영토로 규정하려고도 하지 않았고 독도를 일본 영토 외로 생각하는 영국과 협의해야 되는데 미국은 영국을 납득시킬 수 있는 자료를 가지지 않았다. 이런 이유로 미국은 영국과의 협의를 보류한 것으로 보인다.[82]

강화조약 초안 작성 과정에서 제6차 초안은 시볼드에 의해 조작된 기만행위로 조약법에 관한 비엔나협약(이하 '조약법') 제49조[83]에 의거해 무효인 것이며 시볼드의 기만행위에 의해 유인된 제6차 미국 초안은 강화조약 체결에 있어 미국의 오판행위이다.[84] 따라서 강화조약은 조약법 제48조[85]에 의거해 실체법상 무효인 것이다.

이런 기만행위, 오판행위는 조약법 제32조 해석의 보충적 수단에서 조약 체결 시의 사정에 의존할 수 있다.[86] 이러한 경우 조약법 제31조 해석의 일반규칙에 있는 제1원칙인 신의성실의 원칙에 따라 해석되어야 하고

---

[82] 박병섭, 2014, 「대일강화조약과 독도·제주도·쿠릴·류큐제도」, 『독도연구』 제16호, 186~188쪽.

[83] 조약법에 관한 비엔나협약 제49조 (기 만)
국가가 다른 교섭국의 기만적 행위에 의하여 조약을 체결하도록 유인된 경우에 그 국가는 조약에 대한 자신의 기속적 동의를 부적법화하는 것으로 그 기만을 원용할 수 있다.

[84] 김명기, 2016, 앞의 책, 114쪽.

[85] 조약법에 관한 비엔나협약 제48조 (착 오)
① 조약상의 착오는, 그 조약이 체결된 당시에 존재한 것으로 국가가 추정한 사실 또는 사태로서, 그 조약에 대한 국가의 기속적 동의의 본질적 기초를 구성한 것에 관한 경우에, 국가는 그 조약에 대한 그 기속적 동의를 부적법화하는 것으로 그 착오를 원용할 수 있다.
② 문제의 국가가 자신의 행동에 의하여 착오를 유발하였거나 또는 그 국가가 있을 수 있는 착오를 감지할 수 있는 등의 사정하에 있는 경우에는 상기 1항이 적용되지 아니한다.
③ 조약문의 자구에만 관련되는 착오는 조약의 적법성에 영향을 주지 아니한다. 그 경우에는 제79조가 적용된다.

[86] 오시진, 2020. 12, 「대일강화조약과 조약해석의 보충적 수단」, 『영토해양연구』 20호, 104쪽.

무효의 효과는 기만행위와 오판행위 이전에 유효한 제5차 미국 초안으로 돌아가 일본은 독도를 포기한다는 규정에 따라 독도는 한국 영토로 해석된다.[87]

독도는 1946년 SCAPIN 제677호에 의해 일본 영토에서 제외되었고 강화조약이 발효된 1952년에는 한국 정부가 이미 독도를 통치하고 있었기 때문에 독도에 대한 영유권, 통치권에 아무런 영향이 없으며 강화조약에는 독도에 대한 아무런 규정도 없고 한국은 강화조약에서의 비조인국이기 때문에 독도에 대한 아무런 영향을 끼칠 수 없다.[88] 이것은 SCAPIN 제677호 제4항 '일본의 범위'에서 알 수 있듯이 일본에서 외지라고 불러지는 것은 해외영토이고 이 영토는 패전 후 일본 정부의 관할권이 미치지 않는 지역이 되었다.

1948년 12월 12일 유엔총회 결의 제195(Ⅲ)호에 의해 한반도에서 대한민국 정부가 유일한 합법정부임을 승인하였다.[89] 한국과 일본이 1948년 8월 15일 이전에 일본의 영토로부터 한국의 영토가 분리되었다는 것을 공동으로 승인한 것이다. 따라서 1952년 4월 28일에 효력이 발생한 강화조약 제2조에 의해 비로소 한국의 영토가 일본의 영토로부터 분리된 것이라는 일본 정부의 주장은 유엔총회 결의에 위배되는 것이다.

강화조약 제2조의 규정에 의해 비로소 한국이 일본으로부터 분리, 독립한 것이 아니라 동 제2조 규정은 한국이 일본으로부터 기 분리, 독립한 사실을 승인한 것이다. 그래서 일본은 강화조약 제2조에 의해 무조건 항복문서의 시행 조치인 연합국 최고사령관 총사령부 SCAPIN 제677호를

87　김명기, 2016, 앞의 책, 115쪽.
88　박병섭, 2014, 앞의 글, 199쪽.
89　International Legal Materials, 1965, p. 925.

승인한 것이며 동 지령에는 일본으로부터 분리되는 지역으로 독도가 포함되어 있으므로 결국 일본은 강화조약 제2조의 규정에 의해 독도의 분리를 인정한 것이다.[90]

강화조약에 특별히 규정되어 있지 아니하는 사항은 강화조약 체결 당시의 현상을 그대로 유지하는 것으로 된다는 것이 국제법상 확립된 원칙이라 할 수 있다.[91] 강화조약에 독도가 일본으로부터 분리된다는 명시적 규정이 없어도 독도는 일본으로부터 분리된 것이다.

V. 샌프란시스코강화조약 체결에서 나타난 문제점과 한계

제2차 세계대전 후 1947년에 이탈리아, 루마니아, 불가리아, 헝가리, 핀란드는 각각 강화조약을 맺었다. 원래 일본의 강화조약도 타국의 강화조약과 대체로 같아야 하는데, 비교해 보면 미국의 냉전 정책에 의해 관대한 강화조약이 되었다. 이 강화는 국내 경제와 국제관계를 평화적으로 발전시키고 세계 자유제국의 대부분이 향유하는 권리를 일본 국민에게 제공하는 기회가 되는 강화가 된 것이다. 일본과의 강화조약은 복수의 강화가 아니라 화해의 강화라고 말할 수 있고 일본을 국제사회에 위엄과 평등, 권리로 복귀시키는 비징벌적인, 비차별적인 조약이라 할 수 있다.[92]

---

90 김명기, 1996, 「국제법으로 본 독도영유권」, 『한국독립운동사연구 10』, 464쪽.

91 Hersch Lauterpacht (ed.), 1955, *Oppenheim's International Law, Vol.2, 7th ed.* London: Longmans, p. 611.

92 외무성, 1951, Provisional Verbatim Minutes of the Conference for the Conclusion and Signature of the Treaty of Peace with Japan, 71~73쪽.

대이탈리아강화조약은 90개조와 17개의 부속서로 되어 있고, 일본의 강화조약은 27개조로 되어 있고 규정 내용은 전쟁 상태 존재에서 발생한 미결 사항의 해결에 필요한 최소한도에 한하고 있다. 일본의 전쟁책임과 관련해서 명확하게 규정하지 않았다. 대이탈리아강화조약에서는 이탈리아가 무조건 항복했다는 내용이 들어가 있지만 일본의 강화조약에는 명기하지 않았다.

대이탈리아강화조약 전문에는 파시스트 정권 아래 이탈리아가 독일, 일본과 삼국조약의 당사자가 되어 침략 전쟁을 기획하고 연합국과의 전쟁 상태를 야기하고 그 전쟁에 대한 책임을 분담하고 있기 때문이라 명기하고 있다. 그리고 대루마니아강화조약 전문에도 루마니아가 히틀러 독일의 동맹국이 되어 연합국에 대한 전쟁에 참가한 것에 의해 전쟁에 대한 책임을 분담하고 있기 때문이라 명기하고 있다.[93] 이 강화조약에는 전쟁책임을 명기하고 무조건 항복도 명기되어 있다.

이탈리아의 경우 일본과 같은 무조건 항복이라고 해도 실제로 휴전에 대해서 여러 교섭이 행해졌고 그 결과 휴전협정이 체결되었다. 이것에 반해 일본은 연합군이 일방적으로 포츠담선언을 발표하고 일본은 그것을 그대로 수락할 수밖에 없었고 화해라는 정신에서 일본의 강화조약에는 무조건 항복이 명기되지 않았다.

대이탈리아강화조약 실시 후 18개월간 로마 주재 미·영·소·불 4국 대사가 조약의 실시에 대해 이탈리아를 감시하는 규정이 있는데, 대일강화조약은 조약 실시 후 대일 감시기구를 규정하고 있지 않다.[94]

---

93 国際法学会, 1952a, 앞의 책, 41쪽.
94 対日平和条約草案とイタリア平和条約との比較(情報部報道課), 1951, p. 3, 国立公文書館アジア歴史資料センター 소장(A15060489000).

로마에 있는 미국 대사관에서 대일강화조약에 대한 이탈리아의 입장을 미 국무부에 전달하였다. 이탈리아는 대일강화조약의 초안을 검토한 후 대이탈리아강화조약에 비해 관대한 조약이라고 평가하며 여기에는 '범죄 책임 조항(Guilty Clause)'이 빠져 있다고 지적하였다. 이와 함께 샌프란시스코 회의에 소련이 참가하는 점에 주목하였는데, 인도가 대일평화조약에 대해 미국의 제국주의적 의도가 담긴 것이며 일본 파시스트들을 부활시키는 것이라고 지적한 것처럼 소련도 참가하여 이러한 입장을 제안할 것이다라고 예견하기도 했다.[95]

군비 제한은 이미 제1차 세계대전의 강화조약에서 패전국에 추가되었고 그중 베르사유조약이 독일 군비에 상당한 제한을 가한 것은 유명하다.[96] 제2차 세계대전에서도 이탈리아,[97] 루마니아,[98] 불가리아,[99] 헝가리,[100] 핀란드[101]에게도 군비제한을 추가하고 있다. 대이탈리아강화조약은 이탈리아의 육해공군에 대한 병력, 장비, 방위시설 등에 대한 제종의 구체적인 제한을 과하고 있는데 대일강화조약은 전혀 이런 종류의 제한을 두고 있지 않았다.

그러나 일본의 군비에 대해 전혀 제한을 두지 않는 것은 유럽 국가들의 강화조약과 대조적이다. 당초 연합국 가운데 소련, 필리핀, 호주, 뉴질랜

---

[95] 금보운, 2016, "RG 59 국무부 문서군, 대일평화조약관련 자료 연구해제 – 극동지역 동북아시아과, 폴리사절단 등 5개 Entry 문서".
[96] 베르사유조약 제160, 171, 173, 181, 183, 191, 198, 201조.
[97] 대이탈리아강화조약 제59, 60, 61, 64, 65조.
[98] 대루마니아강화조약 제11조.
[99] 대불가리아강화조약 제9조.
[100] 대헝가리강화조약 제12조.
[101] 대핀란드강화조약 제13조.

드, 미국은 비무장조약 체결로 일본의 군비를 제한하자고 했다.[102] 화해라는 정신 아래 일본의 강화조약에 군비의 자유를 부여한 것은 강화조약에서 상당히 큰 특색이라 할 수 있다.

제2차 세계대전 강화조약에서 배상의 원칙은 패전국의 군사행동에 대한 손해는 모두 배상해야 한다는 것이다. 배상의 방법은 금전뿐만 아니라 현물에 의해서도 한다고 명시되어 있다.

루마니아강화조약 제22조에 의하면 루마니아가 군사행동에 의해 소련 영역을 점령해서 소련에 주어진 손해는 루마니아가 소련에 배상해야 한다고 했다. 단, 루마니아가 연합국과의 전쟁을 포기했고 독일에 대한 선전을 하고 전쟁을 한 점을 고려하여 전시의 손해에 대해 그 전부가 아니라 일부만 배상하는 것으로 동의한다고 했다. 군사행동과 점령에 의한 배상을 해야 한다는 근본 원칙이 있으며 이탈리아, 불가리아, 헝가리, 핀란드 강화조약 전문에도 같은 규정이 적용되었다.[103]

샌프란시스코강화조약 제14조에서 배상 원칙으로 일본은 전쟁 중 생긴 손해 및 고통에 대해 연합국에 배상을 지불해야 하는 것으로 승인되었다. 그러나 일본이 모든 전시의 손해 및 고통에 대해 완전한 배상을 하는 동시에 다른 책무를 이행하게 되면, 일본의 자원은 존립 가능한 경제를 유지하기에 충분하지 않다고 했다. 배상을 규정하고 있으나 일본의 자원이 허락하는 범위 내에서 경감시켜야 한다는 것이 유럽 국가들의 강화조약과 다르다.

---

102 Provisional Verbatim Minutes of the Conference for the Conclusion and Signature of the Treaty of Peace with Japan, 1951, pp. 223~224, 259~260, 281.

103 대불가리아강화조약 제21조, 대형가리강화조약 제23조, 대핀란드강화조약 제23조.

일본은 최후까지 전쟁을 했고 무조건 항복도 어쩔 수 없이 했다. 유럽은 전쟁 도중에 연합국 편이 되어 독일과 싸운 점을 감안해서 배상문제가 경감되었지만, 존립 가능한 경제를 유지하기 위해서라는 특별한 이유로 일본의 배상을 경감시킨 것은 유럽 국가들과의 배상문제와 비교하면 형평성이 어긋난다.

덜레스는 원칙적으로 일본의 배상 지불 의무를 인정했지만 이탈리아강화조약의 배상 조항을 삽입하고 이탈리아강화조약이 정하고 있는 총액제한과 5년 이내 지불기간제한을 삭제하고 제14조, 제16조 문구에 대해 연합국들이 가장 수락하기 쉬운 형태로 변경해서 연합국들을 설득했다.

배상 지불의 원칙은 승인되었지만 동시에 일본이 완전한 지불 능력을 가지고 있지 않는 것을 연합국 측에서도 인정하고 일본 경제 존립에 손해를 주지 않도록 배려하는 조항을 명문화했다. 조약에는 배상의 액수를 규정하지 않고 배상액의 결정은 배상 희망국과 일본의 교섭에 위임했는데, 이 점은 제2차 세계대전 전후 이탈리아와 핀란드의 경우와 전혀 다른 사례이다.[104]

일본은 강화조약에서 효력 발생의 조건으로 연합국과 일본의 비준이 필요하다고 한다. 제2차 세계대전 강화조약에서는 효력발생 조건으로서 연합국만의 비준을 필요로 하고 있다. 연합국이 비준하면 그것에 의해 조약은 효력을 발생하는 것이라서 패전국의 비준을 필요로 하지 않았다.

그러나 연합국과 패전국 일본과의 조약 비준은 쌍방이 평등한 입장에서 그것에 동의해서 효력을 발생시킨 것으로 화해의 정신에서 화해를 위

---

[104] 大蔵省財政史室編, 1984, 「第5章サンフランシスコ平和条約」, 『昭和財政史 終戦から講和まで第1巻』, 東洋経済新報社, 472쪽.

해 비준한 것으로 볼 수 있다.[105] 미국은 강화조약회의에서 평화조약은 일본에 의해 포기된 영토주권의 귀속을 결정하지 않았고, 영토문제는 조약과는 별도로 국제적 해결 수단에 의해 해결해야 한다는 것으로 남기고 있다는 취지의 발언을 하고 있다.[106]

대이탈리아강화조약의 경우, 제23조 1. 이탈리아는 아프리카에 있는 속국, 리비아, 에티오피아 및 이탈리아령 소말리아에 관한 일체의 권리 및 권원을 포기한다, 2. 최종적 처분이 결정될 때까지 상기의 속국은 계속해서 현재의 행정하에 둔다, 3. 이들 속국의 최종적인 처분은 소련, 영국, 미국 및 프랑스 정부에 의해 발포된 제11 부속서에 게재된 1947년 2월 10일 공동선언에 정해진 방식에 의해 이 조약의 실시일부터 1년 이내 상기 정부에 의해 공동으로 결정해야 한다고 되어 있다.

결국 샌프란시스코강화조약은 타이완, 평후제도의 귀속을 불명확히 하고 이 지역을 영유해야 하는 중국 정부에 대해 국가 간 일치가 없는 결과, 국제적으로 불안정, 분쟁 요소로 남게 되었다.

그리고 일본은 쿠릴열도 및 사할린 일부와 인접 제도의 모든 권리, 권원 및 청구권을 포기한다고 되어 있다. 이것은 얄타협정, 포츠담선언으로 예상되었던 조항이 실현된 것을 의미한다. 그러나 소련에 반환 혹은 인도하는 규정이 없는 것은 소련의 불참가를 예상하고 얄타협정의 구체적인 실현에 대해 문제가 있기 때문에 소련에의 반환 인도는 규정하지 않은 것이다.[107]

---

105 国際法学会, 1952a, 앞의 책, 58쪽.
106 일소교섭에 대한 미국각서(1956. 9. 7). http://www.ioc.u-tokyo.ac.jp/~worldjpn/documents/texts/JPRU/19560907.O1J.html.
107 国際法学会, 1952a, 앞의 책, 106쪽.

제3국을 구속하는 목적으로 하는 조약은 제3국에 대한 신청으로 제3국이 명시적 또는 묵시적으로 승낙하는 것에 의해 제3국은 그 조약에 구속되는 것이다.[108] 강화조약에서 중국과 한국에 대한 특정의 조문이 적용되는 경우, 중국과 한국에 대한 제3국의 신청이 있을 때 중국과 한국이 명시적 혹은 묵시적으로 이 조항을 승낙하는 경우만 중국과 한국에 적용되기 때문에 승낙이 없으면 적용할 수 없다.[109] 제3국이 신청했을 때에는 상대국의 승낙이 없으면 합의가 성립하지 않기 때문에 합의가 없으면 제3국이 조약상의 권리를 취득했다고 볼 수 없다. 그래서 강화조약에서 중국과 한국에 관한 규정을 중국과 한국에 신청했을 때 중국과 한국이 그것에 대해 명시적 또는 묵시적인 승낙을 하지 않으면 강화조약에 규정하는 권리를 취득할 수 없다.

헤이·폰스포트조약(1901)에도 제3국은 타국의 조약에 의해 조약상 권리를 취득할 수 없고 제3국은 조약의 규정에 의해 반사적으로 이익을 얻을 수 있는 것에 지나지 않는다는 견해가 있다.[110] 중국과 한국은 강화조약상 권리를 취득하는 것이 아니라 강화조약상 이것들의 국가에 대한 이익 및 권리 공여의 규정이 있기 때문에 이 규정이 있는 반사작용으로 실제상 일정의 행위(영유권 취득, 일본 재산권 처분 등)가 인정되는 것에 지나지 않는다. 결코 조약상의 권리를 취득하는 것은 아니다. 따라서 조약의 불이행이 있어도 조약상 권리 침해를 이유로 체약국에 항의하거나 이행을 요

---

108 Ronald F. Roxburgh, 1917, *International Conventions and Third States*, Longmans, Green and Company, p. 60.
109 国際法学会, 1952b, 『平和条約の総合研究 下巻』, 有斐閣, 125~126쪽.
110 Ronald F. Roxburgh, 1917, 앞의 책, pp. 36, 254.

구할 수 없다.¹¹¹

한국, 중국, 소련, 북한을 조약 당사국에서 배제하고, 공산국가를 배제하고 미국 주도에 의한 강화조약 체결은 전쟁책임의 징벌과 그 처분적 규범성의 실효성에 문제가 된다. 강화조약 체결은 이해관계국가 또는 국제기구의 제3자가 참여하여 이행을 보장, 감시 또는 관찰하는 정치적 그리고 법적 메카니즘이 상호 복합된 형태를 가지고 있어야 하기 때문이다. 따라서 직접적인 이해관계국들이 배제된 채 미국이 주도한 강화조약의 영토조항이 아시아에서 '객관적' 체제를 형성했는지는 의문이다.¹¹²

한국은 해방된 국가로서 전쟁상태나 교전 당사자가 아니기 때문에 한국은 강화조약의 서명국이 되지 못했다. 그리고 만일 한국이 서명국가가 되면 대부분 공산주의자로서 일본에 거주하는 100만 명의 한국인들이 연합국의 국민으로서 재산권과 보상청구권을 가지게 된다는 일본의 방해공작으로 조약 당사국이 되지 못했다. 한국의 공산화를 우려했던 미국은 일본의 요구를 수용했던 것이다.

한국은 강화조약에 서명하거나 비준, 수락, 승인 또는 가입한 바 없으므로 당사국이 아니며 조약법 제2조 제1항 (h)에 규정된 제3국이다. 강화조약은 당사국 간에 효력이 있고 제3국에는 아무런 효력이 없다는 것이 국제법상 원칙으로 확립되었다. 이 원칙은 1926년 'Certain German Interests in Polish Upper Silesia Case'에 관한 상설국제사법재판소의 판결에 의해 확인되었고¹¹³ 1932년 'Free Zone of Upper Savoy and

---

111 国際法学会, 1952b, 앞의 책, 127쪽.
112 최철영, 2015, 「샌프란시스코 평화조약과 국제법원의 영토주권법리」, 『獨島硏究』 제21호, 54쪽.
113 PCIJ, 1926, Series A, No. 7, pp. 27~29.

District of Gex Case'에 관한 상설국제사법재판소에 의해 재확인되었다.[114]

한국은 강화조약의 당사자가 아니고 제3자로 조약법 제35조, 제36조, 제37조[115]에 의해 제3자에 대해 일반적으로 구속력이 없고 제3자의 동의 없이 이를 취소 또는 수정하지 못하도록 규정하고 있다. 그리고 제3자에게 의무를 부여할 경우, 제3자의 명시적인 서면 수락이 있는 경우에만 유효한 것으로 규정하고 있다. 일본이 독도를 일본 영토로 주장하거나 일본 영토로 명시할 경우 한국이 서면으로 동의하지 않으면 유효하지 않다.

VI. 맺음말

강화조약 체결 과정과 연합국의 정책 분석에서 냉전의 격화로 전면강화가 아닌 단독강화의 방식으로 체결된 강화조약의 법리적 문제점을 검토하고, 일본의 동아시아에서의 전략적 가치, 특히 이념 대립 및 지정학적 측면에서 연합국의 정책에 대해 분석하였다.

강화조약 초안 변화 과정에서의 영토문제 분석에서 조약의 준비작업은 조약 체결의 역사적 사실로, 준비 초안, 회의 토의록, 교섭기록 등이 포함되기 때문에 조약법상 보충적 해석 수단과 조약법 제31조[116] 신의성실의

---

[114] PCIJ, 1932, *Series A/B*, No. 46, pp. 141.

[115] 조약법에 관한 비엔나협약(Vienna Convention on the Law of Treaties). https://www.law.go.kr/조약/조약법에관한비엔나협약.

[116] 제31조 (해석의 일반규칙)
　① 조약은 조약문의 문맥 및 조약의 대상과 목적으로 보아, 그 조약의 문면에 부여되는 통상적 의미에 따라 성실하게 해석되어야 한다.

원칙에 따라 분석하면 강화조약 조문의 합리적인 해석을 할 수 있다.

미국은 조약 체결 과정에서 연합국의 의견을 무시하고 단독으로 개입하였고, 시볼드의 로비에 의한 조약 체결이 일본에게 유리하게 된 것은 신의성실의 원칙을 위반하는 것이다.

미 국무부는 시볼드가 제출한 일본의 『영토조서(4)』의 영향을 받아 일본의 독도에 대한 영유권 주장에 설득력이 있고 독도에 전략적인 레이더 기지국을 만든다면 미국의 이익이 된다고 생각했다. 당시 독도에 관한 자료도 없었고 짧은 시간 내에 강화조약을 체결해야 한다는 긴박한 상황에서 시볼드의 제안을 제대로 검증을 하지 못한 채 미국의 최종 강화조약 초안에서 독도가 제외되었다. 또한 시볼드는 냉전의 격화와 중국혁명의 성공 등에 의해 극동정세가 미국에게 불리한 방향으로 크게 변화했기 때문에 이번에 맺는 강화조약은 정치적으로 안정되고 미국에 우호적인 일본과 미국이 이해관계가 깊다는 것을 고려해야 한다고 지적하고 있다.

일본의 로비 활동의 여파로, 제6차 초안부터 독도가 한국의 영토조항에서 아예 삭제되었고, 제8차 초안에선 영토조항을 더욱 간략히 하였다가 제9차 초안에선 일본의 영토조항을 설정하지 않고 일본은 한국에 관

---

② 조약의 해석 목적상 문맥은 조약문에 추가하여 조약의 전문 및 부속서와 함께 다음의 것을 포함한다.
  (a) 조약의 체결에 관련하여 모든 당사국 간에 이루어진 그 조약에 관한 합의
  (b) 조약의 체결에 관련하여, 1 또는 그 이상의 당사국이 작성하고 또한 다른 당사국이 그 조약에 관련되는 문서로서 수락한 문서
③ 문맥과 함께 다음의 것이 참작되어야 한다.
  (a) 조약의 해석 또는 그 조약규정의 적용에 관한 당사국 간의 추후의 합의
  (b) 조약의 해석에 관한 당사국의 합의를 확정하는 그 조약 적용에 있어서의 추후의 관행
  (c) 당사국 간의 관계에 적용될 수 있는 국제법의 관계규칙
④ 당사국의 특별한 의미를 특정용어에 부여하기로 의도하였음이 확정되는 경우에는 그러한 의미가 부여된다.

한 모든 권리, 청원, 청구권을 포기한다고만 명시하였다. 이런 간단한 초안은 일본과 한국의 영토범위는 아주 불명확하고 미 국무부의 검토 경과를 보더라도 독도를 포함해서 영토주권을 둘러싼 분쟁이 발생하리라는 것은 당연히 예측할 수 있었다.

그리고 한국전쟁 발발과 중공군의 개입 이후, 일본의 공산화 방지와 전략적 기지로서의 가치로 인해 급속도로 진행된 강화조약은 일본의 전쟁책임, 배상, 영토할양 등을 배제한 채 패전국 일본을 진정한 협상 상대로 인정한 세계 외교사에 유례가 없는 우호적 평화조약이 되었다. 이런 미일합의는 이후 일본에 의한 동아시아 지역 내 영토분쟁의 요소를 남겨놓았다.

강화조약의 영토조항은 SCAPIN 제677호를 근거로 작성되었고 미국 초안 1~5차, 미영연합국의 초안에도 독도가 한국 영토로 기재되었다. 미국은 독도를 한국 영토로 인식하면서 한일 간 분쟁 방지를 위해 최종 강화조약 내용에 독도를 아예 기재하지 않았다.

강화조약 체결 시, 분쟁해결의 조건으로 처음에 영토 귀속 국가를 명시하다가 미국의 이익에 의해 영토 귀속 국가를 삭제하였고 한국, 공산권 국가 조약 체결 서명 참가를 반대하였다. 그리고 한국 관련 제3국 조약 적용 문제 등을 포함해서 국제법적으로 불완전한 조약이라 할 수 있다.

강화조약 체결은 이해관계국가 또는 국제기구의 제3자가 참여하여 이행을 보장, 감시 또는 관찰하는 정치적 그리고 법적 메카니즘이 상호 복합된 형태를 가지고 있어야 하는데 미국이 주도한 강화조약의 영토조항이 아시아에서 이러한 객관적 체제를 형성했는지는 의문이다.

강화조약에서 일본의 모든 권리, 권원 그리고 청구권을 포기해야 하는 영토에 대한 규정은 베르사유조약과 대이탈리아강화조약에 비해 매우 간략하다. 베르사유조약은 독일의 영토, 대이탈리아강화조약은 이탈리아의 영토에 대해 자세하게 규정하고 있고, 배상문제를 다루고 있다.

제2차 세계대전 후 1947년 이탈리아, 루마니아, 불가리아, 헝가리, 핀란드 각국의 강화조약과 비교하면, 일본의 강화조약은 원래 유럽 국가들의 강화조약과 대체로 같아야 하는데 미국의 냉전 정책에 의해 관대한 강화조약이 되었다. 이 강화조약은 체결 과정부터 신의성실의 원칙을 위배한 것이고, 배상책임과 전쟁책임을 지지 않은 비징벌적인 조약으로 동북아시아의 영토문제는 영원히 해결하지 못한 채 남게 되었다.

시볼드의 기만행위, 미국의 오판행위, 미국 국익을 위해 영토문제를 애매모호하게 처리해서 분쟁을 방지하지 않았던 것, 공산국가 참가의 배제, 조약 당사국에서 한국을 배제, 적절한 협의 없이 신속하게 조약 체결, 유럽 국가의 강화조약 체결 내용을 고려하면, 샌프란시스코강화조약은 조약법 제69조 (조약의 부적법의 효과) 3, 제49조, 제50조[117], 제51조[118] 또는 제52조[119]에 해당하는 경우로서, 기만·부정행위 또는 강제의 책임이 귀속되는 당사국에 관하여 조약 실행이 적용되지 않고 조약 체결 과정에서 신의성실의 원칙을 위반하는 것이 된다.

---

[117] 조약법에 관한 비엔나협약 제50조 (국가 대표의 부정)
조약에 대한 국가의 기속적 동의의 표시가 직접적으로 또는 간접적으로 다른 교섭국에 의한 그 대표의 부정을 통하여 감행된 경우에, 그 국가는 조약에 대한 자신의 기속적 동의를 부적법화하는 것으로 그 부정을 원용할 수 있다.

[118] 조약법에 관한 비엔나협약 제51조 (국가 대표의 강제)
국가 대표에게 정면으로 향한 행동 또는 위협을 통하여 그 대표에 대한 강제에 의하여 감행된 조약에 대한 국가의 기속적 동의 표시는 법적효력을 가지지 아니한다.

[119] 조약법에 관한 비엔나협약 제52조 (힘의 위협 또는 사용에 의한 국가의 강제)
국제연합 헌장에 구현된 국제법의 제 원칙을 위반하여 힘의 위협 또는 사용에 의하여 조약의 체결이 감행된 경우에 그 조약은 무효이다.

참고문헌

국사편찬위원회, 2008, 『독도자료 Ⅱ 미국편』.
김명기, 2015. 6, 「대일평화조약 제2조 (a)항에 규정된 울릉도에 독도의 포함여부 문제의 검토」, 『독도연구』 제18호.
_____, 2015. 12, 「밴프리트 귀국보고서의 대일평화조약의 준비작업 및 후속적 관행 여부의 검토」, 『독도연구』 제19호.
김동욱, 2021. 6, 「국제법상 권원 법리에 대한 국제판례가 독도 주권에 주는 함의」, 『독도연구』 제30호.
박병섭, 2014, 「대일강화조약과 독도·제주도·쿠릴·류큐제도」, 『독도연구』 제16호.
_____, 2016. 12, 「샌프란시스코강화조약에서 독도가 누락된 경위와 함의-조약에서 누락된 섬들과의 비교 검토」, 『독도연구』 제21호.
오시진, 2020, 「대일강화조약과 조약해석의 보충적 수단」, 『영토해양연구』 20호.
이석우, 2003, 『일본의 영토분쟁과 샌프란시스코 평화조약』, 인하대학교출판부.
_____, 2006, 『대일강화조약 자료집』, 동북아역사재단.
_____, 2013, 「독도문제에 관한 국제사회의 전후처리 조치와 카이로선언의 법적효력에 대한 이해」, 『영토해양연구』 5호, 동북아역사재단.
이성환, 2021. 12, 「샌프란시스코강화조약과 동북아 영토갈등의 해법」, 『영토해양연구』 22호.
장박진, 2011, 「대일평화조약 형성과정에서 일본 정부의 영토 인식과 대응 분석」, 『영토해양연구』 창간호.
정병준, 2010, 『독도 1947』, 돌베개.
_____, 2015. 6, 「샌프란시스코 평화조약과 독도」, 『독도연구』 제18호.
하라 키미에, 2021. 12, 「샌프란시스코강화조약과 동아시아 영토갈등의 기원」, 『영토해양연구』 22호.

安成日, 2013, 『戦後初期における日本と朝鮮半島の関係』, ブイツーソリューション.
外務省, 2002, 『日本外交文書 平和条約の締結に関する調書』 第1~5冊.
_____, 2006, 『日本外交文書 サンフランシスコ平和条約 準備対策』.
_____, 2007, 『日本外交文書 サンフランシスコ平和条約 対米交渉』.
外務省条約局·法務府法制意見局, 1951, 『日本の約束-解説 平和条約』, 印刷庁.

竹島問題研究会, 2007, 「竹島問題に関する調査研究 最終報告書」.

毎日新聞社, 1952, 『対日平和条約』.

西村熊雄, 1971, 「サンフランシスコ平和条約」, 『日本外交史』第27巻, 鹿島平和研究所.

原貴美恵, 2005, 『サンフランシスコ平和条約の盲点』, 溪水社.

W.J.シーボルト著・野末賢三訳, 1966, 『日本占領外交の回想』, 朝日新聞社.

外務省, https://www.mofa.go.jp/.

アジア歴史資料センター. https://www.jacar.go.jp/.

E. Allen Lightner, Jr., Counselor of Embassy, Pusan to William T. Turner, Esquire, Counselor of Embassy, Amerian Embassy, Tokyo(1952.12.19), RG 84, Japan, Tokyo Embassy, CGR 1952, Box 1, Folder 320 Japan-korea Liancourt Rocks 1952.

Foreign Office, Japanese Government, 1947, *"Part IV, Minor Islands in the Pacific, Minor Islands in the Japanese Sea," Minor Islands Adjacent to Japan Proper*.

Schwarzenberger, Georg, 1957, *International Law, Vol. 1, 3rd ed.*, London: Stevens.

Lauterpacht, Hersch (ed.), 1955, *Oppenbeim's International Law*, Vol. 2, 7th ed., London: Longmans.

John F. Dulles to the Amembassies in Korea and Japan, telegram, no. 1387, RG 59, Department of State, Decimal File, 694.95B/11-2353.

Whiteman, Marjorie M., 1964, *Digest of international Law, Vol. 3*, Washington, D.C: U.S. Government Printing Office.

Office Memorandum, From Boggs to Fearey, July 24, 1947, RG 59, Decimal File 1945~49, box 3513, NA.

Rosenn, Shabtai, 1984, *Vienna Convention on the Law of Treaties*, EPIL, Vol. 7.

PCIJ, 1934, *Series A/B, No. 62.*

RG 59, Department of State, Decimal File, 740.0011PW(Peace) series; RG 59, Office of Northeast Asia Affairs, Records Relating to the Treaty of Peace with Japan-Subject File, 1945~51, Lot 56D527.

Sebald, William J., 1965, *With Macarthur in Japan: A Personal History of the Occupation*, The Cresset Press.

Treaty of Peace with Italy, 1947.

제4장
제2차 세계대전 이후 호주와 영국의 샌프란시스코강화조약에 대한 정책 비교

조규현 연세대학교 정치외교학과 강사

I. 머리말

II. 호주: 제2차 세계대전, 그리고 지우고 싶은 일본 군사력에 대한 기억

III. 영국: 기울어 가는 제국 그리고 일본의 경제력 성장 억제를 통한 영향력 유지에 대한 야망

IV. 맺음말: 냉전의 산물을 넘어 1950년대 지정학적 산물로서의 샌프란시스코강화조약

I. 머리말

샌프란시스코강화조약을 일본이 연합국과 체결한 지 70년이 지났지만 독도와 국제법에 관한 일본의 입장에 대한 연구가 활발한 경향을 보이는 것에 비해 호주와 영국의 샌프란시스코강화조약에 대한 입장들은 아직 국내에서 체계적으로 다뤄지지 않고 있다.[1] 표면적인 이유는 미국이 강화조약을 구상하는 데에 핵심적인 역할을 하였고, 호주와 영국은 조력자라는 인상이 강한 탓이었다. 그럼에도 불구하고 호주가 추구한 일본의 완전한 무장 해제와 영국이 일본의 동남아시아 진출을 저지하고 기울어져 가는 대영제국의 영향력을 동남아시아에서 살리고 싶어 했던 욕망도 냉전을 단순히 반공 진영과 공산 진영의 대결로 보는 구도에서 벗어나서 지정학적 전략에 기인한 국가 안보 차원에서 바라보는 것이 바람직하다. 미국이 주도적으로 샌프란시스코강화조약을 구상하는 역할을 수행한 현실을 고려하더라도 이 현실이 호주와 영국의 개별적인 안보 상황들을 묵과할 만큼 중요한지는 숙고할 필요가 있다.

이 글에서는 호주와 영국이 처한 1950년대의 상황을 살펴봄으로써 일본의 군사력 억제가 호주와 영국에게 어떤 의미로 받아들여지고 고려되었는가를 논할 것이다. 구체적으로, 호주는 샌프란시스코강화조약을 미국과의 동맹을 굳건히 하는 초석으로 이해하여 일본의 군사력이 태평양

---

* 이 글은 조규현, 2022, 「제2차 세계대전 이후 호주와 영국의 샌프란시스코강화조약에 대한 정책비교-일본의 군사력 억제, 중국 면화 시장 장악, 그리고 제국의 몰락을 방지하고자 한 욕망 사이에서-」, 『영토해양연구』 24에 게재한 논문을 수정한 것이다.

[1] 도시환, 2021, 「샌프란시스코강화조약과 한일 역사, 영토 현안의 국제법적 검토」, 『영토해양연구』 제22호, 60~106쪽; 신욱희, 2020, 「샌프란시스코강화조약: 한미일 관계의 위계성 구성」, 『한국과 국제정치』 36권 3호, 43~65쪽 등 참조.

을 더는 위협하지 못하도록 막는 데 심혈을 기울였으며, 미국이 일본을 반공진영의 거두로 삼고자 한 노력을 무마시키려고 적극적으로 노력하였다. 기본적으로 호주는 처음부터 끝까지 샌프란시스코강화조약이 군사협정으로서 일본의 완전한 항복을 보장하는 문서로만 사용되기를 희망하였다. 한국전쟁의 발발로 인한 공산주의에 대한 미국의 경계심을 호주가 이해 못하는 것은 아니었으나, 일본이 미국에게 반공국가로서 포용되면 일본의 군사력 억제라는 목표가 희석되거나 아예 잊힐 위험이 있었기 때문에 호주의 입장에서는 철저하게 일본의 군사력을 견제하는 데 집중하였다.

이에 반해 영국은 오랫동안 유지해 온 세계 최강의 제국으로서의 정체성과 위상이 제2차 세계대전 이후 점점 쇠퇴해 가고 있다는 것을 잘 인지하고 있었으며, 심각한 위기의식에 사로잡혀 있었다. 영국은 호주와 마찬가지로 일본의 군사력 억제라는 공통된 목표를 갖고 샌프란시스코강화조약을 조인하였지만, 일본의 군사력 자체는 호주에 비해 걱정거리가 되지 않았다. 오히려 영국은 일본의 경제력이 성장하는 것이 더 못마땅하였다. 왜냐하면 세계 면화 시장에서 영국의 점유율이 급격하게 하락하고 있었고, 값싼 노동력과 최신 설비를 앞세운 일본에게 가지고 있던 영향력마저 잠식당할 수 있다는 우려를 안고 있었기 때문이다. 또한 동아시아에서 영국이 유일하게 지배하고 있던 식민지인 홍콩을 보존하기 위해서는 중국과의 관계 개선이 급선무였고, 따라서 미국의 반대에도 불구하고 영국은 중국이 공산화된 직후 가장 먼저 중화인민공화국의 수립을 승인하였다. 중국과의 관계가 틀어질 경우 홍콩을 지킬 가능성이 낮아 보였고, 도미노 현상처럼 동남아시아에 남아 있는 영국의 식민지들인 말레이시아와 싱가포르가 독립을 요구할 경우 거절할 수 있는 명분이 남아 있지 않았기 때문에 어떻게든 중국과 좋은 관계를 유지해야 했다.

이런 맥락에서 난징 대학살을 겪은 중국의 일본에 대한 강경책을 영국은 잘 이해하고 있었고, 일본의 경제력 성장을 억제하는 한편 영국의 면화 시장 내에서의 영향력을 기르면서 중국의 반일 성향에 동조하면서 중국과의 외교관계를 통해 홍콩을 계속 식민지로 삼고 싶었기 때문에 영국 또한 호주처럼 철저하게 일본의 군사적, 경제적 성장을 감시하고 싶어 했다.[2] 그러나 일본이 주는 위협에 집중한 호주와 달리 영국은 일본을 면화 시장에서의 경쟁자 그리고 중국과의 외교에서 유리한 국면을 맞이하기 위한 포석 정도로만 인식하였을 뿐 미국이 고려한 일본의 반공 진영으로의 편입은 그다지 중요한 문제가 아니었다. 영국은 일본이 대영제국을 유지하는 데 방해만 안 되면 크게 신경 쓸 필요가 없었다. 하지만 이미 인도가 1947년에 독립하였고, 뉴질랜드 또한 완전한 독립 국가가 된 상황에서, 홍콩마저 잃어버리면 세계 최대 면화 시장인 중국에서의 영향력이 완전 소멸될 우려가 있었기 때문에 일본을 경제적으로 압박해서 견제한다는 목표는 호주와 거의 같았다고 볼 수 있다.

영어권에서 호주와 영국의 샌프란시스코강화조약에 대한 정책들을 개별적으로 다룬 책들은 많지 않지만 간간히 발표되었다. 호주에 관해서는 앤드루 켈리(Andrew Kelly)가 ANZUS(Australia, New Zealand, United States Security Treaty, 태평양 안전보장조약)를 체결하는 과정에서 호주와

---

[2] 난징 대학살에 관한 대표적인 영문 서적으로는 Katsuichi Honda, 1998, *The Nanjing Massacre: A Japanese Journalist Confronts Japan's National Shame*, Routledge; Iris Chang, 2012, *The Rape of Nanking: The Forgotten Holocaust of World War II*, New York: Basic Books; Suping Lu, 2020, *The 1937-1938 Nanjing Atrocities*, New York: Springer; Zhaoqi Cheng and Fangbin Yang trans., 2020, *The Nanjing Massacre and Sino-Japanese Relations: Examining the Japanese "Illusion" School*, Palgrave-MacMillan가 있다.

뉴질랜드 간의 신경전을 미국과 연관 지어 다루었고, 앤 트로터(Ann Trotter) 역시 같은 주제를 다루면서 호주가 뉴질랜드보다 더 직접적으로 일본과 제2차 세계대전 당시 맞서 싸운 경험을 바탕으로 더 적극적으로 샌프란시스코강화조약 체결을 원했다는 점을 강조하였다.³ 영국에 관해서는 피터 로(Peter Lowe)가 영국이 1948~1953년까지 한국, 중국, 그리고 일본을 상대로 펼친 외교에 대해 평가하는 책을 썼고, 좌이치앙(Zhai Qiang)은 1949년 중화인민공화국 설립부터 대약진 운동이 시작된 1958년까지 영국, 미국, 그리고 중국 사이의 외교 상황을 다루는 책을 썼다.⁴ 이외에도 빅터 코프먼(Victor Kaufman)의 『공산주의에 대적하다: 미국과 영국의 중국 정책(Confronting Communism)』과 몇 편의 논문들이 국제적인 시각에서 호주와 영국의 제2차 세계대전 당시 미국을 상대로 한 외교, 전후 영국과 중국의 관계 등을 다뤘다.⁵ 하지만 호주와 영국을 개별적

---

3   Andrew Kelly, 2019, *ANZUS and the Early Cold War: Strategy and Diplomacy between Australia, New Zealand, and the United States, 1945-1956*, Open Book Publishers; Ann Trotter, 2013, *New Zealand and Japan, 1945-1952: The Occupation and the Peace Treaty*, London, England: Bloomsbury Academic.

4   Peter Lowe, 1997, *Containing the Cold War in East Asia: British Policies towards Japan, China and Korea, 1948-53*, Manchester, England: Manchester University Press; Qiang Zhai, 1994, *The Dragon, the Lion, and the Eagle: Chinese-British-American Relations, 1949-1958*, Kent, Ohio: Kent State University Press.

5   Victor Kaufman, 2001, *Confronting Communism: U. S. and British Policies Toward China*, Columbia, MO: University of Missouri Press; G. F. Hudson, 1957. 12, "British Relations with China," *Current History*, Vol. 33, No. 196, pp. 327~331; R. Ovendale, 1983. 3, "Britain, the United States, and the Recognition of Communist China," *The Historical Journal*, Vol. 26, No. 1, pp. 139~158; Lanxin Xiang, 1992. 4, "The Recognition Controversy: Anglo-American Relations in China, 1949," *Journal of Contemporary History*, Vol. 27, No. 2, pp. 319~343; K. C. Chan, 1997, "The Abrogation of British Extraterritoriality in China, 1942-43: A Study of Anglo-American-Chinese

인 사례로 분석한 논문들에 비해 호주와 영국의 샌프란시스코강화조약 정책을 비교하는 논문이나 책은 거의 없다고 봐도 무방할 정도로 호주와 영국의 샌프란시스코강화조약에 대한 입장을 비교하는 작업은 아직 한국이나 해외에서 체계적으로 이뤄져 있지 않다.

이 글은 이러한 학술 실태의 공백을 호주와 영국이 바라본 샌프란시스코강화조약을 다룬 영문 논문과 책들을 분석해서 메우는 것이 목표이며, 호주와 영국이 인식한 샌프란시스코강화조약의 중요성을 비교하면서 두 가지 주장을 펼칠 것이다. 첫째, 호주와 영국의 일본 정책에서 알 수 있는 공통적으로 중요한 사실은 샌프란시스코강화조약을 냉전의 산물로만 바라볼 것이 아니라는 점이다. 1950년대라는 특수한 전후 상황에 맞춘 지정학적 전략들을 국가적인 차원에서 고려할 때 국가 안보와 위상이라는 문제도 샌프란시스코강화조약과 밀접한 관련이 있음을 알 수 있다. 둘째, 일본의 군사력 억제라는 목표를 전후 세계 질서 확립의 근본적인 이유로 설정한 호주와 영국의 입장들도 충분히 고려할 가치가 있으며, 샌프란시스코강화조약이 냉전의 산물만이 아닌 제2차 세계대전의 끝에 따른 결과물이라는 측면을 고려하는 한편, 호주의 국가 안보와 대영제국의 존속이라는 자존심 및 정체성 문제와 직결되는 지정학적 산물이라는 새로운 시각을 가질 필요가 있다. 이 글은 이 새로운 시각을 강조하기 위해서 호주와 영국의 샌프란시스코강화조약에 대한 인식과 정책들을 살펴본 뒤, 일본을 견제하고자 한 목표는 같았지만 호주와 영국이 국가 안보와 제국의 유지 및 세계 면화 시장에서의 경쟁력 유지를 위해 일본을 억제했다는 차

Relations," *Modern Asian Studies*, Vol. 11, No. 2; Theodore Hsi-en Chen, 1952. 11, "Relations Between Britain and Communist China," *Current History*, Vol. 23, No. 152, pp. 295~303.

이 속에서 일본의 반공 국가 변모라는 미국의 구상이 호주와 영국에게 설득력이 없었다고 주장할 것이다.

이 글의 구성은 다음과 같다. 먼저 호주가 제2차 세계대전에서 경험한 일본의 군사력에 대한 기억이 매우 생생하게 남은 채로 샌프란시스코강화조약을 체결하였다는 것을 보여 준 다음, 호주가 일본의 군사력 억제를 통해 다시는 태평양 지역에서 일본이 전쟁을 수행하지 못하도록 막는 데 집중했다고 주장할 것이다. 그에 반해 영국은 일본의 경제력 회복을 군사력 억제를 통해 막고 싶어했으며, 영국이 기울어져 가는 제국의 현실 앞에서 일본을 견제하여 제국의 몰락을 막고자 노력했다고 주장하고, 이 사실을 영국과 홍콩 그리고 중국과의 관계를 통해 조명할 것이다. 마지막으로, 이 두 나라의 공동의 적은 일본이었지만 이렇듯 서로 다른 지정학적 목표를 갖고 있다는 것은 샌프란시스코강화조약을 미국처럼 단순히 냉전체제 구축을 위한 포석으로만 해석해서는 안 된다는 것을 나타낸다고 주장할 것이다.

II. 호주: 제2차 세계대전, 그리고 지우고 싶은 일본 군사력에 대한 기억

호주가 샌프란시스코강화조약에 임하는 자세와 목표는 오직 일본을 군사적으로 견제하는 것이었고, 강화조약이 이 목표만을 성취하기 위한 수단으로서 활용되기를 바랬다. 구체적으로, 호주는 전쟁에 활용된 일본의 모든 산업시설이 철거되어야 하며, 일본의 국경을 넘어선 침략 전쟁을 수행하는 모든 수단들을 동원하는 것을 법으로 금지시켜야 하고, 마지막으로 일본으로부터 전쟁 배상금을 온전히 받아 내고 천황제도 폐지하도록 압력을 넣겠다는 세 가지 목표를 포괄적으로 주장하였다.[6] 특히 호주의 마지막 목표는 미국이 포츠담회담에서 천황제를 폐지할 경우 일본이 끝까지 항전하도록 유도한다는 이유로 주저했고, 결국 포츠담선언에서 일본의 천황제를 폐지한다는 조항은 제외되었기 때문에 더욱 중요했다.[7] 호주는 오히려 천황제의 유지가 군국주의의 근간을 더 강화시킨다고 믿었다. 따라서 호주 정부는 이미 바탄 행진 그리고 싱가포르 전투 등에서 보여 준 일본군의 행보가 "무조건적 항복"을 정의하고 일본에게 요구할 수 있을 만한 충분한 증거가 된다고 주장할 수 있는 기회를 샌프란시스코 강화회의를 통해 살리고 싶어했다.[8] 미국이 정상 국가 및 냉전의 동맹으로 일본을 바꾸기 위한 일환으로 강화조약을 바라봤다면, 호주는 이보다 더 강경하게 일본의 완전한 비무장 및 재무장을 불법화하는 데 심혈

---

6 C. Hartley Grattan, 1972. 3, "The Historical Context of Australian-Japanese Relations," *Current History*, Vol. 62, No. 367, p. 169; Peter Lowe, 1997, 앞의 책, p. 48.

7 Michael Neiber, 2015, *Potsdam: The End of World War II and the Remaking of Europe*, New York: Basic Books, p. 245.

8 Michael Neiber, 2015, 위의 책, pp. 236~237. 천황제에 관해서는 Hugh H. Smythe, 1952. 12, "The Japanese Emperor System," *Social Research*, Vol. 19, No. 4, pp. 485~493; T. W. Eckersley, 1961. 4-6, "The Imperial Institution in Japan," *India Quarterly*, Vol. 17, No. 2, pp. 162~169; David A. Titus, 1980, "The Making of the 'Symbol Emperor System' in Postwar Japan," *Modern Asian Studies*, Vol. 14, No. 4, pp. 529~578; Koichi Mori, 1979. 12, "The Emperor of Japan: A Historical Study in Religious Symbolism," *Japanese Journal of Religious Studies*, Vol. 6, No. 4, pp. 522~565; Banno Junji ed., 1990, *The Emperor System in Modern Japan Acta Asiatica*, No. 59, Tokyo, Japan: Toho Gakkai; Kurihara Akira, 1990. 6-9, "The Japanese Emperor System as Japanese National Religion: The Emperor System Module in Everyday Consciousness," *Japanese Journal of Religious Studies*, Vol. 17, No. 2/3, pp. 315~340 참조.

을 기울였다. 이미 1937년에 대영제국 회의가 개최되었을 때부터 호주는 오세아니아만의 지역 방위체계의 필요성을 주장했었다. 그리고 1944년부터 호주는 일본에 대항하기 위한 오세아니아만의 국제기구를 형성하는 데 큰 관심을 보였고, 뉴질랜드와 상호 방위조약인 캔버라 협정을 맺어서 태평양 일대에서 일본의 침략에 맞설 힘이 없는 나라들을 호주와 뉴질랜드의 보호국으로 삼는다는 원칙을 선포하였다.[9] 호주의 조치들은 사회학자 모리스 할브왁스(Maurice Halbwachs)가 주장했듯이, 기억이라는 것은 근본적으로 어떤 과거의 현상이나 경험의 특정 부분이 전체를 대변할 기능을 갖도록 사회적으로 재구성되는 산물이라는 것을 직접적으로 보여주었다.[10]

호주는 유럽에서 영국군과 협력하여 싸운 적도 있지만, '제2차 세계대전'과 '일본'이 거의 동의어처럼 인식되는 분위기가 강했다. 제2차 세계대전 중에 일본이 보여 준 무력의 수위가 매우 높았다는 기억이 호주 사회 전반에 전쟁이 끝난 지 6년이 지난 시점에도 남아 있었고, 이 기억이 다시는 현실이 되어서는 안 된다는 사회적 분위기가 호주 전역에 퍼져 있었다. 호주는 제2차 세계대전을 겪으면서 일본의 공습을 호주 본토는 물론 파푸아뉴기니에서도 경험하였는데, 특히 1942년에 발생한 다윈 시 공습은 342명의 민간인 사상자를 내며 호주 역사상 외국과의 전쟁에서 가장 많은 인명 피해가 일어난 사건 중 하나였다. 일본은 제2차 세계대전 당시

---

9 Peter V. Bishop, 1961. 8, "ANZUS: Shield or Shroud? *International Journal*," Vol. 16, No. 4, p. 406; K. H. Bailey, 1946. 4, "Dependent Areas of the Pacific: An Australian View," *Foreign Affairs*, Vol. 24, No. 3, p. 498.

10 Maurice Halbwachs and Lewis Coser trans., 1992, *On Collective Memory*, Chicago and London, England: The University of Chicago Press, p. 51; Geoffrey Cubitt, 2007, *History and Memory*, Manchester, England: Manchester University Press, pp. 159~160.

가장 성능이 우수했던 제로 폭격기를 주력으로 삼아 다윈 시, 호주의 북쪽과 서쪽 해안들에 대대적인 공습을 가했으며, 한 번에 1,000킬로그램이 넘는 양의 폭탄을 한 지역에 집중 투하하는 맹렬한 공격을 퍼부어서 수많은 비행장, 비행기, 군용 시설 그리고 민간인 주거지들에 대해 광범위한 타격을 가하였다. 또한 일본은 퀸즐랜드 주가 제2차 세계대전 당시 호주에서 가장 인구 밀도가 낮은 지역이라는 점을 이용해서 잠수함 기지로 만드는 한편, 호주의 동부 해안을 장악해서 미국과 호주의 협력이 불가능하게 만들고, 항구 및 군용 건물들을 폭파시켜 연합군이 호주에 상륙하지 못하도록 야간 공습도 자주 시도하였다.[11] 일본 군대가 동남아시아를 점령하며 기세가 가장 좋은 시점에 파푸아뉴기니 등 태평양에 있는 섬들을 중심으로 일본에 대항해 싸운 결과, 호주는 일본의 압도적인 화력과 강한 호전성을 직접적으로 경험하였고, 일본의 호주 본토 상륙을 막기는 하였지만 많은 희생자를 내며 패배와 거의 다름 없는 승리들을 간간히 거두며 악전고투를 거듭하였다.[12] 일본의 공습은 1942~1943년까지 약 1년 동안만 지속되었으나 그 무차별적인 성격과 매우 큰 파괴력을 감안하면, 호주가 샌프란시스코강화조약에 참여하는 거의 유일한 목적이 일본의 군사력 성장을 완전히 억제해서 전쟁 수행이 영원히 불가능하도록 만드는 것이었다는 것은 지극히 당연하며 매우 현실적인 목표였다.[13]

---

11 Tom Lewis, 2020, *The Empire Strikes South: Japan's Air War Against Northern Australia, 1942-45*, Avonmore Books, pp. 11~27, 87~121, 139~153.
12 Tom Lewis, 2020, 위의 책, pp. 41~51.
13 Peter Lowe, 1997, 앞의 책, p. 28; R. J. Bell, 1977, *Unequal Allies: Australian-American Relations and the Pacific War*, Melbourne, Australia: Melbourne University Press; David Day, 1992, *Reluctant Nation: Australia and the Allied Defeat of Japan, 1942-1945*, Oxford University Press.

하지만 불과 3년 뒤 미국군이 일본에 주둔하며 샌프란시스코강화조약 체결을 최대한 미루고 미국이 단독으로 일본을 민주적인 '보통 국가'로 변모시켜서 소련과의 힘의 균형을 맞추고 일본이 태평양 반공 진영의 우두머리로서 주권을 회복할 수 있도록 도우려는 계획을 실행하려고 한 것을 안 호주는 필사적으로 일본이 완전한 미국의 동맹국이 되는 것을 막고 싶어 했다.[14] 왜냐하면 호주 정부는 태평양전쟁이 끝난 직후 일본 군인들만 재판할 수 있었을 뿐 일본 정부에게 직접적으로 책임을 물을 수 있는 힘과 기회를 갖지 못했기 때문이었다. 호주는 1946~1948년까지 일본의 전쟁범죄들을 심판하기 위한 군사재판소들을 파푸아뉴기니 그리고 마누스 섬 등에서 운영하였는데, 이 재판소들이 심판한 일본 군인들은 전체 인원 중 소수였을 뿐만 아니라 뉘른베르크와 도쿄 전쟁 범죄 재판들에 비해 호주에서 열린 재판들은 국제적인 관심을 받지 못하였고, 미국이 1948년 11월에 모든 재판들을 종료할 것을 연합국에게 권고하자 호주도 별수 없이 따라야 했다. 결국 호주는 마지막 재판을 1951년 4월 9일에 열고 모든 절차들을 종료해야 했다.

호주에서 열리고 종료된 재판들의 가장 큰 오점은 사형을 선고받은 일본 장교 및 군인들의 형을 단 한 명도 호주 정부의 명의로 집행하지 못하였다는 점인데, 그 이유는 호주가 비록 영국으로부터 해방되었지만 외교적으로 아직 '예속'되어 있었고, 1942년의 싱가포르 전투에서 일본에게

---

14 John Lewis Gaddis, 2005, *Strategies of Containment: A Critical Appraisal of American National Security Policy During the Cold War*, Oxford University Press, pp. 35, 37~38, 40; Roger Buckley, 2017, "Conquering Press Coverage by the New York Times and the Manchester Guardian on the Allied Occupation of Japan, 1945-52," in Antony Best ed., *Britain's Retreat from Empire in East Asia, 1905-1980*, Routledge, pp. 100, 108.

패해 자존심이 완전히 구겨진 영국의 입장에서는 일본군 전쟁범죄자들을 홍콩으로 인도해 영국의 법령들로 재판해서 승자의 존엄성을 일본에게 내보이고 싶어 했기 때문이다. 호주는 홍콩에 있는 영국 관료들의 허가 없이 일본군 전쟁범죄자들을 다룰 수 없게 되었고, 결과적으로 단 한 명도 호주의 법대로 사형을 집행하지 못한 채 모든 재판 절차들을 종료해야 했다. 이런 이유들로 인해 호주 여론이 만족할 만큼 일본을 혹독하게 단죄하지 못하게 되었다.[15]

따라서 허버트 에버트(Herbert Evatt)를 비롯한 여러 호주 정부 관료들

---

15 Adam Wakeling, 2018, *Stern Justice: The Forgotten Story of Australia, Japan, and the Pacific War Crimes Trials*, Penguin Random House Australia, pp. 46~47, 12장, pp. 256~257, 284 참조. 일본의 전쟁범죄를 다룬 다른 작품들로는 Richard Minear, 1971, *Victor's Justice: The Tokyo War Crimes Trial*, Princeton, New Jersey, Princeton University Press; Philip R. Piccigallo, 1979, *The Japanese On Trial: Allied War Crimes Operations in the East, 1945-1951*, Austin, Texas: University of Texas Press; Emmi Okada, 2009, "The Australian Trials of Class B and C Japanese War Crime Suspects, 1945-1951," *Australian International Law Journal*, Vol. 4, pp. 47~80; Kirsten Sellars, 2010, "Imperfect Justice at Nuremberg and Tokyo," *European Journal of International Law*, Vol. 21, No. 4, pp. 1085~1102; Michael Carrel, 2007, "Australia's Prosecution of Japanese War Criminals: Stimuli and Constraints," David A. Blumenthal and Timothy McCormack eds., *The Legacy of Nuremberg eds., Civilising Influence or Institutionalised Vengeance?*, Brill, pp. 239~257; David Sissons, 1997. 4, "Sources on Australian Investigations into Japanese War Crimes in the Pacific," *Journal of the Australian War Memorial*, Issue 30; Ulrich Strauss, 2003, *The Anguish of Surrender: Japanese POWs of World War II*, Seattle, Washington: University of Washington Press; Yuma Totani, 2008, *The Tokyo War Crimes Trial: The Pursuit of Justice in the Wake of World War II*, Cambridge, Massachusetts: Harvard University Press; Totani, 2015, *Justice in Asia and the Pacific Region, 1945-1952: Allied War Crimes Prosecutions*, Cambridge University Press; Sandra Wilson, Robert Cribb, and Beatrice Trefalt, and Dean Aszkielowicz, 2017, *Japanese War Criminals: The Politics of Justice After the Second World War*, New York: Columbia University Press 등이 있다.

은 미국이 일본을 반공 진영의 동지로 인정할 경우 일본이 전쟁범죄들에 대해 충분히 반성하지 않은 상황에서 빨리 전쟁범죄 국가의 신분을 반공 국가로 세탁해 버릴 위험이 있다고 우려하였다. 특히 에버트는 1944년부터 일본군 전쟁범죄 재판이 종료될 때까지 일본에 대한 강경한 입장을 버리지 않았을 뿐만 아니라 일왕 히로히토도 전쟁범죄자의 책임을 단독으로 물어서 사형시켜야 한다고 호주 정부에게 수차례 주장했으나 호주의 낮은 국제적 위상 때문에 단념해야 했기에 일본에 대한 불신과 불안감이 매우 높았다.[16] 에버트는 일본이 미국의 힘과 영향력을 등에 업고 제멋대로 냉전의 긴장감을 오용해 군사력의 강화를 꾀하려는 속셈이 있다고 생각했다. 만약 일본이 미국의 동맹국이 되거나 일본 내에서 미군정이 끝난 뒤 일본이 주권을 회복하게 되면, 상대적으로 영향력이 약한 호주와 뉴질랜드의 입장에서는 전후체제를 정리하는 데 효과적으로 의견을 낼 수 없게 되어 미국과 일본에게 호주의 안보가 좌지우지될 가능성이 있을 것으로 에버트는 우려하였다.[17] 실제로 일본 내에서는 극우 세력이 군국주의의 부활을 꿈꾸며 미국의 '지배'하에 놓인 일본이 국가로서의 자존심과 자립심을 잃어버렸다고 비난하였다. 미군정은 일본의 공산주의 세력과 극우 세력을 진정시키는 데 많은 인력과 시간을 투자하였으며, 특히 아카하타(붉은 깃발) 세력을 감시하고 체포하는 데 일본 경찰과 적극 협력하였다. 이는 사실상 미국이 일본 내의 모든 경찰권을 쥐고 있다는 인상을 심어

---

[16] Adam Wakeling, 2018, 위의 책; Department of Foreign Affairs and Trade Record 181, Attlee to Chifley, Cablegram 289, London, 12 August 1945 AA: A 1066, P45/10/1/13; Department of Foreign Affairs and Trade Record 208, Addison to Commonwealth Government AA: A1066, P45/10/1/2 참조.

[17] Thomas B. Millar, 1964, "Australia and the American Alliance," *Pacific Affairs*, Vol. 37, No. 2 (Summer, 1964), p. 155.

줬기에 극우 세력의 불만이 현실에 기반을 두고 있긴 한 것이었다. 이런 굴욕적인 상황을 일본 우익들의 입장에서는 하루빨리 미국으로부터 정치적 주권을 회복해서 다시 강한 일본이 될 수 있는 기회를 잡아야 미군정이 짓밟고 있는 일본의 국가로서의 자존심을 완전히 회복할 수 있다고 보았다.[18]

그렇지만 이와 반대로 호주는 일본이 군사적으로 강성해지는 것을 극도로 경계하였으며, 일본이 미국의 동맹국이 되면 미국의 감시가 느슨해질 우려가 있다고 긴장하였다. 1947~1951년까지 호주의 여론은 미군정이 일본에서 이룬 성과는 극히 적다고 느꼈으며, 중국 시장에 많은 의존을 하는 일본의 경제 활동을 미국이 영원히 감시한다는 보장이 없었기 때문에 지속 가능한 감시 체계를 보장하지 않는 샌프란시스코 조약만으로는 언제든지 일본이 재무장하고 헌병제 같은 제국주의를 연상시키는 제도들을 부활시킬 수 있다고 보았다.[19] 또한 호주 역시 사실상 섬나라이며 물자와 인력 면에서 일본에게 밀린다는 것을 안 호주 정부는 미국의 군사적 보호가 절실하다는 것을 알고 있었지만, 만약 일본이 아시아의 반공 진영의 지도자로 미국에게 인정받으면 그 순간부터 미국은 상대적으로 덜 중요한 호주와의 연대를 끊어 버릴지도 모른다고 생각하였다. 또한 호주는 연합국이 지나치게 금전적 배상만을 강조하고 군사적인 제재를 강

---

18 John Dower, 1999, *Embracing Defeat: Japan in the Wake of World War II*, W. W. Norton and Company; Jennifer Miller, 2019, *Cold War Democracy*, Cambridge, Massachusetts: Harvard University Press.

19 James R. Roach, 1951. 11. 21, "Australia and the Japanese Treaty," *Far Eastern Survey*, Vol. 20, No. 20, p. 206; Amry Vandenbosch, 1948. 5, "The Flaming East," *The Annals of the American Academy of Political and Social Science*, Vol. 257, pp. 23~36 참조; Werner Levi, 1947. 11. 26, "Australia and the Peace with Japan," *Far Eastern Survey*, Vol. 16, No. 20, pp. 235~236.

력하게 시행하지 않으려고 하는 모습을 부정적으로 인식했으며, 특히 영국이 미국에 비해 영향력을 회의장에서 행사하지 못하고 있는 현실에 실망감을 느꼈다.[20]

물론, 한국전쟁이 한창 진행 중이던 상황에서, 호주는 일본이 동아시아의 반공 기지 역할을 미국에게 부여받은 이상, 일본을 이용해서 중국이 동아시아 및 태평양 지역에 공산주의를 퍼뜨리는 것을 막아야 한다는 것과 장기적으로 일본과 외교관계와 무역관계를 재개해야 한다는 것을 잘 알고 있었다.[21] 하지만, 일본이 언제 전쟁 배상금 지불을 마칠지 알 수 없었고, 동남아시아에서 커져 가는 일본의 영향력이 동남아시아와의 협력관계를 강화하길 원했던 호주의 계획에 큰 차질을 빚게 될 경우 일본을 제어할 마땅한 장치가 부족할 것이라는 불안감이 호주를 사로잡았다. 특히 호주는 스리랑카 콜롬보에서 체결된 콜롬보 계획을 통해 동남아시아와 경제적, 군사적 협력을 통해 공산주의의 확산을 막는 한편, 이 지역에 대한 미국의 개입을 더 확대할 여건을 만들고 싶었는데, 일본의 빨라지는 경제 회복이 군사력 강화 및 동남아시아 시장 진출 확대로 이어질 경우 이 모든 역할을 일본에게 빼앗길 수도 있었다.[22] 그래서 호주는 샌프란시스코강화조약 체결만으로는 국가 안보를 보장하지 못한다고 믿었으며, 설령 일본이 강화조약의 제2조에 의거하여 과거 제국주의로 얻은 영토들을 모두 잃게 된다고 하더라도 직접적으로 군사력에 제약을 거는 조항이

---

20 James R. Roach, 1951, 위의 글, pp. 207~208.
21 N. D. Harper, 1951. 4. 18, "Australia, Japan, and Korea," *Far Eastern Survey*, Vol. 20, No. 8, p. 72.
22 Thomas B. Millar, 1964, 앞의 글, p. 155.

없는 한 호주의 안보 보장은 없는 것이나 마찬가지라고 생각하였다.²³

호주는 1년 동안 미국과 개별적으로 협상한 끝에 미국과 단독적으로 동맹을 맺고 싶다는 의사를 나타냈다. 존 포스터 덜레스(John Foster Dulles)는 샌프란시스코강화조약을 일본에서의 평화 안착 그리고 제2차 세계대전을 모든 전쟁을 끝내기 위한 전쟁이라고 확정하려는 목표를 지닌 문서로 규정하고 NSC-68(1950년 4월 7일에 미국이 공산주의의 확장을 억제하기 위한 대전략의 청사진을 그린 문서)을 통해 미국이 일본과 같은 동맹국들로 하여금 군사적으로 소련과 중국을 견제할 수 있게 준비하도록 하였다. 한편, 동맹국들이 자유로운 무역에 참여하면서 미국의 잠재적인 수출 시장의 역할을 할 수 있도록 하는 "수평적 유연함"을 미국이 추구할 수 있는 근거를 마련한 상황에서 미국이 호주 한 국가만을 위해 모든 지원을 약속할 수는 없다고 강조하였다.²⁴ 그래서 호주의 외교장관 퍼시 스펜더(Percy Spender)는 뉴질랜드와 엮어서라도 미국의 군사적 지원만 받을 수 있다면 괜찮다고 제안하였고, 미국이 이 조건을 받아들여서 탄생한 조약이 ANZUS이다. 하지만, ANZUS가 체결되는 과정 속에서 호주와 뉴질랜드의 대립이 잦았다. 주된 이유는 호주의 에버트 외무장관이 독단적으로 행동하며 호주가 오세아니아의 대표 행세를 하는 것이 못마땅했기 때문이다. 국제 정치학자 댄 핼버슨(Dan Halvorson)이 주장했듯이, 에버트는 호주의 안보가 곧 뉴질랜드의 안보라는 생각과 일본이 늘 전쟁을

---

23 Thomas B. Millar, 1964, 위의 글, p. 155.

24 John Foster Dulles, 1952. 1, "Security in the Pacific," *Foreign Affairs*, Vol. 30, No. 2, pp. 175~187; John Lewis Gaddis, 2005, 앞의 책, pp. 97, 99; William Appleman Williams, 2009, *The Tragedy of American Diplomacy*, New York: W. W. Norton and Company, p. 274; Peter Lowe, 1997, 앞의 책, pp. 58, 61; Cabinet minutes, 57(51)5, August 1, 1951, Cab 128/20 참조.

수행할 준비 및 능력을 가지고 있어 호주는 언제나 경계를 늦추지 말아야 하며, 호주에 관련된 문제는 호주 중심으로만 생각해도 괜찮다는 생각을 갖고 있어 두 국가의 안보를 엮어서 ANZUS의 중요성을 강조하곤 하였다.[25]

이런 전략은 뉴질랜드 정부의 우려대로 호주가 오세아니아의 맹주라는 인식에서 비롯된 점도 있지만, 호주의 입장에서 보면, 미국이 호주만의 개별적인 안보 전략을 보장할 수 없다는 말만 되풀이하는 것이 지겨웠기 때문이었다. 또한, 계속 미국에게 끌려다닐 경우 안보를 영원히 보장받을 수 없다는 조급함이 있었고, 미국의 입장에서 호주는 유럽에 비해 중요하지 않다는 것을 호주 역시 알고 있었기에 한 국가가 아닌 지역 전체가 일본의 잠재적 군사적 위협에 노출된다고 강변할 수밖에 없었다.[26] 오세아니아보다 상대적으로 훨씬 더 중요한 아시아 앞에 호주는 미국에게 의지해서라도 그 차이를 극복하고 싶어 했지만 그 과정에서 '호주'라는 국가의 낮은 위상을 그대로 미국에게 보여 주는 굴욕을 맛보는 순간이었다.

그럼에도 불구하고 호주가 이렇듯 급하게 미국과 동맹을 맺고 싶었던 가장 큰 이유로 대영제국의 급격하게 몰락하고 있는 위상을 꼽을 수 있다. 1901년에 호주는 영국으로부터 독립하였지만, 여전히 영국과의 유대감은 문화적으로 남아 있었고, 뉴질랜드처럼 영연방에 남아 있어야 문화적, 경제적 교류가 유지된다는 것을 호주 정부는 잘 알고 있었다. 외교적인 차원에서도 호주는 독립적인 대외정책이라는 개념이 영국으로부터 독

---

25 Dan Halvorson, 2019, *Commonwealth Responsibility and Cold War Solidarity: Australia in Asia, 1944-1974*, Canberra, Australia: Australian National University Press, pp. 15.

26 N. D. Harper, 1951, 앞의 글, pp. 69~74.

립하기 전에는 존재하지 않았고, 대체적으로 영국을 지지하는 입장을 고수해 왔기 때문에 호주의 '외교'는 결국 영국 외교부가 정하는 방침이 전부였다.[27] 하지만 1951년의 영국은 더는 강력한 제국을 유지할 힘이 남아 있지 않았고, 전쟁으로 망가진 영국의 경제, 사회 제도 등을 손보는 것이 급선무인 상황에서 지리적으로 멀리 떨어져 있고 상대적으로 식민지들 중에 덜 중요한 호주나 뉴질랜드의 외교를 대신 걱정해 줄 여력이 없었다.

영국은 이미 1947년에 인도의 독립을 승인했고, 1948년에는 말레이시아 공산당과 혈전을 벌여야 해서 국고의 지출이 막대했다.[28] 이런 상황에서 영국 정부는 오세아니아만을 위한 방위자금을 별도로 마련할 여유가 없었다. 더군다나 영국은 제2차 세계대전에서 보여 준 굴욕적인 모습 때문에 호주로부터 신뢰를 많이 잃은 상황이었다. 이미 영국은 1942년에 싱가포르의 함락으로 인해 호주의 최후 보루 역할을 하던 동남아시아를 일본에게 내주는 모습을 호주에게 보였고, 미얀마를 다시 수복하기 위해 일본군을 몰래 활용한 전례가 있어 만일 일본이 호주를 침략할 경우, 영국에게 의존해서는 승산이 없다는 인식이 강하게 자리 잡았다.[29] 한국전쟁

---

27 C. Hartley Grattan, 1943, "The Role of Australia in Pacific Politics," *The Antioch Review*, Vol. 3, No. 1 (Spring, 1943), p. 54; Peter Lowe, 1997, 앞의 책, p. 176.

28 Thomas K. Robb and David James Gill, 2015, "The ANZUS Treaty during the Cold War: A Reinterpretation of U. S. Diplomacy in the Southwest Pacific," *Journal of Cold War Studies*, Vol. 17, No. 4 (Fall, 2015), p. 122; David Clayton, 2017, "A Withdrawal from Empire: Hong Kong-UK Relations during the European Economic Community Enlargement Negotiations, 1960-3," in Antony Best ed., *Britain's Retreat from Empire in East Asia, 1905-1980*, Routledge, p. 155.

29 Andrew Roadnight, 2002. 4, "Sleeping with the Enemy: Britain, Japanese

이 한창이던 1951년과 1952년만을 고려하더라도 이미 영국은 미국을 따라 한국에 군대를 파견한 상황에서 추가 병력을 호주만으로 이주시키는 것은 재정적으로 큰 무리가 있어서 시행할 수 없었다. 또한 호주만을 위해 병력을 투입했다가 영국과의 유대를 더 강하게 의식하는 뉴질랜드가 형평성에 어긋난다고 항의할 경우, 영국이 뉴질랜드의 안보도 보장해야 하는 상황을 맞이하겠지만, 그럴 여력이 영국에게는 없었다.[30]

이런 상황에서 호주가 믿을 수 있는 유일한 국가는 미국이었는데, 호주가 싫어하는 일본을 끌어들일 경우 동맹의 의미가 퇴색될 수 있기에 차라리 호주와 뉴질랜드를 엮어서 미국과의 동맹을 성사시키는 것이 실리를 챙기는 길이라고 호주 정부와 에버트는 믿고 있었다. 영국의 입장에서 호주가 사전에 상의하지 않고 캔버라 협정을 체결하고 영국의 국제적 지위 하락을 호주가 악용하여 미국과 동맹을 맺을 계기로 만드는 것에 대해 서운함을 느낀다는 것을 호주는 잘 알고 있었다. 하지만 일본과 직접적인 전투를 치를 필요가 없도록 만들 수 있는 미국의 존재 하나만으로 태평양 안보를 해결할 수 있는 절호의 기회 앞에서 전통적 동맹을 지켜야 한다는 한순간의 감정은 그다지 중요한 문제가 아니었다.[31]

호주가 ANZUS 동맹을 추진한 이유로 크게 세 가지를 들 수 있다. 첫

    Troops, and the Netherlands East Indies, 1945-1946," *History*, Vol. 87, No. 286, pp. 245~268; Permanent Undersecretary's Committee, "A Third World Power or Western Consolidation" Prem 8/1204; Peter Lowe, 1997, 앞의 책, p. 5.

30 Malcolm Chalmers, 1985, *Paying for Defence: Military Spending and British Decline*, London, England: Pluto Press.

31 Dan Halvorson, 2019, 앞의 책, p. 30; Peter Lowe, 1997, 앞의 책, p. 45: John S. Galbraith, 1953. 12, "Down Under: The Underpopulated Dominions," *Current History*, Vol. 25, No. 148, pp. 348~349.

째, 뉴질랜드와 오세아니아 지역의 맹주 자리를 둔 팽팽한 기 싸움을 둘 수 있는데, 두 국가 모두 오랫동안 영국의 식민지였고 영연방 회원국이라는 공통점이 있었지만, 호주는 뉴질랜드와 달리 파푸아뉴기니에서 직접 일본군과 맞서 싸운 경험을 토대로 일본군이 태평양 지역에 가할 잠재적 위협을 잘 알고 있었다. 또한 영국의 재정 상태가 제2차 세계대전 이후 극도로 나빠진 상황에서 일본이 앞으로 호주를 직접 겨냥할 경우 영국에게 기댈 수 없다는 것을 알았기 때문에 영국보다 우월한 군사력을 지닌 미국을 통해 방위체계를 구축할 필요가 있었다. 호주는 이미 제2차 세계대전 당시 영국에게 호주를 지키기 위한 병력을 투입해 달라고 호소한 바 있지만, 유럽 전선과 태평양 전선에서 동시에 독일과 일본에 맞서야 했던 영국에 의해 묵살당하였고, 이 경험으로 인해 비록 독립했지만 여전히 '반식민지' 상태에 놓인 호주의 현실을 호주 정부는 직시할 수밖에 없었다.[32] 따라서 영국과의 협상에서 실패한 경험을 되풀이하지 않고 호주를 영연방 회원으로 낮추어 보는 영국보다는 독립된 국가로서 인지하고 보다 더 동등한 입장에서 협상할 수 있는 미국을 호주는 더 선호하였다. 즉, 호주는 국가로서의 자존심을 지키면서 최소한의 비용을 들여 최고의 방위체계를 구축할 수 있는 선택지를 고르는 셈이었기에 미국과의 동맹은 당연한 수순이었다.[33]

둘째, 미국이 필리핀 등과도 군사협정을 맺을 계획이 있음을 알게 되자

---

[32] G. St. J. Barclay, 1977. 5, "Australia Looks to America: The Wartime Relationship, 1939-1942," *Pacific Historical Review*, Vol. 46, No. 2, 265; Grace P. Hayes, 1943, "The History of the Joint Chiefs of Staff in World War II: The War against Japan, Vol. I, Pearl Harbor through Trident," (Ms. Microfilm Job No. F-108), p. 90, World War II Command File, deposited in the Operational Archives, Naval History Division, Washington Navy Yard.

[33] G. St. J. Barclay, 1977, 위의 글, pp. 265~266.

호주 정부는 시행하고 있던 '백호주의 정책(White Australia Policy: 1901년에 호주를 '영국적인' 국가로 보존하기 위해 호주로의 이민을 제한한 법)'의 일관성과 정당성을 호주 국민들에게 납득시킬 필요가 생겼다. 또한 백인 유럽계 민족이 아닌 필리핀과 같은 동남아시아 국가들과 같은 방위조약을 미국과 맺을 경우 호주가 '동남아시아급' 국가로 전락할 수 있다는 다소 인종차별적인 계산을 하게 되었다. 아울러, 옆 나라인 뉴질랜드도 백인계 이민자만 받아들이는 '백 뉴질랜드 정책(White New Zealand Policy)'을 펼치고 있어서 만일 호주가 필리핀과 똑같은 군사협정을 맺는 상황을 정당화하기 위해 갑자기 백호주의 정책을 버린다면 호주가 뉴질랜드와 공유하던 유일한 문화적 고리마저 끊기게 되어 뉴질랜드와 동시에 미국과 군사조약을 맺는 이유가 불분명해질 우려가 있었다.[34] 호주의 입장에서는 한시라도 빨리 미국과 동맹을 어떻게든 맺어야 일본으로부터 보호가 보장되는 상황에서 불필요하게 뉴질랜드에게 백호주의를 버리게 된 경위에 대해 추가적인 설명을 해야 하는 것을 피하고 싶었다.

호주가 ANZUS 체결을 서두른 마지막 이유는 미국이 아무리 세계 제일의 경제대국으로 부상하였다고 하더라도 존 포스터 덜레스가 호주 외교부 장관 스펜더에게 말했듯이, 미국이 순전히 호주만을 위한 특별 방위체계를 구축할 만한 이유도 경제적 여력도 없었기 때문에 조약으로 미국이 어느 정도 호주를 보호해 줘야 할 근거라도 마련해 놓지 않으면 미국이 언제든지 호주를 버리고 더 중요한 유럽에 대한 안보 보장을 강화할

---

[34] Thomas K. Robb and David James Gill, 2015, 앞의 글, p. 146; Gwenda Tavan, 2005, *The Long, Slow Death of White Australia*, London, England: Scribe Publishing.

수 있었기 때문이다.³⁵ 미국의 입장에서는 일본을 빨리 아시아의 반공 진영의 지도자로 키워야 하는 상황에서 호주가 과도한 액수를 전쟁 배상금으로 요구할 경우, 일본의 경제 성장이 더뎌지고 방위 체계 구축도 그만큼 느려질 수 있다는 점을 우려했다. 호주 정부는 미국과의 군사력 및 경제력 차이에서 비롯된 덜레스의 논리를 받아들일 수밖에 없었다. 왜냐하면 앞서 언급한 것과 같이, 이미 제2차 세계대전 당시 호주 정부가 영국과 미국에게 군사적 지원이 필요하다고 호소했음에도 영국은 중동 및 유럽을 방어하는 것을 더 우선시하는 경향을 보였고, 미국에게도 독일을 격퇴하기 전까지는 호주에 신경 쓸 수 없다는 답변을 들었지만, 그 당시까지만 해도 호주의 전통적인 우방은 영국이었고 미국과의 교류는 거의 없었기 때문에 호주는 미국의 무관심을 어느 정도 인정해야 했다.³⁶

하지만 1951년의 호주는 더는 인내심을 발휘하지 않고 자신이 취할 수 있는 최선의 이익을 반드시 챙기겠다는 의지가 강한 국가였다. 전쟁이 끝난 1951년에 일본의 군사력 강화 가능성에 대비하는 차원에서 요청하는 미국의 지원은 호주 입장에서 반드시 필요한 도움이었고, 일본이 항복한 이후에 요청하는 것이므로 충분히 미국이 도와줄 수 있는 것이라고 판단했다. 물론, 전쟁의 피해 규모만을 놓고 보면, 호주 정부는 유럽에 비해 미국의 지원을 받을 당위성이 부족하다는 것은 잘 알고 있었다. 제2차 세계대전의 주요 전쟁터였던 유럽에 비해 호주는 일본이 직접 폭격한 다윈 시의 참변 외에는 전쟁으로 인한 피해가 막심하진 않았기 때문에 미국

---

35 Neville Meaney, 2001, "Look Back in Fear: Percy Spender, the Japanese Peace Treaty and the ANZUS Pact," *San Francisco: Fifty Years Later*, London School of Economics and Political Science.

36 John Gooch, 2003. 11, "Great Britain, Australia, and the War against Japan," *War in History*, Vol. 10, No. 4, p. 425.

이 호주만을 위해 특별히 군사를 더 파견할 의무나 명분은 없었다.[37] 그리고 설령 미국이 호주를 전격적으로 지원할 수 있다고 하더라도 뉴질랜드와 함께 동맹을 신청한 사실 때문에 호주가 만일 미국의 보호를 독점할 경우 뉴질랜드의 거센 항의를 받을 가능성이 있었다. 뉴질랜드는 호주보다 영국과의 동맹이 더 강력한 상태였기 때문에 항의의 파장이 클 경우 호주는 영연방 내에서 뉴질랜드 그리고 영국과 큰 외교적 갈등을 빚을 수 있었다. 그래서 호주의 입장에서는 뉴질랜드와 공동으로 미국과의 군사 동맹을 추진하는 외형적인 구조를 통해 뉴질랜드가 호주에 대해 느낄 열등감을 미리 사전에 차단하고 오로지 동맹을 체결하는 데 집중할 수 있도록 만드는 것이 중요했다. 그리고 이 동맹을 체결함으로써 호주와 뉴질랜드 모두 영국으로부터 독립된 외교 정책을 펼칠 수 있는 역량을 증명하는 계기를 마련할 수 있었고, 호주는 뉴질랜드보다 더 국제적인 지위가 높은 상황을 십분 활용할 충분한 동기부여가 되었다.[38]

ANZUS는 '공식적으로 그리고 정식으로' 호주, 미국, 뉴질랜드의 통합을 도모하여 침략자가 이 동맹의 구성원이 홀로서기를 하고 있다는 인상을 심어 주지 않는 것을 목표로 하며, 태평양에 대한 공격은 각 구성원의 안보에 '심각한 위협을 준다는 인식'을 공유하는 것을 원칙으로 삼았다. 마지막으로, 이러한 위협이 한 구성원에게 들이닥칠 경우 나머지 구성원들이 원조할 의무가 있음을 명시하였다. 이 조약의 의의는 세 가지로 요약할 수 있다. 첫째, 호주의 안보에 위협이 가해질 경우 미국에게 공식적으로 조언을 전할 수 있는 역할을 부여해서 호주가 침략에 대비한 군사

---

[37] Edward W. Hill, 1942. 6, "Hitting Back at Japan," *Current History*, Vol. 2, No. 10, p. 257.

[38] Peter V. Bishop, 1961, 앞의 글, p. 407.

적 훈련이나 물자의 운반 등에 대한 부담을 덜 수 있는 계기를 마련하였다.[39] 둘째, 이 조약은 미국, 뉴질랜드, 그리고 호주가 정기적으로 각자의 안보 상황을 공유할 수 있는 위원회를 구성할 수 있는 법적 근거를 마련해서 신속한 소통이 가능하게 만들고 그로 인한 유대감을 더 강화시켜 동맹의 결속력을 더 다질 수 있는 기회를 제공하였다. 마지막으로, 호주의 안보가 일부분 미국의 책임이라는 단서를 조약에 심어 놓음으로써 미국이 호주를 방어하는 데 효율적으로 돕지 못할 경우 미국의 국제 신뢰도에 금이 갈 수도 있도록 설계하였다. 호주가 비록 영국이나 유럽의 강대국들보다 덜 중요하다고 하더라도 미국이 호주를 돕지 않거나 돕지 못할 경우 미국의 전통적 우방인 서유럽 국가들과의 신뢰가 깨질 가능성이 존재한다는 것을 이 조약은 암시하였다.[40]

이러한 조약의 특성을 통해 호주의 중요성을 지역적 한계 때문에 직접적으로 나타낼 수 없다면 미국의 국제 신용을 역이용해서라도 미국에게 호주의 안보가 얼마나 중요한지 간접적으로 나타내고자 한 호주 정부의 노력이 돋보인다. 미국의 국제 신용도를 보험으로 삼아 호주는 빈약한 국방력을 키울 시간을 벌 수 있고, 일본을 견제해야 하는 문제를 미국에게 맡김으로써 호주가 실패하거나 실수할 부담을 일부분 줄일 수 있는 기회를 갖게 되었으니 호주의 입장에서는 일석이조의 효과를 지닌 매우 중요한 조약이었다.[41] 미국에게 생기는 거의 유일한 이점이 동아시아에서 전쟁이 일어날 경우 호주 및 뉴질랜드에 군사 기지들을 설립하고 운영해

---

39 Peter V. Bishop, 1961, 위의 글, p. 407.
40 Thomas B. Millar, 1964, 앞의 글, p. 150; Robert Gordon Menzies, 1952. 1, "The Pacific Settlement Seen from Australia," *Foreign Affairs*, Vol. 30, No. 2, pp. 195~196.
41 Thomas B. Millar, 1964, 위의 글, pp. 148~160.

서 전쟁에 대한 신속한 정보를 얻는 것 정도라는 것을 생각하면 호주가 국방 강화를 위해 챙겨야 할 이권들은 거의 모두 보장해 주는 매우 실리적인 조약을 체결했다고 볼 수 있다.[42]

하지만, 앞서 언급한 ANZUS의 세 가지 이점들의 공통적인 이면을 살펴보면 호주의 전통적인 우방인 영국이 ANZUS가 명시한 미국의 역할을 더는 수행하지 못한다는 것에 대한 씁쓸한 확신이 담겨 있다는 것을 알 수 있다. 달리 말하면, ANZUS는 대영제국에서도 태양이 저물 수 있는 가능성이 점점 농후해지는 시대에 살고 있는 것에 대한 호주의 불안감을 나타낸 조약이며, 세계의 중심축이 더는 영국에 있지 않고 미국으로 이동했다는 것을 알리는 문서이다. 특히 대영제국의 국제적 위상이 1950년대에 들어 추락한 것은 호주뿐만 아니라 영국에게도 큰 심리적 타격 및 안보에 대한 큰 걱정거리로 작용하였다. 일본의 군사력 억제라는 목표를 호주와 공유하고 있었음에도 그 목표를 통해 중국과의 교류를 강화하고 세계 면화 시장에서 선두를 지키고자 했던 영국의 야망은, 국가 안보에 대한 위협으로 주로 일본을 인식하는 호주와 큰 차이가 있었다. 이 차이를 정확하게 이해하기 위해서는 영국이 본 일본의 군사력과 경제력의 관계는 호주가 인식한 일본의 군사력의 의미와 어떻게 달랐는지 이해할 필요가 있다.

---

[42] Thomas B. Millar, 1964, 위의 글, p. 158; 호주와 비교해서 뉴질랜드는 외교적 고립주의를 선호했기 때문에 ANZUS의 중요도가 호주에 비해서 크지 않았다. 이에 대해서는 Daniel Mulhall, 1987, "New Zealand and the Demise of ANZUS: Alliance Politics and Small Power Idealism," *Irish Studies in International Affairs*, Vol. 2, No. 3, pp. 61~77 참조.

III. 영국: 기울어 가는 제국 그리고 일본의 경제력 성장 억제를 통한 영향력 유지에 대한 야망

앞서 언급한 호주의 상황과는 정반대로, 영국이 '대영제국에서 해는 지지 않는다'라는 명제에 의심을 가질 만한 정황들이 1940년대 후반부터 나타나기 시작하였다. 제2차 세계대전의 승전국이었으나 전쟁이 끝난 직후 대영제국은 조금씩, 하지만 분명하게 분열되고 있었다. 이미 영국이 일본과 동맹을 맺은 시점에서 제1차 세계대전 발발까지의 과정 속에서 일본은 새롭게 떠오르는 강국이었고 영국은 강대국의 지위에서 '은퇴'하기 시작했다고 보는 견해도 있지만, 영국의 확실한 몰락을 알린 시점은 제2차 세계대전 직후라 할 수 있다.[43] 너무 많은 정부 부서들이 아시아에 있는 대영제국의 영토들을 관리해서 제1차 세계대전이 끝난 후에는 관료들 간의 혼선과 혼란이 극심하였고, 제2차 세계대전이 끝난 직후에는 그 혼란이 최고조에 달해 통제 불능에 이르렀다.[44] 앞서 언급했던 인도와 말레이시아에서 영국이 겪었던 일들과 아울러 영국은 1949년 중화인민공화국의 수립과 동시에 수많은 중국인들이 홍콩으로 망명해서 홍콩의 인구 및 정치적 지위 관리에 애를 먹고 있었다. 영국은 홍콩과 동남아시아를

---

[43] Ian Nish, 2017, "Early Retirement: Britain's Retreat from Asia, 1905-1923," in Antony Best ed., *Britain's Retreat from Empire in East Asia, 1905-1980*, Routledge, pp. 8~20; Peter Lowe, 1969, *Great Britain and Japan, 1911-1915: A Study of British Far Eastern Policy*, London, England: MacMillan; Ian Nish, 1972, *Alliance in Decline: A Study in Anglo-Japanese Relations, 1908-1923*, London, England: Athalone 참조.

[44] A. J. Stockwell, 2017, "In Search of Regional Authority in Southeast Asia: The Improbable Partnership between Lord Kilearn and Malcolm MacDonald, 1946-1948," in Antony Best ed., *Britain's Retreat from Empire, in East Asia, 1905-1980*, Routledge, pp. 117~118.

통해 중국과의 교류를 이어가고 있었지만, 일본이 제2차 세계대전 이후 경제를 재건하려는 움직임을 보이자 영국 정부는 전통적인 수입원이었던 면화 산업이 타격을 입을 것이라는 우려 속에 어떻게 해서든 홍콩과 동남아시아의 말레이시아와 싱가포르를 지켜 내고 싶었다.[45] 아울러, 급성장한 일본의 면화 사업이 값싼 노동력과 기술적인 우위를 앞세워 영국의 면화 시장 점유율을 급격하게 떨어트리지 못하도록 일본의 군사력을 넘어서 경제에도 제재를 가하고 싶어 했다. 앞서 언급한 호주의 입장에서 보면 경제 제재를 군사적 제재보다 중시하는 영국의 모습이 못마땅했겠지만, 영국의 입장에서 보면 일본을 잠재적 경쟁자로 성장하지 못하게 하는 것은 대영제국이 말레이시아와 싱가포르를 계속 점령하고 있는 명분을 마련하는 중요한 일이었다.

또한 호주와 달리 영국은 중국과의 관계가 매우 중요했다. 비록 1950년대 초의 영국의 중국 시장 점유율은 0.7%에 불과했지만, 이 점유율의 상당 부분이 중국의 가장 선진적이며 경제 활동이 활발한 지역인 상하이에 집중되어 있었다.[46] 또한 앞서 언급한 바와 같이 영국에게 홍콩을

---

[45] 싱가포르를 지키기 위한 영국군의 노력과 싱가포르의 함락에 대해서는 George Sansom, 1944. 1, "The Story of Singapore," *Foreign Affairs*, Vol. 22, No. 2, pp. 279~297; J. Neidpath, 1981, *The Singapore Naval Base and the Defence of Britain's Eastern Empire, 1919-1941*, Oxford University Press; Edward W. Mill, 1942. 4, "Japan Over the Pacific," *Current History*, Vol. 2, No. 8, pp. 95~101; W. David McIntyre, 1969. 3, "The Strategic Significance of Singapore, 1917-1942: The Naval Base and the Commonwealth," *Journal of Southeast Asian History*, Vol. 10, No. 1, pp. 169~194; Louis Morton, 1961, "Britain and Australia in the War against Japan: Review Article," *Pacific Affairs*, Vol. 34, No. 2 (Summer, 1961), pp. 184~189 참조. 홍콩에 대해서는 Peter Lowe, 1997, 앞의 책, p. 94; Note by Bevin, March 17, 1949, Enclosing Report by Strang, CP(49) 67, 129/33, part 2 참조.

[46] K. C. Chan, 1977, 앞의 글, p. 263.

점령하고 있는 것은 곧 중국과의 교류 지속을 의미했기 때문에 중국의 심기를 건드리지 않으면서 아편전쟁 때 얻은 홍콩을 통해 최대한 경제적 이익을 취하는 것은 대영제국의 쇠락의 속도를 늦추는 몇 안 되는 방법 중 하나였다. 중국과의 무역은 단순히 중국인들과 하는 무역을 의미하는 것이 아니라 세계에서 가장 많은 인구와 물적 자원을 지닌 장소에서 한다는 상징적인 의미가 더 중요했기 때문에, 만약 중국과의 관계가 틀어질 경우 일본이 영국의 빈자리를 경제력을 앞세워 차지할 가능성이 있었다. 따라서 영국은 재빠르게 중화인민공화국의 수립이 선포되자마자 승인하였으며, 샌프란시스코강화조약 회의에 참석한 1951년에는 오직 일본을 적극적으로 압박하고 제재하는 것에 관심을 두었다.

  영국은 샌프란시스코강화조약 체결 과정에 최대한의 영향력을 발휘하기 위해 세 가지 초안을 준비하였는데, 첫 번째 초안은 일본이 일으킨 전쟁에 대한 책임을 일본이 제국주의를 통해 점령한 영토들의 반환을 통해 묻는 데 집중하였다. 일본에게 '침략을 강행한 분명한 책임'을 묻는 한편, 한국의 독립을 보장하고, 유엔(UN)에서 결의한 '한국에 관한 모든 사항들을 일본이 준수'할 것을 요구하였다.[47] 또한, 첫 번째 초안에서부터 마지막 초안까지 유지된 유일한 요구 사항으로 일본의 '중국 내에서 취한 특별한 이권'이라는 항목이 있었는데, 그 조항의 요지는 일본이 의화단 사건에 개입한 대가로 얻은 중국 내에서의 모든 이권들을 포기한다는 것이었다. 사실상 일본의 영토를 최대한 축소시키고 중국 내에서의 영향력을 최소화시키는 것을 최대 목표로 하는 강화조약을 영국은 구상하였다.[48]

---

47 Article 6 and 7 of the Provisional (First) Draft of the British Peace Treaty with Japan. 영국 외교부 문서 *(FO 371-92529~92534)*, 동북아역사재단, 2013.

48 Article 10 of the Provisional (First) Draft of the British Peace Treaty with

하지만, 영국이 제시한 요구 사항들을 모두 이행하기 위해서는 국제적 당위성이 필요했고, 특히 제2차 세계대전 이후 세계 최고의 공업 및 군수 산업을 바탕으로 세계 정치 및 경제에 가장 큰 영향력을 행사한 미국의 확실한 지지를 이끌어 낼 필요가 있었다.

영국은 전쟁책임을 일본에게 물을 수 있는 지위의 당위성을 높이기 위해 영국 정부 단독의 요구가 아닌 '연합국'의 일원으로서 첫 번째 초안을 구상하였는데, '연합국'은 호주, 뉴질랜드, 영국, 그리고 미국을 포함하는 개념으로 설정하고 일본을 상대로 손해 배상을 청구하는 문서였다. 연합국에 대한 일본의 '침략 전쟁'을 규탄하는 한편, 일본이 '무조건적인 항복'을 포츠담선언과 유엔인권선언에 근거하여 선언해야 한다고 주장하였다.[49] 일본의 무조건적인 항복이 이뤄져야 비로소 연합국은 일본을 '보통 국가'로 인정하여 유엔의 정식 회원국이 되는 길을 열어 줄 것이라고 경고하였다. 첫 번째 초안은 특히 일본제국의 해체에 신경을 많이 썼는데, 제7항은 일본이 한국의 완전한 독립을 인정하고 일본이 제국주의 침략으로 얻은 영토들을 모두 제외한 일본의 가장 큰 섬 4개만이 '일본'을 구성한다고 규정하였다.[50] 첫 번째 초안은 철저하게 일본제국의 완전한 해체를 목표로 삼고, 일본이 부당하게 일으킨 제2차 세계대전이 침략적인 전쟁임을 명시하였으며, 이에 따른 대가는 일본의 영토가 과거 일본이 점령했던 모든 식민지들을 제외한 지역들로 축소된다는 점을 강조하였다. 제국주의의 완전한 해체만이 일본이 온전히 인권의 존엄성을 인정한다는

Japan. 영국 외교부 문서 *(FO 371-92529~92534)*.

49 Article 4 of the Provisional (First) Draft of the British Peace Treaty with Japan. 영국 외교부 문서 *(FO 371-92529~92534)*.

50 Articles 6, 7, 8, 9,10, 11, and 12 of the Provisional (First) Draft of the British Peace Treaty with Japan. 영국 외교부 문서 *(FO 371-92529~92534)*.

증표가 될 수 있었고, 이 증표를 받아들여야만 국제 사회의 정상적인 일원으로서 활동이 가능하다는 것을 강조한 문서였다.

하지만 영국이 두 번째와 세 번째 초안을 준비하면서 끝까지 고민한 중요한 문제가 있었는데, 바로 중국 시장에서 일본을 어떻게 합법적인 장치로 견제하느냐는 문제였다. 일본이 제2차 세계대전의 전범국으로 큰 책임을 지고 일본제국의 해체를 단행하는 것은 영국의 입장에서 당연한 처사였지만, 미국이 일본을 동아시아의 반공체제의 지도자로 삼고 싶어 한다는 것을 영국은 잘 알고 있었기 때문에 시장 경제의 기본 원칙인 자유무역으로부터 일본을 배제하는 것에 대해 영국 외교부 내에서는 갑론을박이 여러 달 동안 오갔다. 전범국으로 직면해야 할 벌의 일부로서 중국 진출을 제한하는 것이 원칙적으로는 가능했지만, 미국이 일본을 동아시아의 반공 진영의 지도자로 인식하고 있는 상황에서 더 강압적인 제한 조치들을 일본에게 적용시킬 경우 영국은 미국과의 외교관계 악화라는 원하지 않는 상황을 감수해야 할 수도 있었기 때문에 조심스러웠다.[51] 영국이 중국에서 지속적인 무역을 하면서 경제적 이권을 지켜야 하는 국익 또한 걸려 있는 민감한 문제였기 때문에 공식적으로 '일본의 중국 진출을 제한한다'라고 국제 조약에 명시할 경우, 일본의 경제권 침해라는 항의가 있을 게 분명해 보였고, 미국이 일본의 군건한 동맹국이었기 때문에 일본의 심기를 불편하게 만드는 것은 곧 미국의 심기를 불편하게 만드는 일로

---

51 Kazuo Kawai, 1979, *Japan's American Interlude*, Chicago, IL: The University of Chicago Press; Roger Buckley, 1982, *Occupation Diplomacy: Britain, the United States, and Japan, 1945-1952*, Cambridge, England: Cambridge University Press; Michael Schaller, 1985, *The American Occupation of Japan: The Origins of the Cold War in Asia*, Oxford, England: Oxford University Press.

번질 수 있었다.

또한 영국의 국내 경제를 재건하기 위해서는 미국의 자본 유입이 절실했다. 하지만 미국에게 있어 영국은 그저 한 동맹국에 불과할 뿐이었다. 그러나 대영제국 내에서 영국에게 경제적 원조를 해 줄 만한 여유를 지닌 국가는 없었기 때문에 일본이 공정한 무역을 할 권리까지 빼앗으며 미국과 영국의 관계를 악화시킬 수는 없었다. 그럼에도 불구하고 무작정 미국의 지원만을 기대하고 미국이 시키는 대로 움직인다는 것은, 영국 정부의 입장에서는 자존심이 많이 상하는 일이었다. 영국이 어마어마한 전쟁 부채를 해결하기 위해서는 계속 세계에서 가장 큰 시장인 중국이 필요했고, 일본이 중국 시장 내에서 영국의 몫마저 빼앗는 상황을 지켜만 볼 수 없었기 때문에 영국은 첫 번째 초안의 17항인 "일본은 중국에서 얻은 모든 특별한 이권과 편의를 포기한다"는 표현을 조약의 마지막 사본에도 그대로 유지하였다.[52] 그러는 한편, 영국은 일본이 일정 수준의 경제력을 유지하되 불공정한 무역을 추구하는 것은 규제한다는 미국의 입장에 적극적으로 합의하였다.[53] 미국과의 동맹은 유지하면서도 경제적 실리는 챙기겠다는 영국의 전략이 그대로 드러나는 대목이다.

영국은 1949년 10월에 중화인민공화국 수립이 선포되자마자 중국과 정식 외교관계를 맺었지만 중국이 공산국가였던 탓에 소련과의 연대를

---

[52] Zong-ping Feng, 1994, *British Government's China Policy, 1945-1950*, Edinburgh, Scotland: Edinburgh University Press, 2장; Article 17 of the Provisional (First) Draft of the British Peace Treaty with Japan. 영국 외교부 문서 *(FO 371-92529~92534)*.

[53] Peter Lowe, 1997, 앞의 책, p. 15; Douglas to Acheson, February 20, 1948, *Foreign Relations of the United States, 1948, The Far East and Australasia, Vol. VI* (Washington, D. C.: United States Government Printing Office, 1974), pp. 664~665.

더 중시할 가능성에 대해 늘 불안해 하였다. 만일 중국이 영국이 자본주의 국가라는 이유로 중국과의 무역에서 배제한다면, 중국에 있는 영국의 상업적 이익과 이권들은 물론 동아시아에서 남아 있던 유일한 식민지인 홍콩을 관리할 수 있는 명분을 잃어버리기 때문에 중국 내에서 일본의 경제권을 보장하는 문구를 강화조약에 넣을 수 없었다.[54] 하지만 앞서 언급한 바와 같이 일본이 동아시아에서 미국이 가장 신뢰하는 동맹국임을 잘 알고 있던 영국이기 때문에 일본을 완전히 중국에서 배제시키고 싶은 속내를 드러낼 수는 없었다. 그래서 '특별한 이권과 편의'가 의화단 운동 진압 과정에서 얻은 이권들이라는 축소된 의미로 설정되도록 하였고, 일본의 중국 시장 진출을 어느 정도 인정하는 선에서 제한도 설정하는 실리적인 전략을 영국은 선택하였다.

이 전략을 선택했음에도 일본이 전범국으로서 충분히 불이익을 당하지 않고 있다고 생각한 영국 정부는 이에 만족하지 않고 '유엔'의 범주 안에 중국을 포함시켜서 중국이 최혜국 대우를 받는 한편 일본에게는 같은 대우를 적용하지 않는 조항을 명시하였다. 유엔은 수입 관세를 부과할 권리 및 세계 곳곳에 흩어져 있는 연합국의 재산을 보호할 권리를 가졌지만 일본은 전범국이었기 때문에 이와 같은 권리들을 행사할 수 없도록 만들었다.[55] 한 국가가 다른 국가를 상대로 제재를 가하는 것이 부당해 보인다

---

54 Telegram No. 984 from the Foreign Office to Washington, February 27, 1951, pp. 53, 54. 영국 외교부 문서 (FO 371-92529~92534).

55 Articles 37 (a), (b), and (c) of the Provisional (First) Draft of Japanese Peace Treaty, 영국 외교부 문서 (FO 371-92529~92534). 최혜국 대우에 관해서는 Earl H. Prichard, 1942, "The Origins of the Most-Favored-Nation and the Open Door Policies in China," *The Far Eastern Quarterly*, Vol. 1, No. 2, p. 166; Stanley Hornbeck, 1909. 7, "The Most-Favored-Nation Clause," *The American Journal of International Law*, Vol. 3, No. 3, pp. 619~647 참조.

면, 세계의 여론이 일본에게 국제적인 규모의 제재를 가하면 그 정당성을 확보할 수 있다는 계산이 깔려 있었다. 또한 유엔이 사실상 미국의 주도 하에 설립된 국제기구였으므로, 영국은 미국의 권위를 이용하여 일본을 간접적으로 마음껏 제재하는 것을 합법적으로 국제적 효력을 지니게 하고 싶다는 속내를 여과 없이 드러냈다. 이러한 조치들은 유엔에게는 자유 무역의 원칙을 공평하게 적용해서 세계적으로 자유 무역이 성행하도록 만들려는 영국 정부의 노력처럼 보이지만, 일본을 최혜국 대우에서 제외시킴으로써 전쟁책임을 지게 하는 한편 중국 시장에 멋대로 진출해서 중국에서 영국의 강력한 경쟁국이 되지 못하게 하는 일석이조의 효과를 노린 조치였다. 영국 정부 안에서도 최혜국 대우를 일본에게 적용하지 않은 이유는 일본을 유엔 회원국으로 취급하지 않고 단지 '개별적인 국가'로 취급하기를 원한다는 의견이 대세를 이루었으며, 일본의 자유로운 중국 진출을 막음으로써 '영국이 손해를 보는 일'이 없도록 하는 것이 영국의 국익에 가장 부합한다는 의견이 지배적이었기 때문이다. 일본을 제재하는 제17조 같은 조항들은 이 의견이 적극 반영된 조치였다고 볼 수 있다.

영국이 이토록 일본을 견제한 이유는 앞서 언급한 홍콩에 대한 지배권 유지와 덧붙어 일본이 제2차 세계대전을 일으킨 경제적인 이유와 1950년부터 성장한 동남아시아 내 일본 자본의 영향력을 꼽을 수 있다. 1920년대의 일본은 다섯 가정 중 두 가정 꼴로 면제품을 미국에 수출함으로써 수익을 내고 있었는데, 대공황의 여파로 미국 내의 일본 제품에 대한 수요가 급격하게 줄자 일본은 다른 수입원을 찾기 위해 중국과 동남아시아를 상대로 제국주의적 정책들을 실행하였고, 전쟁이 끝난 이후에도 중국

과 동남아시아에 의존해서 외화를 벌어들이는 구조는 변하지 않았다.[56]

영국의 입장에서 보면, 이러한 일본의 전략은 심기를 매우 불편하게 만들었다. 1948년에 일어난 사건으로 인해 동남아시아에서 가장 큰 식민지인 말레이시아와의 관계가 껄끄러운 상황은 영국이 더는 동남아시아는 물론 아시아 전체에 일어나고 있었던 민족주의의 물결을 막을 수 없는 현실을 일깨워 줬다.[57] 하지만 영국이 동남아시아를 다시 장악하지 못한 채 일본이 말레이시아와 싱가포르에 투자를 강화한다면, 대영제국의 위상은 이미 많이 낮아진 상황에서 걷잡을 수 없는 추락을 경험하게 될 것이고, 만일 말레이시아마저 영국으로부터 독립하게 된다면 홍콩을 영연방에 종속시킬 명분이 부족하게 될 우려가 있었다.[58] 하지만 홍콩이 일본에게 경

---

[56] Kaoru Sugihara, 1997. 4, "The Economic Motivations Behind Japanese Aggression in the Late 1930s: Perspectives of Freda Utley and Nawa Toichi," *Journal of Contemporary History*, Vol. 32, No. 3, pp. 259~280; Shinichi Ichimura, 1980. 7, "Japan and Southeast Asia," *Asian Survey*, Vol. 20, No. 7, pp. 754~762 참조.

[57] Nicholas Mansergh, 1948. 10, "Postwar Strains on the British Commonwealth," *Foreign Affairs*, Vol. 27, No. 1, pp. 129~142; Kenneth P. Landon, 1943. 2, "Nationalism in Southeastern Asia," *The Far Eastern Quarterly*, Vol. 2, No. 2, pp. 139~152; Max Mark, 1952. 9, "Nationalism versus Communism in Southeast Asia," *The Southwestern Social Science Quarterly*, Vol. 33, No. 2, pp. 135~147; D. P. Singhal, 1962. 3, "Nationalism and Communism in Southeast Asia: A Brief Survey," *Journal of Southeast Asian History*, Vol. 3, No. 1, pp. 56~66; J. T. Everett, 1960, "Postwar Developments in Southeast Asia," *The Southwestern Social Science Quarterly*, Vol. 41, pp. 259~267; Richard Mason and Abu Talib Ahmad eds., 2006, *Reflections on Southeast Asian History Since 1945*, Penang, Malaysia: Penerbit Universiti Sains Malaysia과 *Journal of Malaysian Branch of the Royal Asiatic Society*, Vol. 80, No. 2 (December, 2007), pp. 98~101에 실린 Loh Wei Leng의 서평 참조.

[58] James Tang, 1994. 5, "From Empire Defence to Imperial Retreat: Britain's Postwar China Policy and the Decolonization of Hong Kong," *Modern Asian Studies*, Vol. 28, No. 2, pp. 317~337.

제적으로 많이 의존하고 있는 상태에서 영국이 홍콩에 대한 지배권을 유지할 수 있는 유일한 방법은 중국과 친하게 지내서 일본이 홍콩에 진출하는 것을 막는 것이었다.[59] 중국에서 영국이 차지하는 영향력은 작았지만, 홍콩을 통해 지속적인 외화를 벌어들일 수 있었기 때문에 중국 정부에게 잘 보여서라도 홍콩을 영국령으로 남게 하고 싶어 했다. 또한 국공내전이 한창 진행되고 있는 상황에서 수많은 중국 지식인, 기업인, 그리고 일반 시민들이 홍콩으로 망명을 갔기 때문에 영국은 홍콩에 본래 살고 있는 사람들에 국한되어서만 행정권을 행사할 수 있었다.[60] 중국으로부터 망명객을 더 많이 받아들일수록 홍콩에 대한 영국의 지배권은 중국의 입김에 좌지우지될 수밖에 없었고, 중국과의 관계를 이념의 차이와 상관없이 유지해야 영국은 제국으로서의 모습을 그나마 유지할 수 있었다.

근본적으로, 영국이 제국으로서의 모습을 유지하기 위해서는 그것을 방해하는 최대의 위협을 조기에 근절할 필요가 있었는데, 제2차 세계대전 당시 버마 전선에서 일본군의 강력함을 경험한 영국의 입장에서는 일본의 군사력 성장을 억제하는 것이 가장 중요했다. 제2차 세계대전 당시 일본은 난징 대학살이라는 만행을 저지르면서까지 중국을 장악하려고 노력했기 때문에 영국은 일본의 군사력이 성장하는 것을 억제하는 것만이 전쟁의 악몽을 되풀이하지 않는다고 믿었다. 영국 정부는 미국이 아무리 일본을 반공 진영의 지도자로 높이 생각한다고 하더라도, 영국군이 제2차 세

---

59 Nicholas J. White, 1998. 11, "Britain and the Return of Japanese Economic Interests to Southeast Asia After the Second World War," *South East Asia Research*, Vol. 6, No. 3, pp. 281~307.

60 Roger Buckley, 2001. 9, "Hong Kong and San Francisco: Anglo-American Debate on East Asia and the Japanese Peace Settlements," *San Francisco: Fifty Years On*, London School of Economics and Political Science.

계대전 당시 일본을 상대로 혈전을 벌였던 사실을 미국이 잊어서는 안 된다고 생각했다.[61] 실제로 영국은 일본에게 맞서기 위해 공군과 해군을 모두 출병시켰으며, Z 작전을 수행하면서 일본군에게 막대한 피해를 입히는 전과도 올렸다. 이런 전례를 고려하면, 영국의 입장에서는 제2차 세계대전이 재발하지 않도록 가장 강력한 조치를 취하는 것이 당연했고, 가장 확실한 해결책이 일본의 군수산업 성장을 막는 데 모든 경제적인 제재들을 가하는 것이었기 때문에 앞서 언급한 유엔과 자유 무역의 증진을 추진하는 데 있어 일본을 배제하는 것은 이런 수많은 제재들 중에 하나라고 영국은 인식하였다.[62]

하지만 일본을 중국 시장으로부터 배제시킨다는 것은 한국전쟁의 발발과 중국 내의 국공 내전의 발발 때문에 단순한 문제가 아니었다. 근본적으로 영국은 미국을 지원한다는 명목으로 제2차 세계대전에서 Z 공군을 보내서 일본과 맞서 싸웠지만 패퇴하였고, 이런 과거로 미뤄 보아 일본을 상대로 승리한 미국과 완벽히 동등한 입장에서 일본을 패전국 취급할 명분이 매우 부족해서 샌프란시스코강화조약 원본에 영국이 능동적으로 참여할 자격이 있는지조차 불분명했다.[63] 또한, 중공군이 한국전쟁에

---

61 Nicholas Sarantakes, 2006. 4, "One Last Crusade: The British Pacific Fleet and Its Impact on the Anglo-American Alliance," *The English Historical Review*, Vol. 121, No. 491, pp. 429~466.

62 Christopher Bell, 2001. 6, "The 'Singapore Strategy' and the Deterrence of Japan: Winston Churchill, the Admiralty, and the Dispatch of Force Z," *The English Historical Review*, Vol.16, No. 467, pp. 604~634; Ann Trotter, 2017, "Defending the Singapore Strategy: Hankey's Dominions Tour, 1934," in Antony Best ed., *Britain's Retreat from Empire in East Asia 1905-1980*, Routledge, pp. 87~99; Peter Lowe, 1997, *Great Britain and the Origins of the Pacific War*, Oxford University Press.

63 Christopher Bell, 2001, 위의 글, pp. 604~634.

깊숙이 개입하고 있는 상황에서 미국의 우방인 영국은 미국을 지원하며 공산주의의 확산을 막아야 한다는 것을 잘 알고 있었지만, '중국'의 정치적 성향이 앞으로 무엇이 될 것인가를 놓고 국민당과 공산당이 벌이는 전투 역시 신경 쓰지 않을 수 없었다.[64] 홍콩에 있는 영국 관료들은 미국에게 중국으로부터 수입되는 전략 물자의 흐름을 빨리 차단하라는 압박을 지속적으로 받고 있는 상황이었지만, 영국은 미국의 요구를 쉽게 들어줄 수 있는 상황이 아니었다.[65] 국공 내전은 일단 중국의 승리로 끝나긴 했지만 장제스가 영원히 중국 통일의 꿈을 버렸다는 것을 의미하진 않았다. 만약 장제스가 승리해서 중국의 패권을 쥐게 된다면 그가 추구해 왔던 반제국주의 노선에 따라 영국의 홍콩 지배를 인정하지 않을 가능성이 존재하는 한편, 장제스는 미국의 지원을 받는 열렬한 반공주의자였기 때문에 일본의 중국 진출을 지지할 가능성도 있었다.[66]

상황을 더 복잡하게 만드는 또 한 가지 요인은 앞서 언급한 영국의 막대한 전쟁 부채였다. 부채를 해결하지 못하면 파산할 위기—영국의 경제

---

[64] Peter Lowe, 1997, 앞의 책, p. 123; Evan Luard, 1982, *History of the United Nations, Vol. I*, London, England: MacMillan, pp. 251~256; Callum MacDonald, 1986, *Korea: The War Before Vietnam*, London, England: MacMillan, pp. 70~84 참조.

[65] Roger Buckley, 2001. 9, 앞의 글; Peter Lowe, 1997, 위의 책, p. 129; Minute by A. A. Franklin, January 15, 1951, FO 371/92274/37.

[66] Matthew D. Johnson, 2020, "Anti-Imperialism as Strategy: Masking the Edges of Foreign Entanglements in Civil War-Era China, 1945-1948," Barak Kushner and Sherzod Muminov ed., *Overcoming Empire in Post-Imperial East Asia: Reparation, Redress, and Rebuilding*, Bloomsbury Academic, pp. 131~133; Public Record Office, London, CAB 129/31 CP (48), p. 299. 여기까지 다룬 내용에 대해 더 자세히 설명한 논문으로는 Kyu-hyun Jo, 2022. 12, "An Examination of Britain's Geopolitical Considerations Concerning the Post-World War II Peace Treaty with Japan," *Romanian Review of Eurasian Studies*, Vol. 18, No. 1-2가 있다.

학자 존 매이너드 케인스는 이것을 영국 경제의 '됭케르크 전투'라 불렀다—에 직면한 영국 정부는 미국의 지원이 절실했기 때문에 타이완을 지지해야 했지만, 그 과정에서 홍콩에 대한 지배권을 잃어버리는 일이 생기면 일본을 견제할 포석이 사라지는 것과 마찬가지인 상황이었다.[67] 미국이 1944년부터 영국에 대한 전쟁 물자 지원을 중단하기 시작했고, 에드워드 스테티니어스(Edward Reilly Stettinius Jr.) 미국 국무부 장관은 영국이 광대한 영토를 식민지로 삼으면서 부채가 폭증한 상황을 대다수 미국인들과 마찬가지로 이해를 하지 못해 영국에 대한 자금 대출은 다른 지역들과 마찬가지로 갚을 능력이 입증되는 경우에만 허용하기로 방침을 정하였다.[68] 영국의 입장에서는 나치에 대항해 격하게 맞서 싸운 1940년의 영국 전투(Battle of Britain)에서의 희생 그리고 태평양에 Z 공군을 파견해서 미국 해군이 일본을 무찌르는 데 일조한 공로에 비해 미국이 너무 인색하게 영국을 대한다며 불만이 가득했지만, 미국은 영국을 잠정적 무역 경쟁자로 인식해서 영국에게 이 이상 자금을 빌려주면 상환받지 못할 가능성이 높다고 반대하는 목소리들이 백악관에서 높아졌다.[69]

이 경향은 프랭클린 루스벨트의 사망 이후 취임한 해리 트루먼 대통령의 행정부에서 더 두드러졌다. 특히 트루먼은 갑작스럽게 대통령에 취임

---

67 George C. Herring Jr., 1971. 6, "The United States and British Bankruptcy, 1944-1945: Responsibilities Deferred," *Political Science Quarterly*, Vol. 86, No. 2, p. 260; Michael Neiber, 2015, 앞의 책, p. 73.

68 George C. Herring Jr., 1971, 위의 글, pp. 263~264; Postwar Programs Committee, Department of State, Document No. 19, Stettinius Papers.

69 George C. Herring Jr., 1971, 위의 글, p. 262 참조. 영국의 입장에 대해서는 John M. Blum, 1959-1967, *From the Morgenthau Diaries, Vol. Ⅲ*, Boston, Massachusetts: Houghton Mifflin, pp. 122~139; R. S. Sayers, 1956, *Financial Policy, 1939-1945*, London, U. K.: H. M. Stationery Office, pp. 375~437 참조.

한 관계로 루스벨트가 영국에 대한 자금 조달 제한 조치를 취했는지 그리고 그 강도가 어떠했는지에 대해서 아무 정보도 없이 대통령직을 수행해야 하는 상황이어서 영국과 자금 조달 여부에 대한 구체적인 상의도 못했다.[70] 이런 상황에서 트루먼은 루스벨트가 영국에 시행했던 정책들을 계승하는 것 외에는 다른 대안이 없었다. 또한, 미국이 다른 나라들의 세부적인 문제들까지 모두 해결해 줄 의무와 여력은 없다고 공화당 의원들이 트루먼을 압박해서 영국은 샌프란시스코강화조약 회의가 열릴 무렵에는 미국으로부터 자금 대출을 사실상 받지 못하고 있는 상황이었다.[71]

사실상 홍콩이 영국의 중국 시장 진출을 위한 유일한 통로 역할을 하고 있었으며, 이 통로마저 끊기면 영국 정부는 글자 그대로 파산해야 할 운명이었다. 만일 타이완이 중국을 장악해서 영국 및 다른 서방 국가들의 자본 투자를 제한하려 할 경우 영국의 면화 사업을 보호할 수 있는 장치가 사실상 사라지는 것과 마찬가지이므로, 타이완이 비록 반공 국가였으나 영국이 쉽사리 공개적으로 지지를 표할 수는 없었다. 물리적인 형체가 보이지도 않고 한 국가에게 직접적으로 주어지는 이익도 모호한 정치적 이념의 일관성을 고수하기보다, 돈의 흐름을 잘 좇아갈 수 있도록 돕는

---

[70] George C. Herring Jr., 1971, 위의 글, p. 275; Truman Directive, July 5, 1945 *Franklin Roosevelt—Diplomatic Papers, The Conference of Berlin, Vol. I* (Washington, D. C.: United States Government Printing Office, 1960), p. 818; Michael Neiber, 2015, 앞의 책, pp. 24, 26, 27.

[71] George C. Herring Jr., 1971, 위의 글, p. 276; Churchill to Truman, July 24, 1945, *Franklin Roosevelt—Diplomatic Papers, Vol. II*, pp. 1180~1181; Truman to Churchill, July 25, 1945, *Franklin Roosevelt—Diplomatic Papers, Vol. II*, p. 1183; Truman to Clement Atlee, July 29, 1945, *Franklin Roosevelt—Diplomatic Papers, Vol. II*, p. 1184 참조; William C. Mallaleiu, 1956, *British Reconstruction and American Policy, 1945-1955*, New York: Scarecrow Press.

실리적인 외교관계를 더 우선시해야 한다는 목소리가 영국 외교부에서 더 컸던 게 핵심 이유였다.

이러한 복잡한 상황들이 얽혀 있었기 때문에 영국은 미국과의 사상적 연대와 경제력 유지 사이에서 많은 고민을 했지만 결국엔 후자를 택해서 제국을 유지하는 실리주의를 선택했다. 일본을 제재하는 수위를 낮추면서도 일본이 영국의 면화 사업에 방해가 되지 못하도록 의화단 사건 때 취했던 이권들을 포기하도록 강요하는 전략을 택한 것은, 결국 형체가 분명하지 않은 사상보다는 중국과의 교류를 유지하면서 제국의 생명을 더 직접적으로, 그리고 현실적으로 가늠할 수 있는 돈의 흐름을 관리하는 것이 더 실효성이 있다고 영국 정부는 판단하였다.[72]

호주가 샌프란시스코강화조약에 임한 자세와 전략과 비교해 보면 영국은 일본의 군사력 성장 억제를 실현하는 것 자체에 의미를 두기보다는 그것으로부터 파생되는 경제적·정치적 효과를 더 중시했다는 것을 알 수 있다. 호주와 마찬가지로 일본의 군사력을 직접 경험한 영국이었지만, 호주가 막대한 피해를 입었던 기억을 중심으로 샌프란시스코강화조약에 대한 전략을 설정했다면, 영국은 일본의 군사력에 능동적으로 대응한 기억을 살려 미국과의 동맹을 강화시켜 무너져 가는 대영제국의 재정 상태와 자존심을 지키고 싶어 했다. 또한, 호주에게 중국은 큰 의미를 지니지 않았지만 영국은 중국에 투자한 역사가 오래되었고, 1950년대의 투자 규모

---

[72] Aron Shai, 1980. 4, "Britain, China, and the End of Empire," *Journal of Contemporary History*, Vol. 15, No. 2, p. 291; Chi-kwan Mark, 2000. 12, "A Reward for Good Behaviour in the Cold War: Bargaining over the Defence of Hong Kong, 1949-1957," *The International History Review*, Vol. 22, No. 4, pp. 838~839; Chi-kwan Mark, 2004, *Hong Kong and the Cold War: Anglo-American Relations, 1949-1957*, Oxford University Press.

는 매우 작았지만 인도의 독립을 시작으로 점점 약화되고 있는 영연방 안의 유대감에 대해 영국은 위기를 느끼고 있었다. 또한 제2차 세계대전으로 인해 짊어진 막대한 빚을 갚아야 했던 영국으로서는 제국의 보석이었던 인도를 잃은 상태에서 중국 아니면 동남아시아를 통해 부채를 갚기 위한 자금을 마련할 수밖에 없었는데, 더 잠재적·경제적 가치가 높은 중국과의 교류를 유지할 필요가 있었다. 그래서 중국이 공산화된 이후에도 계속 관계를 유지하고자 영국 정부는 세계에서 가장 먼저 중화인민공화국의 수립을 승인하였고, 영국 정부가 구상한 샌프란시스코강화조약에서는 일본의 중국 진출을 완전히 금지하지는 않은 채 20세기 초에 일본이 취했던 이권들을 제한하는 전략으로 일본을 견제하였다.

이러한 전략은 표면적으로는 일본의 군사력 강화를 경계한 호주와 맥락을 같이하는 것처럼 보였지만, 실질적으로 영국의 전략은 호주보다 더 복잡한 계산을 토대로 수립한 것이었다. 전후 막대한 부채를 영연방 내의 자금 조달만으로는 충당할 수 없었던 영국은 미국의 협조가 절실하였다. 또한 홍콩을 보호하는 명목으로 중국과 가까운 관계를 구축하였지만, 샌프란시스코 강화회의가 진행되고 있는 와중에 한국전쟁과 국공 내전이 동시에 발발하여 영국은 큰 고민에 빠졌다. 홍콩은 아편전쟁에서 영국이 승리해서 얻은 영토이긴 했지만 실질적으로 중국의 영토를 빼앗았다는 사실은 여전히 유효했고, 영국 외교부는 언젠가는 중국에게 반드시 홍콩을 반환해야 한다는 것을 알고 있었기 때문에 국공 내전에서 중국이 승리한 다음 영국에게 홍콩을 돌려받기를 원한다고 요구한다면 거절할 수 없는 상황이었다. 아울러, 중국 대륙의 주인의 정치적 성향이 공산주의로 결정되었다는 것이 영국에게는 큰 부담감으로 다가왔다. 한편으로는 공산주의에 대항한다는 미국의 정책에 동의해서 군대를 파견하는 것이 재정

지원을 받기 위해 필요한 전략이긴 했으나, 중국과 직접적으로 대치해서 중국 시장에서 쌓아 온 이권들을 한순간에 포기하게 된다면 후자가 장기적으로는 영국에게 큰 손실이 될 것이 분명했다.

하지만 다른 한편으로는 국공 내전이 1949년에 공산당의 승리로 끝났지만, 장제스가 완벽하게 통일을 포기하지 않은 상황에서 '중국'의 정체성이 '공산당의 중국'일지 아니면 '국민당의 중국'일지 쉽사리 판단할 수 없는 상황이었다. 사상적으로는 영국이 타이완을 지지하는 것이 맞았지만, 경제적으로는 중국이 공산당의 지배하에 있는 것이 유리한 역설적인 상황이었다. 이러한 여러 복잡한 상황들을 고려해서 영국이 내린 결정은 크게 두 가지였다. 첫째, 미국이 일본을 동맹국으로 인정한 상황에서 최대한 미국을 자극하지 않은 선에서 1900년 이후에 중국에서 취한 일본의 이권들을 제한하는 조치를 취하는 한편, 중국 시장에서 영국의 면화 사업이 피해를 입지 않도록 중국을 유엔의 정식 회원국으로 초대했다. 둘째, 일본이 제2차 세계대전의 전범국인 점을 적극 활용해서 일본이 유엔 및 연합국들을 상대로 재산 보호권 및 피해 배상권을 청구하지 못하도록 하였다. 대신 연합국들은 일본에게 전쟁 배상금 및 재산 피해에 대한 청구권을 신청할 수 있도록 조치함으로써 영국이 개별적으로 일본을 견제하고 있다는 인상을 세계에 심어 주지 않으려고 최대한 노력하였다.

IV. 맺음말: 냉전의 산물을 넘어 1950년대 지정학적 산물로서의 샌프란시스코강화조약

샌프란시스코강화조약이 냉전의 시작을 알린 문서라는 인식은 조약이 정식으로 채택된 1951년의 상황을 반영한 판단으로, 정확하긴 하지만 제2차 세계대전 이후 적극적으로 패전국이자 전범국인 일본을 견제하려는 목적을 지닌 호주, 영국과 같은 국가들의 동기들을 분석하는 데는 다소 부족한 면이 있다. 왜냐하면 냉전 자체가 이미 시작되었다는 신호를 샌프란시스코강화조약 하나로 판단하기에는 이후 냉전이라는 47년간의 국제적인 상황이 매우 복잡하였고, 호주와 영국의 경우에서 드러났듯이 샌프란시스코강화조약이 제2차 세계대전 이후의 세계 정치를 정리해야 하는 문서로 인식하는 근거들을 파악하기에는 연관성이 부족하기 때문이다. 호주와 영국은 일본을 적으로 맞이하여 싸운 상황들을 충분히 인식한 채로 샌프란시스코강화조약 회의에 임했기 때문에 누구보다도 일본의 군사력 강화를 견제하여 국가의 안보와 중국 면화 시장에서의 우위를 지키고 싶어 하였다. 이렇듯 철저하게 사상이 아닌 전쟁이라는 경험 하나에서 비롯된 일본에 대한 경계심이 호주와 영국 모두 강화조약을 중시하는 핵심적인 이유였고, 이 두 국가들의 샌프란시스코강화조약에 대한 자세는 일관되게 일본의 군사력을 철저하게 감시하고 관리해서 다시는 태평양과 동아시아 일대를 무대로 침략 전쟁을 수행하지 못하게 하는 데 집중하는 것이었다. 하지만 일본의 군사력을 견제한다는 목표만 공유하였을 뿐, 이 목표가 중요했던 이유는 호주와 영국 모두 서로 달랐다.

호주의 경우, 일본의 막강한 군사력을 직접 경험한 기억이 강하게 남아 있어서 그것을 지우기 위해 노력하는 과정의 일환으로 샌프란시스코강화조약에 일본을 엄벌하는 조항들을 많이 삽입하기를 희망하였다. 1942년부터 1943년까지 호주 북부와 서부가 집중적으로 일본의 대대적인 공습에 시달린 기억이 전쟁이 끝난 이후에도 강렬히 남아 있던 호주 사회의 정서를 고려해서 샌프란시스코강화조약이 그 기억을 최대한 지울 수 있는 역할을 하도록 에버트 등은 희망하였다. 이 목표를 이루기 위해서 호주는 철저하게 일본의 군사력 강화 능력을 영구히 억제해서 다시는 태평양 지역에서 제2차 세계대전 같은 전쟁이 재발하는 일이 없도록 만드는 데 집중하였고, 미국이 호주를 독립적이며 협조적인 동맹국으로 확실하게 인식하도록 만들기 위해 영국 정부와 영연방의 방위체계를 함께 논의하는 전통도 깨 버리고 일본의 완전한 무장 해제를 호주의 독립적인 외교 정책으로 고정하였다.

이에 반해 영국은 일본의 군사력 자체를 경계하기보다는 일본이 군사력 강화를 통해 중국 시장을 장악하려는 움직임을 차단하고 싶어했다. 샌프란시스코강화조약에 대한 논의가 무르익던 1951년에 대영제국은 서서히, 그렇지만 확실한 분열의 조짐을 보이고 있었다. 1947년에 인도가 독립하고 1948년에 미얀마가 독립하였으며, 1948년에 일어난 말레이 공산당과의 격렬한 전투는 '대영제국의 영토에는 해가 안 진다'라는 명제가 틀렸음을 알려 주는 사건들이었다. 영국은 거듭된 제국의 장악력 약화와 이에 따른 국제적 위상 추락을 매우 경계하고 걱정하였으며, 동아시아에서 남은 유일한 식민지인 홍콩을 필사적으로 지키고 싶어 하였다. 동남아시아와 중국을 연결하는 요충지인 홍콩을 잃을 경우 중국과 교류할 수 있는 거의 유일한 통로가 사라지게 되는 셈이었고, 이렇게 될 경우 영국이 간신히 1위를 지키고 있던 면화 시장 점유율 또한 값싼 노동력과 우수한 기술력을 바탕으로 성장한 일본 면화 기업들에게 빼앗길 수도 있다는 위기감이 감돌았다. 그래서 영국은 1949년 중화인민공화국이 설립되자마자 중국과 공식 외교관계를 맺는 것은 미국과의 외교관계에 큰 장애물로 작용할 수 있다는 것을 잘 알고 있었음에도 불구하고 세계에서 가장 먼저 중국과 외교관계를 정상화하였다. 영국은 호주와 마찬가지로 일본과 격렬하게 싸웠지만 호주에 비해 미국에게 확실한 도움을 제공했다는 근거들이 더 많았기 때문에 중국과 외교를 맺고 일본을 견제하는 움직임을 미국도 충분히 이해할 것이라는 믿음이 강했다.

  이 믿음을 바탕으로 영국은 끝까지 중국과의 외교관계를 강화시키면서 일본을 견제하였고, 한국전쟁 발발로 인해 미국의 동맹국으로서 중국군에 맞서 싸우기는 하였지만, 전쟁의 상황이 경제적인 관계까지 정의하진 못하도록 하였다. 중국과 타이완의 긴장감이 높아지는 시기였음에도 타이완을 공식적으로 국가로 인정하지 않았다. 그 이유는 장제스가 대륙을 손아귀에 넣을 경우 영국이 400년 전부터 공들여 왔던 중국 시장 진출 및 영향력 강화를 단번에 잃어버릴 수 있었기 때문이다. 따라서 영국의 일본 전략은 호주보다 한층 더 복잡할 수밖에 없었다. 일본의 군사력 강화를 견제하긴 했지만 호주만큼 경계하지는 않았으며, 중국 시장에서의 영향력 확보에 일본이 장애물이 되지 않도록 관리하는 차원에서 중요했다고 볼 수 있다. 샌프란시스코강화조약이 논의되고 있던 시기에 영국을 가장 불안하게 만들었던 건 다름 아닌 약해진 영국 자신이었다. 급격히 추락하고 있는 제국의 위상을 살리기 위해서는 최고로 군림했던 몇 안 되는 분야 중 하나인 면화 시장을 확실하게 장악할 필요가 있었으며, 이를 이루기 위해서 홍콩을 식민지로 유지하고 중국과 좋은 관계를 유지하는 것은 필수적인 요소들이었다. 이 요소들을 안정적으로 지키는 데 있어 만일 일본이 군사력의 강화를 통해 중국을 다시 침략할 계획을 세우거나 홍콩을 점령할 계획을 세울 경우 큰 장애물이 될 수 있었다. 따라서 영국은 일본의 군사력 강화를 최대한 억제할 근거들을 샌프란시스코강화조약을 통해 확보할 필요가 있었다. 일본이 전범국임을 철저하게 활용해서 연합국들의 영토에 있는 일본 자산을 청구하지 못하도록 만든 조치가 영국의 강화조약 초안의 핵심적인 요소라는 것은 이런 근거들의 마련에 얼마나 영국이 심혈을 기울였는지 알 수 있는 대표적인 예라고 볼 수 있다

이 두 사례들을 통해 알 수 있는 중요한 사실은 미국이 원했던 전쟁범죄국가에서 반공 진영의 동맹국으로의 일본의 변화는 국가 안보와 세계 경제에서의 영향력 유지를 원했던 호주와 영국에게는 매우 사소한 문제였다는 것이다. 또한 샌프란시스코강화조약을 냉전의 산물 또는 시발점으로만 봐서는 안 되고 제2차 세계대전 이후의 세계 정세를 정리하는 역할을 했다는 사실 또한 중요하다는 것을 알 수 있다. 지정학적인 요소들이 사상을 뛰어넘는 중요성을 지니고 있었으며, 일본의 군사력이 강화되는 것을 억제한다는 것 자체가 공산주의를 막는 것만큼, 또는 그것보다 더 중요할 수 있다는 것을 알려 준다. 마지막으로 일본의 군사력을 견제한다는 사실 안에는 두 가지 면모들이 있었는데, 한편으로는 일본의 군사력이 제국주의의 부활을 일으키기 전에 억제해야 한다는 호주의 시각과, 중국 변화 시장에서의 우위를 점하기 위해서 미리 성장하는 일본의 경제력과 군사력을 막을 필요가 있다는 영국의 시각이 공존하고 있다는 것이다. 이러한 무사상적인 지정학적 요소들이 사상적인 요소들보다 더 현실적인 문제들이었으며, 지정학적 문제들을 해결하는 데 있어 사상적 차이는 영국과 중국의 관계에서 봤듯이 별로 중요하지 않을 수 있다는 사실을 알 수 있다. 따라서 샌프란시스코강화조약은 단순히 냉전과 연결 지을 문서가 아니라 1950년대의 세계 정세 그리고 전후체제 확립이라는 비

냉전적 요소들도 충분히 고려되어야 비로소 샌프란시스코강화조약의 본질을 보다 다각적으로 분석하고 더 심도 있게 이해할 수 있다는 것을 알 수 있는 매우 복잡한 역사를 지닌 문서인 것이다.

참고문헌

1차 사료

Postwar Programs Committee, Department of State, Document No. 19, Stettinius Papers.

Truman Directive, July 5, 1945 *Franklin Roosevelt—Diplomatic Papers, The Conference of Berlin, Vol. I* (Washington, D. C.: United States Government Printing Office, 1960).

Churchill to Truman, July 24, 1945, *Franklin Roosevelt—Diplomatic Papers, Vol. II*.

Truman to Churchill, July 25, 1945, *Franklin Roosevelt—Diplomatic Papers, Vol. II*.

Truman to Clement Atlee, July 29, 1945, *Franklin Roosevelt—Diplomatic Papers, Vol. II*.

Douglas to Acheson, February 20, 1948, *Foreign Relations of the United States, 1948, The Far East and Australasia, Vol. VI* (Washington, D. C.: United States Government Printing Office, 1974),

Permanent Undersecretary's Committee, "A Third World Power or Western Consolidation?" Prem 8/1204.

Cabinet minutes, 57(51)5, August 1, 1951, Cab 128/20.

Note by Bevin, March 17, 1949, Enclosing Report by Strang, CP(49) 67, 129/33, part 2.

Minute by A. A. Franklin, January 15, 1951, FO 371/92274/37.

Department of Foreign Affairs and Trade Record 181, Attlee to Chifley, Cablegram 289, London, 12 August 1945 AA: A 1066, P45/10/1/13.

Department of Foreign Affairs and Trade Record 208, Addison to Commonwealth Government AA: A1066, P45/10/1/2.

The Provisional (First) Draft of the British Peace Treaty with Japan. 영국 외교부 문서 *(FO 371-92529~92534)*, 동북아역사재단, 2013.

Telegram No. 984 from the Foreign Office to Washington, February 27, 1951, 영국 외교부 문서 *(FO 371-92529~92534)*.

Public Record Office, London, CAB 129/31 CP (48).

도시환, 2021. 12,「샌프란시스코강화조약과 한일 역사, 영토 현안의 국제법적 검토」,『영토해양연구』22호.

신욱희, 2020,「샌프란시스코강화조약: 한미일 관계의 위계성 구성」,『한국과 국제정치』36권 3호.

Bailey, K. H., 1946. 4, "Dependent Areas of the Pacific: An Australian View," *Foreign Affairs*, Vol. 24, No. 3.

Banno, Junji ed., 1990, *The Emperor System in Modern Japan Acta Asiatica*, No. 59, Tokyo, Japan: Toho Gakkai.

Barclay, G. St J., 1977. 5, "Australia Looks to America: The Wartime Relationship, 1939-1942," *Pacific Historical Review*, Vol. 46, No. 2.

Bell, Christopher, 2001. 6, "The 'Singapore Strategy' and the Deterrence of Japan: Winston Churchill, the Admiralty, and the Dispatch of Force Z," *The English Historical Review*, Vol. 16, No. 467.

Bell, R. J., 1977, *Unequal Allies: Australian-American Relations and the Pacific War*, Melbourne, Australia: Melbourne University Press.

Best, Antony, 2017, *Britain's Retreat from Empire in East Asia, 1905-1980*, Routledge.

Bishop, Peter V., 1961. 8, "ANZUS: Shield or Shroud?", *International Journal*, Vol. 16, No. 4.

Blum, John M., 1959-1967, *From the Morgenthau Diaries, Vol. III*, Boston, Massachusetts: Houghton Mifflin.

Buckley, Roger, 1982, *Occupation Diplomacy: Britain, the United States, and Japan, 1945-1952*, Cambridge, England: Cambridge University Press.

＿＿＿, 2001. 9, "Hong Kong and San Francisco: Anglo-American Debate on East Asia and the Japanese Peace Settlements", in *San Francisco: Fifty Years On*, London School of Economics and Political Science.

＿＿＿, 2017, "Conquering Press: Coverage by the New York Times and the Manchester Guardian on the Allied Occupation of Japan, 1945-52," in Antony Best ed., *Britain's Retreat from Empire*, Routledge.

Carrel, Michael, 2007, "Australia's Prosecution of Japanese War Criminals: Stimuli and Constraints," David A. Blumenthal and Timothy McCormack eds., *The*

Legacy of Nuremberg eds., Civilising Influence or Institutionalised Vengeance?, Brill.

Chalmers, Malcolm, 1985, *Paying for Defence: Military Spending and British Decline*, London, England: Pluto Press.

Chan, K. C., 1977, "The Abrogation of British Extraterritoriality in China, 1942-43: A Study of Anglo-American-Chinese Relations," *Modern Asian Studies*, Vol. 11, No. 2.

Chang, Iris, 2012, *The Rape of Nanking: The Forgotten Holocaust of World War II*, New York: Basic Books.

Chen, Theodore Hsi-en, 1952. 11, "*Relations* Between Britain and Communist China," *Current History*, Vol. 23, No. 152.

Cheng, Zhaoqi and Fangbin Yang trans., 2020, *The Nanjing Massacre and Sino-Japanese Relations: Examining the Japanese "Illusion" School*, Palgrave-MacMillan.

Clayton, David, 2017, "A Withdrawal from Empire: Hong Kong-U.K. Relations During the European Economic Community Enlargement Negotiations, 1960-3," in Antony Best ed., *Britain's Retreat from Empire*, Routledge.

Cubitt, Geoffrey, 2007, *History and Memory*, Manchester, England: Manchester University Press.

Day, David, 1992, *Reluctant Nation: Australia and the Allied Defeat of Japan, 1942-1945*, Oxford University Press.

Dower, John, 1999, *Embracing Defeat: Japan in the Wake of World War II*, W. W. Norton and Company.

Dulles, John F., 1952. 1, "Security in the Pacific," *Foreign Affairs*, Vol. 30, No. 2.

Eckersley, T. W., 1961. 4-6, "The Imperial Institution in Japan," *India Quarterly*, Vol. 17, No. 2.

Everett, J. T., 1960, "Postwar Developments in Southeast Asia," *The Southwestern Social Science Quarterly*, Vol. 41.

Feng, Zong-ping, 1994, *British Government's China Policy, 1945-1950*, Edinburgh, Scotland: Edinburgh University Press.

Gaddis, John Lewis, 2005, *Strategies of Containment: A Critical Appraisal of American National Security Policy During the Cold War*, Oxford University

Press.

Galbraith, John S., 1953. 12, "Down Under: The Underpopulated Dominions," *Current History*, Vol. 25, No. 148.

Gooch, John, 2003. 11, "The Politics of Strategy: Great Britain, Australia, and the War Against Japan, 1939-1945," *War in History*, Vol. 10, No. 4.

Grattan, C. Hartley, 1943, "The Role of Australia in Pacific Politics," *The Antioch Review*, Vol. 3, No. 1 (Spring, 1943).

____, 1972. 3, "The Historical Context of Australian-Japanese Relations," *Current History*, Vol. 62, No. 367.

Halbwachs, Maurice and Lewis Coser trans., 1992, *On Collective Memory*, Chicago and London, England: The University of Chicago Press.

Halvorson, Dan, 2019, *Commonwealth Responsibility and Cold War Solidarity: Australia in Asia, 1944-1974*, Canberra: Australian National University Press.

Harper, N. D., 1951. 4. 18, "Australia, Japan, and Korea," *Far Eastern Survey*, Vol. 20, No. 8.

Hayes, Grace P., 1943, "The History of the Joint Chiefs of Staff in World War II: The War against Japan, Vol. I, Pearl Harbor through Trident," (Ms. Microfilm Job No. F-108), World War II Command File, deposited in the Operational Archives, Naval History Division, Washington Navy Yard.

Herring, George C., 1971. 6, "The United States and British Bankruptcy, 1944-1945: Responsibilities Deferred," *Political Science Quarterly*, Vol. 86, No. 2.

Hill, Edward W., 1942. 6, "Hitting Back at Japan," *Current History*, Vol. 2, No. 10.

Honda, Katsuichi, 1998, *The Nanjing Massacre: A Japanese Journalist Confronts Japan's National Shame*, Routledge.

Hornbeck, Stanley, 1909. 7, "The Most-Favored-Nation Clause," *The American Journal of International Law*, Vol. 3, No. 3.

Hudson, G. F., 1957. 12, "British Relations with China," *Current History*, Vol. 33, No. 196.

Ichimura, Shinichi, 1980. 7, "Japan and Southeast Asia," *Asian Survey*, Vol. 20, No. 7.

Jo, Kyu-hyun, 2022. 12, "An Examination of Britain's Geopolitical Considerations Concerning the Post-World War II Peace Treaty with Japan," *Romanian Review of Eurasian Studies*, Vol. 18, No. 1-2.

Johnson, Matthew D., 2020, "Anti-Imperialism as Strategy: Masking the Edges of

Foreign Entanglements in Civil War-Era China, 1945-1948," Barak Kushner and Sherzod Muminov ed., *Overcoming Empire in Post-Imperial East Asia: Reparation, Redress, and Rebuilding*, Bloomsbury Academic.

Kaufman, Victor, 2001, *Confronting Communism: U. S. and British Policies Toward China*, Columbia, MO: University of Missouri Press.

Kawai, Kazuo, 1950. 11, "*Moksatsu, Japan's Response to the Potsdam Declaration,*" *Pacific Historical Review*, Vol. 19, No. 4.

＿＿＿, 1979, *Japan's American Interlude*, Chicago, IL: The University of Chicago Press.

Kelly, Andrew, 2019, *ANZUS and the Early Cold War: Strategy and Diplomacy between Australia, New Zealand, and the United States, 1945-1956*, Open Book Publishers.

Kurihara, Akira, 1990. 6-9, "The Japanese Emperor System as Japanese National Religion: The Emperor System Module in Everyday Consciousness," *Japanese Journal of Religious Studies*, Vol. 17, No. 2/3.

Landon, Kenneth P., 1943. 2, "Nationalism in Southeastern Asia," *The Far Eastern Quarterly*, Vol. 2, No. 2.

Levi, Werner, 1947. 11. 26, "Australia and the Peace with Japan," *Far Eastern Survey*, Vol. 16, No. 20.

Lewis, Tom, 2020, *The Empire Strikes South: Japan's Air War Against Northern Australia*, Avonmore Books.

Loh, Wei Leng, 2007. 12, "Review of *Reflections on Southeast Asian History Since 1945* by Richard Mason, Abu Talib Ahmad," *Journal of the Malaysian Branch of the Royal Asiatic Society*, Vol. 80, No. 2.

Louis, Roger, 1997. 10, "Hong Kong: The Critical Phase, 1945-1949," *The American Historical Review*, Vol. 102, No. 4.

Lowe, Peter, 1969, *Great Britain and Japan, 1911-1915: A Study of British Far Eastern Policy*, London, England: MacMillan.

＿＿＿, 1974, "Great Britain and the Coming of the Pacific War, 1939-1941," *Transactions of the Royal Historical Society*, Vol. 24.

＿＿＿, 1977, *Great Britain and the Origins of the Pacific War*, Oxford University Press.

＿＿＿, 1997, *Containing the Cold War in East Asia: British Policies towards Japan,*

China and Korea, 1948-53, Manchester, England: Manchester University Press.

____, 2001, "Looking Back: The San Francisco Peace Treaty in the Context of Anglo-Japanese Relations, 1902-1952," *San Francisco: Fifty Years Later*, London School of Economics and Political Science.

Luard, Evan, 1982, *History of the United Nations, Vol. I*, London, England: MacMillan.

MacDonald, Callum, 1986, *Korea: The War Before Vietnam*, London, England: MacMillan.

Mallaleiu, William C., 1956, *British Reconstruction and American Policy, 1945-1955*, New York: Scarecrow Press.

Mansergh, Nicholas, 1948. 10, "Postwar Strains on the British Commonwealth," *Foreign Affairs*, Vol. 27, No. 1.

Mark, Chi-kwan, 2000. 12, "A Reward for Good Behaviour in the Cold War: Bargaining over the Defence of Hong Kong, 1949-1957," *The International History Review*, Vol. 22, No. 4.

____, 2004, *Hong Kong and the Cold War: Anglo-American Relations, 1949-1957*, Oxford University Press.

Mark, Max, 1952. 9, "Nationalism versus Communism in Southeast Asia," *The Southwestern Social Science Quarterly*, Vol. 33, No. 2.

Mason, Richard and Abu Talib Ahmad eds., 2006, *Reflections on Southeast Asian History Since 1945*, Penang, Malaysia: Penerbit Universiti Sains Malaysia.

McIntyre, W. David, 1969. 3, "The Strategic Significance of Singapore, 1917-1942: The Naval Base and the Commonwealth," *Journal of Southeast Asian History*, Vol. 10, No. 1.

Meaney, Neville, 2001, "Look Back in Fear: Percy Spender, the Japanese Peace Treaty and the ANZUS Pact," *San Francisco: Fifty Years Later*, London School of Economics and Political Science.

Menzies, Robert Gordon, 1952. 1, "The Pacific Settlement Seen from Australia," *Foreign Affairs*, Vol. 30, No. 2.

Mill, Edward W., 1942. 4, "Japan Over the Pacific," *Current History*, Vol. 2, No. 8.

Millar, Thomas B., 1964, "Australia and the American Alliance," *Pacific Affairs*, Vol. 37, No. 2, (Summer, 1964).

Miller, Jennifer, 2019, *Cold War Democracy*, Cambridge, Massachusetts: Harvard University Press.

Minear, Richard, 1971, *Victor's Justice: The Tokyo War Crimes Trial*, Princeton, New Jersey, Princeton University Press.

Mori, Koichi, 1979. 12, "The Emperor of Japan: A Historical Study in Religious Symbolism," *Japanese Journal of Religious Studies*, Vol. 6, No. 4.

Morton, Louis, 1961, "Britain and Australia in the War against Japan: Review Article," *Pacific Affairs*, Vol. 34, No. 2 (Summer, 1961).

Mulhall, Daniel, 1987, "New Zealand and the Demise of ANZUS: Alliance Politics and Small Power Idealism," *Irish Studies in International Affairs*, Vol. 2, No. 3.

Neiberg, Michael, 2015, *Potsdam: The End of World War II and the Remaking of Europe*, New York: Basic Books.

Neidpath, J., 1981, *The Singapore Naval Base and the Defence of Britain's Eastern Empire, 1919-1941*, Oxford University Press.

Nish, Ian, 1972, *Alliance in Decline: A Study in Anglo-Japanese Relations, 1908-1923*, London, England: Athalone.

_____, 2017, "Early Retirement: Britain's Retreat in Asia, 1905-1923," in Antony Best ed., *Britain's Retreat from Empire*, Routledge.

Okada, Emmi, 2009, "The Australian Trials of Class B and C Japanese War Crime Suspects, 1945-1951," *Australian International Law Journal*, Vol. 4.

Ovendale, R., 1983. 3, "Britain, the United States, and the Recognition of Communist China," *The Historical Journal*, Vol. 26, No. 1.

Piccigallo, Philip R., 1979, *The Japanese On Trial: Allied War Crimes Operations in the East, 1945-1951*, Austin, Texas: University of Texas Press.

Prichard, Earl H., 1942, "The Origins of the Most-Favored-Nation and the Open Door Policies in China," *The Far Eastern Quarterly*, Vol. 1, No. 2.

Roach, James R., 1951. 11. 21, "Australia and the Japanese Treaty," *Far Eastern Survey*, Vol. 20, No. 20.

Roadnight, Andrew, 2002. 4, "Sleeping with the Enemy: Britain, Japanese Troops and the Netherlands East Indies, 1945-1946," *History*, Vol. 87, No. 286.

Robb, Thomas K. and David James Gill, 2015, "The ANZUS Treaty during the Cold War: A Reinterpretation of U. S. Diplomacy in the Southwest Pacific," *Journal of Cold War Studies*, Vol. 17, No. 4 (Fall, 2015).

Sansom, George, 1944. 1, "The Story of Singapore," *Foreign Affairs*, Vol. 22, No. 2.

Sarantakes, Nicholas, 2006. 4, "One Last Crusade: The British Pacific Fleet and Its Impact on the Anglo-American Alliance," *The English Historical Review*, Vol. 121, No. 491.

Sayers, R. S., 1956, *Financial Policy, 1939-1945*, London, U. K.: H. M. Stationery Office.

Schaller, Michael, 1985, *The American Occupation of Japan: The Origins of the Cold War in Asia*, Oxford, England: Oxford University Press.

Sellars, Kirsten, 2010, "Imperfect Justice at Nuremberg and Tokyo," *European Journal of International Law*, Vol. 21, No. 4.

Shai, Aron, 1980. 4, "Britain, China, and the End of Empire," *Journal of Contemporary History*, Vol. 15, No. 2.

Singhal, D. P., 1962. 3, "Nationalism and Communism in Southeast Asia: A Brief Survey," *Journal of Southeast Asian History*, Vol. 3, No. 1.

Sissons, David, 1997. 4, "Sources on Australian Investigations into Japanese War Crimes in the Pacific," *Journal of the Australian War Memorial*, Issue 30.

Smythe, Hugh H., 1952. 12, "The Japanese Emperor System," *Social Research*, Vol. 19, No. 4.

Stockwell, A. J., 2017, "In Search of Regional Authority in Southeast Asia: The Improbable Partnership between Lord Kilearn and Malcolm MacDonald, 1946-1948," in Antony Best ed., *Britain's Retreat from Empire*, Routledge.

Strauss, Ulrich, 2003, *The Anguish of Surrender: Japanese POWs of World War II*, Seattle, Washington: University of Washington Press.

Sugihara, Kaoru, 1997. 4, "The Economic Motivations Behind Japanese Aggression in the Late 1930s: Perspectives of Freda Utley and Nawa Toichi," *Journal of Contemporary History*, Vol. 32, No. 3.

Suping Lu, 2020, *The 1937-1938 Nanjing Atrocities*, New York: Springer.

Tang, James, 1994. 5, "From Empire Defence to Imperial Retreat: Britain's Postwar China Policy and the Decolonization of Hong Kong," *Modern Asian Studies*, Vol. 28, No. 2.

Tavan, Gwenda, 2005, *The Long, Slow Death of White Australia*, London, England: Scribe Publishing.

Titus, David A., 1980, "The Making of the 'Symbol Emperor System' in Postwar Japan," *Modern Asian Studies*, Vol. 14, No. 4.

Totani, Yuma, 2008, *The Tokyo War Crimes Trial: The Pursuit of Justice in the Wake of World War II*, Cambridge, Massachusetts: Harvard University Press.

____, 2015, *Justice in Asia and the Pacific Region, 1945-1952: Allied War Crimes Prosecutions*, Cambridge University Press.

Trotter, Ann, 2013, *New Zealand and Japan, 1945-1952: The Occupation and the Peace Treaty*, London, England: Bloomsbury Academic.

____, 2017, "Defending the 'Singapore Strategy': Hankey's Dominions Tour, 1934," in Antony Best ed., *Britain's Retreat from Empire*, Routledge.

Vandenbosch, Amry, 1948. 5, "The Flaming East," *The Annals of the American Academy of Political and Social Science*, Vol. 257.

Villa, Brian L., 1976. 6, "The U. S. Army, Unconditional Surrender, and the Potsdam Declaration," *The Journal of American History*, Vol. 63, No. 1.

Wakeling, Adam, 2019, *Stern Justice: The Forgotten Story of Australia, Japan, and the Pacific War Crimes Trials*, Penguin Random House Australia.

White, Nicholas J., 1998. 11, "Britain and the Return of Japanese Economic Interests to Southeast Asia After the Second World War," *South East Asia Research*, Vol. 6, No. 3.

Williams, William Appleman, 2009, *The Tragedy of American Diplomacy*, New York: W. W. Norton and Company.

Wilson, Sandra, Robert Cribb and Beatrice Trefalt and Dean Aszkielowicz, 2017, *Japanese War Criminals: The Politics of Justice After the Second World War*, New York: Columbia University Press.

Wolf, David, 1983. 4, "'To Secure a Convenience': Britain Recognizes China -1950," *Journal of Contemporary History*, Vol. 18, No. 2.

Xiang, Lanxin, 1992. 4, "The Recognition Controversy: Anglo-American Relations in China, 1949," *Journal of Contemporary History*, Vol. 27, No. 2.

Zhai, Qiang, 1994, *The Dragon, the Lion, and the Eagle: Chinese-British-American Relations, 1949-1958*, Kent, Ohio: Kent State University Press.

제2부

한일 학자 간 샌프란시스코강화조약
관련 국제법적 논쟁

제5장
샌프란시스코강화조약상 독도문제의 취급

쓰카모토 다카시(塚本孝)
일본국립국회도서관 참사

I. 제2차 세계대전 후 일본 영토의 처분
II. 강화조약 체결까지 사태의 전개
III. 샌프란시스코강화조약의 기초 과정
IV. 한국의 독도 영토 요구와 미국에 의한 거부

I. 제2차 세계대전 후 일본 영토의 처분

일본이 포츠담선언을 수락함으로써 승전 연합국은 일본이 보유할 섬과 일본으로부터 박탈할 섬을 결정할 수 있게 되었다. 그러나 영토의 최종 결정은 강화조약에 따르는 것이 국제법상 원칙이다.

○ 항복문서(1945년 9월 2일)
우리(일본)는 1945년 7월 26일 포츠담에서 미국, 중국, 영국의 정부 수반에 의하여 발표되고 그 후 소련에 의해 지지된 선언에서 제시한 조항들을 수락한다. 위 4개국은 이하 연합국으로 칭한다.

○ 포츠담선언(1945년 7월 26일)
카이로선언의 모든 조항은 이행될 것이며 일본국의 주권은 혼슈, 홋카이도, 규슈, 시코쿠 및 우리들이 결정하는 작은 섬들에 국한될 것이다(제8항).

○ 카이로선언(1943년 12월 1일 발표)
연합국은 자국을 위해서는 이익을 요구하지 않으며, 영토 확장의 뜻도 갖지 않는다.
연합국의 목적은 1914년 제1차 세계대전 개시 이래 일본이 탈취하거나 점령한 태평양의 모든 섬을 일본에게서 박탈하고 만주, 타이완, 펑후제도와 같이 일본이 중국으로부터 절취한 모든 지역을 중화민국에게 반환하는 것

---

* 이 글은 2005년 9월 27일 죽도문제연구회 메모를 바탕으로 작성한 것이다. 塚本孝, 2007. 3, 「サン・フランシスユ平和条約における竹島の取り扱い」, 『竹島問題に關する調査研究最終報告書』, 日本 竹島問題研究會.

이다.

일본국은 또한 폭력과 탐욕으로 약탈한 다른 모든 지역에서 축출될 것이다. 위의 3대국은 조선 인민의 노예 상태에 유의하여 앞으로 조선이 자유롭게 되고 독립하게 될 것을 결의하였다.

카이로선언이 일본으로부터 박탈할 영토를 거론하고 있는 데 비하여 포츠담선언은 일본에 남을 영토를 규정하였다. 카이로선언에서는 영토 확장의 뜻을 갖지 않는다고 했지만 포츠담선언에서는 이를 언급하지 않았다.

이러한 '차이'는 얄타 비밀협정(1945년 2월 11일)에서 쿠릴열도를 소련에 넘겨줄 것을 약속하고 미국이 류큐제도 등지의 영유 내지 신탁통치를 생각하고 있었던 것과 관계가 있다(쿠릴열도, 류큐제도는 '폭력 및 탐욕으로 일본이 약탈했던 지역'이 아니다).

II. 강화조약 체결까지 사태의 전개

연합국 최고사령관 지령(SCAPIN)으로 죽도(竹島, 독도)에 대한 일본의 행정권이 정지되었고, 죽도 주변에서의 어업 금지로 일본인은 죽도 가까이 갈 수 없게 되었다. 그러나 영토의 최종 결정은 강화조약에 의한 것이 국제법상 원칙으로 연합국 최고사령관 총사령부(GHQ)에는 영토의 처분권이 없었다. 지령에서는 최종 결정에 관한 연합국의 정책을 표시하는 것은 아니라고 단정 짓고 있다.

○ 연합국 최고사령관 지령(SCAPIN) 제677호「약간의 주변 지역을 정치상·행정상 일본에서 분리하는 것에 관한 각서」(1946년 1월 29일)

1. 일본국 외 모든 지역에 대해 … 정치상 또는 행정상 권력 행사 및 행사하려는 기도는 모두 정지하도록 일본국 정부에 지령한다.

3. 이 지령의 목적을 위하여 일본은 다음과 같이 정의한다. … 일본의 범위에서 제외된 지역으로서 (a) 울릉도, 죽도, 제주도, (b) 북위 30도 이남 류큐제도, 이즈, 남방, 오가사와라, 이오열도 및 다이토제도, 오키노토리 섬, 미나미토리 섬, 나카노토리 섬을 포함하는 기타 모든 외곽 태평양 제도, (c) 쿠릴열도, 하보마이제도, 시코탄 섬

4. 또한 일본제국 정부의 정치상·행정상 관할권에서 특별히 제외되는 지역은 다음과 같다. (a) 1914년 세계대전 이래 일본이 위임 통치나 그 외 방법으로 탈취 또는 점령한 모든 태평양 제도, (b) 만주, 타이완, 평후제도, (c) 조선 및 (d) 가라후토 섬

6. 이 지령 중의 어떠한 조항도 포츠담선언 제8조에 있는 소도서의 최종적 결정에 관한 연합국의 정책을 보여 주는 것으로 해석해서는 안 된다.

○ 연합국 최고사령관 지령(SCAPIN) 제1033호「일본의 어업 및 포경업으로 인가 구역에 관한 각서」(1946년 6월 22일)

3. (b) 일본의 선박 및 선원은 죽도에서 12해리 이내에 접근할 수 없다. 또한 이 섬과 일체 접촉해서는 안 된다.

5. 이 인가는 관계 지역 및 그 외 모든 지역에 대한 일본의 국가관할권, 국제경계선 또는 어업권의 최종 결정에 관한 연합국 측 정책을 표명하는 것은 아니다.

울릉도에 주재하는 조선인은 일본 통치하에 죽도 주변에 출어하고 있

었다. 전후 연합국 최고사령관 총사령부(GHQ) 지령으로 일본인이 죽도에 접근하지 못하게 된 동안에도 조선인은 출어를 계속하였다. 1948년 6월에는 죽도를 표적으로 한 미군기의 폭격훈련으로 조선인 사상자가 발생하였다.

조선에서는 상기 GHQ의 조치로 죽도가 일본에서 분리되어 자신들에게 주어졌다고 생각한 것은 아닐까(SCAPIN 제677호에서는 쿠릴열도, 하보마이, 시코탄의 행정권이 분리되었고, 이에 소련은 1946년 2월 2일 이후 국내 조치로 남가라후토, 쿠릴열도, 하보마이·시코탄을 자국 영토로 편입하였다).

그러나 SCAPIN 제677호에서 죽도는 포츠담선언의 제소도(諸小島)의 그룹으로, 조선은 카이로선언에 기반한 그룹으로 각각 다른 항목으로 취급되었다. 그 후 강화조약에 의한 최종적 영토처분이 나오지 않은 채 1948년 대한민국이 성립되었다.

Ⅲ. 샌프란시스코강화조약의 기초 과정

미국 국무부 담당자는 1947년 3월부터 1949년 12월까지 수차례에 걸쳐 초안(내부 검토용 시안)을 작성하였다. 이 시기의 초안은 일본에 남겨질 섬의 명칭을 열거하고 부속 지도에 일본의 영토범위를 나타내는 방식을 채택하였다. 1947년 3월부터 1949년 11월까지의 미국 국무부 초안에는 죽도가 일본이 포기해 조선에 주어야 할 도서에 포함되어 있었다.

1949년 11월 초안에 대한 의견을 요청받은 시볼드 주일 미 정치고문 대리는 죽도에 대한 일본의 영토 주장은 오래되었고 정당하다면서 이를 재고할 것을 권고하였다. 이에 1949년 12월 초안에 죽도가 일본이 보유할 영토로 추가되고 조선에 포기해야 할 영토조항에서 삭제되었다.

1950년 봄 이후 덜레스(John Foster Dulles) 미국 국무장관이 각국과의 조정 등 실질적인 기초자로서의 역할을 맡게 되었다. 덜레스는 이전의 국무부 초안보다도 간소한 초안을 작성하여, 일본에 남기는 섬의 이름을 열거하거나 지도에 일본 영역을 표기하는 방식을 배제하였다. 그 결과 죽도라는 명칭도 초안에서 없어졌지만, 죽도를 일본이 보유한다는 취지는 변함이 없었다.(예를 들어 이른바 대일강화 7원칙에 관한 1950년 9월 11일 자 호주 정부의 질문에 대해 미국 국무부 담당관이 작성한 회답 가운데, 죽도의 일본 보유가 명백히 언급되어 있다.)

미국의 정식 초안은 1951년 3월 23일 자로 작성되어 각국에 발표되었다. 동 초안의 조선포기 조항은 단순히 "일본은 조선, 타이완 및 펑후제도에 대한 모든 권리, 권원 및 청구권을 포기한다"라고 규정되어 있다.

한편, 영국은 독자적으로 대일강화조약 초안을 작성하였다. 1951년 4월 7일의 영국 초안은 이전의 미국 국무부 초안과 같이 경도·위도에 의한 기술과 지도상에 일본을 둘러싸는 선을 그어 일본의 영토적 범위를 규정하고 있다. 죽도는 그 범위 밖에 있었다.

1951년 5월 워싱턴에서 미·영 간 협의가 실시되어 일본의 영토범위를 정하는 영국의 초안 방식을 채용하지 않게 되었다. 영국은 일본의 조선포기조항에 제주도, 거문도, 울릉도의 명칭을 추가할 것을 주장하였고, 미국은 이를 받아들였다.(영국 초안에는 죽도를 일본의 영토범위에서 제외하고 있었으나, 동 협의 기록에는 영국이 제주도, 거문도, 울릉도밖에 언급하고 있지 않다. 영국은 SCAPIN 제677호를 답습해서 죽도를 일본의 영토에서 제외하고 있었으나 그것을 끝까지 고집하지 않았다고 생각된다.)

1951년 6월 런던에서 다시 미·영 간 협의가 실시되어, 그 결과 1951년

6월 14일 개정 미·영 초안이 성립되었다. 동 초안의 조선 포기조항은 "일본국은 조선의 독립을 인정하고, 제주도, 거문도 및 울릉도를 포함하는 조선에 대한 모든 권리, 권원 및 청구권을 포기한다"로 되었고, 이 조문은 최종적으로 1951년 9월 8일 대일강화조약(샌프란시스코강화조약) 제2조 (a)항이 되었다.

이로써 샌프란시스코강화조약상 일본이 죽도를 계속 보유하는 것이 확정되었다.

Ⅳ. 한국의 독도 영토 요구와 미국에 의한 거부

1951년 6월의 개정 미·영 초안에 대해서 한국 정부는 1951년 7월 19일 죽도를 한국령으로 하는 수정을 요구하였다.

덜레스 국무장관은 당일 수정 요구 문서를 지참한 양유찬(梁祐燦) 한국대사에게 독도와 파랑도(동중국해에 위치한 암초)의 위치에 관해 물었고, 한표욱(韓豹頊) 일등서기관이 이 섬들은 일본해에 있는 소도로 대부분 울릉도 가까이에 있다고 대답하였다.

개정 미·영 초안
일본국은 조선의 독립을 인정하여 제주도, 거문도 및 울릉도를 포함한 조선에 대한 모든 권리, 권원 및 청구권을 포기한다.

한국의 수정안
일본국은 조선의 독립을 인정하여 조선과 함께 제주도, 거문도, 울릉도, 독도 및 파랑도를 포함한 일본에 의한 조선의 병합 이전 조선의 일부였던 섬들에 대한 모든 권리, 권원 및 청구권을 1945년 8월 9일 포기한 것을 확인한다.

이 수정 요구에 대해 미국 정부는 1951년 8월 10일 답신을 통해 1945년 8월 9일 일본의 포츠담선언 수락이 동 선언에서 취급된 지역에 대한 일본의 정식 혹은 최종적인 주권 포기를 구성한다는 이론을 조약이 취해야 한다고 생각지 않으며, 독도 또는 죽도 혹은 리앙쿠르암으로 알려진 섬에 관해서는 통상 무인도인 이 바위섬은 우리 측 정보에 의하면 조선의 일부로 취급된 적이 결코 없고, 1905년경부터 일본 시마네현 오키(隱岐) 지청의 관할하에 있으며, 예전 조선에 의해 영토 주장이 있었다고는 생각되지 않는다면서 수정 요구를 거부하였다.

7월 19일 회담 석상에서 독도와 파랑도의 위치에 대해 질문받았을 때 한국대사는 답하지 않고, 일등서기관이 파랑도를 포함 울릉도에 가까울 것이라고 자신 없이 답하고 있다. 또한 8월 3일 미국 국무부의 메모에는 독도와 파랑도를 한국 대사관에 조회하니 '독도는 울릉도 또는 죽도 가까이에 있을 것이며, 파랑도도 그럴지 모른다'고 하였다. 한국 정부로서는 어쨌든 준비 부족이었다. 그러나 역사에 '만약'이라는 것은 없으며, 실행된 것은 실행된 것이다. 앞에서 서술한 강화조약 작성과정에서뿐만 아니라, 샌프란시스코강화조약상으로도 일본이 죽도를 계속 보유하는 것이 확정된 것이다.

1951년 7월 19일 한국 정부의 공문에는 독도, 파랑도 이외에 한국 내 일본 자산의 처분(미군이 몰수해서 한국 정부에 인도한 것)에 대한 일본의 효력 인정, 맥아더 라인(일본 어선의 조업범위 제한)의 존속을 요구하고 있다.

전자는 최종적으로 인정되었으나, 후자는 덜레스에 의해 일언지하에 거부되었다. 일·한 간 죽도 영유권분쟁이 표면화된 것은 한국이 1952년 1월 이승만 라인을 설정하고 죽도를 동 라인 내에 포함시킨 데 따른 것으로, 조약을 통해 얻지 못한 것을 일방적 행위로 실현하려 했다는 평가를 하지 않을 수 없다.

〈첨부〉

○ 국제법이라는 것은
- 국가 간의 관계를 중시하는 법
- 국제법의 주체와 객체
- 조약과 국제관습법
- 국제판례는 다른 사건에 구속력이 없음(다만, 실제에는 참고가 됨)

○ 영토의 취득에 관한 국제법
- 할양 - 강화조약에 의한 할양, 평시의 매매, 교환 등
- 선점 - 국가가 영유의사를 갖고 무주지를 실효적으로 점유
- 시효 - 자국의 영토가 아닌 영토를 영유의사를 갖고 상당 기간 중단 없이 평화롭게 통치(서류상의 항의는 중단 효력이 없음)
- 첨부 - 자연현상 또는 매립에 의한 해안선의 변경
- 정복 - 타국을 공격하여 국가를 소멸시켜 버린 경우(오늘날 유엔헌장에서 정복은 합법적 영토취득 방법으로 인정되지 않음)
- 팔마스 섬 사건(미국·네덜란드, 상설중재재판소판결 1928년)
  - 미국이 스페인으로부터 필리핀을 할양받은 날, 스페인·네덜란드 어느 쪽의 영토였는가?

- 동부 그린란드 사건(덴마크·노르웨이, 상설국제사법재판소판결 1933년)
  - 노르웨이가 동부 그린란드를 선점한 날, 무주지였는가? 덴마크의 주권하에 있었는가?
- 망키에-에크르오 사건(영국·프랑스, 국제사법재판소판결 1953년)
  - 무주지 선점의 문제가 아니라, 영·불 양국이 장기간에 걸쳐 주권을 행사(옛날부터 원시적인 권원을 가지고 있었고, 이들 권원은 항상 유지되어 상실된 것이 아니었다)해 왔다고 주장. 영·불 어느 쪽이 더 확실한 증거를 제출했는가?

○ 죽도 영유권분쟁과 국제법
- 무주지 선점? 망키에-에크르오 유형?
- 국가권능의 평화롭고도 지속적인 발현, 실효적 점유
  - 실효성을 동반하지 않은 주장은 분쟁이 됨 / 역사적 주장보다도 주권 행사의 실효성
  - 원시적 권원은 당세의 다른 유효한 권원에 대체될 필요 / 국가기능발현의 입증
  - 간접적 추정보다도 분쟁 지역의 점유에 직접 관계 있는 증거
  - 망키에-에크르오 사건의 경우: 교구세 징수, 선적항 등록, 부동산 등기, 세관설치, 인구조사
- 결정적 기일(증거허용의 기일=분쟁이 구체적으로 발생한 날)?
  - 그 이후의 행위(당사자의 법적지위를 개선하기 위해 채용된 것)는 고려되지 않음
  - 1952년 1월 18일 이승만 라인(죽도 편입) → 1952년 1월 28일

　　　　항의 (죽도의 주권 참칭을 부인)

- 강화조약과의 관계
- 병합과의 관계
- 사실을 법에 비추어 판단(법에 사실을 맞추어 결론을 냄)

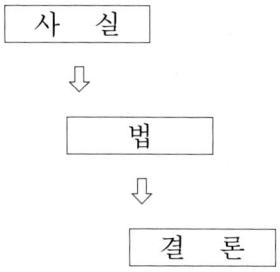

〈미첨부〉

○ 미국 국무부 문서자료

제6장

'샌프란시스코강화조약상 독도문제의 취급 (쓰카모토 다카시)'에 대한 비판

정갑용 영산대학교 법학과 교수

I. 머리말
II. 쓰카모토 다카시의 주장
III. 쓰카모토 다카시의 주장에 대한 비판
IV. 일본의 주장에 대한 대안
V. 맺음말

I. 머리말

일본에서 「죽도문제에 관한 조사 연구 최종보고서(竹島問題に關する調査硏究 最終報告書)」[1]가 2007년 3월에 발간되었다. 이 보고서는 2005년 2월 시마네현이 '죽도의 날'을 만들고 독도문제와 관련하여 허무맹랑한 논리를 펴 온 시모조 마사오(下條正男)를 소장으로 하는 '죽도문제연구회(竹島問題硏究會)'를 설립하여 독도문제를 연구한 성과물의 일부이다.[2]

이 보고서는 죽도문제연구회가 그동안 13차례에 걸쳐 독도문제에 관해 발표한 자료를 최종적으로 정리한 것인데, 일본 에도막부 및 메이지 시대의 독도자료, 독도 관련 사료 및 고지도, 시마네현(島根縣) 박물관 소장자료, 1951년 샌프란시스코강화조약과 독도문제, 일본의 학교 교재에서 다루고 있는 독도 관련 현황과 문제 등을 다루고 있다.[3]

이 글은 위 보고서에서 쓰카모토 다카시(塚本孝)가 쓴 「샌프란시스코강화조약에서 나타난 독도에 대한 취급(サン・フランシスコ平和條約における竹島の取り扱い)」[4]을 분석한 것인데, 그 내용은 1951년에 미국과 체결한 샌프란시스코강화조약에서 독도를 한국에 명확하게 반환한다고 규정하고 있지 않으므로 당연히 독도는 일본의 영토에 귀속된다는 종래의 주장을 되풀이하는 것이다.

---

* 이 글은 정갑용, 2008, 「쓰카모토 다카시의 「샌프란시스코 평화조약에서 나타난 죽도에 대한 취급」에 대한 비판적 연구-2007년 日本 竹島硏究會 最終報告書에 대한 비판」, 『인문연구』 55에 게재한 논문을 수정한 것이다.
1 日本 竹島問題硏究會, 2007. 3, 『竹島問題に關する調査硏究 最終報告書』.
2 『한국일보』, 2008. 7. 18.
3 日本 竹島問題硏究會, 2007, 앞의 글.
4 塚本孝, 2007. 3, 「サン・フランシスコ平和條約における竹島の取り扱い」, 『竹島問題に關する調査硏究 最終報告書』, 日本 竹島問題硏究會.

일본 정부는 17세기 초부터 일본 막부의 공인하에 독도 인근해역을 어장으로 사용함으로써 독도에 대한 원시적 권원을 취득하였으며, 1905년 2월 22일 시마네현 고시 제40호를 통하여 독도를 일본의 영토로 편입하였고, 1951년 샌프란시스코강화조약에서도 독도에 대한 자국의 주권을 포기한 바가 없다[5]는 주장과 거의 유사하다.

이에 이 글은 1951년 샌프란시스코강화조약을 국제법(특히 조약관계법)에 의거하여 분석함으로써 쓰카모토 다카시가 주장하는 논거의 허구성을 밝히고 우리의 독도영유권을 공고히 할 수 있는 대안을 모색하고자 한다.

II. 쓰카모토 다카시의 주장

쓰카모토 다카시의 글은 모두 다섯 부분으로 구성되어 있는데, 제2차 세계대전 후의 일본 영토처분, 연합국 최고사령관 지령(Supreme Commander for the Allied Powers Instruction. 이하 'SCAPIN') 제677호 및 제1033호와 독도문제, 1951년 샌프란시스코강화조약의 체결 과정, 대한민국이 1951년 샌프란시스코강화조약의 체결 과정에서 독도에 대한 영유권을 주장하였으나 미국이 거부하였다는 것 등으로 구성되어 있고 '첨부(付)'라는 제목으로 국제법의 영토취득이론과 독도문제에 관한 국제법적 쟁점을 간략히 소개하고 보충자료로 독도문제에 관한 미국 국무부 문서자료를 제시하고 있다. 아래는 쓰카모토 다카시의 주장을 요약, 정리[6]한 것이

---

5   유철종, 2006, 「동북아시아 국제관계와 한·일 영토분쟁: 독도(獨島) 영유권 분쟁을 중심으로」, 『2006 독도세미나 자료집』, 한국해양수산개발원, 54쪽.

6   塚本孝, 2007. 3, 앞의 글, 76~89쪽.

다(소제목은 필자가 재정리하였다).

1. 무조건 항복 이전[7]

쓰카모토 다카시는 일본의 무조건 항복 및 그 이전에 일본 영토의 처리와 관련된 문서로 1945년 9월 2일의 항복문서, 1945년 7월 26일의 포츠담선언, 1943년 12월 1일의 카이로선언을 들고 있다.

1945년 9월 2일의 항복문서에 의하여 일본은 포츠담선언을 수락함으로써 연합국에 대하여 무조건 항복을 하였는데, 이 항복문서는 일본으로 남게 될 섬, 일본이 반환할 섬을 승전국인 연합국들이 결정할 수 있게 되었을 뿐이고 일본의 영토처분에 관한 효력을 갖지 않는다는 것이다.

1945년 7월 26일의 포츠담선언을 보더라도 제8항에서, "… 일본국의 주권은 혼슈, 홋카이도, 규슈 및 시고쿠이며 연합국이 결정하는 모든 섬으로 한정하여야 한다"고 되었으므로, 동 선언은 일본의 영토를 최종적으로 결정한 것은 아니며 앞으로 연합국이 결정해야 할 사항이므로, 역시 독도문제에는 해당되지 않는다고 주장한다.

1943년 12월 1일의 카이로선언이 "… 일본은 또한 폭력 및 탐욕에 의해 일본국이 약취한 다른 모든 지역으로부터 물러난다…"라고 규정하고 있으나, 독도는 일본이 "폭력 및 탐욕에 의해 일본국이 약취한 지역"에 해당되지 않으므로 해당되지 않는다고 주장한다.

요약하면, 영토의 최종적인 결정은 강화조약에 의거한다는 것이 국제법의 원칙이므로 1951년 샌프란시스코강화조약 이전의 국제문서는 영토

---

[7] 塚本孝, 2007. 3, 위의 글, 75쪽.

처분에 관한 효력을 갖지 않는다는 것이다.

2. SCAPIN 제677호 및 제1033호[8]

1946년 1월 29일에 발표된 SCAPIN 제677호[9]에서 독도(죽도)에 대한 행정권이 정지되어 독도(죽도) 주변에서의 어업이 금지되고 일본인의 접근이 금지되었으나, 영토의 최종결정은 강화조약에 의거한다는 것이 국제법의 원칙이므로 SCAPIN에는 영토의 처분권이 없고, 영토처분에 관한 최종 결정에 관한 연합국의 정책을 나타내는 것이 아니라고 주장하고 있다.

또한, 1946년 6월 22일에 발표된 SCAPIN 제1033호[10] 제3항 (b)호에서 "…일본의 선박 및 그 승무원은 죽도에서 12마일 이내로 접근해서는 안 된다. 또 이 섬과는 일절 접촉을 가져서는 안 된다…"[11]라고 규정하고 있으나, 동 제5항에서 "이 지침은 관계 지역 또는 그 외의 모든 지역에 관해서도 일본국가의 관할권, 국제경계선 또는 어업권에 대한 최종결정에 관한 연합국 측 정책의 표명이 아니다"라고 규정함으로써 이 역시 일본의 영토처분에 관한 최종적인 결정이 아니란 것이다.

요약하면 SCAPIN 제677호 및 제1033호는 일본의 영토처분에 관한 구속력 있는 문서가 아니며, 대한민국이 연합국과 일본 간의 강화조약에 의한 최종적인 영토처분을 기다리지 않고 일방적으로 독도를 자국 영토

---

8 塚本孝, 2007. 3, 위의 글, 75~76쪽.
9 SCAPIN 제677호(1946. 1. 29)는 "조금 떨어진 외곽 지역을 정치상 행정상 일본에서 분리하는 것에 관한 지침"이다.
10 SCAPIN 제1033호(1946. 6. 22)는 "일본의 어업 및 포경업으로 인가된 구역에 관한 지침"이다.
11 동 제3항 (b)호.

에 편입하였다는 것이다. 이와 같은 주장은 일본 정부의 입장과 동일한데, 그동안 일본 정부는 SCAPIN 제677호에서 독도는 한국과는 별개의 대상이며,[12] SCAPIN 제1033호는 1952년 4월에 폐지되었을 뿐만 아니라 1952년 4월 28일에 1951년 샌프란시스코강화조약이 발효되어 그 효력도 상실되었다[13]고 주장하고 있는 것이다.

3. 1951년 샌프란시스코강화조약[14]

쓰카모토 다카시는 국제법에 의하면 전쟁이 끝나고 패전국의 영토에 대한 최종결정은 '강화조약'에 의거하여야 하므로, 일본이 무조건 항복을 한 후에 일본의 영토처분에 관한 것은 1951년 샌프란시스코강화조약(일본은 대부분 '평화조약'이라 칭함[15])의 규정 및 해석에 의하여야 하며, 1951년 샌프란시스코강화조약의 기초 과정이나 조약문을 보더라도 독도가 일본 영토임이 분명하다는 것이다.

즉, 1951년 샌프란시스코강화조약 제2조(a)는 "…일본은 … 제주도, 거문도 및 울릉도를 포함하는 조선에 대한 모든 권리, 권원 및 청구권을 포기한다"고 되어 있는데 "독도"를 일본이 포기한다고 되어 있지 않으므로 1951년 샌프란시스코강화조약에 의하여 독도를 일본이 보유한다는 것이 확정되었다고 주장한다.

---

12 1954년 2월 10일 자, 일본 정부견해 2, 『독도관계자료집(1)』, 51~52쪽.
13 1962년 7월 13일 자, 일본 정부견해 4, 『독도관계자료집(1)』, 249쪽.
14 塚本孝, 2007. 3, 앞의 글, 76~78쪽.
15 일본이 "강화"조약을 "평화"조약이라고 부르는 것은 일본이 항복한 것은 만국평화를 위한 자국의 결단에 의거한 것이지 결코 전쟁책임을 근원적으로 인정하여 항복한 것은 아니라는 뉘앙스를 띠고 있다고 생각된다.

또한, 1951년 샌프란시스코강화조약은 대한민국이 서명하지 않았으므로 강화조약의 당사자가 아니고, 강화조약에는 '가입조항'이 없으므로 대한민국이 강화조약에 가입하는 절차에 따라 장차에도 강화조약의 당사자가 될 수 없으며, 강화조약의 비체약국으로서의 지위를 가지는 대한민국의 경우에는 영토조항의 해석과 관련하여 조약의 제3자 효력의 문제가 적용되어 비체약국인 대한민국이 1951년 샌프란시스코강화조약하에서 어떠한 특정한 권리도 얻을 수 없다는 것이다.

다만, 1951년 샌프란시스코강화조약 제2조의 "…일본은 제주도, 거문도 및 울릉도를 포함하는 한국에 대한 모든 권리, 권원 및 청구권을 포기한다"는 규정은 '권리'로서의 의미보다는 반사적 이익으로서의 의미가 더 크다는 것이다.

이상과 같은 주장은 독도문제에 대한 일본 정부의 주장과 유사한데, 일본 정부는 선점이론[16]에 근거하여 15세기에서 19세기에 시행된 소위 '공도정책'으로 인해 대한민국이 주권을 포기한 '무주지(terra nullius)'인 독도를 1905년에 일본이 시마네현에 편입했다는 것과,[17] 1951년에 미국과 체결한 샌프란시스코강화조약(또는 미일강화조약)에서 독도를 한국에 명확하게 반환한다고 규정하고 있지 않으므로 당연히 독도는 일본의 영토에 귀속된다고 주장한다.[18]

요약하면, 1951년 샌프란시스코강화조약은 결코 독도를 대한민국의 영토로 인정한 것이 아니고 독도가 일본의 영토임을 확인한 국제문서이

---

16 Sir R. Jennings and Sir A.Watts (ed.), 1992, 『Oppenheim's International Law』, 9th ed., p. 686.
17 이신성, 1998, 「독도 영유권 관련, 일본측 주장에 관한 연구」, 『공군평론(공군대학)』 103, 141~143쪽.
18 1954년 2월 10일 자, 일본 정부견해 2, 『독도관계자료집(1)』, 51~52쪽.

며, 다만 독도를 포함한 동아시아의 분쟁도서들에 대한 사법적 판단이 내려질 경우에 중요한 하나의 객관화된 근거로서 작용할 수 있음이 중요하다고 주장한다.

4. 한국의 주장에 대한 미국의 거부[19]

쓰카모토 다카시는 1951년 샌프란시스코강화조약의 체결 과정에서 대한민국이 독도영유권을 주장하였으나 이를 미국이 거부하였다고 한다.

즉, 1951년 6월의 '개정 미·영 초안'은 "일본은 조선의 독립을 인정하며 제주도, 거문도 및 울릉도를 포함하는 조선에 대한 모든 권리, 권원 및 청구권을 포기한다"라고 되어 있었다는 것이다.

이에 대하여 한국 정부가 1951년 7월 19일 자로 동 초안의 내용을 "일본은 조선의 독립을 인정하며 조선 및 제주도, 거문도, 울릉도, 독도 및 파랑도를 포함하는 일본에 의한 조선 합병 전에 조선의 일부였던 섬들에 대한 모든 권리 권원 및 청구권을 1945년 8월 9일에 방기한 것을 확인한다"로 수정할 것을 요구하였다.

그 당시 덜레스 미국 국무장관고문이 한국 관리들에게 독도와 파랑도의 위치에 대해 질문하였는데, 이 섬들이 일본해에 있는 작은 섬이며 대체적으로 울릉도 근처에 있는 것으로 생각된다고 대답했다는 것이다.

또한, 한국의 수정 요구에 대하여 미국 정부는 1951년 8월 10일 자 문서에서 "1945년 8월 9일 일본에 의한 포츠담선언 수락이 동 선언에서 취급된 지역에 대한 일본의 정식 내지는 최종적인 주권 방기를 구성한다는

---

19 塚本孝, 2007. 3, 앞의 글, 77~78쪽.

이론을 조약이 취해야 한다고 생각하지 않는다. 독도 또는 죽도 내지는 리앙쿠르암(Liancourt Rocks)으로 알려진 섬에 대해서는, 통상 무인인 이 바위섬은 우리들의 정보에 의하면 조선의 일부로 취급되었던 적이 전혀 없었으며 1905년 무렵부터 일본의 시마네현 오키 지청의 관할하에 있었던 이 섬은 일찍이 조선에 의해 영토 주장이 있어 왔다고 생각되지 않는다"라고 하며 수정 요구를 거부했다는 것이다.

요약하면 이와 같은 조약 체결의 과정과 1951년 샌프란시스코강화조약에서도 독도를 일본이 보유한다는 것이 확정되었던 것이며, 한국이 1952년 1월 '평화선(일본은 '이승만 라인'이라 칭함)'을 설정하고 독도를 동 라인 안에 포함시킨 것은 조약으로 독도를 얻지 못했던 것을 한국이 일방적인 행위로 실현하려고 했다고 주장한다.

Ⅲ. 쓰카모토 다카시의 주장에 대한 비판

위에서 본 바와 같이 쓰카모토 다카시는 일본의 무조건 항복 및 그 이전에 일본 영토의 처리와 관련된 문서, SCAPIN 제677호 및 제1033호, 1951년 샌프란시스코강화조약을 살펴보면 일본이 독도를 대한민국에 반환한 적이 없다고 주장하고 있다.

1. 무조건 항복 이전의 국제문서

1) 카이로선언

대한민국이 일본 제국주의로부터의 독립을 국제적으로 약속받은 것은 1943년 11월 27일 '카이로선언'이다. 이 선언은 미국, 영국, 중국의 3개국 정상이 이집트의 카이로에서 일본과의 전쟁에서 승리할 수 있다는 것을 명확히 하고 앞으로 일본의 영토처리에 관한 원칙을 규정한 선언이다.

1943년 11월 27일 카이로에서 미국, 영국, 중국의 3개국 수뇌회담에서 채택된 카이로선언의 내용은 다음과 같다.[20]

> … 일본국으로부터 1914년 제1차 세계대전 개시 이후에 일본국이 장악 또는 점령한 태평양의 모든 도서들을 박탈할 것과, 아울러 만주·대만·팽호도 등 일본국이 중국인들로부터 절취한 일체의 지역을 중화민국에 반환함에 있다. 또한 일본국은 그가 폭력과 탐욕에 의하여 약취한 모든 일체의 지역으로부터도 축출될 것이다. 위의 3대국은 한국 민중의 노예 상태에 유의하여 적당한 시기에 한국이 자유롭게 되고 독립케 할 것을 결정한다. (Japan will also be expelled from all other territories which she has taken by violence and greed. The aforesaid three great powers, mindful of the enslavement of the people of Korea, are determined that in due course Korea shall become free and independent.) …

---

[20] 대한민국 국방부 전사편찬위원회, 1981, 『국방조약집』 1, 565쪽.

이와 같은 카이로선언의 내용은 앞으로의 일본의 영토처리에서 일본이 1894~1895년 청일전쟁 이래 여러 국가로부터 제국주의적 방법으로 탈취한 모든 지역을 다시 그 본국에 반환하라는 것이다.

여기서 문제가 되는 것은 두 가지인데, 하나는 카이로선언에서 말하는 "폭력과 탐욕에 의하여 약취한 다른 일체의 지역"에 독도가 해당되는가의 문제이며, 다른 하나는 카이로선언이 국제법적으로 구속력을 가지는가 이다.

첫째, 카이로선언에서 "폭력과 탐욕에 의하여 약취한 다른 일체의 지역"에 독도가 해당되는가에 관한 것이다. 쓰카모토 다카시의 논리나 그동안 일본이 독도영유권을 주장하는 근거는 1905년 시마네현 고시 제40호에 의하여 무주지인 독도를 일본의 영토로 편입하였고 1951년 샌프란시스코강화조약에서 독도를 반환한다는 명문의 규정이 없는 이상 독도는 일본의 영토라는 것이다.

이와 같은 논리는 그 자체로 많은 문제점을 지니고 있다. 일본의 '선점' 행위는 그 대상이 '무주지'여야 하는데, 독도는 역사적으로 보아 그동안 줄곧 대한민국의 영토이므로 '무주지'에 해당되지 않으며, '선점'행위는 독도가 '역사적으로' 일본의 영토라는 주장과 모순되는 것이다. 1905년 전후 당시의 대한제국은 일본에 실질적으로 예속되어 정상적인 대외활동을 전혀 할 수 없었다는 것은 누구나 알 수 있는 것이며, 그러한 사정을 기화로 1905년에야 비로소 일본이 독도를 '선점'하였다는 행위 자체가 "폭력과 탐욕에 의하여 약취한" 지역에 해당된다고 보는 것이 합리적이고 객관적일 것이다.

둘째, 카이로선언이 국제법적으로 구속력을 가지는가의 문제이다. 일반적으로, '선언'은 그것이 조약을 의미하는 경우(파리선언, 런던선언 등), 타국에 대한 권리의무관계를 창설하는 선언(개전선언, 중립선언 등), 상대국과의 어떠한 권리의무관계도 창설하지 않는 선언(정책선언, 해석선언 등)이 있다.[21] 카이로선언은 소위 '정책선언'에 해당되는 것이어서 그 자체가 국제법적인 구속력을 가지는 것은 아니고 앞으로 위의 지역들을 그 본국으로 반환시키겠다는 3대국의 공동정책에 해당된다.[22]

그러나 카이로선언 그 자체는 법적 구속력을 가지는 것은 아니라 할지라도 이후 1945년 9월 2일에 일본이 항복문서[23]에 서명하였고 그 항복문서에서 "포츠담선언(1945년 8월 14일)의 조항을 성실히 이행할 것"을 약속하였고, 이는 다시 포츠담선언 제8항의 내용을 이행할 것을 약속한 것이므로, 이와 같은 일련의 과정을 거쳐 카이로선언은 일본이 무조건 항복을 한 1945년 9월 2일부터 법적 구속력을 가진다고 보아야 한다.

2) 포츠담선언

1945년 7월 26일에 미국, 영국, 중화민국 등 3개국에 의하여 포츠담선언이 발표되었는데, 이 선언 제8항에서는 다음과 같이 규정하고 있다.[24]

> 8. 카이로선언의 조항은 이행될 것이며, 또 일본국의 주권은 혼슈, 홋카이도, 규슈, 시코쿠와 우리가 결정하는 제소도에 국한된다.(The terms of the Cairo Declaration shall be carried out and Japanese sovereignty shall be limited to the islands of Honshu, Hokkaido,

---

21 이병조·이중범, 2008, 『국제법신강』, 일조각, 51쪽.
22 박관숙, 1968, 「독도의 법적지위에 관한 연구」, 연세대학교 대학원 박사학위논문, 52쪽.
23 대한민국 국방부 전사편찬위원회, 1981, 앞의 책, 571~572쪽.
24 박관숙, 1968, 앞의 글, 52~53쪽.

Kyushu, Shikoku and such minor islands as we determine.)

독도문제는 카이로선언, 포츠담선언 및 일본의 항복문서[25]를 종합적으로 고찰해야 할 것인 바, 1945년 8월 14일 일본은 포츠담선언을 무조건으로 수락하였고 동년 9월 2일 항복문서에 서명함으로써 포츠담선언은 일본에 대하여 구속력을 가지게 되었으며, 또 포츠담선언 제8항에 의하여 카이로선언도 일본에 대하여 구속력을 가지게 되었다.

생각건대, 일본이 청일전쟁 이후에 시마네현이라는 지방 현의 고시로서 독도를 일본의 영토로 편입한 조치는 누가 보아도 그 영토취득방법이 전형적인 제국주의적 "폭력과 탐욕에 의한 것"이라고 볼 수밖에 없을 것이다. 일본으로서는 1905년의 선점이 국제법에 의해 합법적으로 독도를 자국 영토로 취득한 것에 해당되는지와 그러한 방법이 "폭력과 탐욕에 의해" 취득한 것이 아니라는 점을 증명해야 할 것이며, 우리로서는 이 문제에 대하여 보다 실증적이고 구체적인 연구작업을 지속해야 하리라고 본다.

2. SCAPIN 제677호 및 제1033호

연합국 최고사령관 총사령부는 1946년 1월 29일, "약간의 주변 지역을 정치상 행정상 일본으로부터 분리하는 지침"[26]을 일본에 통지하였는데, 그 내용은 일본의 종래 식민통치 영역에 대한 주권적 관할을 분리하는 조치이다.

---

25 신용하 편저, 2000, 『독도영유권 자료의 탐구』 3, 독도연구보전협회, 245~246쪽.
26 SCAPIN 677(1946. 1. 29): Governmental and Administrative Separation of Certain Outlying Areas from Japan. 신용하 편저, 2000, 위의 책, 248~256쪽.

그 제3항은 다음과 같다.

3. … 일본의 영역은 일본의 4개 본도, 즉 홋카이도, 혼슈, 규슈 및 시코쿠와 대마도를 포함한 1,000여 개의 인접한 제소도로 제한하고, 울릉도, 독도, 거문도 및 제주도를 일본의 영역 범위에서 제외….(… Japan is defined to include the four main islands of Japan(Hokkaido, Honshu, Kyushu and Shinkoku) and the approximately 1,000 smaller adjacent islands, including the Tsushima Islands and the Ryukyu (Nansei) Islands north of 30°North Latitude (excluding Kuchinoshima Island), and excluding (a) Utsuryo (Ullung) Island, Liancourt Rocks (Take Island) and Quelpart (Saishu or Cheju Island, ….)

그 제6항은 다음과 같다.

6. 이 지침의 어떠한 규정도 포츠담선언의 제8항에 언급된 제소도의 궁극적인 결정에 관한 연합국의 정책으로 해석되어서는 안 된다.(Nothing in this directive shall be construed as an indication of Allied policy relating to the ultimate determination of the minor islands referred to in Article 8 of the Postdam Declaration.)

1945년 9월 27일에 선포된 SCAPIN 제1033호[27]는 일본 본도와 홋카이도 및 대마도만을 포함하는 극히 제한된 범위를 일본의 외양(外洋) 활

---

27 신용하 편저, 2000, 위의 책, 257~261쪽.

동을 허용하는 수역으로 지정하는 것으로 독도를 일본의 활동 허용 구역에서 제외하고 있다.

즉, 동 지령은 일본인의 어업 및 포경업의 허가 구역을 설정하여, 일본인의 선박 및 승무원에 대한 제3항 (b)를 통하여 독도가 한국 영토이고, 일본의 어부와 선박들은 접근하지 못한다고 선포하고 있다.

3. b. 일본인의 선박 및 승무원은 금후 북위 37도 15분, 동경 131도 53분에 있는 죽도(Takeshima)의 12해리 이내에 접근하지 못하며 또한 동 도에 어떠한 접근도 하지 못한다.

그런데 이 지령의 제5조 역시 SCAPIN 제677호와 동일하게 이 지령이 최종적인 것이 아님을 명시하고 있다.

5. 이러한 허가가 관련 구역 혹은 다른 구역에서의 국가통치권, 국경선 혹은 어업권의 최종적인 결정과 관련된 연합국의 정책을 표현하는 것은 아니다.

SCAPIN 제677호에 대하여, 일본 측은 동 지령의 제6항을 들어 이 지침이 일본의 독도에 대한 영유권을 궁극적으로 배제하는 것으로 해석될 수 없다고 반박한다. 즉, SCAPIN에 의하여 독도에 대해 통치권 또는 행정권의 행사 또는 행사의 시도를 중지할 것을 지시받았을 뿐이며, 동 지침이 일본 영토로부터 독도를 배제한 것은 아니라고 주장한다.[28]

---

[28] 김석현, 2006, 「독도 영유권과 SCAPIN 677」, 『2006 독도세미나 자료집』, 한국해양수산개발원, 40쪽.

국내 학자들의 대부분은 SCAPIN 제677호에 의하여 독도를 일본의 영토주권으로부터 명시적으로 배제하였다고 주장하는 견해와 이를 부정하는 견해로 나뉘는데, 이를 요약하면 다음과 같다.

첫째, 연합국 최고사령관 총사령부의 SCAPIN 제677호는 일본의 항복문서를 집행하기 위하여 '일본의 영토의 주권 행사 범위를 정의'한 것이며 그 제3항에 의하여 독도는 일본 영토로부터 완전히 제외되었으며 그 제6항은 복잡 미묘한 연합국들의 이해관계 속에서 다른 연합국들이 이의 제기를 할 경우에 대비해서 '최종적 결정'이 아니라 필요하면 수정할 수 있다는 가능성을 열어 둔 것에 불과하다는 견해이다.[29]

둘째, SCAPIN 제677호의 제6항에서 이 지침이 영토귀속의 최종적인 결정을 의미하는 것은 아니라고 유보조항을 달았어도 이는 연합국에 의하여 별도의 지침에 의하여 수정이 되지 않는 한, 그 효력은 그대로 유지가 되는 것이다. 이러한 취지가 그대로 대일강화조약에 흡수됨으로써 연합국이 이미 취해 놓은 결정은 기정사실로 응고되어 더는 변경할 수 없게 된다는 견해이다.[30]

셋째, SCAPIN은 일본의 영토를 최종적인 것으로 결정하는 것이 아니라는 견해이다. 즉, SCAPIN 제677호 및 SCAPIN 제1033호는 당시 일본을 점령하고 있던 연합국 최고사령관 총사령부의 점령지인 일본을 통치할 목적으로 행한 일시적인 행정조치이며, 동 지침에 의하여 일본 영토의 범위가 최종적으로 결정된 것으로 아니라고 보아야 한다. 따라서, SCAPIN을 일본과의 영토문제에서 원용하는 것은 적절치 못한 것으로

---

29 신용하, 2006, 『한국의 독도영유권 연구』, 경인문화사, 217쪽.
30 이상면, 2003, 「독도 영유권의 증명」, 독도학회 편, 『한국의 독도영유권 연구사』, 독도연구보전협회, 308~309쪽.

생각되며, 오히려 우리 측 주장의 부당성이 문제되어 우리의 정당한 주장을 의심케 하는 부정적인 결과를 초래할 수도 있다는 견해이다.[31]

생각건대, SCAPIN은 그 자체만으로는 일본의 영토를 최종적으로 결정하는 법적 구속력을 갖는 문서라고는 생각되지 않는다. 다만, SCAPIN 제677호 및 제1033호에서 독도를 일본의 영토에서 배제시키고 그 후에 이들의 효력을 변경하거나 부인하는 별도의 지침이나 조치가 없었다는 사실, 전후 영토문제를 처리하는 1951년 샌프란시스코강화조약에서조차도 명시적으로 독도가 일본의 영토임을 나타내는 규정이 없다는 점 등을 미루어 볼 때에, 앞으로 있을지 모르는 독도영유권에 관한 국제재판에서 독도가 일본의 영토가 아닌 대한민국의 영토임을 나타내는 유력한 증거가 될 수 있다고 본다.

3. 1951년 샌프란시스코강화조약

일반적으로 강화조약은 전쟁 당사국의 전쟁종료를 위한 명시적 합의로 교전국 사이에 존재하는 전쟁상태를 끝내고 교전국 사이의 평화관계를 회복하는 조건을 정하는 것을 목적으로 하며, 그 내용은 적대행위의 중지, 점령군 철수, 징발 재산의 반환, 포로송환, 조약관계의 부활 등이 포함된다.[32] 1951년 샌프란시스코강화조약은 연합국과 일본 간에 체결된 강화조약으로 그 내용에 대한민국에 관한 중요한 조항이 있으므로 독도영유권의 귀속을 판단할 때 중요한 문서가 될 수 있다.

1951년 샌프란시스코강화조약의 교섭 과정에서 논란의 대상이 되었음

---

31 이상면, 2003, 위의 글, 50~51쪽.
32 이병조·이중범, 2008, 앞의 책, 1023쪽.

에도 불구하고 최종 문안에는 독도 및 그에 상응하는 어떠한 용어도 언급되어 있지 않은 독도의 경우, 조약의 초안 및 관련 문건들과 같은 조약의 준비작업에 근거한 해석이 요구되는데, 조약의 해석에 관한 것은 1969년 조약법에 관한 비엔나협약(Vienna Convention on the Law of Treaties)이 있다.

> 동 협약 제32조(해석의 보조적 수단) 조약의 해석에서는 규정의 의미가 모호거나 애매한 경우 혹은 명백히 불투명하거나 불합리한 경우에는 조약의 교섭 기록 및 그 체결 시의 사정을 포함한 해석의 보충적 수단에 의하여 해석한다.

1951년 샌프란시스코강화조약의 작성 과정에서 1947년 3월 20일 자의 제1차 초안 제4조, 1947년 8월 5일 자의 제2차 초안 제4조, 1948년 1월 2일 자의 제3차 초안 제4조, 1949년 10월 13일 자의 제4차 초안 제4조, 1949년 11월 2일 자의 제5차 초안 제6조 등은 다음과 같이 규정하고 있었다.[33]

> 일본은 한국 및 퀠파트 섬(제주도), 해밀턴항(거문도), 다줄렛(울릉도)과 리앙쿠르암(죽도)을 포함하여 한국 연안의 모든 보다 작은 섬에 대한 권리 및 권원을 포기한다.

그러나 1949년 12월 29일 자의 제6차 초안 제3조에서는,

---

33 김병렬, 1998, 「대일강화조약에서 독도가 누락된 전말」, 『독도영유권과 영해와 해양주권』, 독도연구보전협회, 173~177쪽.

일본의 영토는 … 죽도(리앙쿠르암) … 등을 포함하는 모든 인접 소도서로 한다. …

라고 하여 독도를 일본의 영토로 규정하였으나, 1950년 8월 7일 자의 제7차 초안 및 1950년 9월 11일 자의 제8차 초안에서는 제6차 초안과 같은 일본의 영토에 관한 조항은 삭제되었다.[34]

결국, 최종적으로 채택된 1951년 샌프란시스코강화조약 제2조 (a)는 다음과 같이 규정하고 있다.

일본은 한국의 독립을 인정하고, 제주도, 거문도, 울릉도 등을 포함한 한국에 대한 모든 권리, 권원, 그리고 청구권을 포기한다

1951년 샌프란시스코강화조약 제2조는 "일본은 한국의 독립을 인정하고, 제주도, 거문도 및 울릉도를 포함하는 한국에 대한 모든 권리, 권원 및 청구권을 포기한다"에서 독도가 열거되어 있지 아니하므로 일본은 독도를 일본의 영토라고 주장하고 있으나, 강화조약 제2조는 일본으로부터 분리되는 모든 도서를 열거한 것이 아니라는 것은 한국의 영토인 도서가 제주도, 거문도, 울릉도에 한하지 아니한 것으로 보아 명백하고, 또한 제2조에 열거된 제주도, 거문도, 울릉도가 한국의 최외측에 위치한 도서만을 열거한 것이 아니라는 것도 제주도 남방 외측에 마라도가 위치하고 있음을 보아 명백하다는 주장이 있을 수 있다. 국내 학자 중에서도 1951년 샌프란시스코강화조약에서 일본이 독도를 일본 영토로 표기하는

---

[34] 김병렬, 1998, 위의 글, 178~181쪽.

데 실패함으로써 국제사회와 국제법상으로도 한국 영토임을 명백하게 인정받게 되었다는 견해가 있다.[35]

이상에서 볼 때, 조약법에 관한 국제법의 해석원칙에 의하더라도 1951년 샌프란스시코강화조약은 그 문언이나 초안의 작성 과정에서 독도가 일본 영토라는 점을 발견할 수 없으며, 오히려 일본의 1905년 선점 주장, 카이로선언, 포츠담선언 및 일본의 항복문서 등에서 발견할 수 있는 일본 주장의 부당성에서 우리의 독도영유권을 재확인할 수 있다고 본다.

IV. 일본의 주장에 대한 대안

1. 일본의 '선점' 주장의 모순(1905년 시마네현 고시 제40호)

일본은 시마네현 고시에 의하여 독도를 선점하였다고 주장하고 있는데, 일본의 주장처럼 선점이 성립하기 위해서는 1905년 당시 독도는 국제법상 이른바 무주지(terra nullius)로 남아 있어야 한다. 일본은 독도에 대한 역사적 권원으로 독도에 대한 편입조치를 취한 직후에 일본의 관헌이 이 섬에 대하여 측량을 실시하였다는 점, 1905년 5월에 이 섬을 정부 소유 토지로서 토지대장에 기입하였다는 점, 1905년 4월에 시마네현이 독도의 강치어업을 허가제로 하고 같은 해 6월에 일본인 업자에게 정식으로 면허하였다는 점 등을 들고 있다.

---

[35] 신용하, 2005, 『한국과 일본의 독도영유권 논쟁』, 한양대학교 출판부, 38~39쪽.

본래, 영유권이란 "특정 국가가 자국의 영토로 취득하기에 필요한 법적 요건을 취득한 것"이라고 볼 수 있는데,[36] 국제법상 영토취득 요건인 '선점'을 충족시키기 위해서는 다음의 세 가지 요건을 구비해야 한다. 즉, 선점의 대상이 되는 지역은 '무주의 지역'이어야 한다. 여기에서 '무주의 지역'이란 주민이 살지 않는 땅이란 뜻이 아니고 어느 국가에도 속한 바 없거나 전 주권국가에 의해 포기된 지역을 말한다. 둘째, 선점하는 국가의 영역취득의사가 존재하고 또 그 의사가 대외적으로 표시됨을 요한다. 즉 선점은 국가기관에 의해 행해져야 한다는 것이다. 셋째, "계속적이고 평온·공연하게 국가행위가 나타나는"[37] 실효적인 지배를 계속해야 한다.[38]

1905년 1월 28일 일본 내각이 독도를 '죽도'로 명명하고 이를 자국 영토로 편입, 선점키로 할 때까지 조선왕조는 독도에 대한 그 영역 주권을 계속적이고 평화적으로 행사함으로써 확정적인 권원을 유지하고 있었다고 볼 수 있고, 일본의 선점 주장은 자국이 또한 내세우고 있는 "역사적으로 독도가 일본의 영토"라는 주장에도 모순된다. 독도가 일본의 고유영토라면 이를 선점할 필요가 없고, 반대로 일본이 독도를 선점하였다면 일본의 고유영토가 아니라는 것이 되기 때문이다.[39]

일본의 독도영유권 주장은 무주지론에 근거한 1905년 시마네현 편입, 1905~1945년 사이의 점유, 1952년 이후로 지금까지 한국의 독도 점유에 계속 항의해 왔다는 사실에 근거하고 있는데, 1905년 무주지 주장은

---

[36] Malcolm N. Show, 2003, *Intenrnational Law*(Fifth Ed.), Cambridge University Press, p. 411.

[37] Malcolm N. Show, 2003, 위의 책, p. 432.

[38] 유철종, 2006, 앞의 글, 61~62쪽.

[39] 노영돈, 2006, 「일본의 독도영유권주장 법리의 허와 실」, 『2006 독도 세미나 자료집』, 한국해양수산개발원, 105쪽.

그 이전 시기에는 독도에 대한 영유권을 확립하지 못하였다는 것을 일본이 스스로 시인한 것으로 볼 수 있다.[40]

국내 일부 학자는, 일본 정부는 독도가 한국의 영토라는 것을 잘 알고 있으면서도, 군사상의 필요가 발생한 시점에 이해 당사국인 한국에는 전혀 사전 협의나 적절한 사후 통고도 없이 중앙정부의 지휘하에 일본 영토로 편입하고 시마네현 내에만 이를 고지케 하였으며[41] 독도편입에 가담한 일본 정부의 관리들은 독도가 한국의 영토였다는 것을 잘 알고 있었다는 것이 역사적 자료에 의해서 입증되었으므로, 1905년 일본의 독도 편입행위는 한국의 영토를 절취하여 강탈한 범죄행위에 해당된다는 견해를 주장하고 있다.[42]

생각건대, 일본이 주장하는 국제법상 영토취득이론인 선점은 그 대상이 무주지여야 하나 역사적으로 이미 일본의 영토를 다시 무주지로 선점한다는 것은 이론상 명백히 모순되므로,[43] 이와 같은 선점이론은 앞으로 독도문제에서 일본의 법적 권리뿐만 아니라 자국의 다른 법적 근거에 대한 정당성을 한층 약화시키는 원인으로 작용할 것이라고 본다.

---

40 John M. Van Dyke, 2008, 『독도영유권에 관한 법적 쟁점과 해양경계선』, 한국해양수산개발원, 92쪽.
41 이상면, 2003, 앞의 글, 297쪽.
42 이상면, 2003, 위의 글, 300쪽.
43 박배근, 2005. 9, 「독도에 대한 일본의 영역권원주장에 관한 일고」, 『국제법학회논총』 50-3, 99~100쪽.

2. '결정적 기일(Critical Date)'에 대한 재검토

국제재판에서 '결정적 기일(Critical Date)'은 그 일자 이후의 당사국의 행위가 쟁점에 영향을 줄 수 없는 일자를 확정하는 것을 말하는데,[44] 이는 '결정적 기일'이 분명하지 않는 경우에 그 시점을 정하는 것은 타방 당사국에게 유리한 사실을 가능한 한 봉쇄하면서 자국에게 유리한 사실을 가능한 한 많이 용납해 주는 일자의 선택을 확보한다는 측면에서 국제재판에서 매우 중요한 법제도이다.[45]

그러나 우리나라의 경우에 독도문제에 있어서 '결정적 기일'에 관한 학술적 논의가 거의 없는 것이 현실이며, 독도문제에 관한 선행연구들이 있다 하더라도 대부분의 학자들이 독도문제가 본격적으로 양국 간의 현안 문제로 등장한 때를 평화선 선포로 인하여 일본이 처음으로 외교적 항의를 한 1952년 2월 28일이라고 함으로써 의식적이든 무의식적이든 독도문제의 '결정적 기일'이 마치 일본이 항의한 시점인 1952년 2월 28일이라고 설명하고 있다. 즉, 대한민국 정부가 1952년 1월 18일 '인접 해양의 주권에 대한 대통령 선언'(평화선 선포)을 발표했는데 그 범위 안에 독도와 그 영해가 포함되자, 일본이 열흘 뒤인 1952년 1월 28일 평화선 선포에 항의함과 동시에 독도의 한국영유를 인정할 수 없다는 외교문서를 한국 정부에 보내옴으로써, 한국과 일본 사이의 독도영유권 논쟁은 1952년 1월부터 시작되었다는 주장이 대표적이다.[46]

---

[44] Malcolm N. Show, 2003, 앞의 책, p. 431.
[45] 박배근·박성욱, 2006. 11, 『독도영유권과 '결정적 기일'에 관한 연구』, 한국해양수산개발원.
[46] 노영돈, 2006, 앞의 글, 103쪽; 신용하, 2005, 앞의 책, 15쪽, 263쪽.

그러나 독도문제에서 '결정적 기일'이 맹목적으로 1952년부터 시작되었다는 것은 매우 위험한 발상이 아닐 수 없다. 왜냐하면, 국가 간의 영토분쟁에 대한 국제재판에서 '결정적 기일'은 그 시점 이후에 형성된 권리의무관계를 무시하고 그 시점 이전에 형성된 권리의무관계만을 따져서 영토권의 귀속 여부를 결정하는 것이므로, 타방 당사국에게 유리한 사실을 가능한 한 봉쇄하면서 자국에게 유리한 사실을 가능한 한 많이 용납해 주는 일자의 선택을 확보하는 것이 중요한데, 자칫 우리가 해방 이후에 독도에 대하여 실효적 지배를 행하여 온 노력이 무시되어 결과적으로 우리에게 불리하게 작용할 수도 있기 때문이다.

그러므로, 독도문제가 혹시라도 국제재판에 회부되는 경우에 '결정적 기일'의 문제는, 독도에 대한 우리의 영유권 행사가 확연하게 나타난 시기별로 시나리오를 설정하여야 할 것이다. 이와 관련하여 주요 역사적 사건을 기준으로, 512년(신라 지증왕 13년 우산국의 정벌), 930년(고려 태조 13년, 고려에 귀속), 1454년(『세종실록』「지리지」), 1693년(안용복 사건에 의한 조선영토의 확인), 1881년(일본 어민의 울릉도 근해 어업에 대한 제한조치), 1900년(칙령 제41호에 의한 울릉도의 부속도서 편입조치), 1905년(시마네현의 독도편입을 기준으로 하는 경우), 1910년(『한국수산지』 제1호 제1편에 한국령 표기), 1910년(한일합병을 기준으로 하는 경우), 1943년(카이로선언을 기준으로 하는 경우), 1945년(포츠담선언을 기준으로 하는 경우), 1946년(SCAPIN 제677호, 제1033호), 1948년(대한민국 정부 수립 시 울릉군 남면도동 1번지로 편입), 1951년(샌프란시스코강화조약), 1952년(인접 해양의 주권에 대한 대통령 선언), 1952년(인접 해양의 주권에 대한 대통령 선언에 대한 일본의 외교적 항의), 1965년(한일기본관계조약), 1977년(영해법 선포), 1999년(한일어업협정) 등과 향후 독도영유권과 관련하여 이를 국제사법재판소에 제소하여 해결하는 일자 등[47]을 고려할 수 있을 것이다.

3. 한일어업협정과 금반언(Estoppel)

신한일어업협정의 체결에 대하여 국내에는 독도문제와 관련하여 찬성론과 반대론이 서로 심각하게 대립한 적이 있었고, 현재까지도 간헐적으로 그 여진이 가시지 않고 있는 듯하다.

신한일어업협정을 긍정적으로 평가하고 있는 논자들의 주장은 신한일어업협정은 독도의 영유권 문제를 근본적으로 해결하지는 못하였지만 기존의 독도의 지위에 대하여 아무런 부정적인 영향도 주지 않는다고 할 수 있으며,[48] 단순히 독도가 공동자원조사수역보다도 공동관리의 개념이 더 희석된 중간수역 내에 위치한다고 하여 그 법적 지위가 훼손된다고 주장하는 것은 그저 기우에 지나지 않는다고 본다는 것이다. 또한 어업협정이 아니더라도 독도문제는 양국 간의 현안이었으며, 또 동북아의 안보체제 내지 질서에 근본적인 변경이 있을 경우 독도로 인하여 한일 양국이 무력 충돌을 일으킬 가능성을 완전히 배제할 수는 없기 때문이다. 따라서 이번 협정의 결과로 인해 독도와 관련된 우리의 입장은 과거에 비해 나아진 것도 후퇴하는 것도 없다고 보는 것이 타당하다는 것이다.[49]

이에 대하여 한일어업협정을 부정적으로 보는 논자들의 주장은, 어업권이란 결국 영역주권에서 연유되는 것이기 때문에 어업문제와 영유권 문제

---

47 정갑용, 2005. 2,「독도영유권과 Critical Date의 법개념」,『월간 해양수산』, 한국해양수산개발원, 37~39쪽.
48 김찬규, 1999. 1,「새 한일어업협정과 독도」,『국제문제』제29권 제1호, 39쪽.
49 김찬규·노명준·이창위, 1999. 6,「한일어업협정 및 한중어업협정 체결 이후 동북아의 어업질서 운영방안」,『국제법학회논총』44-1, 79쪽.

는 본질적으로 연결되어 분리될 수 없으며,[50] 독도에 대한 영유권 분쟁은 이 협정을 공식적으로 합의함으로써 양국에 의하여 공인(公認)된 셈이 되는 것이고, 독도(獨島) 주변 12해리는 일본의 안목(眼目)으로 보면 죽도(竹島)의 영해(領海)인 12해리가 되어, 동 어업협정에 의하여 우리의 독도 영유권이 훼손되었다는 것이다.[51] 1969년의 조약법에 관한 비엔나협약에 비추어 '조약 체결 시의 사정'을 고려할 때 한국은 중간수역 내에 독도를 위치시키는 '신한일어업협정'의 체결로 독도의 영유권문제가 한일 간의 영유권분쟁의 존재를 묵인한 것이라는 해석을 가능하게 했다는 것이다.[52] 또 어업협정에서 어업수역을 설정하는 것은 독도의 경우와 같이 그 영토적 귀속이 문제된 경우에는 관련 영토문제와 무관할 수가 없다는 견해,[53] 신한일어업협정을 파기하고 그 대안으로 동해를 기하학적으로 동서 반분한 중간선, 독도와 오키 섬의 중간선, 울릉도와 오키 섬의 중간선, 또는 이들 중간선을 평균한 선 등 여러 개의 가상선을 절충·종합하여 경계선을 설정하는 방법에서 항상 독도가 어느 선에 의하여도 대한민국에 속하게 된다는 견해[54] 등이 그것이다.

생각건대, 신한일어업협정을 부정적으로 보는 견해는 일응 우리나라의 대외교섭력의 제고, 독도문제에 대한 국민적 여론의 확산, 독도 관련 정부기관의 설립 및 연구활동의 강화 등에서 긍정적으로 기여한 바가 있다고

---

50 김영구, 2001. 6. 20, 『한일·한중어업협정의 비교와 우리의 당면과제』, 국회해양포럼, 54쪽.
51 김영구, 1999. 10. 22, 「국제법에서 본 동해 중간수역과 독도」, 『독도영유권 대토론회』, 독도연구보전협회, 10쪽.
52 김명기, 2001. 9. 20, 「독도영유권과 신한일어업협정 개정의 필요성」, 『독도영유권과 한·일어업협정 개정의 방향』, 독도연구보전협회, 22쪽.
53 노영돈, 2006, 앞의 글, 107쪽.
54 김명기, 2001. 9. 20, 앞의 글, 255~256쪽.

평가할 수 있다. 그러나 이들의 견해는 그 구체적인 대안을 제시하지 못하고 있다는 결정적인 약점을 지니고 있다. 그리고 보다 중요한 것은, 이들의 견해가 자칫 일본에 대하여 대한민국의 독도영유권에 대한 이른바 '금반언(Estoppel: 영미법에서 일단 행한 표시나 행위를 번복할 수 없다는 원칙)'에 해당될 수 있다는 점에서 매우 우려하지 않을 수 없다는 점이다. 다시 말하면, 일본에서도 주장하지 않는 모순된 논리를 가지고 신한일어업협정에 의하여 대한민국의 독도영유권이 훼손되었다는 주장은, 혹시 독도문제가 국제재판에 상정되는 경우에 우리에게 매우 불리하게 작용할 수도 있기 때문이다.

4. 독도문제의 국제재판에 대한 대비

일본 정부는 1954년 9월 25일 자 일본 측 구상서(No. 158/AS)[55]에서 나타난 바와 같이, 독도문제는 국제법의 기초적 원리의 해석을 포함한 소유권분쟁에 관한 것이므로 유일하고 공정한 문제해결은 동 분쟁을 국제재판소의 결정에 맡기는 것이라고 주장하고 있다. 이에 반하여, 대한민국은 1954년 10월 28일 자 한국 측 구상서(No. 158/AS)[56]에서와 같이, 분쟁을 국제사법재판소에 제출해야 한다는 일본 정부의 제안은 법률적 위장을 하여 허구의 주장을 하려는 또 하나의 시도에 불과하며, 한국은 처음부터 독도에 대한 고유의 영유권을 가지고 있으므로 어떠한 국제재판에서도 독도에 대한 한국의 영유권을 증명해야 할 이유를 발견할 수 없다고 주장하고 있다.

---

55 신용하 편저, 2001, 『독도영유권 자료의 탐구』 4, 독도연구보전협회, 301쪽.
56 신용하 편저, 2001, 위의 책, 304~306쪽.

국제사법재판소에서 재판이 성립되는 경우는 분쟁 당사국 간에 해당 분쟁을 국제사법재판소에 제소한다는 약속을 의미하는 '특별합의(special agreement, compromise)'와 '확대관할권(forum prolongatum)'이 있다. 이와 같은 방법 외에도 국제사법재판소 규정의 선택조항에 의하여 강제 관할권을 수락, 선언하는 경우, 일방 당사국이 타방 당사국이 재판소의 관할권을 수락하지 않은 경우에도 재판소에 일방적으로 소를 제기하는 경우, 당사국들이 재판관할권을 수락하지 않았음에도 불구하고 그 일방 당사국이 재판소에 제소하는 경우에 타방 당사국이 일정한 행위를 취하여 관할권에 동의한 것으로 간주되는 확대관할권이 인정되는 경우, 그 밖에도 유엔 안전보장이사회의 권고에 의해 재판이 성립되는 경우 및 제3국의 소송참가에 의해 재판관할권이 성립되는 경우가 있다.

그 외에도, 일본과의 관계에 있어서 다른 현안문제가 소송으로 가면서 독도문제가 선결적 문제로 취급될 수 있는 가능성도 있다. 이와 같은 경우로는, 일본이 대한민국과의 해양 관련 현안문제(해양환경, 해양과학조사, 해양자원의 개발, 핵물질의 운반 등)를 국제재판에 제소하면서 동시에 독도영유권의 귀속에 관한 문제를 선결문제로 청구하는 경우를 생각할 수 있을 것이다. 한편, 우리나라의 선행연구에서도 독도문제가 본격적으로 분쟁화되는 것을 예상하여 일본이 명분 축적을 위하여 독도영유권을 계속적으로 주장하고(제1단계), 독도문제를 국제분쟁화 하는 여건을 조성하며(제2단계), 독도문제를 유엔에 상정하고(제3단계), 군사위기를 야기하여 유엔 안전보장이사회의 개입을 유도하고(제4단계), 독도문제를 국제사법재판소에 제소하는(제5단계) 등의 시나리오를 제시한 바 있다.[57]

---

[57] 배진수, 1996, 「독도의 군사위기 가능성 분석」, 『STRATEGY 21』 2, 70쪽.

생각건대, 독도분쟁에 대하여 우리가 이를 국제재판에 제소하여 해결하기로 하는 합의가 없는 한 국제재판이 성립하지 못하지만, 독도문제에 대한 궁극적인 정책방향은 '국제재판소에 가서도 우리가 이길 수 있도록' 만반의 준비를 해야 할 것이다. 즉, 앞으로 있을지도 모르는 국제재판을 상정하여 구체적인 국제재판 절차 및 국제동향의 분석, 연구, 국제분쟁에 관한 전문가의 양성이 필요하며, 독도문제가 국제재판소에서 다루어지는 경우에 대한 시나리오를 상정하여 우리의 주장을 객관적으로 확인할 수 있고 일본 주장의 허구성 및 불법성을 밝힐 수 있는 사료, 자료를 확보하고 이를 기초로 한 대응논리를 개발하는 것이 필요할 것이다.

5. 일본의 전쟁책임 추급

패전 직후, 일본의 전쟁책임이 객관적인 증거에 의하여 발굴된 것은 1946년 5월에 시작하여 1948년 11월에 종료한 극동군사재판인데, 일본은 전쟁의 과정에 있어서의 전쟁개시에 대한 책임의 소재, 일본군이 행한 전쟁범죄로서 난징사건, 일본군이 행한 반인류적 범죄인 731부대사건의 은폐, 강제징집,[58] 종군위안부[59] 등에 대한 구체적인 책임을 회피하고 있다.

특히, 일본 정부는 1989년 한국의 여성단체들에 의해 일본군 '위안부' 문제가 처음 제기되었을 때에 그것은 민간의 업자가 한 일이고 일본국이

---

[58] 강제징집이란 일본 제국주의가 침략 전쟁으로 야기된 일본의 인적 소모를 보충하기 위하여 일본군의 병력 일부를 조선인으로 대체하고자 강제연행한 것이다. 한형건, 1995. 6, 「일제하 조선인 강제징용에 대한 일본의 전후보상에 관한 국제법적 문제」, 『국제법학회논총』 40-1, 330쪽.

[59] 종군위안부는 일본군의 성적 욕구를 충족시키기 위해 조선인 여성을 일본 제국주의가 그들의 의사에 반하여 강제연행한 것이다. 한형건, 1995. 6, 위의 글, 335쪽.

나 일본군과는 관계없는 일이라며 자국의 책임을 전면적으로 부인한 바 있다. 그 후 1993년에 이르러 일본 정부는 일본군이나 관헌의 관여와 위안부의 징집·사역에 강제가 있었다는 점을 인정하고 그것이 중대한 인권침해였다는 것을 인정하였으나, 결과적으로 불법행위의 구체적인 주체, 증거, '위안부'의 총수 및 명단, 범죄행위의 공식적 승인과 사죄, 배상, 재발방지 약속 등에 대해서는 전혀 언급하지 않음으로써 자국의 불법행위에 대한 부분적인 책임을 인정하면서도 법적 책임은 지지 않으려는 태도를 보이고 있다.[60]

생각건대, 일본이 강제노역이나 종군'위안부' 문제는 해당 기업들이 행한 일이며 강제징집이나 종군위안부는 자국 군대가 한 일이 아니라 조선인들이 자발적으로 또는 자국 군대 지휘관의 책임으로 전가하고 있는 것은, 일본이 1965년 한일기본관계조약 등 일련의 조약에 의해 과거 청산 문제는 종결된 것이라는 입장을 일본 스스로 전면적으로 부인하는 결과가 된다고 본다. 왜냐하면, 1965년 한일기본관계조약의 체결 시에 일본국 및 일본의 전쟁책임, 강제노역, 강제징집, 종군위안부 등에 대한 일본국가의 책임을 인정하였더라면 그 당시에 대한민국과 일본 간에 존재하였던 모든 책임과 의무가 모두 해소될 수 있었으나, 일본이 그 당시에 그러한 책임에 대한 사실관계의 존재 자체를 인정하지 않았으므로 강화조약에 의해 일본국 및 일본의 전쟁책임, 강제노역, 강제징집, 종군위안부에 대한 국가책임은 아직 해소되지 않은 것이다.

---

60 하재환·최광준·김창록, 1996. 12, 「한국 및 한국인에 대한 일본의 법적 책임」, 『법학연구(부산대)』 37-1, 95~96쪽.

V. 맺음말

앞에서 살펴본 바와 같이, 1951년 샌프란시스코강화조약에서 독도문제에 대한 대한민국과 일본의 입장이 서로 상반되고 있는데, 무엇보다도 중요한 것은 강화조약이 독도영유권의 귀속을 정하는 결정적이고 유일한 국제문서가 아니라는 점일 것이다. 독도영유권의 귀속은 독도의 영유권과 관련된 역사자료, 고지도, 공문서, 법령, 국제문서 등을 종합적으로 파악하여 판단해야 할 것이다. 특히, 일본이 주장하는 1905년 선점 주장은 그 자체가 허구일 뿐만 아니라 국제법적으로도 심각한 모순점을 가지고 있고 일본에게 대단히 불리한 주장이다.

이러한 점을 감안하여, 우리의 경우에 독도문제를 대비하는 궁극적인 정책방향은 '국제재판소에 가서도 우리가 이길 수 있도록' 만반의 준비를 해야 할 것이라고 생각하는 바, 독도문제가 국제정세의 변화에 따라 국제재판소에서 해결될 수도 있음을 전제로, 독도문제가 국제재판소에서 다루어지는 경우에 대한 시나리오를 상정하여 우리의 주장을 객관적으로 확인할 수 있고 일본 주장의 허구성 및 불법성을 밝힐 수 있는 사료, 자료를 확보하고 이를 기초로 한 대응논리를 개발하는 것이 시급히 필요하다고 본다.

국내적으로 보면 신한일어업협정과 관련하여 독도영유권이 훼손되었다거나 독도문제와 관련하여 사실과 다르거나 근거가 없는 개인의 주장을 되풀이하는 경우가 있는데, 독도문제는 국가적 문제이므로 특히 그것이 일본에 의하여 악용될 소지도 염두에 두고 법이론에 맞지 않는 주장이나 개인적 의견은 상당히 신중을 기하여야 할 것이다.

무엇보다도, 독도문제는 제2차 세계대전을 일으킨 장본인인 일본에 대한 전쟁책임을 철저히 추급하지 않는 데서 기인한다고 보며, 독도문제의 해결은 앞으로 우리나라와 중국 및 관련 국가들이 연대하여 일본국의 전쟁책임, 일본왕의 전쟁책임, 강제징집, 집단학살, 생체실험 및 종군위안부에 대한 책임을 추급하는 것에서 그 해결방안이 모색되어야 하리라고 본다.

참고문헌

김명기, 2002, 「독도영유권과 신한일어업협정 개정의 필요성」, 『독도영유권 연구논집』, 독도연구보전협회.

_____, 2007, 『독도강의』, 책과 사람들.

김병렬, 1998, 「대일강화조약에서 독도가 누락된 전말」, 『독도영유권과 영해와 해양주권』, 독도연구보전협회.

김석현, 2006, 「독도 영유권과 SCAPIN 677」, 『2006 독도세미나 자료집』, 한국해양수산개발원.

김영구, 2002, 「독도 영유권 문제에 관한 기본입장의 재정립」, 『독도영유권 연구논집』, 독도연구보전협회.

_____, 2006, 『독도 영토 주권의 위기』, 다솜출판사.

김찬규, 1999. 1, 「새 한일어업협정과 독도」, 『국제문제』 제29권 제1호.

김찬규·노명준·이창위, 1999. 6, 「한일어업협정 및 한중어업협정 체결 이후 동북아의 어업질서 운영방안」, 『국제법학회논총』 44-1.

김학준, 1997, 「독도를 한국의 영토로 원상복구시킨 연합국의 결정 과정」, 『독도영유의 역사와 국제관계』, 독도연구보전협회.

박관숙, 1968, 「독도의 법적지위에 관한 연구」, 연세대학교 대학원 박사학위논문.

박배근, 2005. 9, 「독도에 대한 일본의 영역권원주장에 관한 일고」, 『국제법학회논총』 50-3.

박배근·박성욱, 2006, 『독도영유권과 '결정적 기일'에 관한 연구』, 한국해양수산개발원.

배진수, 1996, 「독도의 군사위기 가능성 분석」, 『STRATEGY 21』 2.

신용하, 2005, 『한국과 일본의 독도영유권 논쟁』, 한양대학교 출판부.

_____, 2006, 『한국의 독도영유권 연구』, 경인문화사.

신용하 편저, 2001, 『독도영유권 자료의 탐구』 4, 독도연구보전협회.

양태진, 1996, 『한국의 영토관리정책에 관한 연구』, 한국행정연구원.

이병조·이중범, 2008, 『국제법신강』, 일조각.

이상면, 2003, 「독도 영유권의 증명」, 독도학회 편, 『한국의 독도영유권 연구사』, 독도연구보전협회.

이신성, 1998, 「독도 영유권 관련, 일본측 주장에 관한 연구」, 『공군평론(공군대학)』 103.

정갑용, 2005. 2, 「독도영유권과 Critical Date의 법개념」, 『월간 해양수산(한국해양수산개발원)』.

정인섭, 1997,「일본의 독도 영유권 주장의 논리구조-국제법 측면을 중심으로-」,『독도영유의 역사와 국제관계』, 독도연구보전협회.

John M. Van Dyke, 2008,『독도영유권에 관한 법적 쟁점과 해양경계선』, 한국해양수산개발원.

하재환·최광준·김창록, 1996. 12,「한국 및 한국인에 대한 일본의 법적 책임」,『법학연구(부산대)』 37-1.

한형건, 1995. 6,「일제하 조선인 강제징용에 대한 일본의 전후보상에 관한 국제법적 문제」,『국제법학회논총』 40-1.

日本 竹島問題硏究會, 2007. 3,『竹島問題に關する調査硏究 最終報告書』.

Jennings, Sir R. and Watts, Sir A. (ed.), 1992, *Oppenheim's International Law*, 9th ed..

Show, Malcolm N., 2003, *Intenrnational Law*, 5th ed., Cambridge University Press.

김명기, 2001. 9. 20,「독도영유권과 신한일어업협정 개정의 필요성」,『독도영유권과 한·일 어업협정 개정의 방향』, 독도연구보전협회.

김영구, 1999. 10. 22,「국제법에서 본 동해 중간수역과 독도」,『독도영유권 대토론회』, 사단법인 독도연구보전협회.

_____, 2001. 6. 20,『한일·한중어업협정의 비교와 우리의 당면과제』, 국회해양포럼.

노영돈, 2006,「일본의 독도영유권주장 법리의 허와 실」,『2006 독도 세미나 자료집』, 한국해양수산개발원.

대한민국 국방부 전사편찬위원회, 1981,『국방조약집』 1.

유철종, 2006,「동북아시아 국제관계와 한·일 영토분쟁: 독도(獨島) 영유권 분쟁을 중심으로」,『2006 독도세미나 자료집』, 한국해양수산개발원.

『한국일보』, 2008. 7. 18.

제7장
'샌프란시스코강화조약상 독도문제의 취급 비판'에 대한 논평

쓰카모토 다카시(塚本孝)
도카이대학 법학부 교수

I. 들어가면서
II. 『최종보고서』에 게재한 필자의 집필문 요지
III. 정갑용의 비판
IV. 정갑용의 비판에 대한 논평

I. 들어가면서

시마네현에 설치한 '죽도문제연구회'(제1차)의 『죽도문제에 관한 조사연구 최종보고서』(2007. 3)(이하 『최종보고서』)는 반향을 불러일으켜 국내외에서 이 보고서 내용을 비판하는 글도 출판되고 있다. 비판하는 글이 출판된다는 것은 논의가 깊다는 것을 의미하고 기쁜 일이다. 『최종보고서』에서 필자가 집필한 글에 대한 비판 중 영남대학교 독도연구소 편, 『독도영유권 확립을 위한 연구』(독도연구총서 3)(서울: 경인문화사, 2009)에 게재된 1편에 대해 더욱 깊은 논의를 기대하며 논평하는 것으로 하겠다.

논평의 대상으로 한 글은 『최종보고서』 75~78쪽에 수록된 「샌프란시스코강화조약에서 죽도의 취급」(2005년 9월 27일 연구회에서 필자가 행한 보고 자료)을 비판하는 정갑용의 「쓰카모토 다카시의 샌프란시스코강화조약에서 나타난 다케시마에 대한 취급에 대한 비판적 연구-2007년 일본 다케시마연구회 최종보고서에 대한 비판」(독도연구총서 3), 188~215쪽이다.

정갑용의 논고는 『최종보고서』 게재 기사에서 보고자가 서술하지도 않은 것을 가지고 쓰카모토의 주장은 이러이러하다는 '정리'를 하고, 그것에 대해 논의를 전개하는 형태를 취하고(쓰카모토의 주장은 일본 정부의 견해와 같고, 『최종보고서』에 게재한 글에 있는 것이 아니라 1950년대의 정부견해를 논하고 있다), 또한 일본은 '위안부' 문제에 대한 반성을 하지 않고 있다는

---

* 이 글은 塚本孝, 2012. 3, 「竹島問題研究會[第1期]最終報告書批判へのコメント」, 『竹島問題に關する調査研究 第2期報告書』, 日本竹島問題研究會를 번역한 것이다.

논의를 갑자기 전개한다. 이하 『최종보고서』에 게재한 필자의 집필문 요지를 게재한 후 논고 중 적어도 학술적이라고 생각하는 주장에 대하여 논평하려 한다.

II. 『최종보고서』에 게재한 필자의 집필문 요지

포츠담선언에서 일본의 영토처분이 예고되어 일본국의 주권은 혼슈, 홋카이도, 규슈 및 시코쿠, 그리고 우리(연합군)가 결정한 여러 작은 섬에 국한된 것이었는데, 영토의 최종 결정은 강화조약에 따르는 것이 국제법의 원칙이며, 특히 포츠담선언(제8항)에서 말하는 '여러 작은 섬'의 결정은 1951년 9월 8일 '일본국과의 강화조약(샌프란시스코강화조약)'에 의하여 처리되었다. 그 사이 점령 당국인 연합국 최고사령관 지령(SCAPIN 제677호)에 따른 죽도에 대한 일본 정부의 권력 행사가 정지되었지만, 원래 연합국 최고사령관 총사령부에는 영토 처분권이 없고 지령 자체에도 '포츠담선언 제8항에 있는 작은 섬의 최종적 결정에 관한 연합국 측의 정책을 나타낸 것이라고 해석해서는 안 된다'는 보충이 있었다. 강화조약의 작성과정에서 초기의 미국 국무부 초안과 영국 초안은 죽도를 일본의 조선포기 조항에 넣었으나, 최종적인 조약안에서는 죽도가 일본령인 것을 전제로 조선포기 조항 문구가 작성되어 강화조약상 죽도를 일본이 유지하는 것으로 확정하였다.

III. 정갑용의 비판

1. 카이로선언은 일본의 영토처리에 있어서 일본이 1894~1895년 청일전쟁 이래 많은 국가로부터 제국주의적 방법으로 탈취했던 모든 지역을 그 본국에 반환하라는 것이다. 종래 일본은 1905년에 무주지인 독도를 일본의 영토로 편입했다고 하지만, 독도는 역사적으로 봐도 줄곧 대한민국의 영토이므로 "무주지"에 해당되지 않는다. 1905년 전후에는 당시의 대한제국이 일본에 실질적으로 예속되어 정상적인 대외활동을 전혀 할 수 없었다는 것은 누구나 알 수 있는 것이며, 그러한 사정을 기화로 1905년에야 비로소 일본이 독도를 "선점"하였다는 행위 자체가 "폭력과 탐욕에 의하여 약취한" 지역에 해당한다고 보는 것이 합리적이며 객관적일 것이다.(193~194쪽)

2. SCAPIN은 그 자체만으로는 일본의 영토를 최종적으로 결정하는 법적 구속력을 가진 문서라고 생각할 수 없지만, SCAPIN 제677호 및 1033호에서 독도를 일본의 영토에서 배제하고, 그 후에 그 효력을 변경하거나 부인하는 별도의 지침이나 조치는 없었다. 1951년 샌프란시스코강화조약에서도 명시적으로 독도가 일본의 영토임을 나타내는 규정이 없다.(199쪽)

3. 1951년 샌프란시스코강화조약의 작성과정에서 1947년 3월의 제1차 초안 … 1949년 11월 2일 자의 제5차 초안 등은, 「일본은 한국 및 … 리앙쿠르암(다케시마)을 포함하여 한국 연안의 모든 작은 섬에 대한 권리 및 권원을 포기한다고 규정하였다. 1949년 12월의 제6차 초안에서는 「일본의 영토는 … 다케시마(리앙쿠르암)… 등을 포함하는 모든 인접도서로 한다…」고 언급하여 독도를 일본의 영토로 규정하였으나, 1950년 8월의 제

7차 초안 및 1950년 9월의 제8차 초안에서는 제6차 초안과 같은 일본의 영토에 관한 조항은 삭제되었다. 1951년 샌프란시스코강화조약은 그 교섭과정에서 독도문제에 대하여 논란이 있었음에도 불구하고 최종문안에는 독도에 관한 직접적인 규정은 언급되어 있지 않다. 독도문제에 관한 규정이 없고, 이 조약의 해석이 필요한 경우에, 조약의 해석원칙으로 1969년 조약법에 관한 비엔나협약 제31조와 제32조를 들 수 있다. 1951년 샌프란시스코강화조약은 그 문언이나 초안의 작성과정, 조약법에 관한 국제법의 해석원칙에 의하더라도 독도가 일본영토라는 점을 발견할 수 없다. 이 조약의 제1차 초안에서부터 제5차 초안까지 독도가 명백하게 한국의 영토라고 되어 있다. 일본의 결사적인 외교적 노력에도 불구하고 1951년 샌프란시스코조약에서 독도를 일본의 영토로 인정하는 어떠한 규정도 없다.(200~203쪽)

4. 일본은 1905년 "시마네현 고시"에 의하여 독도를 선점하였다고 주장하고 있고, 독도에 대한 편입조치를 취한 직후 일본의 관헌이 이 섬에 대하여 측량을 실시하였다는 점, 1905년 5월에 이 섬을 정부소유 토지로 토지대장에 기입하였다는 점, 1905년 4월에 시마네현이 독도의 강치어업을 허가제로 하고, 같은 해 6월에 일본인 업자에게 정식으로 면허하였다는 점 등을 들고 있다. 그러나 국제법상 영토취득요건인 "선점"을 충족시키기 위해서는 다음의 3가지 요건을 구비해야 한다. 첫째, 선점의 대상이 되는 지역은 "무주 지역"이어야 한다. 둘째, 선점하는 국가의 영역취득 의사가 존재하고, 또 그 의사가 대외적으로 표시됨을 요구한다. 즉 선점은 국가기관에 의해 행해져야 한다는 것이다. 셋째, "계속적이고 평온·공연하게 국가행위가 나타나는" 실효적인 지배를 계속해야 한다. 1905년 1월 28일 일본 내각이 독도를 '다케시마'로 명명하고 이를 자국 영토로 편입 선점키로 할 때까지

그 당시 대한제국은 독도에 대한 영역 주권을 계속적이고 평화적으로 행사해 왔던 것이다. 일본이 주장하는 선점 주장은 자국이 또한 내세우고 있는 "역사적으로 독도가 일본의 영토"라는 주장에도 모순된다. 독도가 일본의 고유영토라면 이를 선점할 필요가 없고, 반대로 일본이 독도를 선점하였다면 일본의 고유영토가 아니라는 것이 되기 때문이다. 일부 학자는 일본 정부가 독도가 한국의 영토라는 것을 잘 알고 있으면서도 군사상의 필요가 발생한 시점에 이해당사국인 한국에는 전혀 사전 협의나 적절한 사후 통고도 없이 중앙정부의 지휘 하에 일본영토로 편입하고 시마네현 내에만 이를 고지케 하였으며, 독도 편입에 가담한 일본 정부의 관리들은 독도가 한국의 영토였다는 것을 잘 알고 있었다는 것이 역사적 자료에 의해 입증되었으므로 1905년 일본의 독도 편입행위는 한국의 영토를 절취하여 강탈한 범죄행위에 해당된다는 견해도 있다.(203~205쪽)

IV. 정갑용의 비판에 대한 논평

1. 비판 1에 대한 논평

죽도를 일본이 "폭력과 탐욕에 의해" 한국으로부터 약탈했다고 하기 위해서는 이 섬이 원래 한국령이었다는 것이 전제가 된다. 비판 1에서는 독도가 역사적으로 보아 계속 한국령이었다고 하고, 비판 4에서는 대한제국이 독도에 대한 영역주권을 계속적, 평화적으로 행사해 왔다고 주장한다. 그러나 이 섬이 역사적으로 한국령이었는지 아닌지는 확실하지 않다. 독도라는 섬 이름이 한국의 기록에 등장하는 것은 1906년 이후의 일이다. 한국에서는 조선 고문헌·고지도에 등장하는 '우산도'가 독도라는 논의가 되어 왔지만 최근 몇 년, 18세기 이후의 울릉도 지도에 오늘날 '죽도(竹島)'라고 불리는 울릉도 동쪽 2킬로미터 앞바다에 위치하는 작은 섬을, 그리고 이것을 '우산'이라고 하는 것이 많이 알려지게 되어¹ 우산도가 무엇을 가리키는 것인지 재검토할 필요가 생겼다. 또한 대한제국이 영토주권을 계속적으로 행사한 것을 나타내는 자료는 아직 발견되지 않았다.

한국에서는 "…대한제국은 광무 4년(1900년) '칙령 제41호'에 의해 석도, 즉 독도를 울릉군의 관리하에 두는 행정조치를 통해 이 섬이 우리나라 영토인 것을 명확하게 했다. 1906년 심흥택 울도(울릉도) 군수는 시마네현의 관민으로 구성된 조사단에게 독도가 일본 영토로 편입된 것을 듣고 곧 강원도 관찰사에게 '본 군 소속 독도가…'라는 상신서를 보고하였다. 이것은 대한제국이 '칙령 제41호'(1900년)에 근거하여 독도를 정확하게 통치 범위 내로 인식·관리하고 있던 것을 나타내는 증거이다. 한편 그 보고를 받은 당시 국가 최고기관이었던 의정부는 일본에 의한 독도의 영토편입은 '사실무근'이기 때문에 재조사를 명한 '칙령 제3호'(1906년)를 발하는 것으로 대한제국이 독도를 영토로서 확실하게 인식·통치해 온 것을 나타내고 있다"는 논의가 행해졌다.² 그러나 1900년의 칙령에는 '석도'만 있을 뿐이고 독도의 명칭은 1906년의 울도 군수의 보고가 최초이다. 석도가 독도인 것은 문헌적으로 증명되어 있지 않다. 칙령 전년인 1899년에 학부 편집국이 간행한 〈대한전도〉[현채 역집(譯輯), 『대한지지』,

---

1 지도에 관한 연구로는 舩杉力修, 2007. 3, 「絵図·地図からみる竹島(II)」, 島根県竹島問題研究会, 『竹島問題に関する調査研究 最終報告書』, 103~131쪽 '1. 韓国側製作の絵図の分析' 참조. 시마네현 홈페이지에도 게재, http://www.pref.shimane.lg.jp/soumu/web-takeshima/takeshima04/takeshima04_01/.

2 「獨島に対する大韓民国政府の基本的立場」, Date 2008-09-10 11:18. 주일 한국 대사관 홈페이지, http://jpn-tokyo.mofat.go.kr/languages/as/ jpn-tokyo/state/state/index.jsp.

광문사, 1901(광무 3(1899. 12. 25 발)) 권두에 게재]에도 죽도인 '우산'이 그려져 있을 뿐이다. 또한 1906년 시점에서 대한제국이 영유의사를 가지고 있었다 해도 대한제국이 우산이든, 석도든, 독도든, 이것을 '관리', '통치'하고 있던 사실(실효적 점유, 국가권능의 표시, 국민의 활동을 인가·규제하였다 등)이 보이는 기록은 나타나 있지 않다.

2. 비판 2에 대한 논평

먼저 SCAPIN 제677호 및 제1033호가 독도를 일본의 영토에서 배제하고 그 후에 그 효력을 변경하거나 부인하는 별도의 지침과 조치가 없었다는 주장은 상기『최종보고서』게재 개요에서 본 사실 그 자체에 비추어진 의문이다. 연합국 최고사령관 총사령부의 지령은 죽도를 일본의 '영토'에서 배제한 것이 아니라 이 섬에 대한 일본의 시정권을 정지한 것이고 "그 효력"은 점령의 종료(일본의 주권회복=강화조약의 발효)에 의해 효력을 잃었고 "별도의 조치"는 강화조약에서 죽도의 일본 유지가 확정된 것이다. 국제법상, 점령 당국에 적국 영토의 처분권은 없다. SCAPIN 제677호 그 자체가 제6항에서 "포츠담선언 제8항은 여러 작은 섬의 결정에 관한 연합국의 정책을 나타낸 것이 아니다"라고 단정하고 있다. SCAPIN 제1033호도 제5항에서 "관계 지역 기타 어떠한 지역에 관해서도 일본국의 관할권, 국제경계선 또는 어업권에 대한 최종결정에 관한 연합국의 정책의 표명이 아니다"라고 단정하고 있다. 제1033호에 의한 일본 어선의 활동 범위는 강화조약 발효에 앞서 1952년 4월 25일에 연합국 최고사령관 총사령부에 의해 폐지되었다. 이에 덧붙여 최근 죽도문제를 연구하여 인터넷상에서 발신하는 사람들에 의해 (a) 연합국 최고사령관 총사령부 당국자가 SCAPIN 제677호 발령 직후인 1946년 2월 13일 일본 정부 당국자와의 회담에서 "이 지령에 의한 일본의 범위 결정은 하등 영토문제와는 관련이 없으며, 이것은 훗날 강화회담에서 결정되어야 할 문제이다."라고 기술하고 있는 점, (b) 한반도 남쪽 미국 정부 또한 1947년 8월의 보고서에서 "이 섬의 관할권의 최종적 처분은 강화조약을 기다린다."라고 한 것이 확인되었다.³ 다음으로 강화조약에 명시적으로 독도가 일본의 영토인 것을 나타내는 규정이 아니라는 주장은 이 조약의 구조를 이해하지 못한 것에서 오는 논의이다. 국무부 초안에서는 일본이 유지할 영토를 써내는 방식을 취했다. 예를 들면 1949년 12월 29일 초안은 다음과 같이 규정하고 있다. '제3조 1항. 일본의 영토는 4개의 주요 섬인 혼슈, 규슈, 시코쿠 및 홋카이도 그리고 세토나이카이의 섬들, 쓰시마, 죽도(리앙쿠르암), 오키열도, 사도(佐渡), 레분(札文), 리시리(利尻) 및 쓰시마·죽도·레분의 외측 해안을 연결하는 내측에 있는 다른 모든 일본해의 제도, 고토(五島)열도, 북위 29도 이북의 류큐제도 및 필리핀 해에 있는 이보다 일본 본토에 가까운 다른 모든 제도, 북위 43도 35분에서 북위 44도 동경 146도 30분을 긋는 선보다 동남쪽, 북위 44도선의 남쪽에 위치하는 하보마이(齒舞)제도 및 시코탄(色丹)을 포함하는 모든 인접해 있는 작은 섬으로 이루어진다. 위에 열거된 모든 여러 섬은 3해리 사이의 영해와 함께 일본에 속한다. 제3조 2항. 앞의 모든 여러 섬은 조약 부속지도에 나타낸다'⁴ 그러나

---

3 (a)는 시네마현 홈페이지 「竹島問題への意見」, http://www.pref.shimane.lg.jp/soumu/web-takeshima/takeshima08/. 2009年 5月分【質問 3】,(b)は,同 2009年 12月·2010年 1月分【質問 4】참조.

4 미국국립공문서관(NARA: National Archives and Record Administration), RG59, Lot54 D423 Japanese Peace Treaty Files of John Foster Dulles, Box.12, Treaty Drafts 1949-March 1951 / マイクロフィルム : Gregory Murphy ed., Confidential U.S. State Department Special Files JAPAN 1947 -1956, LOT FILES, Bethesda:

덜레스가 참여한 이후의 초안(1950년 8월~)에서는 전체적으로 규정이 간결화 되어 오로지 일본이 포기할 영토 및 미국의 시정하에 놓인 영토를 규정하는 방식으로 바뀌었다. 일본이 유지하는 영토에 관한 규정은 독도에 한하지 않으며, 강화조약에 넣지 않았다.

3. 비판 3에 대한 논평

1949년 11월까지의 국무부 초안이 독도를 조선 포기조항에 기재하고 있었던 점, 그것이 1949년 12월의 초안(11월이 아니다) 이후 변경된 점, 영국과의 협의와 한국의 수정 요구·미국의 거부를 통해 최종적으로 독도의 일본 유지가 결정된 점은 상기 최종보고서에 수록된 개요(및 주[5]의 기사)에 있는 대로이다. 조약법에 관한 비엔나협약에서 규정하는 조약의 해석원칙은 '조약은 문맥에 의해 그리고 그 취지 및 목적에 비추어 부여된 용어의 통상의 의미에 따라 성실하게 해석하는 것으로 한다'(제31조 제1항), '앞 조항 규정의 적용에 의해 이해한 의미를 확인하기 위해 또는 다음과 같은 경우에서 의미를 결정하기 위해 해석의 보충적인 수단, 특히 조약의 준비작업 및 조약의 체결 당시의 사정에 의거할 수 있다. (a) 앞 조항의 규정에 의한 해석에 따라서는 의미가 애매하거나 명확하지 않는 경우 (b) …'(제32조)라는 것이다. 이 해석원칙에 입각하여 말하자면, 강화조약 제2조 (a)항의 일본이 포기하는 '조선'이라는 용어의 의미는 1910년의

University Publications of America, [ca.1990], Reel 14.
5 제 몇 차 초안이라는 명칭의 초안은 없다. 예전에 필사해 발표한 글(塚本孝, 1994. 3, 「平和条約と竹島(再論)」, 『レファレンス』 518, 31~56쪽)에서 거론한 몇 개의 조약 초안이 그 후 순서대로 번호를 매겨 인용되고 있는 데서 유래하는 호칭이라고 생각된다.

'한국병합'에 의해 일본의 영역에 통합된 조선이 일본에서 분리된다는 것(분리에 즈음하여 새롭게 영토를 할양한다는 사정은 없는 점)이며 또한 상술한 조약 기초경과는 "조약의 준비작업"으로 강화조약 제2조 (a)항의 조선에 독도가 포함되어 있지 않은 점을 확인하고 있다(조약에 무릇 일본이 유지하는 영토에 관한 규정이 없는 것은 비판 2에 대해서 서술한 대로이다).

4. 비판 4에 대한 논평

죽도를 단순히 선점에 의해 취득했다는 것은 아니다. 17세기에 정부(막부) 공인하에서 국민의 활동에 기초한 역사적 권한을 가지고 있던 영토에 대해 1905년 죽도의 영토편입 각의결정과 시마네현 지사의 고시, 그 후 일련의 행정권 행사(실효적 지배, 국가권능의 표시)를 통하여 일본은 영유의사를 재확인하고 일본의 영유권을 근대 국제법상에서도 확실하게 하였다는 것이다(특히 정부가 허가하여 국민이 어업을 한 것 그 자체도 오늘날로 보면 실효적 점유의 예가 된다는 것이다). 1905년 죽도의 영토편입 조치는 이 섬에서 강치잡이를 하는 국민(나카이 요자부로)이 영토편입 대여 요청원을 계기로 행하였기 때문에 이 섬에 타국의 지배가 미치고 있지 않는 것을 확인한 후 국가가 영유의사를 가지고(각의결정) 그에 표시하여(시마네현 고시, 그 후의 공연한 행정권 행사) 실제의 점유를 동반하기 때문에(국민 점유의 행위를 국가가 추인, 그 후의 행정권 행사), 국제법상 선점으로의 요건도 갖추고 있다. 한편, 역사적 권원이 있으면 충분한가(역사적 권원이 있는 영토를 개정하여 영토를 편입하는 것은 모순인가)라고 하면 그 외에 경합할 주장이 없는 경우에는 그것만으로도 충분히 영유 권원으로 유효하지만 경합적인 영유권 주장이 발생하고 특히 그것이 실효적 점유에 기초한 주장인 경우에는 그것이 우선하는 것이 있다(그것이 근대 국제법의 규칙이다).[6] 따라서 역사적 권원을 가진(그렇게 어느 국가가 생각한다) 영토에 대해 (해당 국가가) 선점 등 실효적 점유에 기초한 영역 취득 수속을 밟아 불확실한 원초적 권원을 근대 국제법상의 권원으로 옮긴다(혹은 원초적 권원이 실효적 점유에 기초한 권원에 의해 보강된다)는 것은 매우 있을 수 있는 것이고 오히려 필요한 것이기도 하다. 여전히 1905년 당시 일본 정부가 이 섬을 조선의 영토라고 인식하고 있으면서 군사상 필요에서 영토 편입한 것을 나타내는 자료가 있다고 운운하는 것은 나카이 요자부로가 쓴 문서의 기술에 의한 논의인데, 이것에 대해서는 최근 다른 자료도 발견되고 있다.[7] 또한 이 논의도 이 섬이 원래 한국령이었다는 것의 증명이 전제가 된다('1. 비판 1에 대한 논평' 참조).

---

6 塚本孝,「国際法から見た竹島問題」〔島根県〕平成 20 年度,「竹島問題を学ぶ」, 講座 第 5 回 講義録, http://www.pref.shimane.lg.jp/soumu/web-takeshima/H20kouza.data/H20kouza- tsukamoto2.pdf 참조.

7 舩杉力修, 2007. 3, 앞의 글; 塚本孝, 2007. 3,「奥原碧雲竹島関係資料(奥原秀夫所蔵)をめぐって」,『竹島問題に関する調査研究 最終報告書』참조.

참고문헌

舩杉力修, 2007. 3,「絵図·地図からみる竹島(II)」, 島根県竹島問題研究会,『竹島問題に関する調査研究 最終報告書』.
塚本孝,「国際法から見た竹島問題」〔島根県〕平成 20年度,「竹島問題を学ぶ」, 講座第 5回 講義録, http://www.pref.shimane.lg.jp/soumu/web-takeshima/H20kouza. data/H20kouza- tsukamoto2.pdf.
_____, 2007. 3,「奥原碧雲竹島関係資料(奥原秀夫所蔵)をめぐって」,『竹島問題に関する調査研究 最終報告書』.
_____, 2012. 3,「竹島問題研究會[第1期]最終報告書批判へのコメント」,『竹島問題に關する調査研究 第2期報告書』, 日本竹島問題研究會.

「竹島問題への意見」, http://www.pref.shimane.lg.jp/soumu/web-takeshima/ takeshima08/, 2009年 5月分【質問 3】, 2009年 12月·2010年 1月分【質問 4】.
米国立公文書館, RG59, Lot54 D423 Japanese Peace Treaty Files of John Foster Dulles, Box.12, Treaty Drafts 1949-March 1951 / マイクロフィルム: Gregory Murphy ed., Confidential U.S. State Department Special Files JAPAN 1947 -1956, LOT FILES, Bethesda: University Publications of America, [ca.1990], Reel 14.

제8장

쓰카모토 다카시의 '샌프란시스코 강화조약상 독도문제의 취급' 반론에 대한 비판

정갑용 영산대학교 법학과 교수

I. 머리말
II. 쓰카모토 다카시의 주장
III. 독도영유권과 1951년 샌프란시스코강화조약
IV. 독도영유권에 관한 종합적 고찰
V. 맺음말

I. 머리말

우리에게 '독도문제(Dokdo Issues)'는 여전히 현재진행형이고, 오히려 최근 들어 일본이 그들의 방위백서에 독도를 일본의 영토로 기재하는 등[1] 독도가 일본의 영토라는 주장을 날로 강화하고 한국에게 끊임없이 도발을 해 오고 있는 상황이다.

일본은 그동안 독도를 일본의 영토라고 주장하며 일방적인 논리를 지속하고 있는 '시모조 마사오(下條正男)'를 중심으로 이른바 '일본 죽도연구회(日本 竹島問題研究會)'를 설립하고 2007년 3월에는 「죽도문제에 관한 조사연구 중간보고서(竹島問題に關する調査研究 中間報告書)」[2](이하 '제1기 보고서')를 발간하였고, 이 보고서에서 '쓰카모토 다카시(塚本孝)'는 「샌프란시스코강화조약에서 나타난 독도에 대한 취급(サン・フランシスコ平和條約における竹島の取り扱い)」[3]이란 글을 게재한 바 있다.

필자는 제1기 보고서에서 나타난 쓰카모토 다카시의 주장에 대하여 이를 비판하는 논문을 발표한 바 있는데,[4] 쓰카모토 다카시는 2012년에 발간된 「죽도문제에 관한 조사연구 제2기 보고서(竹島問題に關する調査研究 第2期 報告書)」(이하 '제2기 보고서')의 부록 4에서 "죽도문제 연구회 제1기 최종보고서 비판에 대한 논평(竹島問題研究会〔第 1 期〕最終報告書批判へのコメント)"이란 제목으로 필자의 주장에 대하여 다시 반박하는 글을 게재한

---

1 『MBCNEWS』, 2022. 7. 22.
2 日本 竹島問題研究會, 2007. 3, 『竹島問題に關する調査研究 第1期 報告書』.
3 塚本孝, 2007. 3, 「サン・フランシスコ平和條約における竹島の取り扱い」, 『竹島問題に關する調査研究 中間報告書』, 日本 竹島問題研究會.
4 정갑용, 2013. 12, 「독도 영유권 분쟁의 초점 – 국제법의 견지에서」(塚本孝) 비판, 영남대학교 독도연구소, 『독도영유권 확립을 위한 연구 V』, 도서출판 선인.

바 있다.[5]

　이에 필자는 위의 제1기 및 제2기 보고서에서 쓰카모토 다카시가 주장하는 내용들에 대하여 국제법적 이론을 근거로 그 불법성, 부당성 및 비합리성을 분석함으로써 독도영유권을 더욱 공고히 하는 데에 필요한 이론적인 기초자료를 제공하고자 한다.

II. 쓰카모토 다카시의 주장

　쓰카모토 다카시가 필자의 논문에 대하여 반박한 글은 제2기 보고서의 '4. 부록(附錄)'에 게재되어 있는데, 이는 크게 두 부분으로 구성되어 있다. 첫 번째는 필자가 쓰카모토 다카시의 주장을 비판한 글을 요약하여 정리한 것이고 두 번째는 필자의 비판에 대한 쓰카모토 다카시의 논평이다.

　이를 내용 면에서 보면, 전후의 국제문서, 1905년의 선점, SCAPIN 제677호와 제1033호, 1951년 샌프란시스코평화조약(Treaty of Peace with Japan. '평화조약'이란 명칭은 영문명을 그대로 번역한 것이지만, 강화조약의 진정한 의미는 제2차 세계대전이 일본의 무조건 항복으로 끝나고 미국과 일본 간에 체결한 조약이므로 1951년 미일강화조약이 정확한 표현이라고 판단된다. 따라서 이하에서는 '1951년 강화조약'으로 약칭한다), 일본의 독도에 대한 주권 행사 및 독도에 대한 역사적 권원에 관한 주장으로 이루어져 있다.[6]

---

[5] 塚本孝, 2012. 12, 「竹島問題研究会〔第 1 期〕最終報告書批判へのコメント」, 『竹島問題に關する調査研究 第2期報告書』, 日本 竹島問題研究會.

[6] 塚本孝, 2007. 3, 「竹島に関する資料調査 第2期 報告書」, 4. 附錄(竹島問題研究会〔第 1 期〕最終報告書批判へのコメント).

아래에서는 쓰카모토 다카시가 제2기 보고서에서 주장한 것을 요약, 정리한 것이다(소제목은 필자가 재정리하였다).

1. 전후의 국제문서[7]

일본이 "폭력과 탐욕으로" 한국에서 독도를 빼앗았다고 말하기 위해, 그 섬은 원래 섬이었다고 하는데, 그것은 한국 영토라고 가정하는 것이다. 즉, 한국은 독도가 역사적으로 한국 영토였다고 주장하며, 대한제국이 섬들에 대한 영토주권을 지속적이고 평화롭게 행사해 왔다고 주장한다.

대한제국의 광무 4년에 칙령 41호로 독도에 대한 국가주권을 나타낸 바 있는데, 그 외의 문서에서 대한제국이 영토주권을 계속 행사하고 있음을 보여 주는 문서는 아직 발견되지 않았으며 독도가 역사적으로 한국 영토였는지는 분명하지 않다.

한국의 고대 문학과 옛 지도에 등장하는 '于'가 독도를 의미한다고 주장하지만 그것이 독도라는 것에는 논란이 제기되고 있으며, 독도라는 섬의 이름이 한국의 기록에 나타나는 것은 1906년 이후에 나타난다고 주장하고 있다.

2. 1905년 일본의 편입[8]

일본은 시마네현 관할하에 있는 독도를 행정조치를 통해 이 섬이 일본 영토임을 분명히 하였는데, 그동안 다소 불명하였던 독도에 대한 일본의

---

7 塚本孝, 2007. 3, 위의 글, ア.
8 塚本孝, 2007. 3, 위의 글, ア.

영유권을 현대 국제법에서 인정하는 '선점'이라는 국가영역 취득근거로 보다 확실하게 하였다고 한다.

1906년 대한제국은 시마네현의 공공 및 민간 부문으로 구성된 조사팀으로부터 독도가 일본에 편입되었다는 소식을 들었고, 강원도에 관측 특사를 보내 조사하였으며, 칙령 제41호(1900)가 대한제국이 독도를 정확하게 인식하고 통제하였다는 증거로 일본에 의한 독도 편입은 근거가 없다고 하였다. 지침 제3호(1906)는 대한제국에 의해 영토가 확인됨에 따라 대한제국에 대한 재조사를 명령했다.

그러나 1900년의 칙령은 그것을 단지 '石島'라 규정하고 있는데, 이러한 독도의 이름은 1906년 키시마 카운티 마모루에 의해 처음 보고되었고 '이시지마'는 독도를 의미하지만 그것은 공식적으로 문서화되어 있지 않아 효력이 없다는 것이다.

또한 1900년 대한제국이 칙령으로 독도에 대한 영유권을 차지할 의도가 있었고 그 명칭이 '이시지마'든 '독도'든, 그것이 한국에 의하여 관리되고 통치되었다는 사실, 효과적인 점유, 국가주권의 표시, 민간 활동에 대한 한국의 허가 또는 규제 등의 기록이 없었다고 할 수 있다.

3. SCAPIN 제677호와 제1033호[9]

SCAPIN 제677호와 제1033호는 일본의 독도영유권을 배제하지 않았지만 독도에 대한 일본의 행정권과 '그 효과'를 중단한 것이었다. 한편, 샌프란시스코강화조약이 발효되면 일본 주권이 회복되므로 일본의 독도에

---

9 塚本孝, 2007. 3, 위의 글, イ.

대한 영유권은 독도에 대한 '별도의 조치'가 없는 경우에 샌프란시스코강화조약에서 동 문서의 효력이 만료되는 것이다, 또한, 국제법상 점령국이 적의 영토를 처분할 권리가 없는 것이므로 샌프란시스코강화조약이 일본의 독도영토권을 보존하는 것을 확인시켜 주는 것이다.

SCAPIN 제677호 자체를 보더라도 동 지침이 "포츠담선언 제8항에서 규정하는 섬의 영유권 귀속에 관한 연합국의 정책"이라고 명시하고 있으며, SCAPIN 제1033호는 "관련 영토 및 기타 지역과 관련하여. 일본 국가의 관할권, 국경 또는 어업권에 대한 최종 결정에 관한 연합국의 정책 표현이 아니다"라고 규정하고 있다.

SCAPIN 제1033호에 따른 일본 어선의 활동 범위는 샌프란시스코강화조약이 발효되기 전인 1952년 4월 25일까지 확대되었으며, 그것은 연합국 최고사령관 총사령부 자체에 의해 폐지되었다.

SCAPIN 제677호 발행 직후인 1946년 2월 13일에 일본은 "동 지침에 의한 그러한 결정은 일본의 영토문제와 아무런 관련이 없으며, 평화회의에서 결정되어야 할 문제"라고 주장한 바 있으며, 한반도 남부의 미군 정부도 1947년 8월에 작성한 보고서에서 "독도영유권의 최종 처분은 평화조약에 의한다"고 명시되어 있음이 확인되었다.

4. 1951년 샌프란시스코강화조약[10]

미국과 일본과의 1951년 샌프란시스코강화조약에 독도가 일본의 영토임을 나타내는 명시적인 규정이 없다는 주장은 타당해 보이지만, 강화조

---

10 塚本孝, 2007. 3, 위의 글, ウ.

약에 의해 독도가 일본의 영토로부터 분리되었다는 근거는 강화조약의 구조를 이해하지 못함으로써 오는 논쟁이다.

1949년 11월까지 미국 국무부의 조약 초안에는 독도를 한국에 표기하는 것으로 규정되었으나, 1949년 12월 초안(11월이 아닌) 이후에는 '다케시마'가 빠져 있는 점, 그 이후에 영국과의 협의, 한국의 개정 요청 및 미국의 거부를 통해 '다케시마'를 일본의 영토로 유지하기로 최종적으로 결정되었다.

한편, 1969년 조약법에 관한 비엔나협약에서도 조약의 해석은 "협약은 문맥과 그 목적과 목적에 비추어 주어진 용어의 일반적인 의미를 가진다(제31조 제1항)"라고 하여 이른바 '문언주의'를 규정하고 있으며, 조약의 의미를 확인하거나 그 의미를 결정할 보충적인 해석수단, 특히, 조약의 준비작업과 조약 체결 시점의 상황에 의하더라도, 일본이 1910년에 한국을 병합하여 일본 영토에 통합된 '다케시마'를 한국으로 분리하는 것을 의미한다는 볼 수 없는 것이다.

이상에서, 한국은 독도의 영유권 주장근거를 조약 초안 작성 과정에서 나타난 '초안 규정'에 근거하고 있는 것이다.

5. 일본의 주권 행사[11]

한국이 일본의 '선점' 주장을 반박하는 근거는 한국이 독도에 대한 역사적 권원을 가지고 있다는 것이다.

한국이 일본의 '선점' 주장을 비판하지만, 일본은 '죽도'를 단순히 '점

---

11 塚本孝, 2007. 3, 위의 글, ㄱ.

령'이라는 무력에 의한 선제공격으로 영유권을 획득한 것은 아니다. 17세기에 일본 정부로부터, '도해면허'라는 공식적인 허가를 받은 어업인들의 독도 인근 해역에서의 어로활동, 1905년 '죽도' 영토 통합에 대한 일본 내각의 결정, 시마네현의 발표, 그 이후에 나타난 일련의 행정권력 행사(효과적인 통제, 국가주권 행사) 등은 '죽도'에 대한 일본의 영토의사를 재확인하고 현대 국제법에 따라 일본의 영토주권이 보장된 것이라고 주장한다.

일본은 1905년 1월28일 각의 결정에 의해 독도를 일본 소속으로 하고, 같은 해 2월 22일 시마네현 고시 40호에 근거해 오키도사 소관(岐島司所管)으로 정했으며, 일본 선박이나 어선들의 독도 인근의 항해, 강치나 전복 채취어장 등으로 17세기 중반에는 '竹島(독도)'의 영유권을 확립했다고 주장한다.[12]

III. 독도영유권과 1951년 샌프란시스코강화조약

1951년 샌프란시스코강화조약에서 독도의 귀속에 관한 문제를 논의하는 경우에는 다음과 같은 점을 검토해야 할 것이다.

첫째, 강화조약 제2조에서 독도영유권의 귀속을 규정하고 있는지와 어떻게 규정하고 있는지의 문제이다.

둘째, 강화조약의 당사국이 아닌 대한민국에도 구속력을 가지는가 하는 문제로 이를 위해서는 '조약상대성의 원칙'과 그 예외에 관한 것을 검

---

[12] 곽진오, 2014, 「일본의 '독도무주지선점론'과 이에 대한 반론」, 『한국정치외교사논총』 제36집 1호, 135~136쪽.

토해야 할 것이다.

셋째, 최근 국제사회에서 특정 조약의 당사국이 아닌 비당사국에 대한 강제가 특히 국제환경법 분야에서 인정되는 경우가 있는데, 이러한 비당사국에 대한 강제를 검토하여 1951년 강화조약에도 이 원칙이 적용될 수 있는지를 검토한다.

넷째, 강화조약 제2조에서 독도영유권의 귀속을 규정하지 않고 있는 경우에 강화조약 이외의 자료, 특히 카이로선언, 포츠담선언 및 SCAPIN 등을 기초로 독도영유권의 귀속을 어떻게 파악해야 하는가의 문제를 검토한다.

1. 독도영유권과 1951년 강화조약 제2조

쓰카모토 다카시는 미국과 일본 간에 체결된 1951년 샌프란시스코강화조약에 독도를 일본의 영토로부터 분리하여 결과적으로 한국의 영토로 인정한다는 명문의 규정이 없으므로 독도는 여전히 일본의 영토라고 주장한다. 그뿐만 아니라, 강화조약을 작성하던 때에 초기의 초안에서는 독도를 한국의 영토로 반환한다는 규정이 있었으나 최종적인 조약 규정에는 독도가 빠져 있으므로, 1969년 조약법에 관한 비엔나협약의 '조약해석의 대원칙인 문언주의'나 보충적 해석수단인 '당사자 의사주의'에 의하여도 독도는 일본의 영토로 남아 있다는 것이다.

일반적으로 강화조약은 전쟁 당사국의 전쟁종료를 위한 명시적 합의로 교전국 사이에 존재하는 전쟁상태를 끝내고 교전국 사이의 평화관계를 회복하는 조건을 정하는 것을 목적으로 하며, 그 내용은 적대행위의 중지, 점령군 철수, 징발 재산의 반환, 포로송환, 조약관계의 부활 등이 포함

된다.[13]

1951년 샌프란시스코강화조약은 연합국과 일본 간에 체결된 강화조약으로 그 내용에 대한민국에 관한 중요한 조항이 있으므로 독도영유권의 귀속을 판단할 때 중요한 문서가 될 수 있다.

샌프란시스코강화조약의 교섭 과정에서 논란의 대상이 되었음에도 불구하고 최종 문안에는 독도 및 그에 상응하는 어떠한 용어도 언급되어 있지 않은 이러한 경우에 조약의 초안 및 관련 문건들과 같은 조약의 준비작업에 근거한 해석이 요구된다.

샌프란시스코강화조약의 작성 과정에서 1947년 3월 20일 자의 제1차 초안 제4조, 1947년 8월 5일 자의 제2차 초안 제4조, 1948년 1월 2일 자의 제3차 초안 제4조, 1949년 10월 13일 자의 제4차 초안 제4조 등은 일본은 리앙쿠르암(다케시마)을 포함하여 한국 연안의 모든 보다 작은 섬에 대한 권리 및 권원을 포기한다고 규정하고 있었다.[14]

그러나 1949년 11월 2일 자의 제5차 초안 제6조, 1949년 12월 29일 자의 제6차 초안 제3조에서는 "일본의 영토는 … 다케시마(리앙쿠르암) … 등을 포함하는 모든 인접 소도서로 한다. …"라고 하여 독도를 일본의 영토로 규정하였으나, 1950년 8월 7일 자의 제7차 초안 및 1950년 9월 11일 자의 제8차 초안에서는 제6차 초안과 같은 일본의 영토에 관한 조항은 삭제되었다.[15]

결국, 최종적으로 채택된 1951년 샌프란시스코강화조약 제2조 (a)는

---

13 이병조·이중범, 2008, 『국제법신강』, 일조각, 1023쪽.
14 김병렬, 1998, 「대일강화조약에서 독도가 누락된 전말」, 『독도영유권과 영해와 해양주권』, 독도연구보전협회, 173~177쪽.
15 김병렬, 1998, 위의 글, 178~181쪽.

"일본은 한국의 독립을 인정하고, 제주도, 거문도, 울릉도 등을 포함한 한국에 대한 모든 권리, 권원, 그리고 청구권을 포기한다."고 규정하고 있다. 이와 같이 샌프란시스코강화조약에서 일본이 독도를 일본 영토로 표기하는 데 실패함으로써 국제사회와 국제법상으로도 한국 영토임을 명백하게 인정받게 되었다는 견해가 있다.[16]

생각건대, 조약법에 관한 국제법의 해석원칙에 의하더라도 샌프란스시코강화조약은 그 문언이나 초안의 작성 과정에서 독도가 일본 영토라는 점을 발견할 수 없으며, 오히려 일본의 1905년 선점 주장, 카이로선언, 포츠담선언 및 일본의 항복문서 등에서 발견할 수 있는 일본 주장의 부당성에서 우리의 독도영유권을 재확인할 수 있다고 본다.

2. 조약상대성의 원칙

1) 일반원칙

국제조약은 원칙적으로 조약 당사국들에게만 구속력이 있으며 조약의 당사국이 아닌 국가인 제3국에게는 법적 구속력이 없는데, 이를 '조약상대성의 원칙(pacta teritiis nec nocent nec prosunt)'이라고 한다. 이 원칙은 국가 간에 인정되어 왔을 뿐만 아니라 다수의 국제판결에서도 인정되어 온 법원칙이다.[17]

이 원칙은 '1969년 조약법에 관한 비엔나협약(이하 '1969년 조약법')'에 반영되어 있는 바, 그 내용은 다음과 같다.

---

16 신용하, 2005, 『한국과 일본의 독도영유권 논쟁』, 한양대학교 출판부, 38~39쪽.
17 Malgosia Fitzmource, "Third Parties and the Law of Treaties," *Max Planck UNYB* 6(2002), p. 38.

1969년 조약법은 조약의 주체로 제3국, 당사국, 교섭국, 체약국 등으로 구분하여 규정하고 있다.

첫째, '제3국'이라 함은 조약의 당사국이 아닌 국가를 의미한다.[18]

둘째, '당사국'이라 함은 조약에 대한 기속적 동의를 부여하였으며 또한 그에 대하여 그 조약이 발효하고 있는 국가를 의미한다.[19]

셋째, '교섭국'이라 함은 조약문의 작성 및 채택에 참가한 국가를 의미한다.[20]

넷째, '체약국'이라 함은 조약이 효력을 발생하였는지의 여부에 관계없이, 그 조약에 대한 기속적 동의를 부여한 국가를 의미한다.[21]

여기서, 조약에 대한 기속적 동의를 부여하였으며 또한 그에 대하여 그 조약이 발효하고 있는 '조약 당사국'에게는 '조약상대성의 원칙'이 적용되어 해당 조약에 기속되며, 조약의 당사국이 아닌 국가인 '제3국'은 해당 조약에 기속되지 않는 것이 자명하다.

일반적으로 다자조약의 경우에 조약문의 채택 및 발효에 관한 절차를 보면, 국가들 간에 교섭을 하고 조약문 초안을 작성, 협의하여 최종적인 초안을 만들어 교섭국들이 서명을 하고 조약문을 최종적인 것으로 하는 최종의정서에 서명(조약문의 인증)하며, 조약문에서 정한 비준 절차에 따라 각국이 비준동의서를 제출하여 발효기준을 완료하면 그 조약은 발효하게 되는 것이다.

---

18 1969년 조약법에 관한 비엔나협약 제2조 (h).
19 위 조문 (g).
20 위 조문 (e).
21 위 조문 (f).

이러한 조약문의 채택 절차에서, 조약문의 작성 및 채택에 참가한 '교섭국'은 조약문의 작성에 참여하고 채택에 참가한 경우와, 조약문의 작성에는 참가하였으나 채택에는 참가하지 않은 경우로 구분할 수 있다. 조약문을 채택하였으나 비준하지 않은 국가에게는 해당 조약의 구속력이 없으나 다만 그 조약의 의도와 목적을 적극적으로 위반하지 않을 의무를 진다.

'체약국'이란 조약이 효력을 발생하였는지의 여부에 관계없이, 그 조약에 대한 기속적 동의를 부여한 국가를 말하는데, 조약이 아직 발효하지 않았는데 기속적 동의를 한 경우와 발효한 조약에 대하여 기속적 동의를 한 경우로 구분할 수 있다. 발효한 조약에 대하여 기속적 동의를 한 경우는 그 조약에 구속되는 것이 당연하다. 아직 발효하지 않은 조약에 대하여 기속적 동의를 한 경우는 그 조약이 발효하기 전까지는 구속되지 않지만, 해당 조약의 내용을 침해하거나 조약의 의도나 목적을 저해하지 않아야 하는 의무를 진다.

1969년 조약법은 "조약문의 정본인증, 조약에 대한 국가의 기속적 동의의 확정, 조약의 발효방법 또는 일자, 유보, 수탁자의 기능 및 조약의 발효 전에 필연적으로 발생하는 기타의 사항을 규율하는 조약 규정은 조약문의 채택 시로부터 적용된다"고 규정하고 있는데,[22] '조약이 아직 발효하고 있지 않은 체약국'과 '교섭국'은 이미 조약문을 채택하고 있는 국가들이기 때문에 위 관련 규정들이 이들 국가에 대해서 구속력을 가진다.

특정 조약의 작성에 참여하지 않고 기속적 동의를 하지 않은 국가를

---

22 1969년 조약법에 관한 비엔나협약 제24조 제4항.

'제3국', '조약의 비당사국', '비체약국'이라 하는데, 이들 국가들에게는 해당 조약의 구속력이 없는 것이 원칙이지만 최근에 들어 특히 국제환경법 분야에서는 '환경'의 특성 때문에 그러한 국가들에게도 구속력을 지우는 경우가 늘어나는 추세이다.

2) 조약상대성 원칙의 예외

이와 같이, 특정 조약은 조약의 당사국에게만 효력을 미치고 조약의 당사국이 아닌 국가에게는 '이로움도 해로움도 주지 않는다'는 '조약의 상대성 원칙'이 적용되지만, 특정 조약이 제3국에 권리를 주는 경우, 제3국에 의무를 지우는 조약의 경우와 비당사국(비체약국)에 대하여 구속력을 부여하는 조약의 경우도 있다.

(1) 제3국에 권리를 주는 조약

1951년 샌프란시스코강화조약은 한국이 당사국이 아니기 때문에 '조약의 상대적 효력' 원칙에 따라 일응 그 법적 효력이 미치지 않는다고 볼 수 있다.

그러나 앞에서 살펴한 본 바와 같이 조약의 비당사국인 경우에도 해당 조약의 효력이 미치는 경우가 있는데, 권리를 주는 조약의 경우는 조약의 당사국이 제3국에 대하여 권리를 부여하는 조약 규정을 의도해야 하며, 권리를 부여받는 제3국의 동의가 있어야 한다.

1951년 샌프란시스코강화조약은 "어떠한 국가든지 강화조약하에서 특정한 권리를 향유하기 위해서는 조약에 명시적으로 가입하거나 강화조약에 열거된 국가들에 해당되어야 한다"고 규정하고 있어서 비당사국들이 강화조약에 근거해서 어떠한 권리를 주장하거나 행사할 수 있는 여지

를 제한하고 있다.[23]

그러나 샌프란시스코강화조약은 특정 국가들에게 권리를 부여한다는 규정을 두고 있는데, 강화조약에서 "본 조약 제25조의 규정에도 불구하고, 한국은 제2조, 제4조, 제9조, 제12조의 이익을 가질 권리를 취득한다"고 규정함으로써 제3국인 한국에 대해서 권리를 부여하고 있다.[24]

한편, 대한민국이 일본에 보낸 1959년 1월 7일 자 외교각서에는 "우리의 견해는 일본국이 한국의 독립을 승인하고 또한 원래의 한국 영토 일체를 대한민국에 반환할 것을 연합국에 엄숙히 약속하였으며 동시에 대한민국은 권리로서 제2조의 이익을 주장할 수 있다는 것이다"라고 한 바 있다.

이와 같이, 한국이 제2조의 이익을 받을 권리를 수락하였음을 의미한다고 할 수 있고, 1951년 강화조약의 당사국들이 제21조를 통해 한국에 대하여 권리를 부여할 의도를 명백히 밝히고 있으며, 한국도 일본에 보낸 외교각서를 통해 강화조약 제2조의 이익을 받을 권리를 수락하였기 때문에 조약의 비당사국인 한국에 권리가 발생했다고 할 수 있다.[25]

(2) 국제관습법

1969년 조약법에 관한 비엔나협약은 동 협약 제34조 내지 제37조의 어느 규정도 조약에 규정된 규칙이 국제관습법의 규칙으로 인정된 그러한 규칙으로서 제3국을 구속하게 되는 것을 배제하지 아니한다고 규정하고 있다.[26]

---

23 동 조약 제25조.
24 동 조약 제21조.
25 이환규, 2020, 「샌프란시스코 평화조약의 제3자적 효력과 독도영유권」, 『인문사회21』 제11권 6호, 2049~2050쪽.
26 1969년 조약법에 관한 비엔나협약 제38조.(국제관습을 통하여 제3국을 구속하게 되

여기서, '국제관습법'이란 국제사회에서 특정한 '관행'이 오랜 기간에 걸쳐 이어져 오다가 다수의 국가들에 의하여 '법규범'으로 확신(법적 확신, opinio juris)을 얻게 된 경우를 말하는데, 이전의 '3해리 영해', '외교관의 보호', '침략금지', '대량학살금지' 등이 이에 해당된다.

1969년 조약법도 국제사회에서 그동안 이어져 내려온 국제사회의 관행이 조약의 형태로 성립된 것이기 때문에 그 내용도 국제관습법에 해당된다고 볼 수 있으므로, 조약의 비당사국도 이에 구속된다 할 것이다.

3. 조약의 비당사국에 대한 강제

1969년 조약법에 관한 비엔나협약 제38조(국제관습을 통하여 제3국을 구속하게 되는 조약상의 규칙)는 강화조약 제34조 내지 제37조의 어느 규정도 조약에 규정된 규칙이 국제관습법의 규칙으로 인정된 그러한 규칙으로서 제3국을 구속하게 되는 것을 배제하지 아니한다고 규정하고 있다.

한편, 최근에 들어 국제사회는 특정 조약의 당사국이 아닌 경우에도 그 조약의 내용 구속되도록 하는 경우가 늘어나고 있는데, 특히 국제환경법 분야가 그것이다.

국제환경법 분야의 경우에서 해당 조약의 당사국이 아닌 경우에도 조약의 내용에 구속받도록 하는 것은 환경문제의 특성 때문인데, 예를 들어 일정한 환경수준을 준수하도록 조약의 당사국들에 강제하고 있음에도 비당사국은 그러한 환경수준을 준수하지 않는다면 해당 조약 자체가 환경보호의 목적을 달성할 수 없게 되는 결과가 되기 때문이다.

는 조약상의 규칙)

최근에 이르러 국제환경법에서 비당사국들이 해당 조약을 준수하도록 하는 주요 조약을 들어보면 다음과 같다.

첫째는 오존층 파괴물질에 관한 몬트리올 의정서(Montreal Protocol on Substances that Deplete the Ozone Layer)[27]가 그것인데, 동 의정서의 실효성을 확보하기 위하여 많은 국가의 가입을 유도하여야 하고 이를 위하여 비체약국에 대한 무역을 규제[28]하도록 하고 있다.

둘째, 또 다른 국제조약은 남극해양생물자원보존협약(Convention on the Conservation of the Antarctic Marine Living Resources: CCAMLR)[29] 인데, 남극해양생물자원보전위원회는 이 협약의 당사국이 아닌 국가의

---

[27] 동 의정서는 1987년 9월 16일에 몬트리올에서 채택되고 1989년 1월 1일 발효하였으며, 우리나라는 1992년 2월 27일에 가입하여, 1992년 5월 27일에 조약 제1090호로 발효하였다. 외교통상부, 조약정보. https:/ /treatyweb.mofa.go.kr/JobGuide.do.

[28] 동 의정서 제4조 비당사국의 무역규제
「1. 당사자는 이 의정서 발효 후 1년 안에 이 의정서의 당사자가 아닌 국가로부터 규제물질의 수입을 금지한다.
2. 1993년 1월 1일부터 제5조 제1항을 적용받는 당사자는 이 의정서의 당사자가 아닌 국가에게 규제물질을 수출할 수 없다.
3. 당사자는 이 의정서 발효일부터 3년 안에 협약 제10조의 절차에 따라 규제물질이 함유된 제품의 목록을 부속서에 상술한다. 이러한 절차에 따른 부속서에 이의를 제기하지 아니한 당사자는 부속서 발효 후 1년 안에 이 의정서의 당사자가 아닌 국가로부터 제품의 수입을 금지한다.
4. 당사자는 이 의정서 발효 후 5년 안에 이 의정서의 당사자가 아닌 국가로부터 규제물질을 함유하지는 아니하였으나 이를 사용하여 생산된 제품의 수입 금지나 제한에 관하여 타당성을 결정한다. 타당하다고 결정하는 경우, 당사자는 협약 제10조의 절차에 따라 이러한 제품의 목록을 부속서에 상술한다. 이러한 절차에 따른 부속서에 이의를 제기하지 아니한 당사자는 부속서 발효 후 1년 안에 이 의정서의 당사자가 아닌 국가로부터 이러한 제품의 수입을 금지 또는 제한한다.」
위의 자료 참조.

[29] 외교부, 남극 관련 조약 및 법령. https://www.mofa.go.kr/www/brd/m_4007/view.do?seq =354433&srchFr=&amp%3BsrchTo=&amp%3BsrchWord=&amp%3BsrchTp=&amp%3Bmulti_itm_seq=0&amp%3Bitm_seq_1=0&amp%3Bitm_seq_2=0&amp%3Bcompany_cd=&amp%3Bcompany_nm=.

국민 또는 선박에 의하여 취해진 활동이 이 협약의 목적수행에 영향을 미친다고 판단되는 경우 동 국가의 주의를 환기하여야 한다고 동 협약은 규정하여,[30] 비당사국에 대하여 동 협약의 내용을 준수하도록 하고 있다.

셋째, 환경보호에 관한 남극조약 의정서(1991 마드리드 의정서)[31]를 들 수 있는데, 남극조약협의당사국회의는 이 의정서의 당사국이 아닌 국가 또는 그러한 국가의 대리인, 대행기관, 자연인 또는 법인, 선박, 항공기 및 그 밖의 다른 운송수단에 의하여 취하여지는 활동 중 이 의정서의 목적과 원칙의 이행에 영향을 미치는 활동에 대하여 그 국가의 주의를 환기시킨다고 동 의정서에서는 규정하였다.[32]

물론, 이와 같이 최근에 국제환경법 분야에서 인정되는 비당사국에 대한 강제의 원칙이 1951년 샌프란시스코강화조약, 특히 그 제2조와는 무관하다. 다만, 1951년 샌프란시스코강화조약의 당사국이 아닌 대한민국에 대하여 구속력을 가지는 것은 아니지만 그 내용이 국제사회에서 국제관습법으로 인정된 경우에는 1969년 조약법에 의하여 구속력이 인정되는 경우가 있을 것이다.

---

30 동 제10조.
31 외교부, 남극 관련 조약 및 법령. https://www.mofa.go.kr/ile:/// C :/Users /user / AppData/ Local/Microsoft/Windows/INetCache/IE/NRY0121Q/%ED%99%98 %EA%B2%BD%EB%B3% B4%ED% 98%B8%EC% 97%90%20%EA%B4%80% ED%95%9C%20%EB% 82%A8 EA% B7%B9%EC%A1%B0%EC%95%BD%20 %EC%9D%98%EC%A0%95%EC% 84%9C.pdf.
32 동 의정서 제13조 제5항.

4. 1951년 강화조약과 국제문서

1951년 샌프란시스코강화조약 제2조의 해석은 강화조약 자체뿐만 아니라 강화조약이 성립되게 된 그간의 사정, 특히 전후 대한민국의 독립이나 주변 영토(특히 독도)의 취급에 관한 국제문서들을 두루 고려해야 한다는 견해가 있는 바, 특히 1943년의 카이로선언, 1945년 포츠담선언 및 전후 일본의 행정권 및 어업권의 범위를 정한 SCAPIN 제677호 및 제1033호 등의 문서들이 그것에 해당한다.

1) 카이로선언

대한민국이 일본 제국주의로부터의 독립을 국제적으로 약속받은 것은 1943년 11월 27일 '카이로선언'으로 미국, 영국, 중국의 3개국 정상이 이집트 카이로에서 회합하여 일본의 영토처리에 관한 원칙을 규정한 선언이다.

카이로선언의 주요 내용은 다음과 같다.[33]

… 일본국으로부터 1914년 제1차 세계대전 개시 이후에 일본국이 장악 또는 점령한 태평양의 모든 도서들을 박탈할 것과, 아울러 만주·대만·팽호도 등 일본국이 중국인들로부터 절취한 일체의 지역을 중화민국에 반환함에 있다. 또한 일본국은 그가 폭력과 탐욕에 의하여 약취한 모든 일체의 지역으로부터도 축출될 것이다. 위의 3대국은 한국 민중의 노예 상태에 유의하여 적당한 시기에 한국이 자유롭게 되고 독립케 할 것을 결정한다.(Japan will also be expelled from all other territories which she has

---

33 대한민국 국방부 전사편찬위원회, 1981, 『국방조약집』 1, 565쪽.

taken by violence and greed. The aforesaid three great powers, mindful of the enslavement of the people of Korea, are determined that in due course Korea shall become free and independent.) …

이 선언은 전후 일본의 영토처리에서 일본이 1894~1895년 청일전쟁 이래 여러 국가로부터 제국주의적 방법으로 탈취한 모든 지역을 다시 그 본국에 반환한다는 것으로, 그 본국에 반환해야 할 "폭력과 탐욕에 의하여 약취한 다른 일체의 지역"에 독도가 해당되는가에 관한 것이다.

쓰카모토 다카시의 논리는 1905년 시마네현 고시 제40호에 의하여 무주지인 독도를 일본의 영토로 편입하였고, 1951년 샌프란시스코강화조약에서 독도를 반환한다는 명문의 규정이 없는 이상 독도는 일본의 영토라는 것이다.

그러나 국제법적으로 영토취득의 근거가 되는 '선점'은 그 대상이 '무주지'여야 하는데, 독도는 역사적으로 보아 그동안 줄곧 대한민국의 영토이므로 '무주지(terra nullius)'에 해당되지 않으며, 특히 일본이 역사적으로 자국의 영토라고 주장하는 독도를 1905년에야 비로소 일본이 '선점'하였다는 주장은 그 자체가 모순이고 1905년이라는 시점 자체가 청일전쟁 및 러일전쟁 이후에 군사적 목적으로 행해진 전쟁준비의 일방행위로 그 자체가 "폭력과 탐욕에 의하여 약취한" 지역에 해당된다고 보는 것이 합리적이고 객관적일 것이다.

일반적으로, 국제사회에서 '선언'은 조약을 의미하는 경우(파리선언, 런던선언 등), 타국에 대한 권리의무관계를 창설하는 선언(개전선언, 중립선언 등), 상대국과의 어떠한 권리의무관계도 창설하지 않는 선언(정책선언, 해석선언 등)이 있다.[34] 위 카이로선언은 소위 '정책선언'에 해당되는 것이고 전후에 해당 지역들을 그 본국으로 반환시키겠다는 3대국의 공동정책에 해당되므로, 카이로선언 그 자체는 법적 구속력을 가지는 것은 아니라 할 수 있다.

그러나 이후 1945년 9월 2일에 일본이 항복문서[35]에 서명하였고 그 항복문서에서 "포츠담선언(1945년 8월 14일)의 조항을 성실히 이행할 것"을 약속하였고, 이는 다시 포츠담선언(1945년 8월 14일) 제8항의 내용을 이행할 것을 약속한 것이므로, 이와 같은 일련의 과정을 거쳐 위 카이로선언은 일본이 무조건 항복을 한 1945년 9월 2일부터 법적 구속력을 가진다고 보아야 한다.

2) 포츠담선언

1945년 7월 26일에 미국, 영국, 중화민국 등 3개국에 의하여 포츠담선언이 발표되었는데, 이 선언 제8항에서는 다음과 같이 규정하고 있다.

> 8. 카이로선언의 조항은 이행될 것이며, 또 일본국의 주권은 혼슈, 홋카이도, 규슈, 시코쿠와 우리가 결정하는 제소도에 국한된다.(The terms of the Cairo Declaration shall be carried out and Japanese sovereignty shall be limited to the islands of Honshu, Hokkaido, Kyushu, Shikoku and such minor islands as we determine.)

---

34 이병조·이중범, 2000, 앞의 책, 51쪽.
35 대한민국 국방부 전사편찬위원회, 1981, 앞의 책, 571~572쪽.

독도문제는 카이로선언, 포츠담선언 및 일본의 항복문서[36]를 종합적으로 고찰해야 할 것인 바, 1945년 8월 14일 일본은 포츠담선언을 무조건으로 수락하였고 동년 9월 2일 항복문서에 서명함으로써 포츠담선언은 일본에 대하여 구속력을 가지게 되었으며, 또 포츠담선언 제8항에 의하여 카이로선언도 일본에 대하여 구속력을 가지게 되었다.

생각건대, 일본이 청일전쟁 이후에 시마네현이라는 지방 현의 고시로서 독도를 일본의 영토로 편입한 조치는 누가 보아도 그 영토취득방법이 전형적인 제국주의적 "폭력과 탐욕에 의한 것"이라고 볼 수밖에 없을 것이다.

왜냐하면 일본은 독도가 한국의 영토라는 것을 잘 알고 있었으면서도, 군사상의 필요가 발생한 시점에 이해 당사국인 한국에는 전혀 사전 협의나 적절한 사후 통고도 없이 중앙정부의 지휘하에 일본 영토로 편입하고 시마네현 내에만 이를 고지케 하였으며 1905년 일본이 군국주의를 지향하고 제국주의적 침략의 목적으로 독도를 자국 영토로 편입한 행위는 한국의 영토를 불법적으로 절취하여 강탈한 범죄행위에 해당된다고 본다.

특히, 쓰카모토 다카시의 '선점' 부분에 대한 주장에서 독도를 일본의 영토로 주장하는 것 자체가 일본이 "폭력과 탐욕에 의한 것"인지에 관하여는 아무런 설명이 없는 바, 일본은 자국이 주장하는 독도영유권이 "폭력과 탐욕에 의해" 취득한 것이 아니라는 점을 증명해야 할 것이다.

5. SCAPIN 제677호 및 제1033호

이들 문서에 대한 쓰카모토 다카시의 주장을 요약하면, SCAPIN 제

---

[36] 신용하 편저, 2000, 『독도영유권 자료의 탐구』 3, 독도연구보전협회, 245~246쪽.

677호 및 제1033호에 의하여 일본의 행정권의 지역적 범위가 제한되기는 하였으나 그 이후인 1951년 미국과 일본 간에 체결된 샌프란시스코강화조약에 의하여 그 효력이 상실되었다고 주장한다.

SCAPIN 제677호는 일본을 통치하던 연합국 최고사령관 총사령부가 1946년 1월 29일에 발표한 것으로, "약간의 주변 지역을 정치상 행정상 일본으로부터 분리하는 지침"[37]을 일본에 통지하였는데, 그 내용은 일본의 종래 식민통치 영역에 대한 주권적 관할을 분리하는 조치이다.

그 제3항은 다음과 같다.

3. …일본의 영역은 일본의 4개 본도, 즉 홋카이도, 혼슈, 규슈 및 시코쿠와 대마도를 포함한 1,000여 개의 인접한 제소도로 제한하고", "울릉도, 독도, 거문도 및 제주도를 일본의 영역 범위에서 제외….

그 제6항은 다음과 같다.

6. 이 지침의 어떠한 규정도 포츠담선언의 제8항에 언급된 제소도의 궁극적인 결정에 관한 연합국의 정책으로 해석되어서는 안 된다.

SCAPIN 제1033호[38]는 1945년 9월 27일에 선포된 것으로, 일본 본도와 홋카이도 및 대마도만을 포함하는 극히 제한된 범위를 일본의 외양(外洋) 활동을 허용하는 수역으로 지정하는 것으로 독도를 일본의 활동 허

---

37 SCAPIN 677(1946. 1. 29): Governmental and Administrative Separation of Certain Outlying Areas from Japan. 신용하, 2005, 앞의 책, 248~256쪽.
38 신용하, 2005, 위의 책, 257~261쪽.

용 구역에서 제외하고 있다.

즉, 동 지침은 일본인의 어업 및 포경업의 허가 구역을 설정하여, 일본인의 선박 및 승무원에 대한 제3항 (b)를 통하여 독도가 한국 영토이고, 일본의 어부와 선박들은 접근하지 못한다고 선포하고 있다.

그런데 이 지침의 제5조 역시 SCAPIN 제677호와 동일하게 이 지령이 최종적인 것이 아님을 명시하고 있다.

쓰카모토 다카시는 일본 정부의 주장과 마찬가지로 SCAPIN 제677호는 일본의 독도에 대한 영유권을 궁극적으로 배제하는 것으로 해석될 수 없다고 주장한다. 즉, SCAPIN에 의하여 독도에 대해 통치권 또는 행정권의 행사 또는 행사의 시도를 중지할 것을 지시받았을 뿐이며, 동 지침이 일본 영토로부터 독도를 배제한 것은 아니라고 주장한다.[39]

국내 학자들의 대부분은 SCAPIN 제677호에 의하여 독도를 일본의 영토주권으로부터 명시적으로 배제하였다고 주장하는 견해와 이를 부정하는 견해로 나뉘는데, 이를 요약하면 다음과 같다.

첫째, 연합국 최고사령관 총사령부의 SCAPIN 제677호는 일본의 항복문서를 집행하기 위하여 '일본의 영토의 주권 행사 범위를 정의'한 것이며 그 제3항에 의하여 독도는 일본 영토로부터 완전히 제외되었으며 그 제6항은 복잡 미묘한 연합국들의 이해관계 속에서 다른 연합국들이 이의 제기를 할 경우에 대비해서 '최종적 결정'이 아니라 필요하면 수정할 수 있다는 가능성을 열어 둔 것에 불과하다는 견해이다.[40]

둘째, SCAPIN 제677호의 제6항에서 이 지침이 영토귀속의 최종적인

---

39 김석현, 2006, 「독도 영유권과 SCAPIN 677」, 『2006 독도세미나 자료집』, 한국해양수산개발원, 40쪽.
40 신용하, 2006, 『한국의 독도영유권 연구』, 경인문화사, 217쪽.

결정을 의미하는 것은 아니라고 유보조항을 달았어도 이는 연합국에 의하여 별도의 지침에 따라 수정이 되지 않는 한, 그 효력은 그대로 유지가 되는 것이다. 이러한 취지가 그대로 대일강화조약에 흡수됨으로써 연합국이 이미 취해 놓은 결정은 기정사실로 응고되어 더는 변경할 수 없게 된다는 견해이다.[41]

셋째, SCAPIN은 일본의 영토를 최종적인 것으로 결정하는 것이 아니라는 견해이다. 즉, SCAPIN 제677호 및 SCAPIN 제1033호는 당시 일본을 점령하고 있던 연합국 최고사령관 총사령부의 점령지인 일본을 통치할 목적으로 행한 일시적인 행정조치이며, 동 지침에 의하여 일본 영토의 범위가 최종적으로 결정된 것은 아니라고 보아야 한다. 따라서, SCAPIN을 일본과의 영토문제에서 원용하는 것은 적절치 못한 것으로 생각되며, 오히려 우리 측 주장의 부당성이 문제되어 우리의 정당한 주장을 의심케 하는 부정적인 결과를 초래할 수도 있다는 견해이다.[42]

SCAPIN은 그 자체만으로는 일본의 영토를 최종적으로 결정하는 법적 구속력을 갖는다고 생각되지 않는다. 다만, SCAPIN 제677호 및 제1033호에서 독도를 일본의 영토에서 배제시키고 그 후에 이들의 효력을 변경하거나 부인하는 별도의 지침이나 조치가 없었다는 사실, 전후 영토문제를 처리하는 1951년 샌프란시스코강화조약에서조차도 명시적으로 독도가 일본의 영토임을 나타내는 규정이 없다는 점 등을 미루어 볼 때, 앞으로 있을지 모르는 독도영유권에 관한 국제재판에서 독도가 일본의 영토가 아닌 대한민국의 영토임을 나타내는 유력한 정황증거가 될 수 있다고 본다.

---

41 이상면, 2003, 「독도 영유권의 증명」, 독도학회 편, 『한국의 독도영유권 연구사』, 독도연구보전협회, 308~309쪽.
42 이상면, 2003, 위의 글, 50~51쪽.

6. 소결

앞에서 살펴본 바와 같이, 1951년 강화조약은 한국에게 권리를 부여하고 있고 독도영유권과 직접적으로 관련되는 것은 강화조약 제2조 (a)로 볼 수 있다.

강화조약 제2조 (a)에서는 "제주도, 거문도 및 울릉도를 포함한 …"이라고 규정하고 있는데, 일본은 일본이 포기해야 하는 영토에 독도는 포함되지 않는다고 주장하고 있는 반면에, 한국의 입장은 강화조약에서 한국에 반환될 도서로 언급된 도서들은 한국의 여러 도서들 중 대표적인 도서들을 예시한 것에 불과하다거나 1943년 카이로선언과 SCAPIN 제677호 및 제1033호 등을 고려하여 대한민국의 독도영유권이 국제사회에서 확인되고 공인된 것이라는 견해들이 있다.[43]

이와 같이, 1951년 강화조약 제2조 (a)를 해석하는 방법에 관하여는 해석방법에 따라 여러 경우로 나누어 살펴볼 수 있다.[44]

필자의 견해는 1951년 강화조약 제2조는 그 모호성 때문에 독도영유권의 귀속과 직접적인 관련이 없는 규정이므로 대한민국과 일본 간에 구체적인 영토처리에 관한 조약을 다시 체결하는 것이 필요하였으며, '1965년 한일기본관계조약'에서 이를 해결하여야 했는데 그렇지 못하였다는 것이다.

---

43 신용하, 2019, 「연합국의 샌프란시스코 對일본 平和條約에서 獨島=韓國領土 確定과 재확인-정치사회사적 고찰-」, 『학술원논문집(인문·사회과학편)』 제58집 2호, 224쪽.
44 이환규, 2020, 앞의 글, 2050~2051쪽.

따라서 이와 같이 한국과 일본 간에 영토처리에 관한 협정이 존재하지 않는 경우에는 모호한 특정 조약의 조문을 근거로 그 영유권을 결정할 수는 없고 독도에 대하여 어느 국가의 역사적 권원이나 관련 자료, 지도 및 법령 등을 종합적으로 살펴보아야 할 것인 바, 특히 일본이 일본의 국내 법령으로 실시한 1951년의 대장성령 제4호 및 총리부령 제24호는 독도가 조선총독부가 관할하였던 행정구역에 속하는 것으로 규정하고 있어서,[45] 이른바 'Uti Possidetis('승계원칙'이라 번역할 수 있는데, 식민지 시대의 영토경계를 독립 후에 그대로 승계한다는 의미이다)' 법리에 의하여 독도는 한국의 영토임이 틀림없다고 판단된다.

IV. 독도영유권에 관한 종합적 고찰

앞의 제Ⅲ장에서 살펴본 바와 같이, 1951년 샌프란시스코강화조약의 제2조에 의하더라도 독도영유권의 귀속에 관한 문제를 객관적으로 명백하게 결정할 수 없으며, 한국과 일본 간에는 독도영유권을 결정하는 '영토협정'이 존재하지 않는다.

이와 같은 상황에서 독도영유권을 판단하는 것은 독도에 대한 '역사적 권원'[46]이 어느 국가에게 있느냐를 판단하려면 것이 합리적이고 객관적일

---

45 김태기, 2014. 6, 「일본 대장성령 제4호 및 총리부령 제24호의 본방(本邦) 규정과 독도」, 『일본공간』 제15호, 118~120쪽.

46 '권원'은 "법이 권리를 발생시키는 바탕이 되는 사실"(R. Jennings, 1963, *The Acquisition of Territory in International Law*, Manchester University Press, p. 4)이라거나 "영토주권이 유효하게 취득되었고 유지되어 왔다는 것을 입증하기 위해 국제법에 따라 제시해야 할 법적, 사실적 요소"(M. Shaw, 1982, "Territory in International Law," *Netherlands Yearbook of International Law* 13, p. 79)라고

것이다.

1951년 강화조약 외에 독도영유권의 귀속과 관련된 국제법이론이나 법령, 자료 등을 근거로, 독도에 대한 계속적인 국가주권의 행사를 어느 국가가 행해 왔는지, 독도에 대한 역사적 권원이 어느 국가에게 있는지, 일본의 식민지 통치시대에 독도를 일본 본토의 부분으로 취급했는지 아니면 조선총독부가 관할하던 행정구역에 속한 것으로 취급하여 이른바 'Uti Possidetis 법리'가 성립될 수 있는지, 일본이 공식적으로 발행한 수로지에서 독도가 어느 영역에 속하는 것으로 다루었는지가 판단의 주요한 요소로 인정될 것이다.

1. 독도영유권과 국가주권의 행사

국가영역은 크게 영토, 영수, 영공으로 나누어진다. 영토란 육지로 구성된 국가영역을 의미하며 국가의 영역주권은 개념상 영역에 대한 지배권과 처분권으로 구분할 수 있는 바,[47] 국제법이론이나 국제판결[48]에서 특정한 영역이 어느 국가에 속하는가 하는 것, 즉 해당 영역이 어느 국가가 국가주권(입법, 행정 및 사법행위)을 실시해 왔는가에 의해 결정된다는 것이다.

이와 관련하여, 쓰카모토 다카시는 대한제국이 1900년 칙령 제41호를 통하여 독도에 대한 영유권을 행사하기 이전에 한국이 독도를 실효적으로 지배, 관리한 증거를 찾아 볼 수 없다고 한다. 그뿐만 아니라, 1900년

하기도 한다.

47 김원희·최지현·김민, 2019. 1, 「영토 권원 이론의 현대적 발전과 한계」, 한국해양수산개발원 연구보고서, 9쪽.
48 관련된 국제판결에 관한 상세는 김명기, 2019, 「한국정부의 독도의 역사적 권원 주장에 관한 연구」, 『독도연구』 제29호, 178~181쪽 참조.

의 칙령 이후에도 대한제국은 독도를 실효적으로 지배, 관리하지 않았다는 것이다. 그러나 일본의 1905년 시마네현 편입, 독도 인근 해역에서의 일본 어업인들에 대한 어업허가, 1905~1945년 사이의 점유, 1952년 이후로 지금까지 한국의 독도 점유에 계속 항의해 왔다는 사실 등을 들어 일본이 지속적으로 독도에 대하여 국가주권을 행사하여 왔다는 것이다.

독도에 대하여 한국과 일본 중에서 역사적으로 어느 국가가 계속적으로 국가주권을 행사하여 왔는가?

본래, 국가영토란 주권을 가진 국가의 육지, 내수, 영해 및 이들 상공의 모든 공간을 의미하는 것으로,[49] 특정한 국가영토에 대하여 과연 그 국가가 계속적으로 국가주권을 행사하여 왔는가 하는 것이 영유권 귀속의 관건이다. 즉, 국제법상의 영토취득에서 결정적 기준은 단순한 역사적 사실이나 발견이 아니라 국제법상 인정되는 국가주권의 발현인 것이다.

이는 국제판결에서도 자주 나타나는데, 예를 들면 영국과 프랑스의 도서분쟁인 망키에 및 에크르오 사건에서도 인정된 바 있다. 이 사건은 영국의 저지(Jersey) 섬과 프랑스 연안 사이에 있는 도서들에 관한 영유권 분쟁사건으로 1951년 12월 5일에 국제사법재판소에 소송이 제기되었다.[50] 국제사법재판소는 분쟁도서에 대한 국가권력의 계속적이며 평화로운 행사의 증거를 바탕으로 분쟁도서들에 대한 영국의 영유권을 인정하였는데, 이는 영국이 두 섬에 대하여 장기적·계속적·실효적 지배를 하여

---

[49] Naomi Burke, 2008, "A Change in Perspective: Looking at Occupation through the Lens of the Law of Treaties," *New York University Journal of International Law and Politics*, Vol. 41(Fall 2008), p. 119.

[50] The Minquires and Ecrehos Case(France/United Kingdom), *I.CJ Reports 1953*, p. 49.

왔다는 것을 근거로 한 판결이었다.[51]

쓰카모토 다카시는 역사적으로 일본의 영토인 독도에 대하여 이를 다시 명백하게 확인한 1905년의 선점조치는 아무 이상이 없는 정상적인 일본의 주권 행사이며, 1905년 이전에 한국은 독도에 대하여 국가주권을 행사하지 않고 이른바 '방기'하여 왔다는 것이다.

그러나 역사적으로 독도가 일본의 고유한 영토라고 하면서도 1905년에 일본 영토로 편입하였고 이를 국제법상 영토취득의 근거가 되는 '선점'을 하였다고 주장하는 것은, 일본의 영토라는 독도를 편입하고 선점하였다는 것으로 일반적인 상식에도 어긋날 뿐만 아니라 독도가 역사적으로 일본의 영토라는 주장에 근본적으로 모순되며 국제법이론에 비추어도 불법인 것이다.

또한, 조선시대부터 울릉도 및 독도에 대하여 상당한 기간 동안에 이른바 '공도정책'을 시행하여 독도와의 왕래가 공식적으로 중단되었다 할지라도, 그것은 그 당시의 교통이나 통신 사정으로 보아 조선시대에 중앙정부로부터 멀리 떨어진 고도(孤島)인 국가영토를 통치하기 위한 선택지의 하나였으며, 이는 국제판결[52]에서도 인정하는 바이다.

또한, 그동안 울릉도 어민들은 계속적으로 독도를 생활터전으로 삼아

---

51 위의 보고서, p. 72.
52 이 사건은 멕시코 서해안에서 약 670해리 떨어진 태평양상의 바위섬에 대한 멕시코와 프랑스 간의 영유권분쟁으로, 멕시코는 1897년 12월 13일 섬은 이미 오래전부터 멕시코의 영유에 속하는 것이라 하여 동도에 군함을 파견하여 멕시코기를 게양하였는데, 멕시코의 이러한 조치는 프랑스와 분쟁을 야기하여 1931년 중재재판에 회부되었다. 동 재판소는 동 섬이 대양에 위치한다는 점을 감안하여 발견만으로 점유취득은 완성되었으며, 1887년까지 프랑스나 또는 다른 국가에서 논쟁의 발단이 되지 않았으므로 발견의 순간부터 점유취득은 완성된다는 것을 근거로 스페인이 동 섬을 먼저 발견하고 멕시코가 이를 승계하였으므로 동 섬은 멕시코의 소유라고 판결하였다.

어로활동을 지속하여 왔으며, 독도가 한국의 본토나 울릉도로부터 멀리 떨어진 섬이라는 지리적 조건을 감안할 때, 독도에 대한 한국 및 한국인의 활동은 한국의 국가주권이 계속으로 시행되어 왔다고 판단된다.

2. 독도영유권과 선점이론

국제법에서 '선점'이란 무주지에 대해서 실효적으로 선점하는 것을 의미하며 실효적 선점이란 점유와 통치를 요건으로 한다. 여기서 '점유'라는 것은 물리적으로 영토를 지배하는 것을 의미하며 영토에 대한 주권을 취득하겠다는 의사를 필요로 한다. 통치란 점유자가 해당 영토를 통치하려는 의도를 보여 주는 권한을 행사한다는 것을 의미한다.[53]

쓰카모토 다카시는 일본 정부와 마찬가지로 1905년 시마네현 고시에 의하여 독도를 선점하였다고 주장하는데, 이와 같은 '선점' 주장은 국제법적으로 타당한가?

일본은 독도에 대한 역사적 권원으로 독도에 대한 편입조치를 취한 직후에 일본의 관헌이 이 섬에 대하여 측량을 실시하였다는 점, 1905년 5월에 이 섬을 정부 소유 토지로서 토지대장에 기입하였다는 점, 1905년 4월에 시마네현이 독도의 강치어업을 허가제로 하고 같은 해 6월에 일본인 업자에게 정식으로 면허하였다는 점 등을 들고 있다.

또한, 쓰카모토 다카시는 일본의 독도에 대한 '원시적인 권원'을 현대 국제법에서 인정되고 있는 국가영역취득이론인 '선점'으로 그 역사적 권원을 강화한 것이고 또한 필요한 조치라고 주장한다.

---

53 김원희 · 최지현 · 김민, 2019. 1, 앞의 보고서, 45쪽.

그 외에도 일본은 1905년의 선점조치에 의하여 독도영유권을 공식적으로 한국에 고지하였는데, 한국은 1905년 이전에 이미 독도에 대한 영유권을 가지고 있었다고 주장한다는 것이다.[54]

이와 같이 일본이 주장하는 바와 같이 '선점'이 성립하기 위해서는 1905년 당시 독도는 국제법상 이른바 '무주지(terra nullius)'여야 하는데, 국제법상 영토취득 요건인 '선점'을 충족시키기 위해서는 다음의 세 가지 요건을 구비해야 한다.

첫째, 선점의 대상이 되는 지역은 '무주의 지역'이어야 한다. 여기에서 '무주의 지역'이란 주민이 살지 않는 땅이란 뜻이 아니고 어느 국가에도 속한 바 없거나 전 주권국가에 의해 포기된 지역을 말한다.

둘째, 선점하는 국가의 영역취득 의사가 존재하고 또 그 의사가 대외적으로 표시됨을 요한다. 즉 선점은 국가기관에 의해 행해져야 한다는 것이다.

셋째, "계속적이고 평온·공연하게 국가행위가 나타나는" 실효적인 지배를 계속해야 한다.

1905년 1월 28일 일본 내각이 독도를 '죽도'로 명명하고 이를 자국 영토로 편입, 선점키로 할 때까지 조선왕조는 독도에 대한 그 영역 주권을 계속적이고 평화적으로 행사함으로써 확정적인 권원을 유지하고 있었다고 볼 수 있고, 일본이 주장하는 선점 주장은 자국이 또한 내세우고 있는 "역사적으로 독도가 일본의 영토"라는 주장에도 모순된다. 독도가 일본의 고유영토라면 이를 선점할 필요가 없고, 반대로 일본이 독도를 선점하였

---

54 Hironobu Sakai, 2019, "Territorial and Maritime Issues in East Asia and International Law," *Japan Review*, Vol. 3 No. 2(Fall 2019), p. 30.

다면 일본의 고유영토가 아니라는 것이 되기 때문이다.[55]

일본의 독도영유권 주장은 무주지론에 근거한 1905년 시마네현 편입, 1905~1945년 사이의 점유, 1952년 이후로 지금까지 한국의 독도 점유에 계속 항의해 왔다는 사실에 근거하고 있는데, 1905년 무주지 주장은 그 이전 시기에는 독도에 대한 영유권을 확립하지 못하였다는 것을 일본이 스스로 시인한 것으로 볼 수 있다.[56]

생각건대, 일본이 주장하는 국제법상 영토취득이론인 선점은 그 대상이 무주지여야 하나 역사적으로 이미 일본의 영토를 다시 무주지로 선점한다는 것은 이론상 명백히 모순되므로, 이와 같은 선점이론은 앞으로 독도문제에서 일본의 법적 권리뿐만 아니라 자국의 다른 법적 근거에 대한 정당성을 한층 약화시키는 원인으로 작용할 것이라고 본다.

일본이 독도에 대한 영유권을 주장하는 주된 근거는 일본 외무성 홈페이지[57]에 잘 나타나 있는데, 역사적으로 국제법적으로 독도가 일본의 영토이며, 그 근거로 조선이 '해금정책(海禁政策)'을 통하여 포기한 독도를 1905년 시마네현 고시 제40호로 독도를 '선점'하였으며, 1951년 샌프란시스코강화조약 기안 시에 한국은 일본이 포기해야 할 지역에 독도를 추가하도록 미국에 요청했으나 거부당했다는 점 등을 들고 있다.

일본이 역사적으로 독도가 자국의 고유한 영토라고 하면서 동시에 '무주지'인 독도를 '선점'하였다는 것은 커다란 논리의 모순인 동시에, 아래에서 논술할 바와 같이 일본의 여러 자료들에 의하여 일본 스스로 독도

---

55 노영돈, 2006, 「일본의 독도영유권주장 법리의 허와 실」, 『2006 독도 세미나 자료집』, 한국해양수산개발원, 105쪽.

56 John M. Van Dyke, 2008, 『독도영유권에 관한 법적 쟁점과 해양경계선』, 한국해양수산개발원, 92쪽.

57 https://www.kr.emb-japan.go.jp/territory/takeshima/pdfs/takeshima_point.

가 대한민국의 영토임을 인정하고 있다는 점에서 일본의 주장이 근거 없는 허구라는 것이 확실하게 나타나고 있다.

3. 독도영유권과 일본의 수로지

일반적으로 '수로지'는 선박의 안전운항을 위하여 해당 연안의 지도와 함께 선박 운행 시 안전을 위하여 유의해야 할 사항과 기본적인 수로정보를 담고 있는 책자로, 이전에는 각국이 자국 선박의 안전운항을 위하여 수로지를 발행하여 모든 선박에 배포한 바 있다.

물론, 수로지 자체가 도서 등 해당 영토의 귀속을 직접적으로 나타내는 것은 아니지만, 수로지가 구현하고 있는 해당 해역이 어느 국가에 귀속되어 있는지를 전제로 발행하는 것이 보통이다.

따라서 이는 독도영유권의 귀속에 대해서도 아주 중요한 자료가 될 수 있으며, 일본 정부가 공식적으로 발행한 아래와 같은 다수의 수로지에서 일본 스스로 독도를 한국의 영토로 인정하고 있다.

첫째, 1887년 『환영수로지(寰瀛水路誌)』이다.

1887년에 세계 각국의 수로지를 모아 일본 해군성이 편찬한 『환영수로지』는 독도에 관하여 '리앙코르트열암'이란 명칭의 유래 및 변천, 지리적 위치 및 특징을 설명하고 있으며,[58] 독도를 한국의 영토로 기재하고 있다.

둘째, 1894년 『조선수로지』이다.

1894년 11월에 일본 해군성이 편찬한 『조선수로지』[59]에서 독도를 '리

---

58 日本 海軍省, 1887, 「韓露沿岸」, 『寰瀛水路誌』 第二卷 第二版.
59 日本 海軍省 海軍水路部, 1894, 『朝鮮水路誌』.

앙쿠르트열암'이라는 명칭으로, 그 명칭의 유래 및 변천, 지리적 위치 및 특징을 설명하고 있는데, 독도를 한국의 영토로 기재하고 있다.

셋째, 1907년 『조선수로지』이다.

『조선수로지』는 초판이 1894년에, 제2판이 1899년에 편찬되었고, 1907년에 제2개판이 간행되었다. 1907년판에서는 독도를 '竹島, Liancourt rocks'라고 변경하여 게재하고 있는데, 독도를 '竹島, Liancourt rocks'라고 병용하고 있음에도 불구하고 '리앙코르트열암'이란 명칭의 유래 및 변천, 강치잡이 등 어부의 활동, 담수의 존재 등을 설명하고 있으며, 독도를 한국의 영토로 기재하고 있다. 초판과 다른 점은 독도를 'Liancourt rocks'란 명칭과 함께 '竹島(다케시마)'를 병기하는 점뿐이다.

넷째, 1907년 『일본수로지』이다.

1907년에 편찬된 『일본수로지』는 일본 오키 섬 부근의 지도와 설명을 기술하고 있으나 역시 같은 해에 편찬된 『조선수로지』와는 다르게 독도에 대한 기술이 전혀 나타나 있지 않은데,[60] 이는 일본이 독도를 자국의 영토로 인식하고 있지 않다는 것을 나타내는 것이다.

다섯째, 1933년 『조선연안수로지』이다.

일본의 해군수로부가 1933년에 간행한 것으로 기존의 일본수로지와 수로 고시의 자료를 추가한 뒤 개정 증보하여 간행한 수로지이다. 이 중 조선의 연안 수로를 설명하면서 '울릉도 및 독도(鬱陵島及竹島)'편을 추가하여 독도를 울릉도의 부속도서로 파악하였다. 이는 일제강점 이후에서도 일관되게 울릉도와 독도가 본래 조선의 영토였음을 명확히 밝히고 있는 것이다.[61]

---

60 日本 海軍省, 1907, 『日本水路誌』第一改版.
61 독도박물관, 『조선연안수로지 제1권(朝鮮沿岸水路誌 第1券)』, http://www.

이러한 일본의 수로지들도 다른 사정이 없는 한 'Uti Possidetis 법리'와 관련하여 일정한 영토가 어느 국가에 귀속되는가를 밝혀주는 간접적인 자료가 될 것인 바, 영토조약이나 영역경계조약과 같은 직접적인 효력을 가지는 증거들이 없는 경우에 수로지는 영토의 경계나 영유권의 귀속에 간접적인 효력을 가지는 정황증거가 되므로, 일본의 이 수로지들은 'Uti Possidetis 법리'에 의하여 대한민국이 일본으로부터 독립하던 당시에 독도가 일본의 영토가 아닌 대한민국의 영토라는 것을 일본 스스로 증명하고 있는 것이다.

4. 독도영유권과 Uti Possidetis 법리

'Uti Possidetis 법리'의 사전적 의미는 "예속되었던 정치적 공동체가 독립을 달성할 때에 그 이전 행정구역의 경계가 국가 간의 경계가 된다는 원칙"을 말하는 것으로,[62] 이전의 식민지로부터 독립한 국가가 식민종주국이 식민지를 두 개 이상의 행정구역으로 나누어 통치하였던 경우에 그러한 행정구역의 경계를 새로이 독립한 국가의 국가영역의 경계로 삼는다는 원칙을 말한다.[63]

Dokdomuseum.go.kr/page.htm?mnu_uid=803&serch_no=117&step=view.

62 James Crawford, 2012, *Public International Law*, 8th ed., Oxford University Press, p. 238; Paul R. Hensel, Michael E. Allison & Ahmed Khanani, 2014, "The Colonial Legacy and Border Stability: *Uti Possidetis* and Territorial Claims in the Americas," *ResearchGate*, January 2014, p. 2.

63 Joshua Castellino, 2008, "Territorial integrity and the "Right" to self-determination: an examination of the conceptual tools," *Brooklyn Journal of International Law*, Vol. 33, p. 508.

'Uti Possidetis 법리'는 로마시대에 시민법이 인정하였던 'uti possidetis ita possidetis'에서 유래하는데, ICJ(국제사법재판소)는 판결에서 'Uti Possidetis 법리'를 국제법상 확립된 원칙으로 규정하면서 "특정 국제법 체계에 속한 특별 규칙이 아니라 지역을 불문하고 독립현상과 윤리적으로 연결된 일반원칙"으로 인정하고 있다.[64]

이와 같이 현대적 의미의 'Uti Possidetis 법리'를 정의하면, 영토조약 등으로 확실하게 국경을 정하는 사정이 존재하지 않는 경우에 하나의 국가에서 새로이 독립한 국가(또는 국가들)가 구 식민지 시대에 있었던 행정구역의 경계를 기준으로 국가의 영역경계를 정하는 법원칙인 것이다.

일본의 주장과는 달리 일본이 자체적으로 발표한 일본의 국내 법령과 일본이 공식적으로 간행한 '수로지'에서 독도가 한국의 영토임을 명확하게 나타내고 있는데, 이는 이른바 국가영역의 승계에 관한 'Uti Possidetis 법리'와 관련하여 아주 중요한 증거들에 해당된다.

독도영유권의 귀속과 관련하여, 일본이 독도가 한국의 영토임을 인정하고 있는 일본의 국내 법령이 있는 바, 다음과 같은 것을 들 수 있다.

첫째, '1877년 태정관지령'이다. 1877년 3월 29일에 일본 태정관은 "죽도 외 1도의 건은 본방과 관계가 없으므로 명심할 것(日本海內 竹島外一島 ヲ版圖外ト定ム)"이라는 내용의 지령인데, 이는 일본 정부의 공식 문서에서 독도를 일본의 판도 외로 취급하고 있는 것이다.[65]

---

[64] 朴喜權, 1990. 6, 「UTI POSSIDETIS 原則의 硏究」, 『국제법학회논총』 제35권 제1호, 186쪽.

[65] 송휘영, 2015, 「『죽도문제 100문 100답』의 「죽도도해금지령」과 「태정관지령」 비판: 일본의 '고유영토론'은 성립하는가?」, 영남대학교 독도연구소, 『독도영유권 확립을 위한 연구 Ⅶ』, 도서출판 선인, 76~78쪽.

둘째, 1905년 시마네현 고시 제40호이다.

일본은 1905년 1월 28일에 "…독도를 시마네현 소속, 오키도사의 소관으로 한다."는 내용의 내각결의를 하고,[66] 1905년에 시마네현 고시 제40호[67]로 독도를 일본의 영토로 편입하였다고 주장하며, 일본이 1905년에 독도를 시마네현에 편입시킨 행위는 정당한 행위였다고 강조하고 있다.[68]

그러나 일본의 이러한 견해는 역사적 사실과 모순되는 바, 1905년에 독도 편입을 일본 각의가 결정했을 때 일본 정부는 독도를 무인도로 규정했기 때문이다. 즉 1905년 2월 22일의 각의에서는 일본 정부는 독도가 무인도이므로 선점한다고 결정한 것이지, 지금까지 영유해 온 섬에 대한 영유권을 재확인한 것은 절대 아니었는데, 이미 일본 정부가 1877년에 독도를 조선 영토로 인정한 사실이 있기 때문이다.

이와 같이 볼 때에 1905년에 일본의 각의 결정에서 독도가 일본의 고유영토임을 재확인한다고 하면서 동시에 무인도인 독도를 '선점'했다는 주장은 사실과 배치되는 허구이며, 논리적으로나 법리적으로도 모순인 것이다.

셋째, 1908년 수로 고시 제2094호이다.

1908년 5월에 그 당시 대한제국의 주권(외교권)을 대신하여 행사하였던 일본의 통감부가 편찬한 『한국수산지』에는 독도에 대한 기사, 지리적

---

66 김영수, 2018. 12, 「일본 정부의 독도 불법 영토편입의 과정 및 시마네현 고시 제40호 고시의 유무」, 『동북아역사논총』 제62호, 215~253쪽.
67 이태우, 2019, 「1905년 '독도편입' 전후 일본 사료에 나타난 울릉도·독도의 지리적 인식」, 『독도연구』 제26호, 170쪽.
68 일본 외무성, "다케시마의 시마네현 편입", https://www.kr.emb-japan.go.jp/territory/takeshima/g_hennyu.html.

위치, 해도 및 지류를 설명하고 '수로 고시 제2094호'로 독도를 죽도(Liancourt rocks)로 기재하고 독도를 조선의 영토로 하고 있다.[69]

독도를 『한국수산지』에 포함한 것은 일본의 공식 행정기관인 통감부가 시행한 공식적인 법령에 의한 것으로 수산행정, 특히 어업활동에서 지역적 범위를 나타내는 공식적인 문서인 바, 이는 'Uti Possidetis 법리'에 비추어, 그 당시에 한국의 행정권을 행사하였던 통감부가 독도를 일본이 아닌 '한국의 행정 관할이 미치는 지역'으로 분류하였다는 것으로 독도가 일본이 아닌 한국의 영토임을 스스로 나타내고 있음을 알 수 있다.

넷째, 1951년 일본 대장성령 제4호 및 총리부령 제24호이다.

독도와 관련하여 일본은 조선총독부가 관할하였던 지역 내에 있는 일본의 국가재산 및 일본 민간인재산의 처리에 관한 법령을 공포하였는데, 1951년 2월 13일 공포된 일본 대장성령 제4호 '구령에 따라 공제조합 등으로부터 연금을 받는 자를 위한 특별조치법 제4조 제3항의 규칙에 근거하는 부속 섬을 정하는 성령'[70]과 1951년 6월 6일에 공포된 일본 총리부령 제24호 '조선총독부 교통국 공제조합의 본방(일본) 내에 있는 재산정리에 관한 정령의 시행에 관한 총리부령'이 그것이다.[71]

이뿐만 아니라 비교적 최근에 발표한 기사에서 1952년 8월 제정된 일본 대장성령 제99호는 '접수 귀금속 등의 수량 등의 보고에 관한 법률의

---

69 정갑용, 2012. 4. 12, 「『수로지』에 나타난 대한민국의 독도영유권」, 『어업in수산』.
70 여기서 '특별조치법'이란 '법률 제256호(1950년 12월 12일)'를 말하며 동법 제4조 제3항에서 일본에 속하는 부속도서에서 독도를 제외하고 있다. 김명기, 2010. 10, 「일본 총리부령 제24호와 대장성령 제4호에 의한 한국의 독도주권의 승인」, 『독도연구』 제9호, 181~182쪽.
71 김태기, 2014. 6, 「일본 대장성령 제4호 및 총리부령 제24호의 본방(本邦) 규정과 독도」, 『일본공간』 제15호, 118~120쪽.

시행에 관한 성령'도 일본 부속도서의 범위에서 독도를 제외하여 일본이 독도를 대한민국의 영토라고 하였다.[72]

이들 일본 법령들은 동 법령의 적용을 받는 인적 및 지역적 범위를 본방(일본)과 소관 부처에서 정한 부속도서 등에 거주지가 있는 자(일본인)로 규정하고 있어서, 독도를 일본의 부속 섬에서 제외하였다.

따라서 이들 일본 법령들에 대하여 'Uti Possidetis 법리'를 적용하면, 일본은 전후에도 독도를 조선총독부의 행정구역으로 인정함으로써 일본 스스로가 자국 법령으로 독도를 대한민국의 영토로 인정하고 있는 것이다.

5. 소결

위에서 살펴본 'Uti Possidetis 법리'의 개념, 관련 ICJ 판결 및 일본의 관련 자료들(법령, 지도, 수로지 등)을 독도영유권의 귀속에 관한 문제에 관련시켜 보면 다음과 같은 내용으로 요약할 수 있다.

첫째, 'Uti Possidetis 법리'의 법적 효력에 대한 견해는 여러 사정에 따라 다를 수 있으나, 하나의 국가(일본)에서 하나의 국가(대한민국)가 독립한 경우에는 다른 특별한 사정(영토조약 등)이 존재하지 않는 한 조선총독부의 행정구역에 독도가 포함되어 있다면 'Uti Possidetis 법리'에 의하여 독도는 대한민국의 영토인 것이다.

둘째, ICJ 판결들의 주된 결론을 보면, 영토경계가 명확하지 못하여 해당 영토의 거주, 범죄단속, 출입국 통제, 노동허가, 어로행위의 규제, 주택

---

72 "일본法은 지난 70년간 獨島를 어떻게 다뤄왔나 -日 법령 28개, 독도를 '外國' 또는 '日부속섬 제외'라 명시-", 『월간조선』, 2021. 5.

건설의 허가, 공공토목공사, 실효적인 주권의 행사 등의 사정이 없는 한, 식민종주국에서 새로이 독립한 국가는 'Uti Possidetis 법리'에 의하여 식민 시대의 행정구역에 따라 국가영역의 경계를 정한다. 따라서 일본이 통치하던 조선총독부의 행정구역에 독도가 포함되어 있었으므로 독도의 영유권은 'Uti Possidetiss 법리'를 적용하여 대한민국의 영토로 귀속되는 것이다.

셋째, 일본의 국내 법령(1877년 태정관지령, 1905년 시마네현 고시 제40호, 1908년 수로 고시 제2094호, 1946년 SCAPIN 제677호 및 SCAPIN 제1033호, 1951년 일본 대장성령 제4호 및 총리부령 제24호 등), 일본의 지도들 및 일본이 공식적으로 편찬한 수로지들에서도 독도를 대한민국의 영토로 기재하고 있다. 특히, 이들 지도와 수로지는 일본 행정기관에서 '공식으로' 편찬한 것이어서 자료의 '공식성'이 인정되고 독도를 명백하게 일본의 영토가 아닌 그 당시 조선의 영토로 게재하고 있다는 점에서 그 '명확성' 또한 인정되는 중요한 자료이다.

이상에서 살펴본 바와 같은 일본의 국내 법령, 지도, 수로지 등의 자료들에 'Uti Possidetis' 법리를 적용하면 다음과 같이 요약할 수 있다.

식민지 시기에 한국을 통치하던 조선총독부의 행정관할구역에 독도가 포함되었으며, 지도나 수로지 등에서도 독도가 한국의 영토라고 일본이 스스로 인정하고 있었으므로, 'Uti Possidetis' 법리를 적용하여 조선총독부의 행정구역에 속하였던 독도는 해방 이후에 한국이 독도영유권을 승계하였으며, 그 근거는 일본의 국내 법령, 일본의 공식적인 지도 및 수로지 등이다.

V. 맺음말

앞에서 살펴본 바와 같이, 쓰카모토 다카시의 주장과 일본 정부의 공식적 입장을 요약하면, 첫째, 독도는 '카이로선언' 등의 국제문서에 규정하는 "폭력과 탐욕으로" 한국에서 빼앗은 섬이 아니고 일본이 그동안 영토주권을 지속적이고 평화롭게 행사해 왔다고 주장한다.

둘째, 일본은 '선점'을 통하여 다소 불명한 독도영유권을 현대 국제법에서 인정하는 '선점'으로 일본의 영토로 인정하는 조치를 취하였다는데, 일본의 영토를 보다 확실하게 하는 이러한 조치는 하등의 모순이 아니라고 한다.

셋째, SCAPIN 제677호와 제1033호는 일본의 죽도(독도)영유권을 배제하지 않고 다만 독도에 대한 일본의 행정권과 "그 효과"를 중단한 것이어서, 강화조약이 발효되어 일본 주권이 회복되었으므로 당연히 이들 문서도 효력을 상실하였다는 것이다.

넷째, 미국과 일본 간에 1951년에 체결한 샌프란시스코강화조약의 규정 및 조약의 해석원칙, 초안의 작성 과정을 보더라도, 강화조약의 초기 초안 중에는 독도를 일본의 범위 외로 두는 것도 있었으나 1951년 6월의 개정 미·영 초안에서는 독도가 일본령이라는 인식하에서 강화조약 제2조 (a)가 설정되었고 이후 한국이 수정 요구를 하였는데 미국이 그 수정 요구를 거부하였다는 것이다.[73]

다섯째, 일본이 17세기에 발행한 어업허가, 민간인들의 어로활동,

---

73 쓰카모토 다카시(塚本孝), "대일 평화 조약(샌프란시스코 평화 조약)에서의 다케시마의 취급", http://www.cas.go.jp/kr/ryodo/kenkyu/senkaku/.

1905년 '죽도' 영토 통합에 대한 일본 내각의 결정 및 시마네현의 발표, 그 이후에 나타난 일련의 행정권력 행사(효과적인 통제, 국가주권 행사) 등으로 보아 독도는 일본의 영토라는 것이다.

일본 정부의 주장은, 일본은 옛부터 독도의 존재를 인식하고 있었으며, 17세기 중반에는 이미 독도의 영유권을 확립하였으며, 1951년 샌프란시스코강화조약에 한국이 일본이 포기해야 할 지역에 독도를 추가하도록 미국에 요청했으나 거부당했으므로,[74] 독도는 일본의 고유영토라는 것이다.

일본 정부나 쓰카모토 다카시의 이와 같은 주장에 대하여 다음과 같이 비판할 수 있다.

첫째, 독도가 카이로선언 등의 국제문서에서 규정하는 "폭력과 탐욕으로" 빼앗은 섬이 아니라는 객관적인 구체적인 근거 및 설명이 빠져 있다.

둘째, 일본의 '선점'은 자국의 영토를 다시 명확하게 하는 것이라고 하지만, 독도가 역사적으로 일본의 영토라는 주장에 모순되는 것에 대한 객관적이고 합리적인 역사적 권원을 제기하지 못하고 있다. 오히려, 1905년 '선점'이라는 선제적인 공격행위인 점령을 통하여 이를 실효적으로 점유하였다는 새로운 모순을 나타내고 있다.

셋째, SCAPIN 제677호와 제1033호는 일본의 죽도(독도)영유권을 배제하지 않고 일본 주권을 일시적으로 중단한 것이라는 이들 문서의 '국제법적 효력'이 의문이며, 오히려 한국의 독도영유권을 인정하는 정황증거로 채용될 수 있을 것이다.

넷째, 1951년에 체결한 샌프란시스코강화조약에서 독도영유권의 귀속

---

[74] 일본 외무성, "다케시마문제에 관한 10개의 포인트", https://www.kr.emb-japan.go.jp/territory/takeshima/pdfs/takeshima_point.pdf (검색일: 2022. 10. 5).

에 관한 해석은 여러 가지로 가능하며, 1965년 한일기본관계조약에서도 일본이 명확하게 독도를 일본의 영토로 규정하지 못한 것만 보아도 독도가 일본의 영토로 유지되었다는 주장은 허구인 것이다.

다섯째, 일본이 17세기에 발행한 어업허가의 명칭이 '도해면허(渡海免許)'인데, 여기서 '도해(渡海)'는 '외국으로 가다'라는 의미이므로 일본은 스스로 독도가 한국의 영토(그 당시 조선)라는 것을 인정하고 있는 것이다. 즉, 일본은 한국의 영토인 독도 및 울릉도의 인근 해역에서 한국의 자원(송진, 강치, 전복, 소라 등)을 약탈한 역사적 사실[75]을 일본의 주권 행사였다고 주장하는 것이다.

독도문제와 관련하여 그 국제법적 이론과는 관계없이 국제사회의 관심이나 인식은 아주 박약한 수준이라 할 수 있다. 예를 들어 애플사가 만든 아이폰 음성비서 서비스 '시리(Siri)'에서 한국말로 '독도는 누구 땅입니까'라고 물으면 '독도가 한국 땅이 아닌 13가지 이유'라는 사이트를 안내한다는 것이다.[76]

그러나 제3자적 입장에서 독도영유권에 관한 일본 측의 설명이 부정확하고 불분명한 점들이 있고, 한국의 독도영유권 주장은 더욱 확실하고 완전하다고 볼 수 있다는 견해도 있고,[77] 일본의 사정에 밝은 여러 학자들로부터 들은 바에 의하면, 일본은 자국의 주장에 불리하고 한국 측 주장

---

75 필자의 개인적 경험으로 보아도, 우리나라의 연안에 바짝 붙어 어로를 하는 일본 어선들을 자주 목격한 바가 있다. 1960년대에 일본은 규모가 큰 강선(鋼船)을 동원하여 우리나라의 남해 및 동해 연안에서 어자원을 싹쓸이하여 왔는데, 일본은 '약탈'을 '주권 행사'라고 주장하는 것이다.

76 『연합뉴스』, 2022. 8. 18.

77 Ruben Kazariyan, 2008, 「독도(獨島)의 문제점에 관하여」, 『독도연구』 제2집, 211~212쪽.

의 정당성을 입증하는 자료나 문서들을 의도적으로 숨기려 한다는 경향이 있다는 것이다.

독도문제를 엄밀하게 객관적으로 보면, 근대에 일본이 군국주의를 지향하여 울릉도와 독도에 군사망루를 설치하는 등 군사적 중요성을 인식하고 사용하였으며, 전후에 일부 편협한 국수주의자들이 한국의 독도에 대한 다양한 역사적 권원을 고의적으로 무시하고 1951년 샌프란시스코 강화조약을 근거로 하여 독도가 일본의 영토라고 주장한 것에서 이 문제가 비롯된 것이다.

이와 같이 쓰카모토 다카시와 일본 정부가 주장하는 내용은 국제법적 법리에 비추어 주관적이고 비합리적인 일방적 주장으로 보이는데, 불법행위에서 정상적이고 합법적인 행위나 근거가 나올 수는 없는 것인 바, 일본이 주장하는 대부분의 것이 국제법적 근거나 합리성 및 타당성을 결여한 것이라고 판단된다.

참고문헌

곽진오, 「일본의 '독도무주지선점론'과 이에 대한 반론」, 『韓國政治外交史論叢』 제36집 1호.

김명기, 2010, 「일본 총리부령 제24호와 대장성령 제4호에 의한 한국의 독도주권의 승인」, 『독도연구』 제9호.

_____, 2019, 「한국정부의 독도의 역사적 권원 주장에 관한 연구」, 『독도연구』 제29호.

김병렬, 1998, 「대일강화조약에서 독도가 누락된 전말」, 『독도영유권과 영해와 해양주권』, 독도연구보전협회.

김석현, 2006, 「독도 영유권과 SCAPIN 677」, 『2006 독도세미나 자료집』, 한국해양수산개발원.

김영수, 2018. 12, 「일본 정부의 독도 불법 영토편입의 과정 및 시마네현 고시 제40호 고시의 유무」, 『동북아역사논총』 제62호.

김원희 · 최지현 · 김민, 2019. 1, 「영토 권원 이론의 현대적 발전과 한계」, 한국해양수산개발원 연구보고서.

김태기, 2014. 6, 「일본 대장성령 제4호 및 총리부령 제24호의 본방(本邦) 규정과 독도」, 『일본공간』 제15호.

노영돈, 2006, 「일본의 독도영유권주장 법리의 허와 실」, 『2006 독도 세미나 자료집』, 한국해양수산개발원.

Ruben Kazariyan, 2008, 「독도(獨島)의 문제점에 관하여」, 『독도연구』 제2집.

박희권, 1990. 6, 「UTI POSSIDETIS 原則의 硏究」, 『국제법학회논총』 제35권 제1호.

송휘영, 2015, 「『죽도문제 100문 100답』의 '죽도도해금지령'과 '태정관지령' 비판: 일본의 '고유영토론'은 성립하는가?」, 영남대학교 독도연구소, 『독도영유권 확립을 위한 연구 Ⅶ』, 도서출판 선인.

신용하, 2000, 『독도영유권 자료의 탐구』 3, 독도연구보전협회.

_____, 2006, 『한국의 독도영유권 연구』, 경인문화사.

_____, 2019, 「연합국의 샌프란시스코 對일본 平和條約에서 獨島=韓國領土 確定과 재확인 - 정치사회사적 고찰 - 」, 『학술원논문집(인문·사회과학편)』 제58집 2호.

이병조 · 이중범, 2022, 『국제법신강』, 일조각.

이상면, 2003, 「독도 영유권의 증명」, 독도학회 편, 『한국의 독도영유권 연구사』, 독도연구보전협회.

이환규, 2020, 「샌프란시스코 평화조약의 제3자적 효력과 독도영유권」, 『인문사회21』 제 11권 6호.

정갑용, 2012. 4. 12, 「『수로지』에 나타난 대한민국의 독도영유권」, 『어업in수산』.

정갑용, 2013. 12, 「죽도 영유권 분쟁의 초점-국제법의 견지에서」(塚本孝) 비판, 영남대학교 독도연구소, 『독도영유권 확립을 위한 연구 V』, 도서출판 선인.

John M. Van Dyke, 2008, 『독도영유권에 관한 법적 쟁점과 해양경계선』, 한국해양수산개발원.

Fitzmource, Malgosia, 2002, "Third Parties and the Law of Treaties," *Max Planck UNYB 6*.

Jennings, R., 1963, *The Acquisition of Territory in International Law*, Manchester University Press.

Sakai, Hironobu, 2019, "Territorial and Maritime Issues in East Asia and International Law," *Japan Review*, Vol. 3 No. 2 (Fall 2019).

Shaw, M., 1982, "Territory in International Law," *Netherlands Yearbook of International Law* 13.

Show, Malcolm N., 2003, *Intenrnational Law*, 5th ed., Cambridge University Press.

대한민국 국방부 전사편찬위원회, 1981, 『국방조약집』 1.

1969년 조약법에 관한 비엔나협약, 외교통상부, 조약정보. https://treatyweb.mofa.go.kr/JobGuide.do (검색일: 2022. 10. 1).

日本 外務省, https//www. kr.emb-japan.go.jp/territory/takeshima/pdfs/takeshima_point (검색일: 2022. 10. 5).

The Minquires and Ecrehos Case(France/United Kingdom), *I.C.J Reports 1953*.

독도박물관, 『조선연안수로지 제1권(朝鮮沿岸水路誌 第1券)』, http://www.Dokdomuseum.go.kr/page.htm? mnu_uid=803& serch no=17&step=view.

쓰카모토 다카시(塚本孝), "대일평화조약(샌프란시스코 평화조약)에서의 다케시마의 취급", http://www. cas.go.jp/kr/ryodo/kenkyu/senkaku/.

일본 외무성, "다케시마의 시마네현 편입", https://www. kr.emb-japan.go.jp/territory/takeshima/g_hennyu.html.

일본 외무성, "다케시마문제에 관한 10개의 포인트", in https// www. kr.emb-japan.go.jp/territory/takeshima/pdfs/takeshima_point.pdf (검색일: 2022. 10. 5).

日本 竹島問題研究會, 2007. 3, 『竹島問題に關する調査研究 第1期 報告書』.

日本 竹島問題研究會, 2007. 3, 「竹島問題に關する調査研究 最終報告書」.

日本 海軍省 海軍水路部, 1894, 『朝鮮水路誌』.

日本 海軍省, 1887, 「韓露沿岸」, 『寰瀛水路誌』 第二卷 第二版.

日本 海軍省, 1907, 『日本水路誌』 第一改版.

塚本孝, 2007. 3, 「サン・フランシスユ平和條約における竹島の取り扱い」, 『竹島問題に關する調査研究 中間報告書』, 日本 竹島問題研究會.

塚本孝, 2007. 3, 「竹島に関する資料調査 第2期 報告書」, 4. 附錄(竹島問題研究会〔第1期〕最終報告書批判へのコメント).

塚本孝, 2012. 12, 「竹島問題研究会〔第1期〕最終報告書批判へのコメント」, 『竹島問題に關する調査研究 第2期報告書』, 日本 竹島問題研究會.

『MBCNEWS』, 2022. 7. 22.

『연합뉴스』, 2022. 8. 18.

『월간조선』, 2021. 5.

『한국일보』, 2008. 7. 18.

부록

샌프란시스코강화조약 관련 자료

1. The CAIRO DECLARATION

The CAIRO DECLARATION

December 1, 1943

The several military missions have agreed upon future military operation against Japan. The Three Great Allies expressed their resolve to bring unrelenting pressure against their brutal enemies by sea, land and air. This pressure is already rising.

The Three Great Allies are fighting this war to restrain and punish the aggression of Japan. They covert no gain for themselves and have no thought of territorial expansion. It is their purpose that Japan shall be stripped of all the islands in the Pacific which she has seized or occupied since the beginning of the first World War in 1914, and that all the territories Japan has stolen from the Chinese, such as Manchuria, Formosa, and the Pescadors, shall be restored to the Republic of China. Japan will also be expelled from all her territories which she has taken by violence and greed. The aforesaid three great powers, mindful of the enslavement of the people of Korea, and determined that in due course Korea shall become free and independent.

With these objects in view the three Allies, in harmony with those of the United Nations at war with Japan, will continue to persevere in the serious and prolonged operations necessary to procure the unconditional surrender of Japan.

2. 카이로선언

카이로선언

1943년 12월 1일 발표

일본국에 대한 영·미·중 삼국 선언

루스벨트 대통령, 장제스 총통, 처칠 수상은 각자의 군사·외교 고문과 함께 북아프리카에서 회의를 마치고 아래의 일반적 성명을 발한다.

각 군사 사절은 일본국에 대한 장래의 군사 행동을 협정하였다.

삼대 동맹국은 해로, 육로, 공로로써 야만적 적국에 대하여 가차 없는 압력을 가할 결의를 표명하였다. 이 압력은 이에 증대되어 가고 있다. 삼대 동맹국은 일본국의 침략을 제지하고 다만 이를 벌하기 위하여 지금의 전쟁을 수행하고 있는 바이다.

연합국은 자국을 위하여서는 아무런 이득을 추구하는 것이 아니며 또한 영토 확장에 아무 생각을 가진 것이 없다.

연합국의 목적은 일본국으로부터 1914년 제1차 세계전쟁의 개시 이후에 있어 일본국이 탈취 또는 점령한 태평양에 있어서의 일부의 도서를 일본국으로부터 박탈할 것과 아울러 만주·타이완·펑후제도 등 일본국이 청국으로부터 도취한 일체의 지역을 중화민국에 반환함에 있다.

일본국은 또한 폭력 및 탐욕에 의하여 일본국이 약취한 다른 일체 지역으로부터도 구축될 것이다.

전기 삼대국은 조선 인민의 노예 상태에 유의하여 적당한 시기에 조선을 자유롭게 독립시킬 것을 결정한다.

이 목적으로써 삼대 연합국은 일본국과 교전 중인 동맹 제국과 협조하여 일본국의 무조건 항복을 재래하기에 필요한 중대하고 장기적인 작전을 계속 견인한다.

3. The Potsdam Declaration

The Potsdam Declaration

Issued, at Potsdam, July 26, 1945

Proclamation Defining Terms for Japanese Surrender

1. We-the President of the United States, the President of the National Government of the Republic of China, and the Prime Minister of Great Britain, representing the hundreds of millions of our countrymen, have conferred and agree that Japan shall be given an opportunity to end this war.

2. The prodigious land, sea and air forces of the United States, the British Empire and of China, many times reinforced by their armies and air fleets from the west, are poised to strike the final blows upon Japan. This military power is sustained and inspired by the determination of all the Allied Nations to prosecute the war against Japan until she ceases to resist.

3. The result of the futile and senseless German resistance to the might of the aroused free peoples of the world stands forth in awful clarity as an example to the people of Japan. The might that now converges on Japan is immeasurably greater than that which, when applied to the resisting Nazis, necessarily laid waste to the lands, the industry and the method of life of the whole German people. The full application

of our military power, backed by our resolve, will mean the inevitable and complete destruction of the Japanese armed forces and just as inevitably the utter devastation of the Japanese homeland.

4. The time has come for Japan to decide whether she will continue to be controlled by those self-willed militaristic advisers whose unintelligent calculations have brought the Empire of Japan to the threshold of annihilation, or whether she will follow the path of reason.
5. Following are our terms. We will not deviate from them. There are no alternatives. We shall brook no delay.
6. There must be eliminated for all time the authority and influence of those who have deceived and misled the people of Japan into embarking on world conquest, for we insist that a new order of peace, security and justice will be impossible until irresponsible militarism is driven from the world.
7. Until such a new order is established and until there is convincing proof that Japan's war-making power is destroyed, points in Japanese territory to be designated by the Allies shall be occupied to secure the achievement of the basic objectives we are here setting forth.
8. The terms of the Cairo Declaration shall be carried out and Japanese sovereignty shall be limited to the islands of Honshu, Hokkaido, Kyushu, Shikoku and such minor islands as we determine.
9. The Japanese military forces, after being completely disarmed, shall be permitted to return to their homes with the opportunity to lead peaceful and productive lives.
10. We do not intend that the Japanese shall be enslaved as a race or destroyed as a nation, but stern justice shall be meted out to all war criminals, including those who have visited cruelties upon our

prisoners. The Japanese Government shall remove all obstacles to the revival and strengthening of democratic tendencies among the Japanese people. Freedom of speech, of religion, and of thought, as well as respect for the fundamental human rights shall be established.

11. Japan shall be permitted to maintain such industries as will sustain her economy and permit the exaction of just reparations in kind, but not those which would enable her to re-arm for war. To this end, access to, as distinguished from control of, raw materials shall be permitted. Eventual Japanese participation in world trade relations shall be permitted.

12. The occupying forces of the Allies shall be withdrawn from Japan as soon as these objectives have been accomplished and there has been established in accordance with the freely expressed will of the Japanese people a peacefully inclined and responsible government.

13. We call upon the government of Japan to proclaim now the unconditional surrender of all Japanese armed forces, and to provide proper and adequate assurances of their good faith in such action. The alternative for Japan is prompt and utter destruction.

4. 포츠담선언

포츠담선언

1945년 7월 26일 발표

일본의 항복 조건을 규정하는 선언

1. 수억의 우리 동포들을 대표하여 우리들 미합중국의 대통령, 중화민국 국민정부의 총통 그리고 영국의 수상은 일본에 이 전쟁을 끝낼 기회를 주어야 한다는 것에 대해 협의했고 합의에 이르렀다.
2. 서부에서 여러 차례에 걸쳐 지상군과 공군 전력을 증강해 온 미합중국, 대영제국과 중국의 엄청난 육·해·공군은 일본을 향한 최후의 일격을 가할 태세를 마쳤다. 이 군사력은 일본이 저항을 멈출 때까지 전쟁을 수행할 연합국의 투지에 의해 유지되고 또 고무되었다.
3. 각성한 전 세계 자유인들의 힘에 대한 독일의 무의미하고 헛된 저항의 결과는 일본 인민들에게 하나의 사례로서 지독하고 명확하게 다가온다. 이제 일본에 집중되는 그 힘은 저항하는 나치에 가했을 때, 어쩔 수 없이 모든 독일 인민들의 산업과 삶의 터전인 땅들을 초토화시켰을 때보다도 가늠할 수 없을 만큼 강력하다. 우리의 결의가 지지하는 우리의 모든 군사력의 적용은 일본군의 완벽하고 필연적인 전멸과 그에 따라 어쩔 수 없는 일본인의 고향의 철저한 파멸을 의미할 것이다.
4. 일본이 일본제국을 절멸의 문턱까지 끌고 온 우둔한 계산을 한 아집에 찬 군국주의자 조언자들에게 계속 지배당할 것인지, 아니면 이성으로 향하는 길을 따를 것인지를 결정할 시간이 도래했다.

5. 아래는 우리의 요구 조건이다. 우리는 이 요구 조건에서 벗어나지 않을 것이다. 다른 대안은 없다. 우리는 어떤 지연도 용납하지 않을 것이다.

6. 반드시 일본의 인민들을 세계 정복에 착수시킴으로써 기만하고 잘못 이끈 자들의 권력과 영향력을 영원히 제거해야 한다. 우리는 새로운 평화의 질서, 안전과 정의가 무책임한 군국주의를 지구상에서 몰아내지 않는 한 불가능할 것이라고 주장하는 바이기 때문이다.

7. 이러한 새로운 질서가 확립될 때까지 그리고 일본이 전쟁을 일으킬 만한 힘이 남아 있지 않다는 설득력 있는 증거가 생길 때까지, 우리가 주장한 필수적인 목표들을 확실하게 달성하기 위해 연합군은 일본 내의 특정 지점들을 지정하고 점령할 것이다.

8. 카이로선언의 요구 조건들이 이행될 것이며 일본의 주권은 혼슈와 홋카이도, 규슈와 시코쿠 그리고 우리가 결정하는 부속 도서로 제한될 것이다.

9. 일본군은 완전히 무장 해제된 후, 평화롭고 생산적인 삶을 살 수 있도록 집으로 돌아갈 수 있다.

10. 우리는 일본 민족이 노예가 되거나 일본국이 멸망하기를 바라지 않는다. 그러나 우리의 포로들을 학대한 자들을 포함한 모든 전범들은 엄격하게 재판받을 것이다. 일본 정부는 일본 인민들의 민주주의적 성향의 부활과 강화를 가로막는 모든 장애물을 제거해야 한다. 기초적인 인권을 존중하는 것뿐만 아니라 언론, 종교 그리고 사상의 자유가 확립되어야 한다.

11. 일본은 자국을 전쟁을 위한 재무장을 시킬 수 있는 산업을 제외하면 경제를 유지할 수 있도록 각종 산업들을 유지할 수 있고, 현물로써 적절한 배상에 대한 징수를 허용해야 한다. 이를 위해 지배와는 구별되는, 원자재에 대한 접근이 허가될 것이다. 최종적으로는 일본의 세계 무역 거래의 참여가 허가될 것이다.

12. 연합국의 점령군은 이러한 목표가 완수되고 일본 인민들의 자유로운 의

지에 따라 평화를 지향하는 책임 있는 정부가 수립되는 즉시 일본에서 철수할 것이다.
13. 우리는 일본 정부에 이제 일본군의 무조건적인 항복을 선언하고 이러한 조치에 대한 일본 정부의 적절하고 충분한 성의 있는 보장을 제공할 것을 촉구한다. 이에 대한 일본의 다른 대안은 즉각적이고 완전한 파멸이다.

5. 일본 항복문서

INSTRUMENT OF SURRENDER

September 2, 1945

We, acting by command of and in behalf of the Emperor of Japan, the Japanese Government and the Japanese Imperial General Headquarters, hereby accept the provisions set forth in the declaration issued by the heads of the Governments of the United States, China, and Great Britain on 26 July 1945 at Potsdam, and subsequently adhered to by the Union of Soviet Socialist Republics, which four powers are hereafter referred to as the Allied Powers.

We hereby proclaim the unconditional surrender to the Allied Powers of the Japanese Imperial General Headquarters and of all Japanese armed forces and all armed forces under the Japanese control wherever situated.

We hereby command all Japanese forces wherever situated and the Japanese people to cease hostilities forthwith, to preserve and save from damage all ships, aircraft, and military and civil property and to comply with all requirements which may be imposed by the Supreme Commander for the Allied Powers or by agencies of the Japanese Government at his direction.

We hereby command the Japanese Imperial Headquarters to issue at once orders to the Commanders of all Japanese forces and all forces under Japanese control wherever situated to surrender unconditionally themselves and all forces under their control.

We hereby command all civil, military and naval officials to obey and enforce all proclamations, and orders and directives deemed by the Supreme Commander for the Allied Powers to be proper to effectuate this surrender and issued by him or under his authority and we direct all such officials to remain at their posts and to continue to perform their non-combatant duties unless specifically relieved by him or under his authority.

We hereby undertake for the Emperor, the Japanese Government and their successors to carry out the provisions of the Potsdam Declaration in good faith, and to issue whatever orders and take whatever actions may be required by the Supreme Commander for the Allied Powers or by any other designated representative of the Allied Powers for the purpose of giving effect to that Declaration.

We hereby command the Japanese Imperial Government and the Japanese Imperial General Headquarters at once to liberate all allied prisoners of war and civilian internees now under Japanese control and to provide for their protection, care, maintenance and immediate transportation to places as directed.

The authority of the Emperor and the Japanese Government to rule the state shall be subject to the Supreme Commander for the Allied Powers who will take such steps as he deems proper to effectuate these terms of surrender.

Signed at TOKYO BAY, JAPAN at 0904 I on the SECOND day of SEPTEMBER, 1945
MAMORU SHIGMITSU

By Command and in behalf of the Emperor

of Japan and the Japanese Government

YOSHIJIRO UMEZU

By Command and in behalf of the Japanese

Imperial General Headquarters

Accepted at TOKYO BAY, JAPAN at 0903 I on the SECOND day of SEPTEMBER, 1945, for the United States, Republic of China, United Kingdom and the Union of Soviet Socialist Republics, and in the interests of the other United Nations at war with Japan.

DOUGLAS MAC ARTHUR

Supreme Commander for the Allied Powers

C. W. NIMITZ

United States Representative

[Hsu Yung-Chang]

Republic of China Representative

BRUCE FRASER

United Kingdom Representative

[Lieutenant-General K. Derevoyanko]

Union of Soviet Socialist Republics Representative

T. A. BLAMEY

Commonwealth of Australia Representative

L. MOORE COSGRAVE

Dominion of Canada Representative

LE CLERC

Provisional Government of the French Republic Representative

C. E. L. HELFRICH

Kingdom of the Netherlands Representative

L. M. ISITT

Dominion of New Zealand Represetative

6. 연합국 최고사령관 지령(SCAPIN) 제677호

SCAPIN NO. 677

GENERAL HEADQUARTERS

SUPREME COMMANDER FOR THE ALLIED POWERS

(29 January 1946)

AG 091 (29 Jan. 45) GS

(SCAPIN-677)

MEMORANDUM FOR: IMPERIAL JAPANESE GOVERNMENT

THROUGH : Central Liasion Office, Tokyo.

SUBJECT : Governmental and Administrative Separation of Certain Outlying Areas from Japan

1. The Imperial Japanese Government is directed to cease exercising, or attempting to exercise, governmental or administrative authority over any area outside of Japan, or any government officials and employees or any other persons within such areas.

2. Except as authorised by this Headquarters, the Imperial Japanese Government will not communicate with government officials and employees or with any other outside of Japan for any purpose other than the routine operation of authorised shipping, communications and weather services.

3. For the purpose of this directive, Japan is defined to include the four

main islands of Japan(Hokkaido, Honshu, Kyushu and Shikoku) and the approximately 1,000 smaller adjacent islands, including the Tsuima Islands and the Ryukyu(Nansei) Islands north of 30°North Latitude (excluding Kuchinoshima Island) ; and excluding (a) Utsryo(Ullung) Island, Liancourt Rocks(Take Island) and Quelpart(Saishu or Cheju Island), (b) the Ryukyu(Nansei) Islands south of 30°North Latitude (excluding Kuchinoshima Island), the Izu, Nanpo, Bonin(Ogasawara) and Volcano(Kazan or Iwo) Island Groups, and all other outlying Pacific Islands (including the Daito [Ohigashi or Oagari] Islands), and (c) the Kurile(Chishima) Islands, the Habomai(Hapomaze) Island group (including Suisho, Yuri, Akiyuri, Shibotsu, and Taraku Island) and Shikotan Island.

4. Further areas specifically excluded from the governmental and administrative jurisdiction of Imperial Government are the following : (a) all Pacific Islands seized or occupied under mandate or otherwise by Japan since the beginning of the World War in 1914, (b) Manchuria, Formosa and the Pescadores, (c) Korea, and (d) Karafuto.

5. The definition of Japan contained in this directive shall also apply to all future directives, memoranda and orders from this Headquarters unless otherwise specified therein.

6. Nothing in this directive shall be construed as an indication of Allied policy relating to the ultimate determination of the minor islands referred to in article 8 of the Potsdam Declaration.

7. To Imperial Japanese Government will prepare and submit to this Headquarters a report of all governmental agencies in Japan the functions of which pertain to areas outside a statement as defined in this directive. Such report will include a statement of the functions, organization and personnel of each of the agencies concerned.

8. All records of the agencies referred to in paragraph 7 above will be preserved and kept available for inspection by this Headquarters.

FOR THE SUPREME COMMANDER :
(sgd.) H. W. ALLEN,
Colonel, AGD,
Asst. Adjutant General.

7. 연합국 최고사령관 지령(SCAPIN) 제677호 부속 행정지도

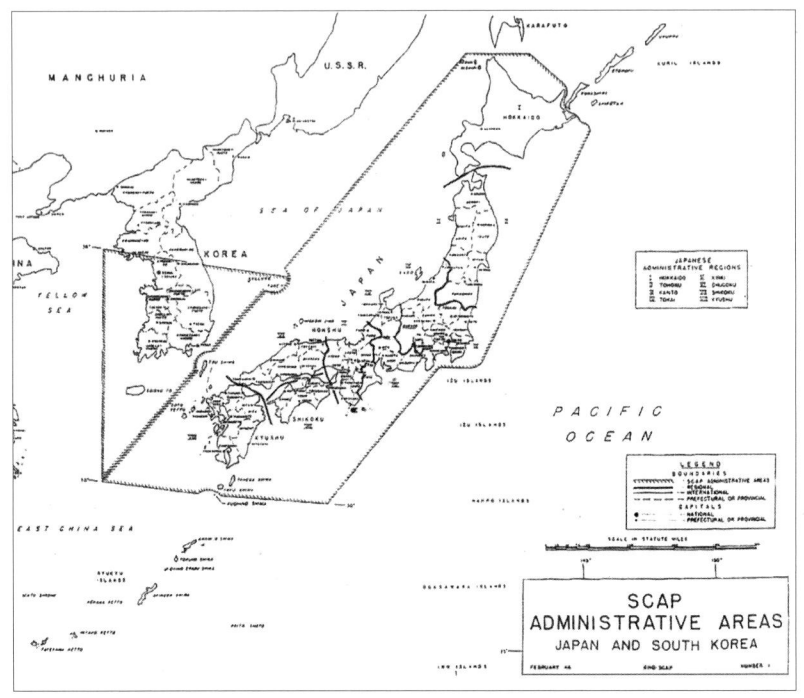

8. 연합국 최고사령관 지령(SCAPIN) 제677-1호

SCAPIN NO. 677-1

GENERAL HEADQUARTERS

SUPREME COMMANDER FOR THE ALLIED POWERS

(5 December 1951)

APO 500

AG 091 (29 Jan 46) GS

SCAPIN-677/1

MEMORANDUM FOR IMPERIAL JAPANESE GOVERNMENT.

THROUGH : Central Liaison Office, Tokyo.

Subject : Governmental and Administrative Separation of Certain Outlying Areas from Japan

1. Reference:

    a. Memorandum for the Japanese Government, AG 091 (29 Jan 46) GS (SCAPIN 677), 29 January 1946, subject, "Governmental and Administrative Separation of Certain Outlying Areas from Japan".

    b. Memorandum for the Japanese Government, AG 091 (22 Mar 46) GS (SCAPIN 841), 22 March 1946, subject, "Governmental and Administrative Separation of Certain Outlying Areas from Japan".

2. Paragraph 3 of reference a, as amended by reference b, is further amended so that the Ryukyu (Nansei) Islands north of $29°$ north latitude

are included within the area defined as Japan for the purpose of that directive.

3. The Japanese Government is directed to resume governmental and administrative jurisdiction over these islands, subject to the authority of the Supreme Commander for the Allied Powers.

FOR THE SUPREME COMMANDER:

H.W.Allen,
Colonel, A.G.D.
Asst Adjutant General.

9. 연합국 최고사령관 지령(SCAPIN) 제1033호

SCAPIN NO. 1033

GENERAL HEADQUARTERS

SUPREME COMMANDER FOR THE ALLIED POWERS

(22 June 1946)

AG 800.217 (22 Jun. 46) NR

(SCAPIN -1033)

MEMORANDUM FOR : IMPERIAL JAPANESE GOVERNMENT

THROUGH : Central Liasion Office, Tokyo.

SUBJECT : Area Authorized for Japanese Fishing and Whaling.

References : (a) FLTLOSCAP Serial No. 80 of 27 September 1945.

(b) SCAJAP Serial No. 42 of 13 October 1945.

(c) SCAJAP Serial No. 587 of 3 November 1945.

1. The provisions of references (a) and (b), and paragraphs 1 and 3 of reference (c) in so far as they relate to authorization of Japanese fishing areas, are rescinded.
2. Effective this date and until further notice Japanese fishing, whaling and similar operations are authorized within the area bounded as follow: From a point midway between Nosappu Misald and Kaigara Jima at approximately $43°23'$ North Latitude, $145°51'$ East Longitude;

to 43°North Latitude, 146°30' East Longitude; thence to 45°North Latitude 165°East Longitude; thence south along 155th Meridian to 24° North Latitude; west along the 24th Parallel to 123°East Longitude; thence north to 26°North Latitude, 123°East Longitude; thence to 32° 30' North Latitude; 125°East Longitude; thence to 33°North Latitude, 127°40' East Longitude; thence to 40°North Latitude, 135°East Longitude; to 45°30' North Latitude, 140°East Longitude; thence east to 45°30' North Latitude, 145°East Longitude rounding Soya Misaki at a distance of three(3) miles from shore; south along 145th Meridian to a point three(3) miles off the coast of Hokkaido; thence along a line three(3) miles off the coast of Hokkaido rounding Shiretoko Saki and passing through Nemuro Kaikyo to the starting point midway between Nosappu Misald and Kaigara Jima.

3. Authorization in paragraph 3 above is subject to the following provisions:

    (a) Japanese vessels will not approach closer than twelve(12) miles to any island within the authorized area which lies south of 30° North Latitude with the exception of Sofu Gan. Personnel from such vessels will not land on islands lying south of 30°North Latitude, except Sofu Gan, nor have contact with any inhabitants thereof.

    (b) Japanese vessels or personnel thereof will not approach closer than twelve(12) miles to Takeshima(37°15' North Latitude, 131°53' East Longitude) nor have any contact with said island.

4. The present authorization does not establish a precedent for any further extension of authorized fishing areas.

5. The present authorization is not an expression of allied policy relative to ultimate determination of national jurisdiction, international

boundaries or fishing rights in the area concerned or in any other areas.

FOR THE SUPREME COMMANDER :

(sgd.) JOHN B. COOLEY,
Colonel, AGD,
Asst. Adjutant General.

10. 연합국 최고사령관 지령(SCAPIN) 제1033-1호

SCAPIN NO. 1033/1
GENERAL HEADQUARTERS
SUPREME COMMANDER FOR THE ALLIED POWERS

(23 December 1948)

AG 800.217 (22 Jun. 46) NR
(SCAPIN -1033/1)

MEMORANDUM FOR : THE JAPANESE GOVERNMENT
THROUGH : Central Liasion Office, Tokyo.
SUBJECT : Area Authorized for Japanese Fishing and Whaling.

1. Reference is made to General Headquarters, Supreme Commander for the Allied Powers Memorandum for Japanese Government, AG 800.217(22 Jun 46) NR, SCAPIN 1033, subject, as above, 22 June 1946. Paragraph 2 of this Memorandum is amended to read :

"2. Effective this date and until further notice Japanese fishing, whaling and similar operations are authorized within the area bounded as follow : From a point midway between Nosappu Misald and Kaigara Jima at approximately 43° 23′ North Latitude, 145° 51′ East Longitude; to 43° North Latitude, 146° 30' East Longitude; thence to 45° North Latitude 165° East Longitude; thence south along 155th Meridian to 24° North Latitude; west along the 24th Parallel to 123° East Longitude; thence north to 26° North Latitude, 123° East Longitude; thence to Longitude rounding Soya Misaki at a distance of three(3) miles from shore; 32°30' North Latitude; 125°East Longitude; thence to 33°North Latitude, 127°40' East Longitude; thence to 40°North Latitude, 135°East Longitude; to 45°30' North Latitude, 140°East Longitude; thence east to 45°30' North Latitude, 145°East south along 145th Meridian to a point three(3) miles off the coast of Hokkaido; thence along a line three(3) miles off the coast of Hokkaido rounding Shiretoko Saki and passing through Nemuro Kaikyo to the starting point midway between Nosappu Misald and Kaigara Jima."

2. All Provisions of reference memorandum as amended above continue in effect.

FOR THE SUPREME COMMANDER :

(sgd.) R. M. LEVY,
Colonel, AGD,
Asst. Adjutant General.

11. 대한민국 승인 유엔총회 결의안 195(Ⅲ)호

[195 (III). The Problem of the independence of Korea]

the General Assembly

Having regard its resolution 112(II) of 14 November 1947 concerning the problem of the independence of Korea,
Having considered the report[1] of the United Nations Temporary Commission on Korea(hereinafter referred to as the "Temporary Commission"), and the report[2] of the Interim Committee of the General Assembly regarding its consultation with the Temporary Commission,

Mindful of the fact that, due to difficulties referred to in the report of the Temporary Commission, the objectives set forth in the resolution of 14 November 1947 have not been fully accomplished, and in particular that unification of Korea has not yet been achieved,

1. Approves the conclusions of the reports of the Temporary Commission;
2. Declares that there has been established a lawful government (the Government of the Republic of Korea) having effective controland jurisdiction over that part of Korea where the Temporary Commission was able to observe and consult and in which the great majority of the people of all Korea reside; that this Government is based on elevations which were a called expression of the free will of the electorate of that

part of Korea and which were observed by the Temporary Commission; and that this is the only such Government in Korea;

3. Recommends that the occupying powers should withdraw their occupation forces from Korea as early as practicable;

4. Resolves that, as a means to the full accomplishment of the objectives set forth in the resolution of 14 November 19e47, a Commission on Korea consisting of Australia,, China, El Salvador, France, India, the Philippines and Syria, shall be established to continue the work of the Temporary Commission and carry out the provisions of the present resolution, having in mind the status of the Government of Korea as herein defined, and in particular to :

    (a) Lend its good offices to bring about the unification of Korea and the integration of all Korean security forces in accordance with the principles laid down by the General Assembly in the resolution of 14 November 1947;

    (b) seek to facilitate the removal of barriers to economic, social and other friendly intercourse caused by the division of Korea;

    (c) Be available for observation and consultation in the further development of representative government based on the freely-expressed will of the people;

    (d) Observe the actual withdrawal of the occupying forces and certify the fact of withdrawal when such has occurred; and for this purpose, if it so desires, request the assistance of military experts of the two occupying powers;

5. Decides that the Commission:

    (a) Shall, within thirty days of the adoption of the present resolution, proceed to Korea, where it shall maintain its seat;

(b) shall be regarded as having superseded the Temporary Commission established by the resolution of 14 November 1947;

(c) Is authorized to travel, consultand observe throughout Korea;

(d) Shall determine its own procedures;

(e) May consult with the Interim Committee with respect to the discharge of its duties in the light of developments and within the terms of the present resolution;

(f) Shall render a report to the next regular session of the General Assembly and to any prior special session which might be called to consider the subject-matter of the present resolution, and shall render such interim reports as it may deem appropriate to the Secretary-General for distribution to Members;

6. Requests that the Secretary-General shall provide the Commission with adequate staff and facilities, including technical advisers as required; and authorizes the Secretary-General to pay he expenses and per diem of a representative and an alternate from each of the states members of the Commission;

7. Calls upon the Member States concerned, the Government of the Republic of Korea, and all Koreans to afford every assistance and facility to the Commission in the fulfillment of its responsibilities;

8. Calls upon Member States to refrain from any acts derogatory to the results achieved and to be achieved by the United Nations in bringing about the complete independence and unity of Korea;

9. Recommends that Member States and other nations, in establishing their relations with the Government of the Republic of Korea, take into consideration the facts set out in paragraph 2 of the present resolution.

Hundred and eighty-seventh plenary meeting

12 December 1948.

12. 샌프란시스코강화조약 제1차 미국 초안

GENERAL HEADQUARTERS SUPREME COMMANDER THE ALLIED POWERS

Diplomatic Section

APO

20 March 1947

MEMORANDUM FOR : General McArthur.

SUBJECT : Outline and Various Sections of Draft Treaty.

Subjoined are preliminary State Department "committee" draft as follows:

(1) Outline of the Peace Treaty with Japan.

(2) Preamble to the Treaty.

(3) Chapter I - Territorial Clauses.

(4) Chapter II - Clauses Relating to Ceded Territories.

Chapter V, Interim Controls, was recently communicated to you.

As stated in the covering memorandum addressed to me these drafts are tentative and have not as yet been approved by the States Department committee working on the drafts or elsewhere in the States Department.
The other sections of the draft treaty as indicated in the outline have not yet been drated.
With reference to Chapter I, Territorial Clauses, article A, 1, I understand that discussion is still continuing between JCS and SWNCC in regard to

the future of Okinwa and the most southern part of the Kuriles.

Any comment you might wish to make in regard to any portion of the draft would, of course, be most welcome.

George Atcheson, Jr.

Incl:

Drafts, as described.

March 19, 1947

Ambassador Atcheson:

Attached are two copies of each the following draft documents:

1. Outline of the Peace Treaty with Japan.
2. Preamble to the Treaty.
3. Chapter II - Territorial Clauses
4. Chapter IV - Clauses Relating to ceded Territories.

These drafts are tentative and have not as yet been approved by the committee working or the draft treaty of elsewhere in the Department.

CHAPTER I - TERRITORIAL CLAUSES

Article 1

The territorial limits of Japan shall be those existing on January 1, 1894, subject to the modifications set forth in Article 2, 3··· As such these limits shall include the four principal islands of Honsu, Kyushu, Shikoku and Hokkaido and all minor offshore islands, excluding the Kurile Islands, but including the Ryukyu Islands forming part of Kagoshima Prefecture, the Izu Islands southward to Sofu Gan, the islands of the onland Sea, Rebun,

Riishiri, Okujiri, Sado, Oki, Tsushima, Iki and the Goto Archpelago. These territorial limits are traced on the maps attached to the present treaty.

Article 2

Japan hereby cedes to China in full sovereignty the island of Formosa and adjacent minor islands, including Agincourt (Hokasho), Menkasho, Kaheisho, Kashoto, Kotosho, Shokotosho, Shichiseigan and Ryukyusho, and the Pescadores Islands. Japan hereby renounces all special rights and claims in or to the Liaotung Peninsula.Article

Article 3

Japan hereby cedes to the Soviet Union in full sovereignty that portion of the island of Saghalien (Karafuto) south of 50 ° N. Lat., and Kaiba Island, Japan hereby cedes to the Soviet Union in full sovereignty the Kurile Islands, lying between Kamchatka and Hokkaido.

Article 4

Japan hereby renounces all rights and titles to Korea and all minor offshore Korean islands, including Quelpart Island, Port Hamilton, Dagelet (Utsuriyo) Island and Liancourt Rock (Takeshima).

Article 5

Japan hereby renounces all claims to Pratas Island, to the Spratly and Paracel Island, or to any other island in the South China Sea.

Article 6

Japan hereby renounces all rights and titles to the Bonin Islands, including

Nishino Island, to the Volcano Island and to Parece Vela.

Article 7

Japan hereby renounces all rights and titles to the Ryukyu Islands forming part of Okinawa Prefecture, and to Daito and Rasa Islands.

Article 8

Japan hereby renounces all territorial claims in the Antarctic.

(이하 생략)

* 문서번호 740.0011 PW(PEACE)/3-2047

13. 샌프란시스코강화조약 제2차 미국 초안

August 5, 1947
DRAFT
TREATY OF PEACE WITH JAPAN

CHAPTER I
TERRITORIAL CLAUSES

Article 1

1. The territorial limits of Japan shall comprise the four principal Japanese islands of Honshu, Kyushu, Shikoku and Hokkaido and all minor islands, including the islands of the Inland Sea (Seto Nakai), the Habomai Islands, Shikotan, Kunashiri and Etorofu, the Goto Archipelago, the Ryukyu Islands, and the Izu Islands southward to and including Sofu Gan (Lot's Wife). As such, the territorial limits of Japan shall include all islands with their territorial waters within a line beginning at a point in 45°45´N. latitude, 140°E. longitude; proceeding due east through La Peroues Strait (Soya Kaikyo) to 149°10´E. longitude; due south through Etorofu Strait to 37°N. latitude; thence in a southwesterly direction to a point in 23°30´N. latitude 134°E. longitude;

   thence due went to 122°30´E. longitude;

   thence due north to 26°N. latitude;

   thence in a northeasterly direction to a point in 30°N. latitude,

127 ° E. longitude;

thence due north to 33 ° N. latitude;

thence in a northeasterly direction to a point in 40 ° N. latitude, 136 ° E. longitude;

thence in a the east of north to the point of beginning.

2. These territorial limits are indicated on Map No. 1 attached to the present Treaty.

Article 2

1. Japan hereby cedes to China in full sovereignty the island of Taiwan (Formosa) and adjacent minor islands, Agincourt (Hoka Sho), Crag (Menka Sho), Pinnacle (Kahei Sho), Samasana (Kasho To), Botel Tobago (Koto Sho), Little Botel Tobago (Shokoto Sho), Vele Reti Rocks (Shichisei Seki), and Lambay (Ryukyu Sho); together with the Pescadores Islands (Hoko Shoto); and all other islands to which Japan had acquired title within a line beginning at a point in 26 ° N. latitude, 121 ° E. longitude and proceeding due east to 122 ° 30 ′ E. longitude,

thence due south to 21 ° 30 ′ N. latitude,

thence due west through the Bashi Channel to 119 ° E. longitude,

thence due north to a point in 24 ° N. latitude,

thence northeasterly to the point of beginning.

This line is indicated on Map No. 2 attached to the present Treaty.

2. Japan hereby renounces all extraterritorial concessions, special rights and claims in or to the Liautung Peninsula and elsewhere in China.

Article 3

1. Japan hereby cedes to the Union of Soviet Socialist Republics in full

sovereignty that portion of the island of Sakhalin (Karafuto) south of 50°N. latitude, and adjacent islands, including Totamoshiri (Kaiba To, or Moneron), and Robben Island (Tyuleniy Ostrov, or Kaihyo To).

2. Japan hereby cedes to the Union of Soviet Socialist Republics in full sovereignty the Kurile Islands, comprising the islands northeast of Etorofu Strait (Etorofu Kaikyo) from Urup (Uruppu) to Shumushu inclusive, which were ceded by Russia to Japan by the Treaty of 1875.

Article 4

Japan hereby renounces all rights and titles to Korea (Chosen) and all offshore Korean islands, including Quelpart (Saishu To); the Nan How group (San To, or Komun Do) which forms Port Hamilton (Tonakai); Dagelet Island (Utsuryo To, or MatsuShima); Liancourt Rocks (Takeshima); and all other islands and islets to which Japan had acquired title lying outside the line described in Article 1 and to the east of the meridian 124°15′E. longitude, north of the parallel 33°N. latitude, and west of a line from the seaward terminus of the boundary at the mouth of the Tumen River to a point in 37°30′N. latitude, 132°40′E. longitude. This line is indicated on Map No. 1 attached to the present Treaty.

(이하 생략)

14. 샌프란시스코강화조약 제3차 미국 초안

CHAPTER I
TERRITORIAL CLAUSES

Article 1

1. The territorial limits of Japan shall comprise the four principal Japanese islands of Honshu, Kyushu, Shikoku and Hokkaido and all adjacent minor islands, including the islands of the Inland Sea (Seto Naikai), Sado, Oki Retto, Tsushima, the Goto Archipelago, the Ryukyu Islands north of 29 ° N. latitude, and the Izu Island southward to and including Sofu Gan (Lot's Wife).

> NOTE 1
>
> The Question whether provision should be made in the draft for the retention by Japan of all or some of the southernmost Kurils (Kunashiri and Etorofu), the Habomais and Shikotan is still being studied. It is believed that legally the case for the retention by Japan of the Hanomais and Shikotan is stronger than case for the retention of the southernmost Kurils.

> NOTE 2
>
> The draft provide for the retention by Japan of the Ryukyus north of 29 ° north latitude, although a firm U.S. position on the disposition of the Ryukyus has not yet been reached.

NOTE 3

After decision have been reached concerning the disposition of the islands mentioned in NOTES 1 and 2 above, there should be interested in Article 1 provisions setting forth the territorial limits of Japan in terms of lattitude and longitude.

2. These territorial limits are indicated on Map No. 1 attached to the present Treaty.

Article 2

Japan hereby cedes to China in full sovereignty the island of Taiwan (Formosa) and adjacent minor islands, including Agincourt (Hoka Sho), Crag (Menka Sho), Pinnacle (Kahei Sho), Samasana (Kasho To), Botel Tobago (Koto Sho), Little Botel Tobago (Shokoto Sho), Vele Reti Rocks (Shichisei Seki), and Lambay (Ryukyu Sho); together with the Pescadores Islands (Hoko Shoto); and all other islands to which Japan had acquired title within a line beginning at a point in 26°N. latitude, 121°E. longitude, and proceeding due east to 122°30′E. longitude,

    thence due south to 21°30′N. latitude

    thence due west through the Bashi Channel to 119°E. longitude,

    thence due north to a point in 24°N. latitude,

    thence northeasterly to the point of beginning.

    This line is indicated on Map No. 2 attached to the present Treaty.

Article 3

1. Japan hereby cedes to the Union of Soviet Socialist Republics in full sovereignty that portion of the island of Sakhalin (Karafuto) south of

50 ° N. latitude, and adjacent islands, including Totamoshiri (Kaiba To, or Moneron), and Robben Island (Tyuleniy Ostrov, or Kaihyo To).

2. Japan hereby cedes to the Union of Soviet Socialist Republics in full sovereignty the Kurile Islands.(Note: This provision is subject to modification in accordance with the decision reached concerning the disposition of the southern Kurils. See Note 1 under Article 1 above.)

Article 4

Japan hereby renounces in favor of the Korean people all rights and titles to Korea (Chosen) and all offshore Korean islands, including Quelpart (Saishu To); the Nan How group (San To, or Komun Do) which forms Port Hamilton (Tonakai); Dagelet Island (Utsuryo To, or MatsuShima); Liancourt Rocks (Takeshima); and all other islands and islets to which Japan had acquired title lying outside the line described in Article 1 and to the east of the meridian 124 ° 15 ′ E. longitude, north of the parallel 33 ′ N. latitude, and west of a line from the seaward terminus of the boundary at the mouth of the Tumen River to a point in 37 ° 30 ′ N. latitude, 132 ° 40 ′ E. longitude. This line is indicated on Map No. 1 attached to the present Treaty.

Article 5

1. Japan hereby renounces all rights and titles to the Bonin Islands (Ogasawara Gunto) including Rosario Islands (Nishino Shima), the Volcano Islands (Kazan Retto), Parece Vela (Douglas Reef), and marcus Island (Minamitori Shima).

(이하 생략)

15. 샌프란시스코강화조약 제4차 미국 초안

October 13, 1949

TREATY OF PEACE WITH JAPAN

Have therefore agreed to declare the cessation of the state of war, and for this purpose to the present Treaty of Peace, and have accordingly appointed the undersigned plenipotentiaries who, after presentation of their full powers, found in good and due from, have agreed on the following provisions:

CHAPTER I
TERRITORIAL CLAUSES

Article 1

1. The territorial limits of Japan shall comprise the four principal Japanese islands of Honshu, Kyushu, Shikoku and Hokkaido and all adjacent minor islands, including the islands of the Inland Sea (Seto Naikai), Sado, Oki Retto, Tsushima, the Goto Archipelago, the Ryukyu Islands north of 29°N. latitude, and the Izu Island southward to and including Sofu Gan (Lot's Wife).

2. These territorial limits are indicated on the map attached to the present Treaty.

Article 2

Japan hereby cedes to China in full sovereignty the island of Taiwan (Formosa) and adjacent minor islands, including Agincourt (Hoka Sho), Crag (Menka Sho), Pinnacle (Kahei Sho), Samasana (Kasho To), Botel Tobago (Koto Sho), Little Botel Tobago (Shokoto Sho), Vele Reti Rocks (Shichisei Seki), and Lambay (Ryukyu Sho); together with the Pescadores Islands (Hoko Shoto); and all other islands to which Japan had acquired title within a line beginning at a point in 26°N. latitude, 121°E, longitude, and proceeding due east to 122°30'E. longitude, thence due south to 21°30'N. latitude, thence due west through the Bashi Channel to 119°E. longitude, thence due north to a point in 24°N. latitude, thence northeasterly to the point of beginning. This line is indicated on Map attached to the present Treaty.[1]

Article 3

1. Japan hereby cedes to the Union of Soviet Socialist Republics in full sovereignty that portion of the island of Sakhalin (Karafuto) south of 50°N. latitude, and adjacent islands, including Totamoshiri (Kaiba To, or Moneron), and Robben Island (Tyuleniy Ostrov, or Kaihyo To).
2. Japan hereby cedes to the Union of Soviet Socialist Republics in full sovereignty the Kurile Islands.[2]

---

1 Note I - If China does not sign the treaty, it would be the U.S position that the treaty should not contain a provision whereby Japan would cede Formosa and the Pescadores to China, but that it should provide that disposition of these islands should be determined subsequently by the states concerned, including the parties to the present Treaty.

2 Note I - If the U.S.S.R does not sign the treaty, it would be the U.S. position that the treaty should not contain a prevision whereby Japan would cede the territories described in Article 3, but that it should provide that the status of these territories should be determined subsequently

Article 4

Japan hereby renounces in favor of the Korean people all rights and titles to Korea (Chosen) and all offshore Korean islands, including Quelpart (Saishu To); the Nan How group (San To, or Komun Do) which forms Port Hamilton (Tonakai); Dagelet Island (Utsuryo To, or MatsuShima); Liancourt Rocks (Takeshima); and all other islands and islets to which Japan had acquired title lying outside the line described in Article 1 and to the east of the meridian 124°15′E. longitude, north of the parallel 33°N. latitude, and west of a line from the seaward terminus of the boundary at the mouth of the Tumen River to a point in 37°30′N. latitude, 132°40′E. longitude. This line is indicated on Map attached to the present Treaty.

Article 5

1. Japan hereby renounces all rights and titles to the Bonin Islands (Ogasawara Gunto) including Rosario Islands (Nishino Shima), the Volcano Islands (Kazan Retto), Parece Vela (Douglas Reef), and marcus Island (Minamitori Shima).
2. The Allied and Associated Powers undertake to support an application by the United States for the placing of these islands under trusteeship, in accordance with Articles 77, 79, and 83 of the Charter of the United Nations, the trusteeship agreement to designate the islands as a strategic area and to provide that the United States shall be the administering authority.

---

by the states concerned, including the parties to the present treaty.

Article 6

Japan hereby renounce all rights and title to the Ryukyu Island south of 29°N latitude. The Allied and Associated powers undertake to support an application by the United States for the placing of these islands ⋯

(이하 생략)

16. 샌프란시스코강화조약 제5차 미국 초안

TREATY OF PEACE WITH JAPAN

(전략)

CHAPTER II
TERRITORIAL CLAUSES

Article 3

1. The territory of Japan shall comprise the four principal Japanese islands of Honshu, Kyushu, Shikoku, and Hokkaido and all adjacent minor islands, including the islands of the Inland Sea(Seto Naikai), Sado, Oki Retto, Tsushima, the Goto Archipelago, the Ryukyu Islands north of 29° N. latitude, and the Izu Islands southward to and including Sofu Gan (Lot's Wife) and all other islands within a line beginning at a point in 45° 45′ N. latitude, 140° longitude east of Greenwich, proceeding due east through La Perouse Street (Soya Kaikyo) to 146° E. longitude;

thence by a rhumb line in a direction to the west of south to a point in 43° 45′ E. longitude;

thence by a rhumb line in a southeasterly direction to a point in 43° 20′ N. latitude, 146° E. longitude,

 thence due east to a point in 149° E. longitude;

 thence due south to 37° N. longitude;

thence by a rhumb line in a southwesterly direction to a point in 29° N.

latitude, 140°E. longitude;

    thence due west to 127°E. longitude;

    thence due north to a point in 33°N. latitude;

    thence due north to a point in 33°N. latitude;

thence by a rhumb line in a northeasterly direction to a point in 40°N. latitude, 136°E. longitude;

thence by a rhumb line in a direction to the east of north to the point of beginning. All islands within said line, and all islands, islets and rocks traversed by the said line, should there be such, with a three-mile belt of territorial waters, shall belong to Japan.

2. This line of allocation is indicated on the map attached to the present Treaty.

Article 4

1. Japan hereby cedes to China in full sovereignty the island of Taiwan (Formosa) and adjacent minor islands, including Agincourt (Hoka Sho), Crag (Menka Sho), Pinnacle (Kahei Sho), Samasana (Kasho To), Botel Tobago (Koto Sho), Little Botel Tobago (Shokoto Sho), Vele Reti Rocks (Shichisei Seki), and Lambay (Ryukyu Sho); together with the Pescadores Islands (Hoko Shoto); and all other islands to which Japan had acquired title within a line beginning at a point in 26°N. latitude, 121°E. longitude, and proceeding due east to 122°30′E. longitude;

    thence due south to 21°30′N. latitude;

    thence due west through the Bashi Channel to 119°E. longitude;

    thence due north to a point in 24°N. latitude;

    thence northeasterly to the point of beginning.

2. This line is indicated on the map attached to the present Treaty.[1]

Article 5

1. Japan hereby cedes to the Union of Soviet Socialist Republics in full sovereignty that portion of the island of Sakhalin (Karafuto) south of 50°N. latitude, and adjacent islands, including Totamoshiri (Kaiba To, or Moneron), and Robben Island (Tyuleniy Ostrov, of Kaihyo To).
2. Japan hereby cedes to the Union of Soviet Socialist Republics in full sovereignty the Kuril Islands.[2]

Article 6

1. Japan hereby renounces in favor of Korea all rights and titles to the Korean mainland territory and all offshore Korean islands, including Quelpart (Saishu To), the Man How group (San to, or Komun Do) which forms Port Hamilton (Tomaikai), Dagelet Island (Utsuryo To, of Matsu Shima), Liancourt Rocks (Takeshima), and all other islands and islets

---

[1] Note I-if China does not sign the treaty, it would be the U.S. position that the treaty should not contain a provision whereby Japan should cede Formosa and the Pescadores to China, but that it should provide that disposition of these islands should be determined subsequently by the states concerned, including the parties to the present Treaty.

[2] Note I-If the USSR does not sign the treaty, it would be the U.S. position that the treaty should not contain a provision whereby Japan would cede the territories described in Article 5 but that it should provide that the status of these territories should be determined Subsequently by the states concerned, including the parties to the present Treaty.
Note II-With reference to paragraph 2 of Article 5, decision whether the U.S. should propose the retention by Japan of Etorofu Kunashiri, and the Lesser Kuriles (the Habomais and Shikotan) das not been finally made Present thinking is that the U.S. should not raise the issue but that if it is raised by Japan we might show a sympathetic attitude. Consideration should also be given to the question whether it might be advisable for the U. S. to propose that USSR place the Kuriles under the trusteeship system.

to which Japan has acquired title lying outside the line described in Article 3 and to the east of the meridian 124° 15′ E. longitude, north of the parallel 33° N. latitude, and west of a line from the seaward terminus of the boundary approximately three nautical miles from the mouth of the Tumen River to a point in 37° 30′ N. latitude, 132° 40′ E. longitude.

2. This line is indicated on the map attached to the present Treaty.

(이하 생략)

17. 시볼드의 전문의견서

740.0011PW(Peace)/11-1449 : Telegram

The Acting Political Adviser in Japan (Sebald) to the Secretary of State

SECRET　　　　　　　　　　　　　　TOKYO, November 14, 1949

NO.495.

For Butterworth :

General MacArthur and I have independently given careful study and consideration to the November 2 draft treaty forwarded under cover of your letter November 4, minus chapter 5 reserved for security provisions. General MacArthur submits the following observations:

　a. That the provisions contained in Article 52 should be eliminated as contrary to the concept of a definitive peace enunciated in the preamble, and would be generally construed by both Japanese and the outside world as continuing restriction upon, Japanese sovereignty, becoming a psychological barrier to the prompt, orderly and progressive re-entry of Japan into a dignified place within the community of nations.

　b. That Article 39 and annex 7 should be re-examined in the light of the bitterness which would be aroused if provision is made for the partial recovery from Japan for losses sustained by United Nations nationals resulting from damage to property in Japan, while losses sustained by United Nations nationals in areas occupied by the Japanese or in the areas of formal Japanese empire to be ceded to other nations under terms of the treaty are excepted from claim or recovery.

That such provisions are entirely inconsistent with the intent and effect of Article 31, 32 and 36 of the treaty draft and could not fail to be challenged as a move designed to afford special protection to British and American investments in Japan, providing the Soviet and a Communist China with a major propaganda advantage. That the imposition of such a burden upon Japan would most seriously impair the chance for her economic rehabitation and thereby eventually confront the American

people with the possibility of having to assume this financial burden either directly of in directly.

c. Article 41, paragraph 3 is considered unrealistic for the reasons not only that the Japanese economy most probably could not stand the tremendous drain consequent upon compensation for Japanese assets abroad, but also because it attempts to legislate upon a matter which might better be left for determination between the Japanese Government and its nationals.

I fully concur with General MacArthur's observations set forth in a, b, and c above. Although I propose to submit by airmail mission's comments in greater detail and on an article by article bases,[1] I believe it might be helpful to give our tentative reactions : While the mission is agreed that it would be preferable to have a shorter treaty with less emphasis upon technical matters, we feel that to a large extinct the problem is one that must be solved in

---

1　Despatch No. 806, November 19, not printed.

consequence of the needs, desires and recommendations of the many Washington agencies concerned, as well as with a view to presenting an acceptable drag to our Allies.

On the other hand, we are somewhat concerned that the November 2 draft seemingly represents the maximum conditions which the United States seeks to place upon Japan, and that it leaves little room for bargaining purposes should a "harder"treaty be desired by our Allies. We are, of course, fully aware that the security provisions have not yet been formulated and that revisions of fundamental provisions in the draft may be affected thereby. The following are our preliminary comments concerning those provisions which we consider of high importance :

Article 4

Presumably security provisions will effect eventual determination Taiwan and adjacent islands. Suggest consideration question of trusteeship for Taiwan consequent upon plebiscite.

Article 5, paragraph 2

Japan will unquestionably advance strong claim to Etorofu, Kunashiri, Hablmai, and Shikotan. Believe United States should support such claim and due allowance made in draft for peculiarities this situation. Consider problem highly important in view questions permanent boundary and fisheries.

Article 6

Recommend reconsideration Liancourt Rocks (Takeshima). Japan's claim to these islands is old and appears valid. Security considerations might conceivably envisage weather and radar stations thereon.

Article 14
Query : Should Japan be committed to recognize treaties of little or no direct to concern to herself, or treaties which have not yet been concluded?

Article 19
Strongly recommend deletion this entire article.

Article 33 to 37, inclusive
Suggest single article containing general statement referring these matters to annexes.

Article 38
Recommend deletion.

Article 41'Paragraph 2
consider this paragraph gratuitous.

Article 43
We are somewhat skeptical concerning proposed arbitral tribunal by reason of its being an extension into era of peace, presumably for many years, of forced means of adjudication.

Article 48

Recommend deletion or rewording this article to state a principle rather than an enforced administrative measure.

Article 49

Question the necessity for this article.

Sebald

* Foreign Relations of the United States 1949, Vol.VII, pp. 899~900.

18. 시볼드의 서면의견서

THE FOREIGN SERVICE
OF THE
UNITED STATES OF AMERICA
740.0011PW(Peace)/11-1949
United States Political adviser for Japan
Tokyo, November 19, 1949
No. 806
SECRET
Subject : Comment on Draft Treaty of Peace with Japan
The Honorable
Secretary of State, Washington.

Sir :
With reference to this Mission's telegram no.495 of November 14, 1949, giving General MacArthur's and my reactions to the
draft treaty of peace with Japan dated November 2, 1949, I now
have the honor to convey to the Department a more detailed exposition of this Mission's views with respect both to the document as a whole and to its individual articles and annexes.
The November 2 draft is manifestly a moderate and reasonable document, admirably designed to conform to standard treaty forms, to contain all principal desiderata of the United States Government and at the same time to attain acceptance by the other Allied and Associated Powers.

The intense labor, thought and craftsmanship which have obviously been devoted to its formulation have resulted in a praiseworthy draft which the United States can present to its Allies with good pride and conscience.

After long consultation together, however, I and the other concerned officers of the Mission are agreed that careful attention to the psychology and other particularities of the Japanese people and attentive cognizance of Far Eastern political complexities will suggest means whereby the draft treaty might be made more nearly to conform with the underlying requirements which we believe should govern the efforts of the United States in bringing about a Japanese peace settlement.

On the basis of realities as they exist today, we believe that there are three basic objectives which should determine the policy of the United States in formulating this treaty, namely ;

(1) Adequate provision for long-range security of the United States ;
(2) Effectuation of a true and lasting regime of peace on the part of Japan ; and
(3) The alignment of Japan for the indefinite future with the Western democracies and specifically with the United States.

DETAILED COMMENT ON NOVEMBER 2 DRAFT TREATY

Preamble, Before the final clause of the mid-paragraph of the preamble insert : "will re-establish Japan in normal international intercourse, will promote the principles of the United Nations, and …"

Article 1. It s believed that consideration should be given to omitting paragraphs 2 and 3, particularly the latter. It appears unlikely that the

Japanese will endeavor to set aside the major reforms which have been achieved under the Occupation. To commit Japan by a stipulation in the peace treaty to abide by this program would emphasize the extent to which the reforms are of foreign origin, and it would provide the bases for continued domestic affairs, Communist facility in exploiting such openings leaves little doubt but that the Soviet Union would most profit thereby.

Alternatively, it is suggested that consideration be given to modification of the four numbered paragraphs of Article 1 to read substantially as follows :
"1. Japan desires membership in the United Nations, will apply forthwith, and when admitted will accept membership and the obligations contained in the Charter of the United Nations, including the maintenance of international peace and cooperation.
2. Japan desires to participate in, and will apply for admission to, other international agreements to which sovereign states in general are eligible.
3. The Allied and Associated Powers undertake to support Japan's aforementioned applications."

We are of the opinion that it is desirable to give to the signatory Powers of the treaty an interest in Japan's admission to the United Nations and other international bodies.

Article 2. This short statement, and the Preamble, are the only friendly and sympathetic notes in the entire treaty. It is recommended that Article 2 be further developed.

Article 3. It is admitted that this Article offers a practical and convenient manner of describing the territories which Japan gives up and those which

Japan retains. It is believed, however, that the method of delineation employed in this Article has serious psychological disadvantages. If possible, it is recommended that another method of description be employed which avoids circumscribing Japan with a line even if it is necessary to enumerate a large number of territories in an annex. We suggest that the practicability be explored of defining Japan territorially in positive terms, altering Article 3 approximately as follows ; retain the first six lines of the draft of paragraph 1 ; name further islands as necessary off the coasts of Japan ; continue with the words "and all other islands nearer therefrom to the home islands of Japan" ; and conclude Article 3 with the statement that "all islands within the area described, with a three-mile belt of territorial waters, shall belong to Japan."
In any event, the omission of paragraph 2 and of the map is recommended.

Following such a revised Article 3 an article might advisably be inserted stating that Japan hereby cedes and renounces all territory, mandate, concession rights, titles, and claims outside the territorial areas described in Article 3.

(It is noted that in the November 2 draft the principle of renunciation by Japan without direct cession to a new sovereign is recognized in Articles 8 through 12.)

Articles 4 through 12, We suggest that in the treaty Articles 4 through 12 of the November 2 draft be omitted, and that in a document subsidiary to the treaty among the signatories other than Japan the disposition of territories formerly under Japanese jurisdiction be agreed upon. The necessity of direct cession would thereby be removed from the treaty proper and Japan would not rest under the necessity of being a party to it. In the subsidiary agreement, with regard to Taiwan it is suggested that consideration be given to the question of a plebiscite to determine for or against a United Nations trusteeship, on the ground that disturbed conditions in China intervening since the Cairo Conference invalidate any automatic disposition of the Island. (The discussion in the pertinent footnote of the November 2 draft, which takes into account the contingency of China's possible failure to sign the treaty, seems to us an inadequate treatment of the important political and strategic factors involved in determining the disposition of Taiwan.)

With regard to the disposition of islands east and northeast of Hokkaido to be proposed in such subsidiary agreement, it is suggested that the draft to be supplied to the United Kingdom and British Commonwealths by the United States contain a provision for the "ceding to the Soviet Union in full sovereignty of the Kuril mid-channel line between Etorofu Island and Uruppu Island", and that this be accompanied by a footnote to the effect that "It is the hope of the United States that the Soviet Union will not seek to annex Etorofu, Kunashiri, Shikotan, or Habomai Islands." The claim of their forming a part of the Kuril Islands is historically weak, and they are of far greater navigational and fishing importance to Japan would include specifically Etorofu, Kunashiri, Shikotan, and Habomai Islands.

With regard to the disposition of islands formerly possessed by Japan in the direction of Korea it is suggested that Liancourt Rocks(Takeshima) be specified in our proposed Article 3 as belonging to Japan. Japan's claim to these islands is old and appears valid, and it is difficult to regard them as islands off the shore of Korea.

Security considerations might also conceivably render the provision of weather and radar stations on these islands a matter of interest to the United States.

Undertakings to support the trusteeships proposed in Articles 7 and 8 of the November 2 draft would properly form a part of the suggested subsidiary agreement among the signatories other than Japan.

Article 13. No comment.

Article 14. It is questioned whether Japan should be compelled to recognize treaties of little or no direct concern to herself or treaties which have not yet been concluded.

Article 15 and 16. It is suggested that consideration be given to deleting these articles. It is believed that Japan will be most eager in any event to revive its appropriate bilateral and multilateral treaties. Revived voluntarily, the status of Japan's participation in the revived treaties would not suffer from the taint of the apparently unequal provisions of Article 15 as drafted.

Article 17. Already covered by the general article proposed for insertion after Article 3.

Article 18. No comment.

Article 19. It is strongly recommended that this entire Article be deleted

(이하 생략)

19. 샌프란시스코강화조약 제6차 미국 초안

DRAFT TREATY OF PEACE WITH JAPAN

(December 29, 1949)

COMMENTARY

DRAFT TREATY

(전략)

CHAPTER II
TERRITORIAL CLAUSES

Article 3

1. the territory of Japan shall comprise the four principal Japanese islands of Honshu, Kyushu, Shikoku and Hokkaide and all adjacent minor islands, including the islands of the Inland Sea(Seto Naikai) ; Tsushima, Takeshima(Liancourt Rocks), Oki Retto, Sado, Okujiri, Rebun, Riishiri and all other islands in the Japan Sea(Nippon Kai) within a line connecting the farther shores of Tsushima, Takeshima and Rebun ; the Goto archipelago, the Ryukyu Islands north of 29°N. latitude, and all other islands of the East China Sea east of longitude 127° east of Greenwich and north of 29°N. latitude; the Izu Islands southward to and including Sofu Gan(Lot's wife)and all other islands of the Philippine Sea nearer to the four principal islands than the islands named ; and the Habomai group and Shikotan lying to the east and

south of a line extending from a point in 43°35′N. latitude, 145°35′E. longitude, and to the south of a line drawn due east on th parallel in 44° N. latitude. All of the islands identified above, with a three-mile belt of territorial waters, shall belong to Japan.

2. All of the islands mentioned above are shown on the map attached to the present Treaty.

Article 4

Japan hereby cedes to China in full sovereignty the inland of Taiwan(Formosa) and adjacent minor islands, including Agincourt(Hoka Sho), Crag(Menka Sho), Pinnacle(Kahei Sho), Samasana(Kasho To), Botel Tobago(Koto Sho), Little Botel Tobago(Shokoto Sho), Vele Reti Rocks(Shichisei Seki), and Lambay(Ryukyu Sho) ; and all other islands to which Japan had acquired title in Bashi Channel which lie to the north of 21°30′N. latitude.

Article 5

1. Japan hereby cedes to the Union of Soviet Socialist Republics in full sovereignty that portion of the island of Sakhalin (Karafuto) south of 50°N. latitude, and adjacent islands, including Totamoshiri(Kaiba To, or Moneron), and Robben Island(Tyuleniy Ostrov, or Kaihyo To).
2. Japan hereby cedes to the Union of Soviet Socialist Republics in full sovereignty the Kurile Islands.

Article 6

Japan hereby renounces in favor of Korea all rights and titles to the Korean mainland territory all offshore Korean islands, including

Quelpart(Saishu To), the Nan How group(San to, or Komun Do) which forms Port Hamilton(Tonaikai), Dagelet Island(Utsuryo To, or Matsu Shima), and all other offshore Korean islands and islets to which Japan had acquired title.

Article 7

1. Japan hereby renounces all rights and titles to
    (a) The Ryukyu Islands south of 29°N. altitude ;
    (b) The Bonin Islands (Ogasawara Gunto) including Rosario Island(Nishino Shima), the Volcano Islands(Kazan Retto), Parece Vela.

(이하 생략)

20. 샌프란시스코강화조약 제6차 미국 초안에 대한 주석

Commentary on Draft Treaty of Peace with Japan(July, 1950)

I. GENERAL

1. Nature of the Treaty

The underlying concept of the treaty draft is that the settlement should restore Japan to a genuinely sovereign status with a minimum of restrictions and special disabilities. The object is to encourage and inspire the Japanese to continue on a peaceful and democratic course in friendly association with the non-Communist world-not to attempt to legislate through a pattern of treaty requirements matters which the Japanese must in the last analysis decide for themselves on the basis of their own appraisal of their nation's interests.

(중략)

Takeshima(Liancourt Rocks)

The two uninhabited islets of Takeshima, almost equidistant from Japan and Korea in the Japan Sea, were formally claimed by Japan in 1905, apparently without protest by Korea, and placed under the Jurisdiction of the Oki Islands Branch Office of Shimane Prefecture.

They are a breeding ground for sea lions, and records show that for a long time Japanese fishermen migrated there during certain seasons.

Unlike Dagelet Island a short distance to the west, Takeshima has no Korean name and does not appear ever to have been claimed by Korea. The islands have been used by U.S. forces during the occupation as a bombing range and have possible value as a weather or radar station site.

The Goto Archipelago
Lying southeast of …

(이하 생략)

21. 샌프란시스코강화조약 제7차 미국 초안

694.001/8-950

Memorandum by the Consultant to the Secretary (Dulles) to the Assistant Secretary of State for Economic Affairs (Thorp)[1]

SECRET [WASHINGTON] AUGUST 9, 1950.

On the theory that circumstances may make it desirable to act expeditiously to bring about peace with Japan on the basis of a simple Treaty, Mr. Allison and I have drawn up the annexed as a possible alternative to the long form previously circulated,[2] and on which we should we should appreciate your comments.

J[OHN] F[OSTER] D[ULLES]

[Attachment]

Draft #2 AUGUST 7, 1950.

PREAMBLE

---

1 Copies of this draft had been sent to Messrs. Kennan, Rusk, Nitze, Fisher, and Hamilton on August 7.
2 Copies of the long form draft as it had evolved by July 18 and August 3, 1950, together with extensive covering memoranda and commentaries, are filed under 694.001/7-1850. The long form draft was in 44articles and 8 annexes. It included no security provisions.

The United States, and, hereinafter called the Allied and Associated Powers, and Japan, desire that henceforth their relations shall be those of nations which, as sovereign equals, cooperate in friendly association to promote their common welfare and to maintain international peace and security.

Accordingly they have concluded this treaty.

CHAPTER I
PEACE

1. The parties declare and agree that the state of war between them is ended forthwith.

CHAPTER II
SOVEREIGNTY

2. Subject to the provisions hereof and of any other relevant treaties, the Allied and Associated Powers accept the full sovereignty of the Japanese people, and their freely chosen representatives, over Japan and its territorial waters.

CHAPTER III
UNITED NATIONS

3. Japan, as a peace-loving prepared to accept the obligations contained in the Charter of the United Nations, will promptly apply for membership in that Organization and the Allied and Associated Powers which are Members of the United Nations will support that application.

CHAPTER IV
TERRITORY

4. Japan recognizes the independence of Korea and will base its relation with Korea on the resolutions adopted by the United Nations Assembly on December __, 1948.

5. Japan accepts whatever decision may hereafter be agreed upon by the united states, the United Kingdom, the Soviet Union and China with reference to the future status of Formosa, the Pescadores, Sakhalin south of 50° north latitude and the Kurile Islands. In the event of failure in any case to agree within one year, the parties of this treaty will accept the decision of the United Nations General Assembly.

6. Japan accepts the action of the united Nations Security Council on February, 1947[3] with reference to the trusteeship of former Japanese mandated islands and will accept any decision of the united Nations which extends the trusteeship system to all or part of Ryukyu and Bonin Islands.

(이하 생략)

*Foreign Relations of the United States 1959, Vol. VI, pp. 1267~1268.

---

3   Corrected in later drafts to April 2, 1947. For documentation pertinent to the negotiation of the Trusteeship Agreement for former Japanese-mandated islands in the Pacific, concluded on that day between the United States and the U.N. Security Council, see Foreign Relations, 1947, vol. I, pp. 204~219.

22. 샌프란시스코강화조약 제8차 미국 초안

Tokyo Post Files : 320.1 Peace Treaty

Draft of a peace Treaty With Japan

SECRET [WASHINGTON] September 11, 1950.

PREAMBLE

_____, hereinafter called the Allied and Associated Powers, and Japan, are resolved that henceforth their relations shall be the these of nations which, as sovereign equals, cooperate in friendly association to promote their common welfare and to maintain international peace and security. Accordingly they have concluded this treaty.

CHAPTER I
PEACE

1. The state of war between the Allied an associated powers and Japan is ended.

CHAPTER II
SOVEREIGNTY

2. The Allied and Associated Powers accept the full sovereignty of the Japanese people, and their freely chosen representatives, over Japan and its territorial waters in accordance with and subject to the provisions hereof.

CHAPTER III
UNITED NATIONS

3. Japan will promptly apply for membership in the United Nations and the Allied and Associated Powers which are Members of the United Nations will support that application.

CHAPTER IV
TERRITORY

4. Japan recognizes the independence of Korea and will base its relation with Korea on the resolutions of the United Nations General Assembly and Security Council with respect to Korea.
5. Japan accepts whatever decision may hereafter be agreed upon by the United Kingdom, the Soviet Union, China, and the United States with reference to the future status of Formosa, the Pescadores, Sakhalin south of 50° north latitude and the Kurile Islands.

    In the event of failure in any case to agree within one year from the effective date of this treaty, the parties to this Treaty will seek and accept the recommendation of the United Nations General Assembly.
6. Japan accepts the action of the United Nations Security Council of April 2, 1947 extending the trusteeship system, with the United States as the administering authority, to the Pacific Islands formerly under mandate to Japan.

    The United States will also propose to the United Nations to place under its trusteeship system, with United States as the administering authority, the Ryukyu Islands south of 29° north latitude, the Bonin Islands, including Posario Islands, the Volcano Islands, Parece Vela and Marcus Islands, and pending affirmative action on such proposal the

United States will have full powers of administration, legislation, and jurisdiction over the territory of these islands.

CHAPTER V
SECURITY

7. As a prospective member …

(이하 생략)

*Foreign Relations of the United States 1950, Vol. VI, pp.1297~1298.

23. 샌프란시스코강화조약 제1차 영국 초안(1951. 2. 28.)

Registry No. Fj 1022/97

I enclose a very rough preliminary draft of a possible Peace Treaty with Japan. The draft contains no articles but is numbered in paragraphs with headings. The substance is taken from policy approved by Ministers and the form is based principally on that of the Italian Peace Treaty.

I expect that you will have seen Foreign Office telegram to Washington NO. 753 of the 24th February saying that we should like to let the Americans have informally a first draft of a Treaty if possible by the middle of March.

We propose to give this draft to the Americans with every sort of reservation with regard to content and drafting, is an illustration of now on official which as you know we hope to convey to them within the next few days, might appear in the detailed context of a Treaty.

I also think that work on a draft text, however tentative, will bring to light a number of points which we may have lost sight of over the last few months.

It should also help us to clear our minds on what from the United Kingdom point of view, it is essential to have in the Treaty.

If our formal approach to the United States Government succeeds in eliciting a fairly firm statement of United States policy in reply, we shall need to have our arguments ready on the points on which we wish to be firm, and to have considered very carefully how far, in the light of Mr.

Dulles' conversations in Tokyo, we may be able to meet United States views on others.

The Foreign Office Legal Advisers considered ⋯

(중략)

Territories

6. Japanes sovereignty shall continue over all the islands and adjacent islets and rocks lying within an area bounded by a line ⋯
the line should include Hokkaido, Honshu, Shikoku, Kyushu, the Suisho, Yuri, Akijiri, Shibotsu, Oki and Taraku islands, the Habomai islands, Kuchinoshima, Utsuryo(Ulling island, Miancourt[sic.] rocks(Take island) Quelpart(Shichi or Chejudo) island and Shikotan. The line above described is plotted on the map attached to the present Treaty(Annex 1). In the case of a discrepancy between the map and the textual description of the line, the latter shall prevail.

7. Japan hereby renounces any claim to sovereignty over, and all right, title and interest in, Korea, and undertakes to recognize and respect all such arrangements as may be made by or under the auspices of the United Nations regarding the sovereignty and independence of Korea.

8. Japan hereby cedes to the Union of Soviet Socialist Republics in full sovereignty the Kurile islands, that portion of South Sakhlin over which Japan formally exercised sovereignty and the Habomai group of islands, and agrees to the arrangement respecting these territories set in Annex.

9. Japan hereby cedes to China, in full sovereignty, the island of Formosa and the Pescadores island, and agrees to the arrangements respecting

property in these territories set out in Annex.

10. Japan renounces sovereignty over, and all right, title to and interest in the Ryukyu Bonin and Volcano islands, and Marcus island.

11. Japan takes note of the intentions of the United States Government to negotiate a United Nations trusteeship agreement in respect of the Ryukyu and Bonin islands, once this present Treaty has come into force.

(이하 생략)

24. 샌프란시스코강화조약 제2차 영국 초안(1951. 3.)

2nd DRAFT OF JAPANESE PEACE TREATY

Preamble

1. The United Kingdom of Great Britain and Northern Ireland, the United States of America, Australia, Canada, the Netherlands, New Zealand, and ……, hereinafter referred to as "the Allied and Associated Powers", of the one part, and Japan, of the other;

2. Whereas Japan under the militarist regime became a party to the Tripartite Pact with Germany and Italy, undertook a war of aggression and thereby provoked a state of war with all the Allied and Associated Powers and with other United Nations, and bears her share of responsibility for the war; and

3. Whereas in consequence of the victories of the Allied Forces, the militarist regime in Japan was overthrown and Japan, having surrendered unconditionally, in accordance with the Potsdam Proclamation, signed an Instrument of Surrender on the 2nd September, 1945; and

4. Whereas the Allied and Associated Powers and Japan are desirous of concluding a Treaty of Peace which, in conformity with the principles of justice, will settle questions still outstanding as a result of the events hereinbefore recited, will enable Japan freely to accept and apply the principles of the Universal Declaration of Human and will form the basis of friendly relations between them;

5. Have therefore agreed to declare the cessation of the state of war and for this purpose to conclude the present Treaty of Peace, and have accordingly appointed the undersigned Plenipotentiaries, who, after presentation of their full powers, found in good and due form, have agreed on the following provisions:

(중략)

PART I - TERRITORIAL CLAUSES

Section Ⅰ. Japan.

Article 1

(6) Japanese sovereignty shall continue over all the islands and adjacent islets and rocks lying within an area bounded by a line from Latitude 30°N in a North-Easterly direction to approximately Latitude 33° N 128°E. then northward between the islands of Quelpart, Fukue-Shima bearing North-Easterly between Korea and the islands of Tsushima, continuing in this direction with the islands of Oki-Retto to the South-East and Take Shima to the North-West curving with the coast of Honshu, then Northerly skirting Rebun Shima passing Easterly through Soya Kaikyo approximately 145°40′N, then in a South-Easterly direction paralled to the coast of Hokkaido to 145°30′ E. Entering Numero Kaikyo to the South-West passing the Western end of Kumashiri bearing South-Easterly and passing through the Goyomai Channel

between Suisho Shima and Hokkaido at 43° 25' N, then in a South-Westerly direction with the coastline towards the Nanpo Group of Island curving South to include Sofu-Gan(Lot's Wife) at 29° 50' N., veering to the North-West towards the coast of Honshu, then at approximately 33°N. turning South-Westerly past Shikoku to 30°N. to include Yaku Shima and excluding Kuchina Shima and the Ryukyu Islands South of Latitude 30°North. The line above described is plotted on the map attached to the present Treaty(Annex 1). In the case of a discrepancy between the map and the textual description of the line, the latter shall prevail.

Section Ⅱ. Ceded Territories

Article 2

(7) Japan hereby renounce any claim to sovereignty over, and all right, title and interest in Korea, and undertakes to recognize and respect all such arrangement as may be made by or under the auspices of the United Nations regarding the sovereignty and independence of Korea.

Article 3

(8) Japan hereby cedes to the Union of Soviet Socialist Republics in full sovereignty the Kurile islands, that portion of South Sakhalin over which Japan formerly exercised sovereignty, and the Habomai group of islands, and agrees to the arrangements respecting these territories set out in Annex.

Article 4

(9) Japan hereby cedes to China, in full sovereignty, the island of Formosa and the Pescadores, and agrees to the arrangements respecting property in these territories set out in Annex.

Article 5

(10) Japan renounces sovereignty over, and all right, title to and interest in the Ryukyu Bonin and Volcano islands, and Marcus island.

(11) Japan takes note of the intentions of the United States Government to negotiate a United Nations trusteeship agreement in respect of the Ryukyu and Bonin Volcano islands, when this present Treaty has come into force.

Article 6

(12) Japan renounces all rights, titles, interests and claims to territories or islands formerly administered by her under League of Nations Mandate, and all other rights, titles, interests and claims deriving from the League of Nations Mandates System or from any undertaking given in connexion therewith, together with all special rights of the Japanese State in respect of any territory now or formerly under Mandate.

Article 7

(13) Japan renounces all political and territorial claims in or relative to the Antarctic Continent and the islands adjacent thereto, and undertakes to ferego and not to assert any such claims in the future.

(이하 생략)

25. 샌프란시스코강화조약 제3차 영국 초안(1951. 4. 7.)

PROVISIONAL DRAFT OF JAPANESE PEACE TREATY
(UNITED KINGDOM)

PREAMBLE

1. The Union of Soviet Socialist Republics, the United Kingdom of Great Britain and Northern Ireland, the United States of America, China, France, Australia, Burma, Canada, Ceylon, India, Indonesia, the Netherlands, New Zealand, Pakistan, the Republic of the Philippines ; hereinafter referred to as "the Allied and Associated Powers," of the one part, and Japan, of the other ;

2. Whereas Japan under the militarist regime became a party to the Tripartite Pact with Germany and Italy, undertook a war of aggression and thereby provoked a state of war with all the Allied and Associated Powers and with other United Nations, and bears her share of responsibility for the war; and

3. Whereas in consequence of the victories of the Allied Forces, the militarist regime in Japan was overthrown and Japan, having surrendered unconditionally, in accordance with the Potsdam Proclamation, signed an Instrument of Surrender on the 2nd September, 1945; and

4. Whereas the Allied and Associated Powers and Japan are desirous of concluding a Treaty of Peace which, in conformity with the principles of justice, will settle questions still outstanding as a result of the events

hereinbefore recited, will enable Japan freely to accept and apply the principles of the Universal Declaration of Human Rights and will form the basis of friendly relations between them;

5. Have therefore agreed to declare the cessation of the state of war and for this purpose to conclude the present Treaty of Peace, and have accordingly appointed the undersigned plenipotentiaries, who, after presentation of their full powers, found in good and due form, have agreed on the following provisions:

PREAMBLE ARTICLE

As from the date of the coming into force of the present treaty, the state of war between Japan and each of the Allied and Associated Powers which ratify of accede to the Treaty is hereby terminated.

PART I - TERRITORIAL CLAUSES

Article 1

Japanese sovereignty shall continue over all the islands and adjacent islets and rocks lying within an area bounded by a line from latitude 30°N in a north-westerly direction to approximately latitude 33°N. 128°E. then northward between the islands of Quelpart, Fukue-Shima bearing north-easterly between Korea and the islands of Tsushima, continuing in this direction with the islands of Oki-Retto to the south-east and Take Shima to the north-west curving with the coast of Honshu, then northerly skirting Rebun Shima passing easterly through Soya Kaikyo approximately 142° E., then in a south-easterly direction paralled to the coast of Hokkaido to 145°30′E. entering Numero Kaikyo at approximately 44°30′ N. in a south-westerly direction to approximately 43°45′ N. and 145°15′ E., then in south-easterly direction to approximately 43°35′ N. 145°35′ E., then bearing north-easterly to approximately 44°N., so excluding Kunashiri, and curving to the east and then bearing south-westerly to include Shikotan at 147°5′ E., being the most easterly point, then in a south-westerly direction with the coastline towards the Nanpo Group of Islands curving south to include Sofu-Gan(Lot's Wife) at 29°50′ N., veering to the northwest towards the coast of Honshu, then at approximately 33°N. turning south-westerly past Shikoku to 30°N. to include Yaku Shima and excluding Kuchino Shima and the Ryuku Islands south of latitude 30° North.

The line above described is plotted on the map attached to the present Treaty(Annex 1).[1] In the case of a discrepancy between the map and the textual description of the line, the latter shall prevail.

Article 2

Japan hereby renounce any claim to sovereignty over, and all right, title and interest in Korea, and undertakes to recognize and respect all such arrangement as may be made by or under the auspices of the United Nations regarding the sovereignty and independence of Korea.

Article 3

Japan hereby cedes to the Union of Soviet Socialist Republics in full sovereignty the Kurile islands, that portion of South Sakhalin over which Japan formerly exercised sovereignty.

---

1   Not printed.

Article 4

Japan hereby cedes to China, in full sovereignty, the island of Formosa and the Pescadores.

Article 5

1. Japan renounces sovereignty over, and all right, title to and interest in the Ryukyu Bonin and Volcano islands, and Marcus island.
2. Japan takes note of the intentions of the United States Government to negotiate a United Nations trusteeship agreement in respect of the Ryukyu and Bonin Volcano Islands when this present Treaty has come into force.

Article 6

Japan renounces all rights, titles, interests and claims to territories or islands formerly administered by her under League of Nations mandate, and all other rights, titles, interests and claims deriving from the League of Nations mandates system or from any undertaking given in connexion therewith, together with all special rights of the Japanese State in respect of any territory now or formerly under mandate.

26. 샌프란시스코강화조약 제1차 미·영 합동 초안
(1951. 5. 3.)

Toyko Post Files : 320.1 Peace Treaty
[SECRET] WASHINGTON, [May 3], 1951.
U.K. contributions   U.S. contributions

JOINT UNTIED STATES - UNITED KINGDOM DRAFT PREPARED DURING THE DISCUSSIONS IN WASHINGTON, APRIL-MAY 1951

PREAMBLE

··· hereinafter referred to as "the Allied Powers", of the one part, and Japan, of the other part ;

whereas the Allied Powers and Japan are resolved that henceforth their relations shall be those of nations which, as sovereign equals, co-operate in friendly association to promote their common welfare and to maintain international peace and security, and are therefore desirous of concluding a Treaty of Peace which will settle questions still outstanding as a result of the existence of a state of war between them and will enable Japan to carry out her declared intentions to apply for membership in the United Nations Organization and in all circumstances to confirm to the principles of the Charter of the United Nations ; to strive to realize the objectives of the Universal Declaration of Human Rights ; to seek to create within

Japan conditions of stability and well-being as defined in Articles 55 and 56 of the Charter of the United Nations and already initiated by post-war Japanese legislation ; and in public and private trade and commerce to conform to internationally accepted fair practices ;

Whereas the Allied Powers welcome the intentions of Japan set out in the foregoing paragraph ;

Have therefore agreed to conclude the present Treaty of Peace and have accordingly appointed the undersigned Plenipotentiaries, who, after presentation of their full powers, found in good and due form, have agreed on the following provisions.

CHAPTER I
PEACE

Article 1

The state of war between Japan and each of the Allied Power is hereby terminated as from the date on which the present Treaty comes into force between Japan and the Allied Power concerned.

CHAPTER II
TERRITORY

Article 2

Japan renounces all rights, titles and claims to Korea (including Quelpart, Port Hamilton and Dagelet), [Formosa and the Pescadores] ; and also all rights, titles and claims in connection with the mandate system [or based on any past activity of Japanese nationals in the Anarctic area.

Japan accepts the action of the United Nations Security Council of April 2, 1947, in relation to extending the trusteeship system to Pacific Islands formerly under mandate to Japan. (U.K. reserves position on passages between square brackets.)

Article 3

JJapan will concur in any proposal …

(이하 생략)

* Foreign Relations of the United States 1951, Vol. VI, pp. 1024~1025.

27. 샌프란시스코강화조약 제2차 미·영 합동 초안
(1951. 6. 14.)

694.001/6-1451

Revised United States - United Kingdom Draft
of a Japanese Peace Treaty

SECRET [LONDON] June 14, 1951.

PREAMBLE

Whereas the Allied Powers and Japan are resolved that henceforth their relations shall be those of nations which, as sovereign equals, cooperate in friendly association to promote their common welfare and to maintain international peace and security, and are therefore desirous of concluding a Treaty of Peace which will settle questions still outstanding as a result of the existence of a state of war between them and will enable Japan to carry out its intention to apply for membership in the United Nations Organization and in all circumstances to conform to the principles of the Charter of the United Nations; to strive to realize the objectives of the Universal Declaration of Human Right; to seek to create within Japan conditions of stability and well-being as defined in Articles 55 and 56 of the Charter of the United Nations and already initiated by post-surrender Japanese legislation; and in public and private trade and commerce to conform to internationally accepted fair practices;

Whereas the Allied Powers welcome the intentions of Japan set out in the foregoing paragraph; The Allied Powers and Japan have therefore agreed to conclude the present Treaty of Peace, and have accordingly appointed the undersigned Plenipotentiaries, who, after presentation of their full powers, found in good and due form, have agreed on the following provisions.

CHAPTER I
PEACE

Article 1

The state of war between Japan and each of the Allied Power is hereby terminated as from the date on which the present Treaty comes into force between Japan and the Allied Power concerned.

CHAPTER II
TERRITORY

Article 2

(a) Japan, recognizing the independence of Korea, renounces all right, title and claim to Korea, including the islands of Quelpart, Port Hamilton and Dagelet.

(b) Japan renounces all right, title and claims to Formosa and the Pescadores.

(c) Japan renounces all right, title and claims to the Kurile Islands, and to that portion of Sakhalin and the islands adjacent to it over which Japan acquired sovereignty as a consequence of the Treaty of Portsmouth of September 5, 1905.

(d) Japan renounces all right, title and claim in connection with the League of Nations Mandate System, and accepts the action of the United Nations Security Council of April 2, 1947, extending the trusteeship system to the Pacific Islands formerly under mandate to Japan.

(e) Japan renounces all claim to any right or title to or interest in connection with any part of the Antarctic area, whether deriving from the activities of Japanese nationals or otherwise.

(f) Japan renounces all right, title and claim to Spratly Island and the Paracel Islands.

Article 3

Japan will concur in any proposal of the United States to the United Nations to place under its trusteeship system, with the United States as the administering authority, the Ryukyu Islands south of 29° north latitude, the Bonin Islands, including Rosario Island, the Volcano Islands, Parece Vela and Marcus Island.

Pending the making of such a proposal and affirmative action thereon, the United States will have the right to exercise all and powers of administration, legislation, and jurisdiction over the territory and inhabitants of these islands, including their territorial waters.

Article 4

(a) The disposition of property and claims, including debts, of Japan and its nationals in or against the authorities presently administering the areas referred to in Articles 2 and 3 the residents (including juridical persons) thereof, and of such authorities and residents against Japan and its nationals, shall be the subject of special arrangements between

Japan and such authorities.

The property of any the Allied Powers of its nationals in the areas referred to in Articles 2 and 3 shall, insofar as this has not already been done, be returned in the condition in which it now exists. (The term nationals whenever used in the present Treaty includes juridical persons.)

(b) Japanese owned submarine cables connecting Japan with territory removed from Japanese control pursuant to the present Treaty shall be equally divided, Japan retaining the Japanese terminal and adjoining half of the cable, and the detached territory the remainder of the cable connecting terminal facilities.

CHAPTER II
SECURITY

Article 5

(a) Japan accepts the obligation …

(이하 생략)

* Foreign Relations of the United States 1951, Vol. VI, pp. 1119~1121.

28. 양유찬 대사의 덜레스에 대한 공한(1951. 7. 19.)

July 19, 1951

Your Excellency,

I have the honor to present to Your Excellency, at the instruction of my Government, the following requests for the consideration of the Department of State with regard to the recent revised draft of the Japanese Peace Treaty.

1. My Government requests that the world "renounces" in Paragraph A, Article Number 2, should be replaced by "confirms that it renounced on August 9, 1945, all right, title and claim to Korea and the islands which were part of Korea prior to its annexation by Japan, including the islands Quelpart, Port Hamilton, Dagelet, Dokdo and Parangdo."
2. As to Paragraph A, Article Number 4, in the proposed Japanese Peace Treaty, my Government wishes to point out that the provision in paragraph A, Article 4, does not affect the legal transfer of vested properties in Korea to the Republic of Korea through decision by the Supreme Commander of the Allied Forces in the Pacific following the defeat of Japan confirmed three years later in the Economic and Financial Agreement between the Republic of Korea and United States Military Government in Korea, of September 11, 1948.
3. With reference to Article 9, my Government wishes to interest the following at the end of Article 9 of the proposed Peace Treaty, "Pending

the conclusion of such agreements existing realities such as the MacArthur Line will remain in effect."

Pleaseaccept, Excellency, the renewed assurances of my highest consideration.

You Chan Yang

His Excellency
Lean G. Acheson
Secretary of State
Washington D.C.

* Foreign Relations of the United States 1951, Vol. VI, p. 1206.

29. 양유찬 대사의 애치슨 미 국무부 장관에 대한 공한
(1951. 8. 2.)

KOREAN EMBASSY
WASHINGTON, D.C.

August 2, 1951

Your Excellency,

I have the honor to present to Your Excellency to my communication to you for July 19, 1951 with reference to requests by the Korean Government for the consideration of the Department of State of certain suggestions in connection with the revised draft of the Japanese Peace Treaty. Further instructions from my Government enable me to convey to Your Excellency the following suggestions with respect to the revised Treaty, looking towards their incorporation in the document :

1. Article 4 : Japan renounces property of Japan and its nationals in Korea and the claims of Japan and its nationals against Korea and its nationals on or before August nine, Nineteen hundred Forty-One.
   Article 9 : The MacArthur Line shall remain until such agreement be concluded.
   Article 21 : And Korea to the benefits of Articles 2, 9, 12 and 15-a of the present Treaty.
   please accept, Excellency, the renewed assurances of my highest

consideration.

You Chan Yang

His Excellency
Lean G. Acheson
Secretary of State
Washington D.C.

30. 양유찬 대사의 공한에 대한 미국 정부의 검토서
(1951. 8. 3.)

STANDARD FORM NO. 64

Office Memorandum-UNITED STATES GOVERNMENT

TO : S- Mr. Allison   DATE : August 3, 1951
FROM : NA - Mr. Fearey
SUBJECT : Islands

In his attached memorandum, Mr. Boggs States that although he has "tried all resources in Washington" he has been unable to identify Dokdo and Parangdo, mentioned in the Korean Embassy's note. On receiving Bogg's memo I asked the Korean desk to find out whether anyone in the Korean Embassy knew where they were.

Frelinghuysen later reported that an Embassy officer had told him they believed Dokdo was near Ullungdo, or Takeshima Rock, and suspected that Parangdo was too. Apparently that is all we can learn short of a cable to Muccio.

As regards the French desire to change "Spratly Island" to "the Spratly Islands", Boggs now says that the plural is probably better though he has always previously supported the singular. Spratly is definitely a group of islands, not just one islan.

Dean Rusk

FE:NA:RAFearey:re

31. 러스크 서한(1951. 8. 9.)

Excellency:

I have the honor to acknowledge the receipt of your notes of July 19 and August 2, 1951 presenting certain requests for the consideration of the Government of the United States with regard to the draft treaty of peace with Japan.

With respect to the request of the Korean Government that Article 2(a) of the draft be revised to provide that Japan "confirms that it renounced on August 9, 1945, all right, title and claim to Korea and the islands which were part of Korea prior to its annexation by Japan, including the islands Quelpart, Port Hamilton, Dagelet, Dokdo and Parangdo," the United States Government regrets that it is unable to concur in this proposed amendment. The United States Government does not feel that the Treaty should adopt the theory that Japan's acceptance of the Potsdam Declaration on August 9, 1945 constituted a formal or final renunciation of sovereignty by Japan over the areas dealt with in the declaration. As regards the islands of Dokdo, otherwise known as Takeshima or Liancourt Rocks, this normally uninhabited rock formation was according to our information never treated as part of Korea and, since about 1905, has been under the jurisdiction of the Oki Islands Branch Office of Shimane Prefecture of Japan. The island does not appear ever before to have been claimed by Korea. It is understood that the Korean Government's request that "Parangdo" be included among the islands named in the treaty as having been renounced by Japan has been withdrawn.

The United States Government agrees that the terms of paragraph (a) of Article 4 of the draft treaty are subject to misunderstanding and accordingly proposes, in order to meet the view of the Korean Government, to insert at the beginning of paragraph (a) the phrase, "Subject to the provisions of paragraph (b) of this Article", and then to add a new paragraph (b) reading as follows:

(b) "Japan recognizes the validity of dispositions of property of Japan and Japanese nationals made by or pursuant to directives of United States Military Government in any of the areas referred to in Article 2 and 3."

The government of the United States regrets that it is unable to accept the Korean Government's amendment to Article 9 of the draft treaty. In view of the many national interests involved, any attempt to include in the treaty provisions governing fishing in high seas areas would indefinitely delay the treaty's conclusion. It is desired to point out, however, that the so-called MacArthur line will stand until the treaty comes into force, and that Korea, which obtains the benefits of Article 9, will have the opportunity of negotiating a fishing agreement with Japan prior to that date.

With respect to the Korean Government's desire to obtain the benefits of Article 15(a) of the treaty, there would seem to be no necessity to oblige Japan to return the property of persons in Japan of Korean origin since such property was not sequestered or otherwise interfered with by the Japanese Government during the war.

In view of the fact that such persons had the status of Japanese nationals it would not seem appropriate that they obtain compensation for demage to their property as result of the war.

Accept, Excellency, the renewed assurances of my highest consideration.

for the Secretary of State :

Dean Rusk

FE:NA:RFEAREY:SB

August 9, 1951

32. Treaty of Peace with Japan

Treaty of Peace with Japan

Signed at San Francisco, 8 September 1951

Initial entry into force : 28 April 1952

WHEREAS the Allied Powers and Japan are resolved that henceforth their relations shall be those of nations which, as sovereign equals, cooperate in friendly association to promote their common welfare and to maintain international peace and security, and are therefore desirous of concluding a Treaty of Peace which will settle questions still outstanding as a result of the existence of a state of war between them;

WHEREAS Japan for its part declares its intention to apply for membership in the United Nations and in all circumstances to conform to the principles of the Charter of the United Nations; to strive to realize the objectives of the Universal Declaration of Human Rights; to seek to create within Japan conditions of stability and well-being as defined in Articles 55 and 56 of the Charter of the United Nations and already initiated by post-surrender Japanese legislation; and in public and private trade and commerce to conform to internationally accepted fair practices;

WHEREAS the Allied Powers welcome the intentions of Japan set out in the foregoing paragraph;

THE ALLIED POWERSAND JAPAN have therefore determined to

conclude the present Treaty of Peace, and have accordingly appointed the undersigned Plenipotentiaries, who, after presentation of their full powers, found in good and due form, have agreed on the following provisions:

CHAPTER I
PEACE

Article 1

(a) The state of war between Japan and each of the Allied Powers is terminated as from the date on which the present Treaty comes into force between Japan and the Allied Power concerned as provided for in Article 23.

(b) The Allied Powers recognize the full sovereignty of the Japanese people over Japan and its territorial waters.

CHAPTER II
TERRITORY

Article 2

(a) Japan recognizing the independence of Korea, renounces all right, title and claim to Korea, including the islands of Quelpart, Port Hamilton and Dagelet.

(b) Japan renounces all right, title and claim to Formosa and the Pescadores.

(c) Japan renounces all right, title and claim to the Kurile Islands, and to that portion of Sakhalin and the islands adjacent to it over which Japan acquired sovereignty as a consequence of the Treaty of Portsmouth of 5

September 1905.

(d) Japan renounces all right, title and claim in connection with the League of Nations Mandate System, and accepts the action of the United Nations Security Council of 2 April 1947, extending the trusteeship system to the Pacific Islands formerly under mandate to Japan.

(e) Japan renounces all claim to any right or title to or interest in connection with any part of the Antarctic area, whether deriving from the activities of Japanese nationals or otherwise.

(f) Japan renounces all right, title and claim to the Spratly Islands and to the Paracel Islands.

Article 3

Japan will concur in any proposal of the United States to the United Nations to place under its trusteeship system, with the United States as the sole administering authority, Nansei Shoto south of 29deg. north latitude (including the Ryukyu Islands and the Daito Islands), Nanpo Shoto south of Sofu Gan (including the Bonin Islands, Rosario Island and the Volcano Islands) and Parece Vela and Marcus Island. Pending the making of such a proposal and affirmative action thereon, the United States will have the right to exercise all and any powers of administration, legislation and jurisdiction over the territory and inhabitants of these islands, including their territorial waters.

Article 4

(a) Subject to the provisions of paragraph (b) of this Article, the disposition of property of Japan and of its nationals in the areas referred to in Article 2, and their claims, including debts, against the authorities presently administering such areas and the residents (including juridical persons) thereof, and the disposition in Japan of property of such authorities and residents, and of claims, including debts, of such authorities and residents against Japan and its nationals, shall be the subject of special arrangements between Japan and such authorities. The property of any of the Allied Powers or its nationals in the areas referred to in Article 2 shall, insofar as this has not already been done, be returned by the administering authority in the condition in which it now exists. (The term nationals whenever used in the present Treaty includes juridical persons.)

(b) Japan recognizes the validity of dispositions of property of Japan and Japanese nationals made by or pursuant to directives of the United States Military Government in any of the areas referred to in Articles 2 and 3.

(c) Japanese owned submarine cables connection Japan with territory removed from Japanese control pursuant to the present Treaty shall be equally divided, Japan retaining the Japanese terminal and adjoining half of the cable, and the detached territory the remainder of the cable and connecting terminal facilities.

CHAPTER III
SECURITY

Article 5

(a) Japan accepts the obligations set forth in Article 2 of the Charter of the United Nations, and in particular the obligations

(i) to settle its international disputes by peaceful means in such a manner that international peace and security, and justice, are not endangered;

(ii) to refrain in its international relations from the threat or use of force against the territorial integrity or political independence of any State or in any other manner inconsistent with the Purposes of the United Nations;

(iii) to give the United Nations every assistance in any action it takes in accordance with the Charter and to refrain from giving assistance to any State against which the United Nations may take preventive or enforcement action.

(b) The Allied Powers confirm that they will be guided by the principles of Article 2 of the Charter of the United Nations in their relations with Japan.

(c) The Allied Powers for their part recognize that Japan as a sovereign nation possesses the inherent right of individual or collective self-defense referred to in Article 51 of the Charter of the United Nations and that Japan may voluntarily enter into collective security arrangements.

Article 6

(a) All occupation forces of the Allied Powers shall be withdrawn from Japan as soon as possible after the coming into force of the present Treaty, and in any case not later than 90 days thereafter. Nothing in this provision shall, however, prevent the stationing or retention of foreign armed forces in Japanese territory under or in consequence of any bilateral or multilateral agreements which have been or may be made between one or more of the Allied Powers, on the one hand, and

Japan on the other.

(b) The provisions of Article 9 of the Potsdam Proclamation of 26 July 1945, dealing with the return of Japanese military forces to their homes, to the extent not already completed, will be carried out.

(c) All Japanese property for which compensation has not already been paid, which was supplied for the use of the occupation forces and which remains in the possession of those forces at the time of the coming into force of the present Treaty, shall be returned to the Japanese Government within the same 90 days unless other arrangements are made by mutual agreement.

CHAPTER IV
POLITICAL AND ECONOMIC CLAUSES

Article 7

(a) Each of the Allied Powers, within one year after the present Treaty has come into force between it and Japan, will notify Japan which of its prewar bilateral treaties or conventions with Japan it wishes to continue in force or revive, and any treaties or conventions so notified shall continue in force or by revived subject only to such amendments as may be necessary to ensure conformity with the present Treaty. The treaties and conventions so notified shall be considered as having been continued in force or revived three months after the date of notification and shall be registered with the Secretariat of the United Nations. All such treaties and conventions as to which Japan is not so notified shall be regarded as abrogated.

(b) Any notification made under paragraph (a) of this Article may except from the operation or revival of a treaty or convention any territory for the international relations of which the notifying Power is responsible, until three months after the date on which notice is given to Japan that such exception shall cease to apply.

Article 8

(a) Japan will recognize the full force of all treaties now or hereafter concluded by the Allied Powers for terminating the state of war initiated on 1 September 1939, as well as any other arrangements by the Allied Powers for or in connection with the restoration of peace. Japan also accepts the arrangements made for terminating the former League of Nations and Permanent Court of International Justice.

(b) Japan renounces all such rights and interests as it may derive from being a signatory power of the Conventions of St. Germain-en-Laye of 10 September 1919, and the Straits Agreement of Montreux of 20 July 1936, and from Article 16 of the Treaty of Peace with Turkey signed at Lausanne on 24 July 1923.

(c) Japan renounces all rights, title and interests acquired under, and is discharged from all obligations resulting from, the Agreement between Germany and the Creditor Powers of 20 January 1930 and its Annexes, including the Trust Agreement, dated 17 May 1930, the Convention of 20 January 1930, respecting the Bank for International Settlements; and the Statutes of the Bank for International Settlements. Japan will notify to the Ministry of Foreign Affairs in Paris within six months of the first coming into force of the present Treaty its renunciation of the rights, title and interests referred to in this paragraph.

Article 9

Japan will enter promptly into negotiations with the Allied Powers so desiring for the conclusion of bilateral and multilateral agreements providing for the regulation or limitation of fishing and the conservation and development of fisheries on the high seas.

Article 10

Japan renounces all special rights and interests in China, including all benefits and privileges resulting from the provisions of the final Protocol signed at Peking on 7 September 1901, and all annexes, notes and documents supplementary thereto, and agrees to the abrogation in respect to Japan of the said protocol, annexes, notes and documents.

Article 11

Japan accepts the judgments of the International Military Tribunal for the Far East and of other Allied War Crimes Courts both within and outside Japan, and will carry out the sentences imposed thereby upon Japanese nationals imprisoned in Japan. The power to grant clemency, to reduce sentences and to parole with respect to such prisoners may not be exercised except on the decision of the Government or Governments which imposed the sentence in each instance, and on recommendation of Japan. In the case of persons sentenced by the International Military Tribunal for the Far East, such power may not be exercised except on the decision of a majority of the Governments represented on the Tribunal, and on the recommendation of Japan.

Article 12

(a) Japan declares its readiness promptly to enter into negotiations for the conclusion with each of the Allied Powers of treaties or agreements to place their trading, maritime and other commercial relations on a stable and friendly basis.

(b) Pending the conclusion of the relevant treaty or agreement, Japan will, during a period of four years from the first coming into force of the present Treaty

   (1) accord to each of the Allied Powers, its nationals, products and vessels

      (i) most-favoured-nation treatment with respect to customs duties, charges, restrictions and other regulations on or in connection with the importation and exportation of goods;

      (ii) national treatment with respect to shipping, navigation and imported goods, and with respect to natural and juridical persons and their interests - such treatment to include all matters pertaining to the levying and collection of taxes, access to the courts, the making and performance of contracts, rights to property (tangible and intangible), participating in juridical entities constituted under Japanese law, and generally the conduct of all kinds of business and professional activities;

   (2) ensure that external purchases and sales of Japanese state trading enterprises shall be based solely on commercial considerations.

(c) In respect to any matter, however, Japan shall be obliged to accord to an Allied Power national treatment, or most-favored-nation treatment, only to the extent that the Allied Power concerned accords Japan national treatment or most-favored-nation treatment, as the case may be, in respect of the same matter. The reciprocity envisaged in the foregoing sentence shall be determined, in the case of products, vessels and juridical entities of, and persons domiciled in, any non-metropolitan territory of an Allied Power, and in the case of juridical entities of, and persons domiciled in, any state or province of an Allied Power having a federal government, by reference to the treatment accorded to Japan in such territory, state or province.

(d) In the application of this Article, a discriminatory measure shall not be considered to derogate from the grant of national or most-favored-nation treatment, as the case may be, if such measure is based on an exception customarily provided for in the commercial treaties of the party applying it, or on the need to safeguard that party's external financial position or balance of payments (except in respect to shiping and navigation), or on the need to maintain its essential security interests, and provided such measure is proportionate to the circumstances and not applied in an arbitrary or unreasonable manner.

(e) Japan's obligations under this Article shall not be affected by the exercise of any Allied rights under Article 14 of the present Treaty; nor shall the provisions of this Article be understood as limiting the undertakings assumed by Japan by virtue of Article 15 of the Treaty.

Article 13

(a) Japan will enter into negotiations with any of the Allied Powers, promptly upon the request of such Power or Powers, for the conclusion of bilateral or multilateral agreements relating to international civil air transport.

(b) Pending the conclusion of such agreement or agreements, Japan will, during a period of four years from the first coming into force of the present Treaty, extend to such Power treatment not less favorable with respect to air-traffic rights and privileges than those exercised by any such Powers at the date of such coming into force, and will accord complete equality of opportunity in respect to the operation and development of air services.

(c) Pending its becoming a party to the Convention on International Civil Aviation in accordance with Article 93 thereof, Japan will give effect to the provisions of that Convention applicable to the international navigation of aircraft, and will give effect to the standards, practices and procedures adopted as annexes to the Convention in accordance with the terms of the Convention.

CHAPTER V
CLAIMS AND PROPERTY

Article 14

(a) It is recognized that Japan should pay reparations to the Allied Powers for the damage and suffering caused by it during the war. Nevertheless it is also recognized that the resources of Japan are not presently sufficient, if it is to maintain a viable economy, to make complete reparation for all such damage and suffering and at the same time meet its other obligations.

Therefore,

1. Japan will promptly enter into negotiations with Allied Powers so desiring, whose present territories were occupied by Japanese forces and damaged by Japan, with a view to assisting to compensate

those countries for the cost of repairing the damage done, by making available the services of the Japanese people in production, salvaging and other work for the Allied Powers in question. Such arrangements shall avoid the imposition of additional liabilities on other Allied Powers, and, where the manufacturing of raw materials is called for, they shall be supplied by the Allied Powers in question, so as not to throw any foreign exchange burden upon Japan.

2. (I) Subject to the provisions of subparagraph (II) below, each of the Allied Powers shall have the right to seize, retain, liquidate or otherwise dispose of all property, rights and interests of

(a) Japan and Japanese nationals,

(b) persons acting for or on behalf of Japan or Japanese nationals, and

(c) entities owned or controlled by Japan or Japanese nationals,

which on the first coming into force of the present Treaty were subject to its jurisdiction. The property, rights and interests specified in this subparagraph shall include those now blocked, vested or in the possession or under the control of enemy property authorities of Allied Powers, which belong to, or were held or managed on behalf of, any of the persons or entities mentioned in (a), (b) or (c) above at the time such assets came under the controls of such authorities.

(II) The following shall be excepted from the right specified in subparagraph (I) above:

(i) property of Japanese natural persons who during the war resided with the permission of the Government concerned in the territory of one of the Allied Powers, other than territory occupied by Japan, except property subjected to restrictions during the war and not released from such restrictions as of the date of the first coming into force of the present Treaty;

(ii) all real property, furniture and fixtures owned by the Government of Japan and used for diplomatic or consular purposes, and all personal furniture and furnishings and other private property not of an investment nature which was normally necessary for the carrying out of diplomatic and consular functions, owned by Japanese diplomatic and consular personnel;

(iii) property belonging to religious bodies or private charitable institutions and used exclusively for religious or charitable purposes;

(iv) property, rights and interests which have come within its jurisdiction in consequence of the resumption of trade and financial relations subsequent to 2 September 1945, between the country concerned and Japan, except such as have resulted from transactions contrary to the laws of the Allied Power concerned;

(v) obligations of Japan or Japanese nationals, any right, title or interest in tangible property located in Japan, interests in enterprises organized under the laws of Japan, or any paper evidence thereof; provided that this exception shall only apply to obligations of Japan and its nationals expressed in Japanese currency.

(III) Property referred to in exceptions (i) through (v) above shall be returned subject to reasonable expenses for its preservation and administration. If any such property has been liquidated the proceeds shall be returned instead.

(IV) The right to seize, retain, liquidate or otherwise dispose of property as provided in subparagraph (I) above shall be exercised in accordance with the laws of the Allied Power concerned, and the owner shall have only such rights as may be given him by those laws.

(V) The Allied Powers agree to deal with Japanese trademarks and literary and artistic property rights on a basis as favorable to Japan as circumstances ruling in each country will permit.

(b) Except as otherwise provided in the present Treaty, the Allied Powers waive all reparations claims of the Allied Powers, other claims of the Allied Powers and their nationals arising out of any actions taken by Japan and its nationals in the course of the prosecution of the war, and claims of the Allied Powers for direct military costs of occupation.

Article 15

(a) Upon application made within nine months of the coming into force of the present Treaty between Japan and the Allied Power concerned, Japan will, within six months of the date of such application, return the property, tangible and intangible, and all rights or interests of any kind in Japan of each Allied Power and its nationals which was within Japan at any time between 7 December 1941 and 2 September 1945, unless the owner has freely disposed thereof without duress or fraud. Such property shall be returned free of all encumbrances and charges to which it may have become subject because of the war, and without any charges for its return. Property whose return is not applied for by or on behalf of the owner or by his Government within the prescribed period may be disposed of by the Japanese Government as it may determine. In cases where such property was within Japan on 7 December 1941, and cannot be returned or has suffered injury or damage as a result of the war, compensation will be made on terms not less favorable than the terms provided in the draft Allied Powers Property Compensation Law approved by the Japanese Cabinet on 13 July 1951.

(b) With respect to industrial property rights impaired during the war, Japan will continue to accord to the Allied Powers and their nationals benefits no less than those heretofore accorded by Cabinet Orders No. 309 effective 1 September 1949, No. 12 effective 28 January 1950, and No. 9 effective 1 February 1950, all as now amended, provided such nationals have applied for such benefits within the time limits prescribed therein.

(c) (i) Japan acknowledges that the literary and artistic property rights which existed in Japan on 6 December 1941, in respect to the published and unpublished works of the Allied Powers and their nationals have continued in force since that date, and recognizes those rights which have arisen, or but for the war would have arisen, in Japan since that date, by the operation of any conventions and agreements to which Japan was a party on that date, irrespective of whether or not such conventions or agreements were abrogated or suspended upon or since the outbreak of war by the domestic law of Japan or of the Allied Power concerned.

(ii) Without the need for application by the proprietor of the right and without the payment of any fee or compliance with any other formality, the period from 7 December 1941 until the coming into force of the present Treaty between Japan and the Allied Power concerned shall be excluded from the running of the normal term of such rights; and such period, with an additional period of six months, shall be excluded from the time within which a literary work must be translated into Japanese in order to obtain translating rights in Japan.

Article 16

As an expression of its desire to indemnify those members of the armed forces of the Allied Powers who suffered undue hardships while prisoners of war of Japan, Japan will transfer its assets and those of its nationals in countries which were neutral during the war, or which were at war with any of the Allied Powers, or, at its option, the equivalent of such assets, to the International Committee of the Red Cross which shall liquidate such assets and distribute the resultant fund to appropriate national agencies, for the benefit of former prisoners of war and their families on such basis as it may determine to be equitable. The categories of assets described in Article 14(a)2(II)(ii) through (v) of the present Treaty shall be excepted from transfer, as well as assets of Japanese natural persons not residents of Japan on the first coming into force of the Treaty. It is equally understood that the transfer provision of this Article has no application to the 19,770 shares in the Bank for International Settlements presently owned by Japanese financial institutions.

Article 17

(a) Upon the request of any of the Allied Powers, the Japanese

Government shall review and revise in conformity with international law any decision or order of the Japanese Prize Courts in cases involving ownership rights of nationals of that Allied Power and shall supply copies of all documents comprising the records of these cases, including the decisions taken and orders issued. In any case in which such review or revision shows that restoration is due, the provisions of Article 15 shall apply to the property concerned.

(b) The Japanese Government shall take the necessary measures to enable nationals of any of the Allied Powers at any time within one year from the coming into force of the present Treaty between Japan and the Allied Power concerned to submit to the appropriate Japanese authorities for review any judgment given by a Japanese court between 7 December 1941 and such coming into force, in any proceedings in which any such national was unable to make adequate presentation of his case either as plaintiff or defendant. The Japanese Government shall provide that, where the national has suffered injury by reason of any such judgment, he shall be restored in the position in which he was before the judgment was given or shall be afforded such relief as may be just and equitable in the circumstances.

Article 18

(a) It is recognized that the intervention of the state of war has not affected the obligation to pay pecuniary debts arising out of obligations and contracts (including those in respect of bonds) which existed and rights which were acquired before the existence of a state of war, and which are due by the Government or nationals of Japan to the Government or nationals of one of the Allied Powers, or are due by the Government or nationals of one of the Allied Powers to the Government or nationals of Japan. The intervention of a state of war shall equally not be regarded as affecting the obligation to consider on their merits claims for loss or damage to property or for personal injury or death which arose before the existence of a state of war, and which may be presented or re-presented by the Government of one of the Allied Powers to the Government of Japan, or by the Government of Japan to any of the Governments of the Allied Powers. The provisions of this paragraph are without prejudice to the rights conferred by Article 14.

(b) Japan affirms its liability for the prewar external debt of the Japanese State and for debts of corporate bodies subsequently declared to be liabilities of the Japanese State, and expresses its intention to enter into negotiations at an early date with its creditors with respect to the resumption of payments on those debts; to encourage negotiations in respect to other prewar claims and obligations; and to facilitate the transfer of sums accordingly.

Article 19

(a) Japan waives all claims of Japan and its nationals against the Allied Powers and their nationals arising out of the war or out of actions taken because of the existence of a state of war, and waives all claims arising from the presence, operations or actions of forces or authorities of any of the Allied Powers in Japanese territory prior to the coming into force of the present Treaty.

(b) The foregoing waiver includes any claims arising out of actions taken by any of the Allied Powers with respect to Japanese ships between 1 September 1939 and the coming into force of the present Treaty, as well as any claims and debts arising in respect to Japanese prisoners of war and civilian internees in the hands of the Allied Powers, but does not include Japanese claims specifically recognized in the laws of any Allied Power enacted since 2 September 1945.

(c) Subject to reciprocal renunciation, the Japanese Government also renounces all claims (including debts) against Germany and German nationals on behalf of the Japanese Government and Japanese nationals, including intergovernmental claims and claims for loss or damage sustained during the war, but excepting (a) claims in respect of contracts entered into and rights acquired before 1 September 1939, and (b) claims arising out of trade and financial relations between Japan and Germany after 2 September 1945. Such renunciation shall not prejudice actions taken in accordance with Articles 16 and 20 of the present Treaty.

(d) Japan recognizes the validity of all acts and omissions done during the period of occupation under or in consequence of directives of the occupation authorities or authorized by Japanese law at that time, and will take no action subjecting Allied nationals to civil or criminal liability arising out of such acts or omissions.

Article 20

Japan will take all necessary measures to ensure such disposition of German assets in Japan as has been or may be determined by those powers entitled under the Protocol of the proceedings of the Berlin Conference of 1945 to dispose of those assets, and pending the final disposition of such assets will be responsible for the conservation and administration thereof.

Article 21

Notwithstanding the provisions of Article 25 of the present Treaty, China shall be entitled to the benefits of Articles 10 and 14(a)2; and Korea to the benefits of Articles 2, 4, 9 and 12 of the present Treaty.

CHAPTER VI
SETTLEMENT OF DISPUTES

Article 22

If in the opinion of any Party to the present Treaty there has arisen a dispute concerning the interpretation or execution of the Treaty, which is not settled by reference to a special claims tribunal or by other agreed means, the dispute shall, at the request of any party thereto, be referred for decision to the International Court of Justice. Japan and those Allied Powers which are not already parties to the Statute of the International Court of Justice will deposit with the Registrar of the Court, at the time of their respective ratifications of the present Treaty, and in conformity with the resolution of the United Nations Security Council, dated 15 October 1946, a general declaration accepting the jurisdiction, without special agreement, of the Court generally in respect to all disputes of the character referred to in this Article.

CHAPTER VII
FINAL CLAUSES

Article 23

(a) The present Treaty shall be ratified by the States which sign it, including Japan, and will come into force for all the States which have then ratified it, when instruments of ratification have been deposited by Japan and by a majority, including the United States of America as the principal occupying Power, of the following States, namely Australia, Canada, Ceylon, France, Indonesia, the Kingdom of the Netherlands, New Zealand, Pakistan, the Republic of the Philippines, the United Kingdom of Great Britain and Northern Ireland, and the United States of America. The present Treaty shall come into force of each State which subsequently ratifies it, on the date of the deposit of its instrument of ratification.

(b) If the Treaty has not come into force within nine months after the date of the deposit of Japan's ratification, any State which has ratified it may bring the Treaty into force between itself and Japan by a notification to that effect given to the Governments of Japan and the United States of America not later than three years after the date of deposit of Japan's ratification.

Article 24

All instruments of ratification shall be deposited with the Government of the United States of America which will notify all the signatory States of each such deposit, of the date of the coming into force of the Treaty under paragraph (a) of Article 23, and of any notifications made under paragraph (b) of Article 23.

Article 25

For the purposes of the present Treaty the Allied Powers shall be the States at war with Japan, or any State which previously formed a part of the territory of a State named in Article 23, provided that in each case the State concerned has signed and ratified the Treaty. Subject to the provisions of Article 21, the present Treaty shall not confer any rights, titles or benefits on any State which is not an Allied Power as herein defined; nor shall any right, title or interest of Japan be deemed to be diminished or prejudiced by any provision of the Treaty in favour of a State which is not an Allied Power as so defined.

Article 26

Japan will be prepared to conclude with any State which signed or adhered to the United Nations Declaration of 1 January 1942, and which is at war with Japan, or with any State which previously formed a part of the territory of a State named in Article 23, which is not a signatory of the present Treaty, a bilateral Treaty of Peace on the same or substantially the same terms as are provided for in the present Treaty, but this obligation on the part of Japan will expire three years after the first coming into force of the present Treaty. Should Japan make a peace settlement or war claims settlement with any State granting that State greater advantages than those provided by the present Treaty, those same advantages shall be extended to the parties to the present Treaty.

Article 27

The present Treaty shall be deposited in the archives of the Government of the United States of America which shall furnish each signatory State with a certified copy thereof.

IN FAITH WHEREOF the undersigned Plenipotentiaries have signed the present Treaty.

DONE at the city of San Francisco this eighth day of September 1951, in the English, French, and Spanish languages, all being equally authentic, and in the Japanese language.

For Argentina:
Hipólito J. PAZ

For Australia:
Percy C. SPENDER

For Belgium:
Paul VAN ZEELAND SILVERCRUYS

For Bolivia:
Luis GUACHALLA

For Brazil:
Carlos MARTINS
A. DE MELLO-FRANCO

For Cambodia:
PHLENG

For Canada:
Lester B. PEARSON

R. W. MAYHEW

For Ceylon:
J. R. JAYEWARDENE
G. C. S. COREA
R. G. SENANAYAKE

For Chile:
F. NIETODEL RÍO

For Colombia:
Cipríano RESTREPO JARAMILLO
Sebastián OSPINA

For Costa Rica:
J. Rafael OREAMUNO
V. VARGAS
Luis DOBLES SÁNCHEZ

For Cuba:
O. GANS
L. MACHADO
Joaquín MEYER

For the Dominican Republic:
V. ORDÓÑEZ
Luis F. THOMEN

For Ecuador:

A. QUEVEDO

R. G. VALENZUELA

For Egypt:

Kamil A. RAHIM

For El Salvador:

Héctor DAVID CASTRO

Luis RIVAS PALACIOS

For Ethiopia:

Men YAYEJIJRAD

For France:

SCHUMANN

H. BONNET

Paul-Émile NAGGIAR

For Greece:

A. G. POLITIS

For Guatemala:

E. CASTILLO A.

A. M. ORELLANA

J. MENDOZA

For Haiti:

Jacques N. LÉGER

Gust. LARAQUE

For Honduras:

J. E. VALENZUELA

Roberto GÁLVEZ B.

Raúl ALVARADO T.

For Indonesia:

Ahmad SUBARDJO

For Iran:

A. G. ARDALAN

For Iraq:

A. I. BAKR

For Laos:

SAVANG

For Lebanon:

Charles MALIK

For Liberia:

Gabriel L. DENNIS

James ANDERSON

Raymond HORACE

J. Rudolf GRIMES

For the Grand Duchy of Luxembourg:
Hugues LE GALLAIS

For Mexico:
RafaelDELA COLINA
Gustavo DÍAZ ORDAZ
A. P. GASGA

For the Netherlands:
D. U. STIKKER
J. H. VAN ROIJEN

For New Zealand:
C. BERENDSEN

For Nicaragua:
G. SEVILLA SACASA
Gustavo MANZANARES

For Norway:
Wilhelm Munthe MORGENSTERNE

For Pakistan:
ZAFRULLAH KHAN

For Panama:

Ignacio MOLINO

José A. REMON

Alfredo ALEMÁN

J. CORDOVEZ

For Peru:

Luis Oscar BOETTNER

For the Republic of the Philippines:

Carlos P. RÓMULO

J. M. ELIZALDE

Vicente FRANCISCO

Diosdado MACAPAGAL

Emiliano T. TIRONA

V. G. SINCO

For Saudi Arabia:

Asad AL-FAQIH

For Syria:

F. EL-KHOURI

For Turkey:

Feridun C. ERKIN

For the Union of South Africa:

G. P. JOOSTE

For the United Kingdom of Great Britain and Northern Ireland:
Herbert MORRISON
Kenneth YOUNGER
Oliver FRANKS

For the United States of America:
Dean ACHESON
John Foster DULLES
Alexander WILEY
John J. SPARKMAN

For Uruguay:
José A. MORA

For Venezuela:
Antonio M. ARAUJO
R. GALLEGOS M.

For Viet-Nam:
T. V. HUU
T. VINH
D. THANH
BUU KINH

For Japan:
Shigeru YOSHIDA

Hayato IKEDA

Gizo TOMABECHI

Niro HOSHIJIMA

Muneyoshi TOKUGAWA

Hisato ICHIMADA

33. 샌프란시스코강화조약

샌프란시스코강화조약

1951. 9. 8. 체결
1952. 4. 28. 발효

연합국과 일본은 앞으로의 관계는 동등한 주권 국가로서 그들의 공동 복지를 증진시키고, 국제 평화 및 안보를 유지하기 위해 우호적으로 협력하는 관계가 될 것이라고 결의하며, 그들 간에 전쟁 상태가 지속됨으로써 여전히 미해결 중인 여러 문제들을 해결할 평화조약을 체결하기를 희망한다.

일본은 유엔에 가입하여, 어떤 상황에서도 유엔헌장의 원칙들을 준수하고, 세계인권선언의 취지를 실현하기 위해 노력하고, 일본 내에서 유엔헌장 제55조 및 제56조에 규정된, 그리고 일본이 항복한 이후 이미 일본의 입법에 의해 시작된 안정과 복지에 관한 조건들을 조성하기 위해 모색하며, 공적 및 사적 무역 및 통상에서 국제적으로 인정된 공정한 관행들을 준수하고자 한다.

연합국이 위에서 언급된 일본의 의도를 환영하므로, 연합국과 일본은 현재의 평화조약을 체결하기로 결정하며, 그에 따라 서명자인 전권대사들을 임명했다. 그들은 자신들의 전권위임장을 제시하여, 그것이 적절하고 타당하다는 것이 확인된 후 다음 조항들에 동의했다.

제1장 평화

제1조
(a) 일본과 각 연합국들과의 전쟁 상태는 제23조에 규정된 바와 같이, 일본과 관련된 연합국 사이에서 현 조약이 시행되는 날부터 중지된다.
(b) 연합국들은 일본과 그 영해에 대한 일본 국민들의 완전한 주권을 인정한다.

제2장 영토

제2조
(a) 일본은 한국의 독립을 인정하고, 제주도, 거문도 및 울릉도를 비롯한 한국에 대한 일체의 권리와 권원 및 청구권을 포기한다.
(b) 일본은 타이완과 평후제도에 대한 일체의 권리와 권원 및 청구권을 포기한다.
(c) 일본은 쿠릴열도에 대한 그리고 일본이 1905년 9월 5일의 포츠머스 조약에 의해 주권을 획득한 사할린의 일부와 그것에 인접한 도서에 대한 일체의 권리와 권원 및 청구권을 포기한다.
(d) 일본은 국제연맹의 위임통치제도와 관련된 일체의 권리와 권원 및 청구권을 포기하고, 신탁통치를 이전에 일본의 위임통치권하에 있었던 태평양제도에 이르기까지 확대하는 1947년 4월 2일의 유엔 안전보장이사회의 조치를 수용한다.
(e) 일본은 일본 국민의 활동으로부터 비롯된 것이건, 아니면 그 밖의 활동으로부터 비롯된 것이건 간에, 남극 지역의 어떤 부분과 관련된 어떠한 권리나 권원 또는 이익에 대한 모든 청구권을 포기한다.
(f) 일본은 남사군도와 서사군도에 대한 일체의 권리와 권원 및 청구권을 포기한다.

제3조

일본은 남서제도와 대동제도를 비롯한 북위 29도 남쪽의 남서제도와 (보닌 제도, 로사리오 섬 및 화산열도를 비롯한) 소후칸 남쪽의 남방제도, 그리고 오키노토리 섬과 미나미토리 섬을 유일한 통치 당국인 미국의 신탁통치하에 두려는 미국이 유엔에 제시한 어떤 제안도 동의한다. 그러한 제안과 그에 대한 긍정적인 조치가 있을 때까지 미국은 그 영해를 포함한 그 섬들의 영토와 주민들에 대한 일체의 행정, 입법, 사법권을 행사할 권리를 가진다.

제4조

(a) 이 조항의 (b)의 규정에 따라, 일본의 부동산 및 제2항에 언급된 지역의 일본 국민들의 자산 처분 문제와 현재 그 지역들을 통치하고 있는 당국자들과 그곳의 (법인을 비롯한) 주민들에 대한 (채무를 비롯한) 그들의 청구권들, 그리고 그러한 당국자들과 주민들의 부동산의 처분과 일본과 그 국민들에 대한 그러한 당국자들과 주민들의 채무를 비롯한 청구권들의 처분은 일본과 그 당국자들 간에 특별한 협의의 대상이 된다. 그리고 일본에 있는 그 당국이나 거류민의 재산 처분과 일본과 일본 국민을 상대로 하는 그 당국과 거류민의 청구권(부채를 포함한) 처분은 일본과 그 당국 간의 별도 협정의 주제가 될 것이다. 제2조에서 언급된 지역에서의 어떤 연합국이나 그 국민의 재산은, 현재까지 반환되지 않았다면 현존하는 그 상태로 행정당국에 의해 반환될 것이다.

(b) 일본은 제2조와 제3조에 언급된 지역에 있는 일본과 일본 국민 자산에 대해, 미군정의 지침이나 이에 준해서 제정된 처분권의 적법성을 인정한다.

(c) 일본의 지배에서 벗어난 지역과 일본을 연결하는 일본이 소유한 해저 케이블은 균등하게 분할될 것이다. 일본은 일본 측 터미널과 그에 접하는 절반의 케이블을 갖고, 분리된 지역은 나머지 케이블과 터미널 시설을 갖는다.

제3장 안전

제5조

(a) 일본은 유엔헌장 제2조에서 설명한 의무를 수용한다. 특히 다음과 같은 의무이다.

　(i) 국제 분쟁을 평화적 수단에 의해 국제 평화와 안전 및 정의를 위태롭게 하지 않도록 해결한다.

　(ii) 국제관계에서 무력에 의한 위협 또는 무력의 행사는 어떠한 국가의 영토 보전 또는 정치적 독립에 대한 것도 또한 유엔의 목적과 양립하지 않는 다른 어떠한 수단으로도 자제한다.

　(iii) 유엔이 헌장에 따라 취하는 모든 조치에 대해 유엔에 모든 지원을 제공하고, 유엔이 예방 또는 집행 조치를 취할 수 있는 국가에 대한 지원을 자제한다.

(b) 연합국은 일본과의 관계에서 유엔헌장 제2조 원칙을 지침으로 해야 할 일을 확인한다.

(c) 연합 국가로는 일본이 주권 국가로서 유엔헌장 제51조에서 내거는 개별적 또는 집단적 자위의 고유한 권리가 있음과 일본이 집단적 안보 협정을 자발적으로 체결할 수 있음을 승인한다.

제6조

(a) 연합국의 모든 점령군은 이 협약의 발효 후 가능한 한 신속하게, 한편 어떠한 경우에도 이후 90일 이내에 일본에서 철수해야 한다. 그러나 이 규정은 하나 또는 그 이상의 연합군을 한편으로 하고, 일본 또는 기타 쌍방 간에 체결된 또는 체결되는 양자 또는 다자 협정 결과로 외국 군대의 일본 지역에 주재 또는 주둔을 막는 것은 아니다.

(b) 일본 육군은 각자의 집으로 돌아가며, 1945년 7월 26일 포츠담선언의 9항의 규정이 아직 실시 완료가 되지 않았다면 실행하는 것으로 한다.

(c) 아직 대가가 지불되지 않은 모든 일본 재산은 점령군의 사용에 제공되고, 한편, 이 협약 발효 시에 점령군이 점유하고 있는 것은 상호 합의에 의해 달리 약정을 하지 않는 한 상기 90일 이내에 일본 정부에 반환하여야 한다.

제4장 정치 및 경제 조항

제7조

(a) 각 연합국은 자국과 일본 사이에 이 협약이 발효한 후 1년 이내에 일본과의 전쟁 중 두 국가 간 조약 또는 협약을 이어 가는 것이 유효한지 또는 부활시키는 것을 원하는지 일본에 통보하여야 한다. 이렇게 통보된 조약 또는 협약은 이 협약에 적합함을 보장하기 위해 필요한 수정을 하는 것만으로도, 연속적으로 활성화되거나 또는 부활된다. 이렇게 통보된 조약과 협약은 통보일로부터 3개월 후에, 계속해서 유효한 것으로 간주되거나 또는 부활되며, 한편 유엔 사무국에 등록되어야 한다. 일본에 이렇게 통보되지 않는 모든 조약 및 협약은 폐기된 것으로 본다.

(b) 이 조의 (a)에 근거해 시행되는 통보에 있어서 조약 또는 협약의 실시 또는 부활에 관하여 국제관계에 대해 통보하는 국가가 책임지는 지역을 제외시킬 수 있다. 이 제외는 제외 신청을 일본에 통보한 날로부터 3개월 이내에 이루어져야 한다.

제8조

(a) 일본은 연합국이 1939년 9월 1일에 시작된 전쟁 상태를 종료하기 위해 체결된 또는 앞으로 체결하는 모든 조약 및 연합국이 평화 회복을 위해, 또는 이와 관련하여 수행하는 다른 협정의 완전한 효력을 승인한다. 일본은 또한 이전의 국제연맹과 상설 국제사법재판소를 종결하기 위해 수행된 협정을 수락한다.

⒝ 일본은 1919년 9월 10일 생제르맹앙레의 협약 및 1936년 7월 20일 몽트뢰 해협 조약의 서명국인 것에 유래하는 그리고 1923년 7월 24일에 로잔에서 서명된 '터키와의 평화조약'의 제16조에서 유래하는 일체의 권리와 이익을 포기한다.

⒞ 일본은 1930년 1월 20일 독일과 채권국 간의 협정 및 1930년 5월 17일 신탁 협정을 포함한 그 부속서 및 1930년 1월 20일 국제 결제 은행 협약 및 국제 결제 은행의 정관에 근거하여 얻은 일체의 권리, 소유권 및 이익을 포기하고 또한 그들로부터 발생하는 모든 의무를 면제한다. 일본은 이 조약 최초 발효 후 6개월 이내에 이 항에 규정된 권리, 소유권 및 이익의 포기를 파리 외무부에 통보하여야 한다.

제9조

일본은 공해상의 어업 규제나 제한, 그리고 어업의 보존 및 발전을 규정하는 양자 간 및 다자간 협정을 체결하기를 바라는 연합국들과 즉각 협상을 시작한다.

제10조

일본은 1901년 9월 7일에 베이징에서 서명한 최종 의정서의 규정들로부터 발생하는 모든 이익과 특권을 비롯하여, 중국에 대한 모든 특별한 권리와 이익을 포기한다. 그리고 모든 조항들과 문안 그리고 보충 서류들은 이로써, 이른바 요령, 조항, 문구, 서류들을 폐기하기로 일본과 합의한다.

제11조

일본은 일본 안팎의 극동 및 기타 국가의 연합의 전범 재판소의 국제 군사 재판 판결을 수용하고 이로써 일본 내 일본인에게 선고된 형량을 수행한다. 형량 감경이나 가석방 같은 관용은 정부로부터 사안별로 형량을 선고한 연합정부의 결정이 있을 경우 또한 일본 심사 결과가 있을 경우 이외에는 적용하지 않는다. 극동 지역에 대한 국제 군사재판에서 선고받은 피고인의 경우 재판소를 대표하는 정부 구성원이나 일본 심사 결과상 과반수의 투표가 있을 경우 이외에는 적용하지 않는다.

제12조

(1) 각 연합국의 국민, 생산물자와 선박에 대해 다음과 같이 대우한다.
  (i) 관세율 적용과 부과, 제한사항 그리고 기타 상품 수출입 관련 최혜국대우;
  (ii) 해운, 항해 및 수입 상품, 자연인과 법인 및 그들의 이익에 대한 내국민대우, 다시 말해 그러한 대우는 세금의 부과 및 징수, 재판을 받는 것, 계약의 체결 및 이행, (유·무형) 재산권, 일본법에 따라 구성된 자치단체에서의 참여 및 일반적으로 모든 종류의 사업활동 및 작업 활동의 수행에 관한 모든 사항을 포함한다.
(2) 일본 국영기업들의 대외적인 매매는 오로지 상업적 고려만을 기준으로 하고 있다는 것을 보장한다.

(c) 그러나 어떤 문제에 대해 일본은 관련된 연합국이 동일 문제에 대해 일본에 내국민대우나 최혜국대우를 부여하는 범위 내에서만, 그 연합국에 내국민대우나 최혜국대우를 부여할 의무가 있다. 앞에서 말한 상호주의는 연합국의 어떤 비수도권 지역의 생산품, 선박 및 자치단체, 그리고 그 지역에 거주하는 사람들의 경우에, 그리고 연방정부를 가지고 있는 어떤 연합국의 주나 지방의 자치단체와 거주하는 사람들의 경우에, 그러한 지역이나 주 또는 지방에서 일본에 제공하는 대우를 참조하여 결정된다.

(d) 이 조를 적용함에 있어서, 차별적 조치는 그것을 적용하는 당사국의 통상조약에서 통상적으로 규정하고 있는 예외에 근거를 둔 것이라면, 또한 그 당사국의 대외적 재정 상태나, (해운 및 항해에 관한 부분을 제외한) 국제 수지를 보호해야 할 필요에 근거를 둔 것이라면, 또는 긴요한 안보상의 이익을 유지해야 할 필요성에 근거를 둔 것이라면, 그리고 그러한 조치가

주변 상황과 조화를 이루면서 자의적이거나 비합리적으로 적용되지 않는다면, 경우에 따라 내국민대우나 최혜국대우를 허용하는 것과 상충하는 것으로 간주하지 않는다.

(e) 이 조에 의한 일본의 의무는 본 조약의 제14조에 의한 연합국의 어떤 권리 행사에 의해서도 영향을 받지 않는다. 아울러 이 조의 규정들은 본 조약의 제15조에 따라 일본이 감수해야 할 약속들을 제한하는 것으로 해석되어서는 안 된다.

제13조

(a) 일본은 국제 민간 항공운송에 관한 양자 간 또는 다자간 협정을 체결하자는 어떤 연합국의 요구가 있을 때에는 즉시 해당 연합국들과 협상을 시작한다.

(b) 일본은 그러한 협정들이 체결될 때까지, 본 조약이 최초로 발효된 때로부터 4년간, 항공 교통권에 대해 그 효력이 발생하는 날에 어떤 해당 연합국이 행사하는 것에 못지않은 대우를 해당 연합국에 제공하는 한편, 항공업무의 운영 및 개발에 관한 완전한 기회균등을 제공한다.

(c) 일본은 국제민간항공조약 제93조에 따라 조약의 당사국이 될 때까지, 항공기의 국제운항에 적용할 수 있는 동 조약의 규정들을 준수하는 동시에, 동 조약의 규정에 따라 동 조약의 부속서로 채택된 표준과 관행 및 절차들을 준수한다.

제5장 청구권 및 재산

제14조

(a) 일본이 전쟁 중 일본에 의해 발생한 피해와 고통에 대해 연합국에 배상해야 한다는 것은 주지의 사실이다. 그럼에도 불구하고 일본이 생존 가

능한 경제를 유지하면서 그러한 모든 피해와 고통에 완전한 배상을 하는 동시에 다른 의무들을 이행하기에는 일본의 자원이 현재 충분하지 않다는 것 또한 익히 알고 있는 사실이다.

따라서

1. 일본은 즉각 현재의 영토가 일본군에 의해 점령당한 그리고 일본에 의해 피해를 입은 연합국에 그들의 생산, 복구 및 다른 작업에 일본의 역무를 제공하는 등, 피해 복구 비용의 보상을 지원하기 위한 협상을 시작한다. 그러한 협상은 다른 연합국에 추가적인 부담을 부과하지 않아야 한다. 그리고 원자재의 제조가 필요하게 되는 경우, 일본에 어떤 외환 부담이 돌아가지 않도록 원자재는 해당 연합국이 공급한다.

2. (Ⅰ) 아래 (Ⅱ)호의 규정에 따라, 각 연합국은 본 조약의 최초의 효력 발생 시에 각 연합국의 관할하에 있는 다음의 모든 재산과 권리 및 이익을 압수하거나, 보유하거나, 처분할 권리를 가진다.

　　(a) 일본 및 일본 국민,

　　(b) 일본 또는 일본 국민의 대리자 또는 대행자,

　　(c) 일본 또는 일본 국민이 소유하거나 지배하는 단체,

이 (Ⅰ)호에서 명시하는 재산, 권리 및 이익은 현재 동결되었거나, 귀속되었거나, 연합국 적산관리 당국이 소유하거나, 관리하는 것들을 포함하는데, 그것들은 앞의 (a), (b) 또는 (c)에 언급된 사람이나 단체에 속하거나 그들을 대신하여 보유했거나, 관리했던 것들인 동시에 그러한 당국의 관리하에 있던 것들이었다.

(Ⅱ) 다음은 위의 (Ⅰ)호에 명기된 권리로부터 제외된다.

　　(i) 전쟁 중, 일본이 점령한 영토가 아닌 어떤 연합국의 영토에 해당 정부의 허가를 얻어 거주한 일본의 자연인 재산, 다만 전쟁 중에 제한 조치를 받고서, 본 조약이 최초로 효력을 발생하는 날에 그러한 제한 조치로부터 해체되지 않은 재산은

제외한다.

(ii) 일본 정부 소유로 외교 및 영사 목적으로 사용한 모든 부동산과 가구 및 비품, 그리고 일본의 대사관 및 영사관 직원들이 소유한 것으로 통상적으로 대사관 및 영사관의 업무를 수행하는 데 필요한 모든 개인용 가구와 용구 및 투자 목적이 아닌 다른 개인 재산

(iii) 종교단체나 민간 자선단체에 속하는 재산으로 종교적 또는 자선적 목적으로만 사용한 재산

(iv) 관련 국가와 일본 간에 1945년 9월 2일 이후에 재개된 무역 및 금융 관계에 의해 일본이 관할하게 된 재산과 권리 및 이익, 다만 관련 연합국의 법에 위반하는 거래로부터 발생한 것은 제외한다.

(v) 일본 또는 일본 국민의 채무, 일본에 소재하는 유형 재산에 관한 권리나, 소유권 또는 이익, 일본의 법률에 따라 조직된 기업의 이익 또는 그것들에 대한 증서, 다만 이 예외는 일본의 통화로 표시된 일본 및 일본 국민의 채무에만 적용한다.

(Ⅲ) 앞에 언급된 예외 (ⅰ)로부터 (ⅴ)까지의 재산은 그 보존 및 관리를 위한 합리적인 비용의 지불을 조건으로 반환된다. 그러한 재산이 청산되었다면, 그 재산을 반환하는 대신 그 매각 대금을 반환한다.

(Ⅳ) 앞에 나온 (Ⅰ)호에 규정된 일본 재산을 압류하고, 유치하고 청산하거나, 그 외 어떠한 방법으로 처분할 권리는 해당 연합국의 법률에 따라 행사되며 그 소유자는 그러한 법률에 의해 본인에게 주어질 권리를 가진다.

(Ⅴ) 연합국은 일본의 상표권과 문학 및 예술 재산권을 각국의 일반적 사정이 허용하는 한, 일본에 유리하게 취급하는 것에 동의한다.

(b) 연합국은 본 조약의 특별한 규정이 있는 경우를 제외하고, 연합국의 모든 배상 청구권과 전쟁 수행 과정에서 일본 및 그 국민이 자행한 어떤 행

동으로부터 발생된 연합국 및 그 국민의 다른 청구권, 그리고 점령에 따른 직접적인 군사적 비용에 관한 연합국의 청구권을 포기한다.

제15조

(a) 본 조약이 일본과 해당 연합국 간에 효력이 발생된 지 9개월 이내에 신청이 있을 경우, 일본은 그 신청일로부터 6개월 이내에, 1941년 12월 7일부터 1945년 9월 2일까지 일본에 있던 각 연합국과 그 국민의 유형 및 무형 재산과 종류 여하를 불문한 모든 권리 또는 이익을 반환한다. 다만, 그 소유주가 강박이거나, 사기를 당하지 않고 자유로이 처분한 것은 제외한다. 그러한 재산은 전쟁으로 말미암아 부과될 수 있는 모든 부담금 및 과금을 지불하지 않는 동시에, 그 반환을 위한 어떤 과금도 지불하지 않고서 반환된다. 소유자나 그 소유자를 대신하여, 또는 그 소유자의 정부가 소정 기간 내에 반환을 신청하지 않는 재산은 일본 정부가 임의로 처분할 수 있다. 그러한 재산이 1941년 12월 7일에 일본 내에 존재하고 있었으나, 반환될 수 없거나 전쟁의 결과로 손상이나 피해를 입은 경우, 1951년 7월 13일에 일본 내각에서 승인된 연합국 재산보상법안이 정하는 조건보다 불리하지 않은 조건으로 보상된다.

(b) 전쟁 중에 침해된 공업 재산권에 대해서, 일본은 현재 모두 수정되었지만, 1949년 9월 1일 시행 각령 제309호, 1950년 1월 28일 시행 각령 제12조 및 1950년 2월 1일 시행 각령 제9호에 의해 지금까지 주어진 것보다 불리하지 않은 이익을 계속해서 연합국 및 그 국민에게 제공한다. 다만, 그 연합국의 국민들이 각령에 정해진 기한까지 그러한 이익을 제공해 주도록 신청한 경우에만 그러하다.

(c) (i) 1941년 12월 6일에 일본에 존재했던, 출판 여부를 불문하고, 연합국과 그 국민들의 작품에 대해서, 문학과 예술의 지적 재산권이 그 날짜 이후로 계속해서 유효했음을 인정하고, 전쟁의 발발로 인해서 일본 국내법이나 관련 연합국의 법률에 의해서 어떤 회의나 협정이 폐기 혹은 중지

되었거나 상관없이, 그 날짜에 일본이 한쪽 당사자였던 그런 회의나 협정의 시행으로, 그 날짜 이후로 일본에서 발생했거나, 전쟁이 없었다면 발생했을 권리를 승인한다.

(ii) 그 권리의 소유자가 신청할 필요도 없이, 또 어떤 수수료의 지불이나 다른 어떤 형식에 구애됨이 없이, 1941년 12월 7일부터 일본과 관련 연합국 간의 본 협정이 시행되는 날까지의 기간은 그런 권리의 정상적인 사용 기간에서 제외될 것이다. 그리고 그 기간은 추가 6개월의 기간을 더해서, 일본에서 번역판권을 얻기 위해서 일본어로 번역되어야 한다고 정해진 시간에서 제외될 것이다.

제16조

일본의 전쟁 포로로서 부당하게 고통을 겪은 연합국 군인들을 배상하는 한 가지 방식으로 일본은 전쟁 기간 동안 중립국이었던 국가나 연합국과 같이 참전했던 국가에 있는 연합국과 그 국민의 재산, 혹은 선택사항으로 그것과 동등한 가치를 국제적십자위원회에 이전해 줄 것이고, 국제적십자위원회는 그 재산을 청산해서 적절한 국내 기관에 협력기금을 분배하게 될 것이다. 공정하다고 판단될 수 있는 논리로, 과거 전쟁 포로와 그 가족들의 권익을 위해서 본 협정의 제14조(a) 2(Ⅱ) (ii)부터 (v)까지에 규정된 범위의 재산은 본 협정이 시행되는 첫날, 일본에 거주하지 않는 일본 국민들의 재산과 마찬가지로 이전 대상에서 제외될 것이다. 이 항의 이전 조항은 현재 일본 재정기관이 보유한 국제결제은행의 주식 19,770주에 대해서는 적용되지 않는다는 것도 동시에 양해한다.

제17조

(a) 어떤 연합국이든지 요청하면, 연합국 국민의 소유권과 관련된 사건에서 일본 정부는 국제법에 따라 일본 상벌위원회의 결정이나 명령을 재검토하거나 수정해야 하고, 결정이나 명령을 포함해서 이런 사건들의 기록

을 포함한 모든 문서의 사본을 제공해야 한다. 원상 복구가 옳다는 재검토나 수정에 나온 사건에서는 제15조의 조항에 관련된 소유권이 적용될 것이다.

(b) 일본 정부는 필요한 조치를 취해서 일본과 관련된 연합국 간의 본 협정이 시행되는 첫날로부터 일 년 이내에 언제라도 어떤 연합국 국민이든지 1941년 12월 7일과 시행되는 날 사이에 일본 법정으로부터 받은 어떤 판결에 대해서도 일본 관계 당국에 재심을 신청할 수 있도록 해야 하며, 이것은 그 국민이 원고나 피고로서 제청을 할 수 없는 어떤 소추에서라도 적용되어야 한다. 일본 정부는 해당 국민이 그러한 어떤 재판에 의해 손해를 입었을 경우에는 그 사람을 재판하기 전의 상태로 원상 복구시켜 주도록 하거나, 그 사람이 공정하고 정당한 구제를 받을 수 있도록 조치해야 한다.

제18조

(a) 전쟁 상태의 개입은, (채권에 관한 것을 포함한) 기존의 의무 및 계약으로부터 발생하는 금전상의 채무를 상환할 의무, 그리고 전쟁 상태 이전에 취득된 권리로서, 일본의 정부나, 그 국민들이 연합국의 한 국가의 정부나, 그 국민들에게, 또는 연합국의 한 국가의 정부나, 그 국민들이 일본의 정부나, 그 국민들에게 주어야 하는 권리에 영향을 미치지 않는다는 것을 인정한다. 그와 마찬가지로 전쟁 상태의 개입은 전쟁 상태 이전에 발생한 것으로, 연합국의 한 국가의 정부가 일본 정부에 대해, 또는 일본 정부가 연합국의 한 국가의 정부에 대해 제기하거나, 재제기할 수 있는 재산의 멸실이나, 손해 또는 개인적 상해나, 사망으로 인한 청구권을 검토할 의무에 영향을 미치는 것으로 간주되지 않는다. 이 항의 규정은 제14조에 의해 부여되는 권리를 침해하지 않는다.

(b) 일본은 전쟁 전의 대외채무에 관한 책임과 뒤에 일본의 책임이라고 선언된 단체들의 채무에 관한 책임을 질 것을 천명하면서, 빠른 시일 내에

그러한 채무의 지불 재개에 대해 채권자들과 협상을 시작하고, 전쟁 전의 다른 청구권들과 의무들에 대한 협상을 촉진하며, 그에 따라 상환을 용이하게 하겠다는 의향을 표명한다.

제19조

(a) 일본은 전쟁으로부터 발생했거나, 전쟁 상태의 존재로 말미암아 취해진 조치들로부터 발생한 연합국과 그 국민들에 대한 일본 국민들의 모든 청구권을 포기하는 한편, 본 조약이 발효되기 전에 일본 영토 내에서 연합국 군대나 당국의 존재나 직무 수행 또는 행동들로부터 생긴 모든 청구권을 포기한다.

(b) 앞에서 언급한 포기에는 1939년 9월 1일부터 본 조약 효력 발생 시까지의 사이에 일본의 선박에 관해서 연합국이 취한 조치로부터 생긴 청구권은 물론 연합국의 수중에 있는 일본 전쟁 포로와 민간인 피억류자에 관해서 생긴 모든 청구권 및 채권이 포함된다. 다만 1945년 9월 2일 이후 어떤 연합국이 제정한 법률로 특별히 인정된 일본인의 청구권은 포함되지 않는다.

(c) 일본 정부는 또한 상호 포기를 조건으로, 정부 간의 청구권 및 전쟁 중에 입은 멸실 또는 손해에 관한 청구권을 포함한 독일과 독일 국민에 대한 (채권을 포함한) 모든 청구권을 일본 정부와 일본 국민을 위해서 포기한다. 다만, (a) 1939년 9월 1일 이전에 체결된 계약 및 취득한 권리에 관한 청구권과, (b) 1945년 9월 2일에 일본과 독일 간의 무역 및 금융의 관계로부터 생긴 청구권은 제외한다. 그러한 포기는 본 조약 제16조 및 제20조에 따라 취해진 조치에 저촉되지 않는다.

(d) 일본은 점령 기간 동안, 점령 당국의 지령에 따라 또는 그 지령의 결과로 행해졌거나, 당시 일본법에 의해 인정된 모든 조치 또는 생략 행위의 효력을 인정하며, 연합국 국민들에게 그러한 조치 또는 생략 행위로부터 발생하는 민사 또는 형사 책임을 묻는 어떤 조치도 취하지 않는다.

제20조
일본은 1945년 베를린 회의의 협약 의정서에 따라 일본 내의 독일 재산을 처분할 권리를 가지게 되는 제국이 그러한 재산의 처분을 결정하거나, 결정할 수 있도록 보장하기 위해 필요한 모든 조치를 취한다. 그리고 그러한 재산이 최종적으로 처분될 때까지 그 보존 및 관리에 대한 책임을 진다.

제21조
중국은 본 조약 제25조의 규정에 관계없이, 제10조 및 제14조 (a)2의 이익을 받을 권리를 가지며, 한국은 제2조, 제4조, 제9조 및 제12조의 이익을 받을 권리를 가진다.

제6장 분쟁 해결

제22조
본 조약의 어떤 당사국이 볼 때 특별 청구권 재판소나, 다른 합의된 방법으로 해결되지 않는 본 조약의 해석 또는 실행에 관한 분쟁이 발생한 경우, 그러한 분쟁은 어떤 분쟁 당사국의 요청에 의해 그러한 분쟁에 대한 결정을 얻기 위해 국제사법재판소로 회부된다. 일본과 아직 국제사법재판소 규정상의 당사국이 아닌 연합국은 각각 본 조약을 비준할 때에, 그리고 1946년 10월 15일의 유엔 안전보장이사회의 결의에 따라 특별한 합의 없이, 이 조항에서 말하는 모든 분쟁에 대한 국제사법재판소의 전반적인 관할권을 수락하는 일반 선언서를 동 재판소 서기에게 기탁한다.

제7장 최종 조항

제23조
(a) 본 조약은 일본을 포함하여 본 조약에 서명하는 국가에 의해 비준된다.

본 조약은 비준서가 일본에 의해 그리고 호주, 캐나다, 실론, 프랑스, 인도네시아, 네덜란드, 뉴질랜드, 필리핀, 영국과 북아일랜드, 그리고 미국 중 가장 중요한 점령국인 미국을 포함한 과반수에 의해 기탁되었을 때, 그것을 비준한 모든 국가들에 효력을 발한다.
(b) 일본이 비준서를 기탁한 후 9개월 이내에 본 조약이 발효되지 않는다면, 본 조약을 비준한 국가는 모두 일본이 비준서를 기탁한 후 3년 이내에 일본 정부 및 미국 정부에 그러한 취지를 통고함으로써 자국과 일본과의 사이에 본 조약을 발효시키게 할 수 있다.

제24조
모든 비준서는 미국 정부에 기탁해야 한다. 미국 정부는 제23조 (a)에 의거한 본 조약의 효력 발생일과 제23조 (b)에 따라 행해지는 어떤 통고를 모든 서명국에 통지한다.

제25조
본 조약의 적용상, 연합국이란 일본과 전쟁하고 있던 국가들이나, 이전에 제23조에 명명된 국가의 영토의 일부를 이루고 있었던 어떤 국가를 말한다. 다만, 각 경우 관련된 국가가 본 조약에 서명하여, 본 조약을 비준하는 것을 조건으로 한다. 본 조약은 제21조의 규정에 따라, 여기에 정의된 연합국이 아닌 국가에 대해서는 어떠한 권리나 소유권 또는 이익도 주지 않는다. 아울러 본 조약의 어떠한 규정에 의해 앞에서 정의된 연합국이 아닌 국가를 위해 일본의 어떠한 권리나 소유권 또는 이익이 제한되거나 훼손되지 않는다.

제26조
일본은 1942년 1월 1일의 유엔 선언문에 서명하거나, 동의하는 어떤 국가와, 일본과 전쟁 상태에 있는 어떤 국가, 또는 이전에 본 조약의 서명국이 아닌 제23조에 의해 명명된 어떤 국가의 영토의 일부를 이루고 있던 어떤 국가와 본 조약에 규정된 것과 동일하거나, 다만 이러한 일본의 의무는 본 조약이 최초로 발효된 지 3년 뒤에 소멸된다. 일본이 본 조약이 제공하는 것보다 더 많은 이익을 주는 어떤 국가와 평화적인 해결을 하거나, 전쟁 청구권을 처리할 경우, 그러한 이익은 본 조약의 당사국들에도 적용되어야 한다.

제27조
이 조약은 미국 정부의 기록에 기탁된다. 동 정부는 그 인증 등본을 각 서명국에 교부한다.

이상의 증거로, 아래 서명자의 전권 위원은 본 조약에 서명했다.

1951년 9월 8일 샌프란시스코시에서 동등하게 정본인 영어, 프랑스어 및 스페인어 및 일본어로 작성했다.

아르헨티나 대표:
    Hipólito J. PAZ
오스트레일리아 대표:
    Percy C. SPENDER
벨기에 대표:
    Paul VAN ZEELAND SILVERCRUYS
볼리비아 대표:
    Luis GUACHALLA
브라질 대표:
    Carlos MARTINS
    A. DE MELLO-FRANCO
캄보디아 대표:

PHLENG

캐나다 대표:

    Lester B. PEARSON

    R.W. MAYHEW

실론 대표:

    J. R. JAYEWARDENE

    G. C. S. COREA

    R. G. SENANAYAKE

칠레 대표:

    F. NIETO DEL RÍO

콜롬비아 대표:

    Cipríano RESTREPO JARAMILLO

    Sebastián OSPINA

코스타리카 대표:

    J. Rafael OREAMUNO

    V. VARGAS

    Luis DOBLES SÁNCHEZ

쿠바 대표:

    O. GANS

    L. MACHADO

    Joaquín MEYER

도미니카공화국 대표:

    V. ORDÓÑEZ

    Luis F. THOMEN

에콰도르 대표:

    A. QUEVEDO

    R. G. VALENZUELA

이집트 대표:

    Kamil A. RAHIM

엘살바도르 대표:

    Héctor DAVID CASTRO

    Luis RIVAS PALACIOS

에티오피아 대표:

    Men YAYEJIJRAD

프랑스 대표:

    SCHUMANN

    H. BONNET

    Paul-Émile NAGGIAR

그리스 대표:

    A. G. POLITIS

과테말라 대표:

    E. CASTILLO A.

    A. M. ORELLANA

    J. MENDOZA

아이티 대표:

    Jacques N. LÉGER

    Gust. LARAQUE

온두라스 대표:

    J. E. VALENZUELA

    Roberto GÁLVEZ B.

    Raúl ALVARADO T.

인도네시아 대표:

    Ahmad SUBARDJO

이란 대표:

A. G. ARDALAN

이라크 대표:

A. I. BAKR

라오스 대표:

SAVANG

레바논 대표:

Charles MALIK

라이베리아 대표:

Gabriel L. DENNIS

James ANDERSON

Raymond HORACE

J. Rudolf GRIMES

For the Grand Duchy of Luxembourg:

Hugues LE GALLAIS

멕시코 대표:

Rafael DE LA COLINA

Gustavo DÍAZ ORDAZ

A. P. GASGA

네덜란드 대표:

D. U. STIKKER

J. H. VAN ROIJEN

뉴질랜드 대표:

C. BERENDSEN

니카라과 대표:

G. SEVILLA SACASA

Gustavo MANZANARES

노르웨이 대표:

Wilhelm Munthe MORGENSTERNE

파키스탄 대표:

ZAFRULLAH KHAN

파나마 대표:

Ignacio MOLINO

José A. REMON

Alfredo ALEMÁN

J. CORDOVEZ

페루 대표:

Luis Oscar BOETTNER

필리핀 대표:

Carlos P. RÓMULO

J. M. ELIZALDE

Vicente FRANCISCO

Diosdado MACAPAGAL

Emiliano T. TIRONA

V. G. SINCO

사우디아라비아 대표:

Asad AL-FAQIH

시리아 대표:

F. EL-KHOURI

터키 대표:

Feridun C. ERKIN

남아프리카 연맹 대표:

G. P. JOOSTE

영국과 아일랜드 대표:

Herbert MORRISON

  Kenneth YOUNGER

  Oliver FRANKS

미국 대표:

  Dean ACHESON

  John Foster DULLES

  Alexander WILEY

  John J. SPARKMAN

우루과이 대표:

  José A. MORA

베네수엘라 대표:

  Antonio M. ARAUJO

  R. GALLEGOS M.

베트남 대표:

  T. V. HUU

  T. VINH

  D. THANH

  BUU KINH

일본 대표:

  요시다 시게루(吉田茂)

  이케다 하야토(池田勇人)

  도마베치 기조(苫米地義三)

  호시시마 니로(星島二郎)

  도쿠가와 무네요시(德川宗敬)

  이치마다 히사토(一万田尚登)

34. 덜레스 국무장관이 주한·주일 미국대사에게 보낸 전보문(1953. 12. 9.)

TELEGRAM INCOMING

Foreign Service of the United States of America

SECRET SECURITY INFORMATION
Classification

Control

Recd: December 10, 2:20 pm

PREC: Routine

FROM: SecState WASHINGTON

NR: 497

DATE: December 9, 1953, 7 pm

SENT TOKYO 1387 RPTD INFO SEOUL 497 FROM DEPT. Tokyo's 1306 repeated Seoul 129.

Department aware of peace treaty determinations and US administrative decisions which would lead Japanese expect US act in their favor on dispute with ROK over sovereignty Takeshima. However to best our knowledge formal statement US position to ROK in Rusk Note August 10, 1951 has not been communicated Japanese. Department believes may be advisable or necessary at same time inform Japanese Government US position on Takeshima. Difficulty this point is question of timing as we do not wish add another issue to already difficult ROK-Japan negotiations or involve ourselves further than necessary in their controversies, especially in light many current issues pending with ROK.

Despite US view peace treaty a determination under terms Potsdam Declaration and that treaty leaves Takeshima to Japan, and despite our participation in Potsdam and treaty and action under administrative agreement, it does not necessarily follow US automatically responsible for settling or intervening in Japan's international disputes, territorial or otherwise, arising from peace treaty. US view regarding Takeshima simply that of 1 of many signatories to treaty. Article 22 was framed for purpose settling treaty disputes. New element mentioned paragraph 3 your 1275 of Japanese feeling United States should protest Japan from ROK pretensions to Takeshima can not be considered as legitimate claim for US action under security treaty. Far more serious threat to both US and Japan in Soviet occupation Habomais does not impel US take military action against USSR nor would Japanese seriously contend such was our obligation despite our public declaration Habomais are Japanese territory. While not desirable impress on Japanese Government security treaty represents no legal commitment of part US, Japanese should understand benefits security treaty should not be dissipated on issues susceptible judicial settlement. Therefore as stated Department telegram to Pusan 365 repeated information Tokyo 1360 November 26, 2952 and restated Department telegram 1198 US should not become involved in territorial dispute arising from Korean claim to Takeshima.

Issue seems less acute at moment so perhaps no action on our part required. However in case issue revived believe our general line should be that this issue, if it can not be settled by Japanese and Koreans themselves, in kind of issue appropriate for presentation international court of justice.
[Dulles]

35. 한일기본관계조약

대한민국과 일본국 간의 기본관계에 관한 조약

Treaty on Basic Relations between the Republic of Korea and Japan

1965. 6. 22. 체결
1965. 12. 18. 발효

대한민국과 일본국은 양국 국민 관계의 역사적 배경과 선린 관계와 주권 상호 존중의 원칙에 입각한 양국 관계 정상화에 대한 상호 희망을 고려하며, 양국의 상호 복지와 공통 이익을 증진하고 국제 평화와 안전을 유지하는 데 있어서 양국이 국제연합 헌장의 원칙에 합당하게 긴밀히 협력함이 중요하다는 것을 인정하며, 또한 1951년 9월 8일 샌프란시스코우시에서 서명된 일본국과의 평화조약의 관계 규정과 1948년 12월 12일 국제연합총회에서 채택된 결의 제195호(II)를 상기하며, 본 기본관계에 관한 조약을 체결하기로 결정하여, 이에 다음과 같이 양국의 전권 위원을 임명하였다.

대한민국	일본국
대한민국 외무부 장관 이동원	일본국 외무대신 시이나 에쓰사부로오
대한민국 특명전권대사 김동조	다까스기 싱이찌

이들 전권 위원은 그들의 전권 위원장을 상호 제시하고, 그것이 양호 타당하다고 인정한 후, 다음의 제 조항에 합의하였다.

제1조
양 체약 당사국 간에 외교 및 영사 관계를 수립한다. 양 체약 당사국은 대사급 외교사절을 지체 없이 교환한다. 양 체약 당사국은 또한 양국 정부에 의하여 합의되는 장소에 영사관을 설치한다.

제2조
1910년 8월 22일 및 그 이전에 대한제국과 대일본제국 간에 체결된 모든 조약 및 협정이 이미 무효임을 확인한다.

제3조
대한민국 정부가 국제연합총회의 결의 제195(Ⅰ)호에 명시된 바와 같이, 한반도에 있어서의 유일한 합법 정부임을 확인한다.

제4조
(가) 양 체약 당사국은 양국 상호 간의 관계에 있어서 국제연합 헌장의 원칙을 지침으로 한다.
(나) 양 체약 당사국은 양국의 상호 복지와 공통의 이익을 증진함에 있어서 국제연합 헌장의 원칙에 합당하게 협력한다.

제5조
양 체약 당사국은 양국의 무역, 해운 및 기타 통상상의 관계를 안정되고 우호적인 기초 위에 두기 위하여 조약 또는 협정을 체결하기 위한 교섭을 실행 가능한 한 조속히 시작한다.

제6조
양 체약 당사국은 민간 항공 운수에 관한 협정을 체결하기 위하여 실행 가능한 한 조속히 교섭을 시작한다.

제7조

본 조약은 비준되어야 한다. 비준서는 가능한 한 조속히 서울에서 교환한다. 본 조약은 비준서가 교환된 날로부터 효력을 발생한다. 이상의 증거로서 각 전권위원은 본 조약에 서명 날인하였다. 1965년 6월 22일 토오쿄오에서 동등히 정본인 한국어, 일본어 및 영어로 본서 2통을 작성하였다. 해석에 상위가 있을 경우에는 영어본에 따른다.

대한민국을 위하여	일본국을 위하여
이동원	시이나 에쓰사부로오
김동조	다까스기 싱이찌

36. 한일청구권협정

대한민국과 일본국 간의 재산 및 청구권에 관한 문제의 해결과 경제협력에 관한 협정

Agreement on the Settlement of Problem concerning Property and Claims and the Economic Cooperation between the Republic of Korea and Japan

1965. 6. 22. 체결

1965. 12. 18. 발효

대한민국과 일본국은, 양국 및 양국 국민의 재산과 양국 및 양국 국민 간의 청구권에 관한 문제를 해결할 것을 희망하고, 양국 간의 경제협력을 증진할 것을 희망하여, 다음과 같이 합의하였다.

제1조

1. 일본국은 대한민국에 대하여

   (a) 현재에 있어서 1천8십억 일본 원(108,000,000,000원)으로 환산되는 3억 아메리카합중국 불($300,000,000)과 동등한 일본 원의 가치를 가지는 일본국의 생산물 및 일본인의 용역을 본 협정의 효력 발생일로부터 10년 기간에 걸쳐 무상으로 제공한다. 매년의 생산물 및 용역의 제공은 현재에 있어서 1백8억 일본 원(10,800,000,000원)으로 환산되는 3천만 아메리카합중국 불($30,000,000)과 동등한 일본 원의 액수를 한도로 하고 매년의 제공이 본 액수에 미달되었을 때에는 그 잔액

은 차년 이후의 제공액에 가산된다. 단, 매년의 제공 한도액은 양 체약국 정부의 합의에 의하여 증액될 수 있다.

(b) 현재에 있어서 7백2십억 일본 원(72,000,000,000원)으로 환산되는 2억 아메리카합중국 불($200,000,000)과 동등한 일본 원의 액수에 달하기까지의 장기 저리의 차관으로서, 대한민국 정부가 요청하고 또한 3의 규정에 근거하여 체결될 약정에 의하여 결정되는 사업의 실시에 필요한 일본국의 생산물 및 일본인의 용역을 대한민국이 조달하는 데 있어 충당될 차관을 본 협정의 효력 발생일로부터 10년 기간에 걸쳐 행한다. 본 차관은 일본국의 해외경제협력기금에 의하여 행하여지는 것으로 하고, 일본국 정부는 동 기금이 본 차관을 매년 균등하게 이행할 수 있는 데 필요한 자금을 확보할 수 있도록 필요한 조치를 취한다. 전기 제공 및 차관은 대한민국의 경제발전에 유익한 것이 아니면 아니 된다.

2. 양 체약국 정부는 본 조의 규정의 실시에 관한 사항에 대하여 권고를 행할 권한을 가지는 양 정부 간의 협의기관으로서 양 정부의 대표자로 구성될 합동위원회를 설치한다.
3. 양 체약국 정부는 본 조의 규정의 실시를 위하여 필요한 약정을 체결한다.

제2조

1. 양 체약국은 양 체약국 및 그 국민(법인을 포함함)의 재산, 권리 및 이익과 양 체약국 및 그 국민 간의 청구권에 관한 문제가 1951년 9월 8일에 샌프런시스코우시에서 서명된 일본국과의 평화조약 제4조 (a)에 규정된 것을 포함하여 완전히 그리고 최종적으로 해결된 것이 된다는 것을 확인한다.
2. 본 조의 규정은 다음의 것(본 협정의 서명일까지 각기 체약국이 취한 특별조치의 대상이 된 것을 제외한다)에 영향을 미치는 것이 아니다.

- (a) 일방체약국의 국민으로서 1947년 8월 15일부터 본 협정의 서명일까지 사이에 타방체약국에 거주한 일이 있는 사람의 재산, 권리 및 이익
- (b) 일방체약국 및 그 국민의 재산, 권리 및 이익으로서 1945년 8월 15일 이후에 있어서의 통상의 접촉 과정에 있어 취득되었고 또는 타방체약국의 관할하에 들어오게 된 것
3. 2의 규정에 따르는 것을 조건으로 하여 일방체약국 및 그 국민의 재산, 권리 및 이익으로서 본 협정의 서명일에 타방체약국의 관할하에 있는 것에 대한 조치와 일방체약국 및 그 국민의 타방체약국 및 그 국민에 대한 모든 청구권으로서 동일자 이전에 발생한 사유에 기인하는 것에 관하여는 어떠한 주장도 할 수 없는 것으로 한다.

제3조

1. 본 협정의 해석 및 실시에 관한 양 체약국 간의 분쟁은 우선 외교상의 경로를 통하여 해결한다.
2. 1의 규정에 의하여 해결할 수 없었던 분쟁은 어느 일방체약국의 정부가 타방체약국의 정부로부터 분쟁의 중재를 요청하는 공한을 접수한 날로부터 30일의 기간 내에 각 체약국 정부가 임명하는 1인의 중재위원과 이와 같이 선정된 2인의 중재위원이 당해 기간 후의 30일의 기간 내에 합의하는 제3의 중재위원 또는 당해 기간 내에 이들 2인의 중재위원이 합의하는 제3국의 정부가 지명하는 제3의 중재위원과의 3인의 중재위원으로 구성되는 중재위원회에 결정을 위하여 회부한다. 단, 제3의 중재위원은 양 체약국 중의 어느 편의 국민이어서는 아니 된다.
3. 어느 일방체약국의 정부가 당해 기간 내에 중재위원을 임명하지 아니하였을 때, 또는 제3의 중재위원 또는 제3국에 대하여 당해 기간 내에 합의하지 못하였을 때에는 중재위원회는 양 체약국 정부가 각각 30일의 기간 내에 선정하는 국가의 정부가 지명하는 각 1인의 중재위원과 이들 정부

가 협의에 의하여 결정하는 제3국의 정부가 지명하는 제3의 중재위원으로 구성한다.
4. 양 체약국 정부는 본 조의 규정에 의거한 중재위원회의 결정에 복한다.

제4조
본 협정은 비준되어야 한다. 비준서는 가능한 한 조속히 서울에서 교환한다. 본 협정은 비준서가 교환된 날로부터 효력을 발생한다.

이상의 증거로서, 하기 대표는 각자의 정부로부터 정당한 위임을 받아 본 협정에 서명하였다.

1965년 6월 22일 토오쿄오에서 동등히 정본인 한국어 및 일본어로 본서 2통을 작성하였다.

대한민국을 위하여　　　　　　　일본국을 위하여
이동원　　　　　　　　　　　　시이나 에쓰사부로오
김동조　　　　　　　　　　　　다까스기 싱이찌

찾아보기

ㄱ

가와카미 겐조(川上健三) 174
강제노역 299
강제병합 10
강제징집 298, 299, 301
강치어업 310, 316
강화조약 7원칙 33
강화조약 결정론 10
결정적 기일 267, 292, 293, 302
결정적 증명력 49
고유영토 57, 172, 311
고유영토론 6, 26, 58
공도정책 276
공산화 146
공유적 권원론 6
관대한 강화조약 5, 32
구상서 6
국가권능 267
국가권능의 행사 59
국가영역 13, 324, 347, 350, 355, 356, 360
국경획정 62
국제경계선 313
국제법 법리 55
국제법사관 6, 26
국제법상 흠결 6
국제법적 권원 14, 55, 63
국제법적 쟁점 9

국제법적 책무 14, 63
국제사법재판 166
국제사법재판소 293, 296, 297, 348, 356
군국주의의 부활 149
군사력 197, 199, 200, 203, 204, 207, 210, 212, 217, 219, 222, 224, 232, 237, 238, 240~243
군사상 필요 317
권리(rights) 31
권원 6
권원(titles) 31
권원 강화정책 14
극단적 국가주의 59
극동군사재판 293, 296, 297
극동위원회 151
금반언 294, 296
〈기죽도약도〉 49

ㄴ

나카노 데쓰야(中野徹也) 6
나카이 요자부로(中井養三郞) 59, 317
남사할린 155, 156
냉전 146, 197, 199, 203~205, 210, 240, 243, 244
냉전의 대두 62
냉전의 아시아화 32
냉전전략 11

냉전정책 11
냉전체제 6
노무라 기치사부로(野村吉三郞) 150

ㄷ

다수평화 170
다이주도 가나에(太壽堂鼎) 6
다케시마 문제에 관한 10개의 포인트 176
단독강화 170
단독강화조약 32, 170
대서양헌장 147
대일강화 7원칙 263
대일강화조약 33
대장성령 제4호 346, 358, 360, 365
대체적 권원론 6, 55
대한민국 159
대한제국 313
도해금지령 26, 58
도해면허 13, 327, 363
독도 침탈 6
독도영유권 6, 272, 277, 280, 282, 285~287, 289~297, 300, 302, 303, 319, 321, 322, 324, 325, 327~330, 334, 341, 343~347, 350~353, 355, 356, 358~363, 365, 366
독도주권 9, 14, 15
동부 그린란드 사건 267
동북아역사재단 40
동서냉전 146
동아시아평화공동체 5, 15, 63
동아시아평화체제 5
딘 러스크(Dean Rusk) 163, 164

ㄹ

라이트너 164
러스크 서한(Rusk letter) 7, 27, 163, 165
러스크 서한 결정론 60
러일전쟁 53, 158
레이더 기지 47, 61
레이더 기지국 160
로버트 A. 피어리(Robert A. Fearey) 164
로비 활동 177
루마니아강화조약 31, 183, 185
리앙쿠르암 173

ㅁ

망키에-에크르오 사건 267, 348
맥아더 150
맥아더 라인 45, 265
맥클러킨(Robert J. G. McClukin) 165
메이지유신 62
면화 시장 11
무조건 항복문서 12
무주지(terra nullius) 13, 276, 280, 289~291, 327, 339, 350~352, 365
무주지 선점론 6, 58
무주지 선점론자 57
미·영 합동 초안 11
미국 199~202, 204, 205, 207, 208, 210~214, 216~222, 226~230, 232~239, 241~243
미국의 국익 61
미나가와 다케시(皆川洸) 6
미얀마 156
미일안보조약 168
민족자결주의 147

ㅂ

반공조약 5, 25
반식민주의 9
반인류적 범죄 298
배상금 지불 31
배상문제 168
배제조항 46
밴 플리트(James Van Fleet) 165
버매스터(L. Burmaster) 165
범죄 책임 조항(Guilty Clause) 184
법리적 왜곡 6
베르사유조약 31, 147, 168, 184
보그스(S. W. Boggs) 159
보충적 수단 11, 180
보편적 국제규범 60
본원적 권원 26
본원적 권원론 6, 35
부속 소도서 30, 38
불법침탈 53
불법행위 8
불완전성 146
브래들리(Omar Nelson Bradley) 178
비엔나협약 180
비징벌적 179
비징벌적 강화조약 48

ㅅ

새뮤얼 W. 보그스(Samuel W. Boggs) 50
샌프란시스코강화조약 5, 12, 72, 145, 197, 199~204, 207, 208, 212, 213, 225, 233, 236~238, 240~244, 246, 269, 271~273, 275~278, 280, 286~288, 293, 300, 308, 319, 321, 324, 325, 327~330, 333, 334, 337~339, 342, 344, 346, 352, 361, 362, 364

샌프란시스코강화조약 제2조 (a)항 42
석도 312
선점 13, 266, 276, 280, 282, 289~291, 300, 310, 322, 324, 326, 327, 330, 339, 341, 349~352, 357, 361, 362, 365
성실한 이행 12
세리타 겐타로(芹田健太郎) 6
소련 156, 158
수로 고시 제2094호 357, 358, 360
수로지 14, 347, 353~356, 358, 359, 360, 366
시마네현 13, 271, 272, 276, 278, 280, 282, 289~291, 293
시마네현 고시 316
시마네현 고시 제40호 272, 280, 289, 339, 352, 357, 360, 365
시모다 다케소(下田武三) 172
시볼드 의견서 27
신의성실 180
신의성실의 원칙 11
신한일어업협정 294, 295, 296, 300, 302, 303
실효적 권원론 6, 54
실효적 점유 57, 316
심흥택 312
쓰카모토 다카시(塚本孝) 6, 269, 271~273, 275, 277, 278, 280, 319, 321~323, 328, 339, 341, 343, 347, 349, 350, 361, 362, 364, 366

ㅇ

아사카이 고이치로(朝海浩一郎) 171
안드레이 안드레예비치 그로미코 157
안보 199, 203, 210, 212~214, 216, 218, 220~222, 240, 243

안용복 58, 62
안전보장협정 153
알렉시스 더든(Alexis Dudden) 51
애치슨 라인 51
야코프 마리크 152
약취 309
얄타협정 148, 155, 158, 260
얄타회담 148
양유찬 50
어로활동 13
억제 197, 199, 200, 201, 203, 204, 207, 213, 222, 223, 232, 237, 241, 243
역사 정의의 과제 63
역사적 권원 6, 26, 57
역사적 권원론 6
역사적 배경 37
역사적 변곡점 6
역사적 사실 14
역사적 성찰 63
역사적 진실 5
연합국 최고사령관 166
연합국 최고사령관 지령(SCAPIN) 27, 145, 260
연합국 최고사령관 총사령부(GHQ) 7, 30, 260
연합국의 합의서 160
영국 11, 197, 199~204, 206, 208, 209, 212, 214~243, 245
영유의사 13, 313
영토 불확장 147, 158
영토갈등 5
영토관할권 39
영토문제 168
영토범위 262
영토조항 11, 162
영토주권 14, 63

영토주권전시관 26
영토처분 12, 262
영토취득이론 272, 291
영토할양 31
예시적인 조항 46
우에다 도시오(植田捷雄) 6
울도 군수 312
울릉도쟁계 58
원자핵폭탄 148
원천무효 8, 53
원초적 권원 57, 317
윌리엄 시볼드(William J. Sebald) 7, 31, 154, 162, 163
유엔국제법위원회 60
을사늑약 53, 59
의회의 비준 48
이성환 146
이탈리아강화조약 31, 147, 183
인도 156
인도네시아 156
일방적 행위(unilateral act) 158
일본 197, 199~219, 221~235, 237~243
일본 국제법학계 7
일본 해상보안청 10
일본 헌법 152
『일본수로지』 354
〈일본영역참고도〉 7, 48
일본의 항복조건 93, 99
일본형 법실증주의 59
일제식민주의 8, 14
일제식민지배 6
일한병합 175
임시위임론 39
임시적 효력 37

ㅈ

자위대 169
전략적 이익 47
전면평화 170
전범국 11
전시 중립 10, 62
전쟁책임 5, 31, 275, 298, 299, 301
정책적 토대 8
제2차 세계대전 197, 199, 200, 202~204, 206, 207, 213, 215, 217, 219, 223, 224, 226, 227, 230, 232, 233, 238~241, 243
제3국 188
제국 197, 199, 200, 201, 203, 204, 206, 211, 212, 214, 215, 222, 223, 224, 225, 226, 227, 228, 230, 231, 232, 234, 237, 238, 241, 242, 243
제국주의적 방법 309
「조선국교제시말내탐서」 58
조선민주주의인민공화국 159
『조선수로지』 353, 354
『조선연안수로지』 354, 355, 366
조선전쟁 53
조선총독부 346, 347, 358~360
조약 비당사국 27
조약 승인론 49
조약 체결 시 사정 79
조약강제 8, 53
조약법에 관한 비엔나협약(조약법협약) 326, 328, 330~332, 334~366
조약법협약 제31조 42
조약법협약 제32조 42
조약상대성의 원칙 327, 330, 331
조약의 간략화 48
조약의 제3자적 효력 27
조약의 준비작업 316
조약의 해석원칙 315

조약적 권원 7, 35
조약해석의 원칙 10
존 M. 앨리슨(John M. Allison) 155
존 포스터 덜레스(John Foster Dulles) 32, 48, 105, 106, 138, 139, 151, 153~155, 166
종군위안부 298, 299, 301
주권 162
주권행사 14
죽도문제연구회 307, 321, 322, 367
중국 146, 156, 199~202, 204, 211~213, 222~225, 227~230, 232~234, 236~243
중국혁명 160
중대한 불법행위 59
중대한 침해 14
지정학적 인식 11
징벌조약 5, 25

ㅊ

청일전쟁 309
총리부령 제24호 346, 358, 360, 365
최고 행정기관 62
최종적 결정 261
칙령 제41호 312, 324, 347
침략 8
침략적 국가실행 59

ㅋ

카이로선언 6, 29, 79, 97, 100, 108, 132, 133, 173, 259, 273, 279~282, 289, 293, 328, 330, 338, 340, 341, 345, 361, 362
캐나다 156
쿠릴열도 146, 148, 155, 156, 158

ㅌ

타이완 155, 156
탈취 309
태정관 62
태정관지령(太政官指令) 26, 49, 57, 356, 360
테헤란회의 148
해리 트루먼(Harry Truman) 114, 115, 235, 236
특별합의 297

ㅍ

파키스탄 156
팔마스 섬 사건 266
평후제도 156
평화선 선언 166
평화조약문제연구간사회 170
포기(renounces) 31
포츠담선언 7, 29, 97, 111, 113, 114, 116, 124~128, 130, 131, 133, 134, 148, 158, 259, 273, 277, 281~283, 289, 293, 308, 325, 328, 330, 338, 340~342
폭력과 탐욕(violence and greed) 8, 28, 311
필리핀 156

ㅎ

하라 키미에(原貴美惠) 51, 146
하버드법대 초안 60
한국령 7
한국전쟁 146, 169
한반도 불법강점 53
한일강제병합 53
한일기본관계조약 14
한일병합 8
항복문서 7, 259
행정권 13
허위정보 8
헤이·폰스포트조약 188
현대 국제법 13
호주 197, 199~224, 226, 237, 238, 240~243
홍콩 200, 201, 204, 209, 223~225, 229~232, 234~236, 238, 241~243
확대관할권 297
『환영수로지』 353
휴 보튼 149

731부대 298
ANZUS 201, 202, 206, 213~216, 218~220, 222, 246, 249~251
SCAPIN 제677호 7, 30, 145, 274, 275, 278, 282, 284~286, 293, 324, 325, 338, 341~345, 360~362
SCAPIN 제1033호 7, 30, 145, 274, 275, 283, 285, 325, 342, 344, 360
SCAPIN 효력 단절론 7, 10, 60
'UTI POSSIDETIS' 356, 365

동북아역사재단 연구총서 139

한국의 독도주권과
샌프란시스코강화조약

초판 1쇄 발행   2023년 11월 30일

지은이   도시환, 오시진, 서인원, 조규현, 정갑용
펴낸이   이영호
펴낸곳   동북아역사재단

등 록   제312-2004-050호(2004년 10월 18일)
주 소   서울시 서대문구 통일로 81 NH농협생명빌딩
전 화   02-2012-6065
홈페이지   www.nahf.or.kr
제작·인쇄   (주)동국문화

ISBN   979-11-7161-012-9(93910)

- 이 책은 저작권법에 의해 보호를 받는 저작물이므로
  어떤 형태나 어떤 방법으로도 무단전재와 무단복제를 금합니다.
- 책값은 뒤표지에 있습니다. 잘못된 책은 바꾸어 드립니다.